U0725434

普通高等教育土建学科专业"十二五"规划教材
高校建筑电气与智能化学科专业指导委员会规划推荐教材
"十二五"江苏省高等学校重点教材（编号：2014-2-038）

建筑电气控制技术

胡国文　何　波
顾春雷　冯增喜　编　著

黄民德　　　　主　审

中国建筑工业出版社

图书在版编目(CIP)数据

建筑电气控制技术/胡国文等编著. —北京：中国建筑工业出版社，2015.6（2021.12重印）
普通高等教育土建学科专业"十二五"规划教材. 高校建筑电气与智能化学科专业指导委员会规划推荐教材. "十二五"江苏省高等学校重点教材（编号：2014-2-038）
ISBN 978-7-112-18254-1

Ⅰ.①建… Ⅱ.①胡… Ⅲ.①房屋建筑设备-电气控制-高等学校-教材 Ⅳ.①TU85

中国版本图书馆 CIP 数据核字(2015)第 141450 号

全书共分为 10 章。主要内容有：绪论、建筑电气常用低压电器和图形及文字符号、建筑电气常用继电接触控制线路与典型控制系统分析、可编程序控制器（PLC）的组成及工作原理、三菱 FX 系列小型 PLC 及编程方法、三菱 FX 系列 PLC 的步进顺序控制和数据控制功能、OMRON 系列小型 PLC 及编程方法、西门子 S7-200 系列 PLC 及编程方法、西门子 S7-200 系列 PLC 的数据处理功能和步进顺序控制、PLC 及 DDC 控制器在建筑电气控制系统中的应用、建筑电气设备的电气控制系统设计。

本书主要作为普通高等学校建筑电气与智能化专业、电气工程及其自动化专业的建筑电气方向、自动化专业的楼宇自动化方向等建筑电气工程类相关本科专业的专业核心课程教材，同时也可作为高职院校的建筑电气、楼宇自动化、电气工程及其自动化等专业的参考教材，并可作为从事该方面工作的专业技术人员的培训教材和参考书。

任课教师索要课件请与责任编辑联系：524633479@qq.com。
为了更好地支持相应课程的教学，我们向采用本书作为教材的教师提供课件，有需要者可与出版社联系。
建工书院：http://edu.cabplink.com
邮箱：jckj@cabp.com.cn 电话：(010) 58337285

责任编辑：张 健 王 跃 齐庆梅
责任设计：李志立
责任校对：张 颖 赵 颖

普通高等教育土建学科专业"十二五"规划教材
高校建筑电气与智能化学科专业指导委员会规划推荐教材
"十二五"江苏省高等学校重点教材（编号：2014-2-038）

建筑电气控制技术

胡国文 何 波 顾春雷 冯增喜 编 著
黄民德 主 审

*

中国建筑工业出版社出版、发行(北京西郊百万庄)
各地新华书店、建筑书店经销
北京红光制版公司制版
北京建筑工业印刷厂印刷

*

开本：787×1092 毫米 1/16 印张：17½ 字数：435 千字
2015 年 6 月第一版 2021 年 12 月第二次印刷
定价：**34.00** 元（赠教师课件）
ISBN 978-7-112-18254-1
(27412)

版权所有 翻印必究
如有印装质量问题，可寄本社退换
(邮政编码 100037)

教材编审委员会名单

主 任: 方潜生

副主任: 寿大云　任庆昌

委 员: (按姓氏笔画排序)

于军琪　于海鹰　王立光　王　娜　王晓丽　付保川

朱学莉　李界家　杨　宁　杨晓晴　肖　辉　汪小龙

张九根　张桂青　陈志新　范同顺　周玉国　郑晓芳

项新建　胡国文　段春丽　段培永　徐晓宁　徐殿国

黄民德　韩　宁　谢秀颖　雍　静

序

自 20 世纪 80 年代中期智能建筑概念与技术发端以来，智能建筑蓬勃发展而成为长久热点，其内涵不断创新丰富，外延不断扩展渗透，具有划时代、跨学科等特性，因之引起世界范围教育界与工业界高度瞩目与重点研究。进入 21 世纪，随着我国经济社会快速发展，现代化、信息化、城镇化迅速普及，智能建筑产业不但完成了"量"的积累，更是实现了"质"的飞跃，成为现代建筑业的"龙头"，赋予了节能、绿色、可持续的属性，延伸到建筑结构、建筑材料、建筑能源以及建筑全生命周期的运营服务等方面，更是促进了"绿色建筑"、"智慧城市"中建筑电气与智能化技术日新月异的发展。

坚持"节能降耗、生态环保"的可持续发展之路，是国家推进生态文明建设的重要举措，建筑电气与智能化专业承载着智能建筑人才培养重任，肩负现代建筑业的未来，且直接关乎建筑"节能环保"目标的实现，其重要性愈来愈加突出！2012 年 9 月，建筑电气与智能化专业正式列入国家教育部《普通高等学校本科专业目录（2012 年）》（代码：081004），这是一件具有"里程碑"意义的事情，既是十几年来专业建设的成果，又预示着专业发展的新阶段。

全国高等学校建筑电气与智能化学科专业指导委员会历来重视教材在人才培养中的基础性作用，下大气力紧抓教材建设，已取得了可喜成绩。为促进建筑电气与智能化专业的建设和发展，根据住建部《关于申报普通高等教育土建学科专业"十二五"部级规划教材的通知》（建人专函〔2010〕53 号）要求，指导委员会依据专业规范，组织有关专家集思广益，确定编写建筑电气与智能化专业 12 本"十二五"规划教材，以适应和满足建筑电气与智能化专业教学和人才培养需要。望各位编者认真组织、出精品，不断夯实专业教材体系，为培养专业基础扎实、实践能力强、具有创新精神的高素质人才而不断努力。同时真诚希望使用本规划教材的广大读者多提宝贵意见，以便不断完善与优化教材内容。

全国高等学校建筑电气与智能化学科专业指导委员会

主任委员　方潜生

前　言

　　本书是作者在多年从事建筑电气与智能化专业的建筑电气控制技术方面教学和科研工作的基础上，根据住房和城乡建设部和全国高等学校建筑电气与智能化学科专业指导委员会的教材规划要求，以及江苏省"十二五"省级重点建设教材要求，为适应建筑电气与智能化等专业的发展需要，面对建筑电气与智能化领域的教学和工程实际需要而编写的普通高等学校规划适用教材。在编写过程中，我们本着培养面向 21 世纪高层次本科应用型人才的要求，在注意本书的系统性、理论性、适用性的基础上，充分注意设计和应用能力的提高及创新能力的培养。尽可能正确处理好基础理论与应用之间的关系，使基础理论紧紧为应用服务；注意加强工程设计应用能力的提高；注意最新知识和最新技术的介绍。其目的是让学习者通过本书的系统学习，能将建筑电气控制技术的基本知识有效应用于现代建筑电气工程中，能获得建筑电气控制技术的基本应用能力和基本设计能力。

　　全书共分为 10 章。主要内容有：绪论、建筑电气常用低压电器和图形及文字符号、建筑电气常用继电接触控制线路与典型控制系统分析、可编程序控制器（PLC）的组成及工作原理、三菱 FX 系列小型 PLC 及编程方法、三菱 FX 系列 PLC 的步进顺序控制和数据控制功能、OMRON 系列小型 PLC 及编程方法、西门子 S7-200 系列 PLC 及编程方法、西门子 S7-200 系列 PLC 的数据处理功能和步进顺序控制、PLC 及 DDC 控制器在建筑电气控制系统中的应用、建筑电气设备的电气控制系统设计。其中 PLC 介绍了 3 个系列。3 个系列的 PLC 和 DDC 控制技术内容，各个学校可根据具体情况进行选讲。全书总学时（含实验学时）建议可控制在 40 学时至 70 学时之间。

　　本书第 1、第 2 章由盐城工学院顾春雷副教授编写；第 7 和第 8 章由西安建筑科技大学何波副教授和冯增喜博士共同编写；第 9 章的 9.2、9.3、9.4 节由西安建筑科技大学冯增喜博士编写；前言、目录和附录、绪论、第 2.4 节、第 3、4、5、6 章、第 9 章的 9.1 节和第 10 章由住房和城乡建设部全国高校建筑电气与智能化学科专业指导委员会委员、盐城工学院胡国文教授编写；全书由胡国文和何波任主编，由顾春雷和冯增喜任副主编；全书由胡国文负责统稿。

　　本书在编写过程中得到了住房和城乡建设部全国高校建筑电气与智能化学科专业指导委员会和中国建筑工业出版社的鼎力支持和指导；得到了江苏省"十二五"省级重点建设教材基金的重点支持，并获批江苏省"十二五"省级重点立项建设教材；本书在编写过程中同时还得到了盐城工学院重点建设教材基金的支持，得到了西安建筑科技大学的大力支持。住房和城乡建设部全国高校建筑电气与智能化学科专业指导委员会委员、天津城建大学黄民德教授，天津城建大学郭福雁副教授，北京建筑大学魏东教授审读了全部书稿，他们提出了许多宝贵的修改意见。北京海湾威尔电子工程有限公司杜志峰对本教材编写提供了很多帮助。同时本书在编写过程中参考和引用了许多参考文献及网站资料。作者在此对上述各方面的支持一并表示诚挚的谢意。

　　由于作者水平有限，书中的缺点和错误在所难免，恳切希望使用本书的广大读者提出批评和指正。

目　　录

绪　　论

0.1　建筑电气控制技术的发展概况

建筑电气控制技术是在电气控制技术基础上发展起来的，并且是随着电气控制技术的不断发展而发展的。电气控制技术是对各类以电动机为动力的机电装置与系统为控制对象，以实现生产过程自动化为目标的控制技术。电气控制系统是其中的重要部分，在各行业中的许多部门得到了广泛应用，是实现工业生产自动化的重要技术手段。电气控制技术是随着科技进步而不断发展和创新的。从开始的手动控制发展到自动控制，从单机控制到多机控制和生产（流水）线控制，从简单控制到复杂控制，从继电接触器控制到 PLC 控制。

0.1.1　电力拖动系统的发展概况

20 世纪初随着电动机的出现，使得机械设备的动力和拖动系统得到了根本的改变。人们用电动机来代替蒸汽机拖动机械设备，这种拖动方式称为"电力拖动"。最初人们用一台电动机来拖动一组机械设备，称为单机成组电力拖动系统，如图 0-1 所示。由于一台电动机拖动，使得机械传动上十分复杂，也难以达到工艺要求。随着社会经济发展需要和技术的不断进步，对各种机械设备的功能不断提出了加工精度、速度和控制精度的新要求，从而出现了由多台电动机分别拖动各运动机构的拖动方式，如图 0-2 所示，进而使得控制技术得到了不断发展。

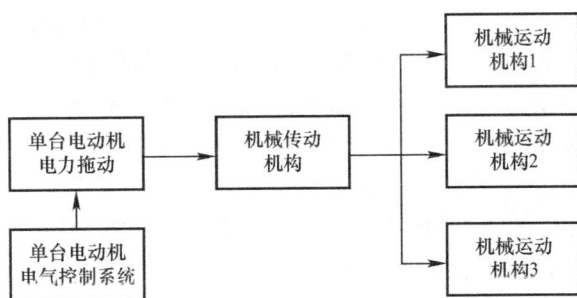

图 0-1　单机成组电力拖动的电气控制系统

随着技术的不断发展和进步，电力拖动系统也得到了不断发展。单机成组电力拖动向多电动机电力拖动的发展过程中，随着机械系统调速要求的不断提出，电力拖动系统也由固定速度的拖动不断向高精度的调速电力拖动系统方向发展，从而交流调速拖动和直流调速拖动得到了交替发展。但是直流电动机比交流电动机结构复杂，制造和维护都不方便，随着电力电子技术的不断发展和进步，促进了交流调速的迅速发展。近年来，电动机交流调速已经占有了重要的地位。

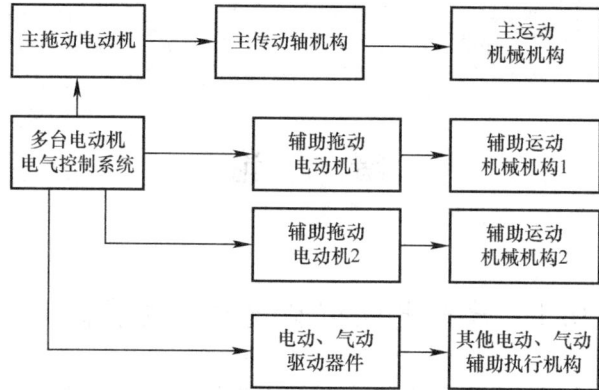

图 0-2　多电动机电力拖动的电气控制系统

0.1.2　电气控制系统和控制技术发展概况

在电力拖动系统的发展过程中，电气控制系统随着电气控制技术的进步也得到了不断发展。电气控制系统由最初的继电接触器控制发展到今天的 PLC 可编程序控制器控制和系统计算机控制；由过去的硬件和硬接线控制发展到今天的软接线和软件程序控制；由过去的手动控制进入到自动控制阶段。

最初的电气控制系统采用的是继电器、接触器、按钮、行程开关等组成的继电接触器控制系统。这种控制系统具有使用的单一性，即根据不同的控制要求设计不同的控制线路，一旦控制要求改变，势必重新设计、重新配线。但是，这种控制系统结构简单、维修方便、抗干扰能力强，所以至今在许多机械设备控制系统中仍广泛使用。

20 世纪 60 年代，出现了一种能够根据生产工艺要求，通过改变控制程序便能达到控制目的的顺序控制器，它是通过组合逻辑元件的插接或编程来实现继电接触器控制线路的装置。它仍然是靠硬件手段完成自动控制任务的，体积大，功能也受到一定的限制，并没有得到普及应用。

20 世纪 60 年代后，在工业生产中迫切需要一种使用方便灵活、运行安全可靠、功能完善的新一代自动控制装置。电子技术和计算机技术的发展为此提供了有力的硬件支持，因此产生了可编程序控制器。可编程序控制器（简称 PLC 或 PC），是在顺序控制器基础上发展起来的以微处理器为核心的通用自动控制装置。

1968 年，美国通用汽车公司为增强其产品在市场上的竞争力，不断更新汽车型号，率先提出采用可编程序的逻辑控制器取代硬件接线的控制电路的设想，并对外招标。1969年，第一台可编程序逻辑控制器问世。

随着电子技术和计算机技术的迅猛发展，集成电路体积越来越小，功能越来越强。20世纪 70 年代初，微处理机问世。70 年代后期，微处理机被运用到 PLC 中，使 PLC 的体积大大缩小，功能大大加强。

1969 年美国通用汽车公司将第一台 PLC 投入到生产线中使用，取得了满意的效果，引起了世界各国的关注。继日本、德国之后，我国于 1974 年开始研制可编程序控制器。目前全世界有数百家生产 PLC 的厂家，种类达 300 多种。PLC 无论在应用范围还是控制功能上，其发展都是始料未及的，远远超出了当时的设想和要求。目前，PLC 正朝着智能化、网络化和信息化方向发展。

随着半导体器件技术、大规模集成电路技术、计算机控制技术、检测技术等的发展，推动了电气控制技术的不断发展。在控制方式上，电力拖动的控制方式由手动控制进入到了自动控制阶段，从开关量的断续控制方式发展到了由开关量和模拟量混合的连续控制方式；在控制功能上，从单一控制功能发展到了多功能控制，从由简单的控制系统发展到了多功能的复杂控制系统；在控制手段和控制器件上，从由有触点的硬接线分裂元件控制发展到了以 PLC 和系统计算机等软硬件集成的存储器控制系统。电气控制系统的发展可简要概括为如图 0-3 所示的过程。

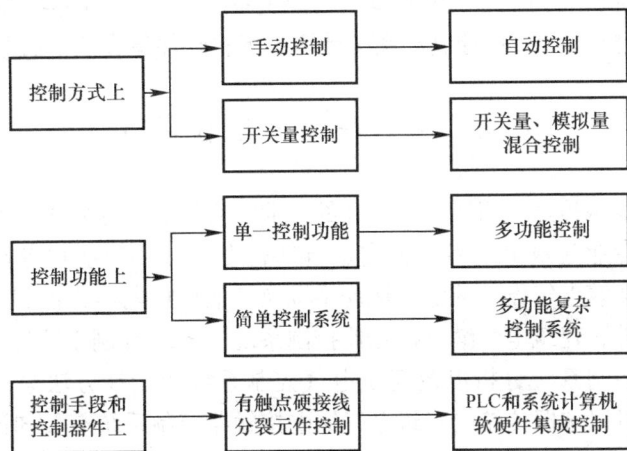

图 0-3 电气控制技术的发展概况

0.1.3 建筑电气控制系统和控制技术发展概况

建筑电气控制系统和控制技术是随着电气控制技术的不断发展而发展的。建筑电气控制系统也是由最初的继电接触器控制发展到今天的 PLC 可编程序控制器控制和系统计算机控制；由过去的硬件和硬接线控制发展到今天的软接线和软件程序控制；由过去的手动控制进入到自动控制和智能控制阶段。

建筑电气控制系统和控制技术的发展同时也是随着建筑电气设备的控制要求和控制精度不断提高，而进一步提出了建筑电气控制系统和控制技术的高要求。建筑电气控制系统和控制技术同样也经历了：从手动控制到自动控制、从开关量的断续控制到开关量和模拟量混合的连续控制、从单一控制功能发展到多功能控制、从由简单的建筑电气控制系统发展到多功能和复杂的建筑电气控制系统、从由有触点的硬接线分裂元件控制发展到以 PLC 和系统计算机等软硬件集成的存储器控制系统的过程。

建筑电气控制系统的控制对象和控制技术要求与一般的工业控制对象和控制技术是有一定的区别与不同的，具有一些特殊的控制要求。建筑电气控制系统的主要控制对象如图 0-4 所示，其

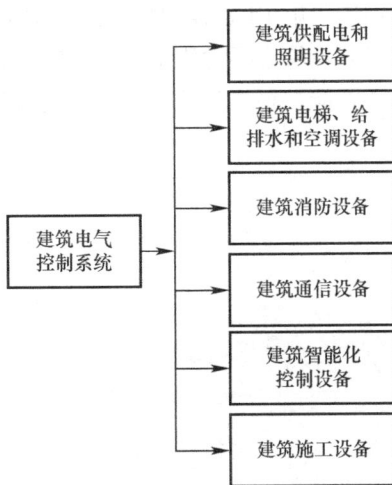

图 0-4 建筑电气控制系统的主要控制对象

主要控制对象主要有：建筑的供配电设备、建筑的照明设备、建筑的电梯设备、建筑的给排水设备、建筑的空调设备、建筑的消防设备、建筑的通信设备、建筑的施工设备、建筑的智能化控制设备等。这些建筑电气设备的控制都具有自己的特殊性要求。

建筑电气控制系统主要是针对建筑电气设备的自动化系统的控制要求进行控制，主要是针对建筑的强电设备的运行过程的控制。主要的控制参数有：开关状态、用电量、速度、压力、温湿度、工作时间等。大多数是开关量和模拟量的控制。因此，为了不断提高工作的可靠性，需要使用高可靠性的控制系统和控制技术。从而，建筑电气控制系统也由简单功能的控制系统发展到了多功能和复杂的控制系统，从由有触点的硬接线分裂元件控制发展到了以 PLC 控制、DDC 控制和系统计算机等软硬件集成的存储器控制系统。

0.2　本课程的性质和任务

本课程性质：本课程是一门实用性很强的专业核心课，是建筑电气与智能化专业、电气工程及其自动化专业建筑电气专业方向、自动化专业楼宇智能化专业方向的专业核心课。主要内容围绕建筑电气设备的电力拖动系统及其他执行电器为控制对象，介绍各种常用低压电器控制元件、建筑电气继电接触器控制系统、PLC 控制系统的工作原理、建筑电气典型设备的电气控制系统分析以及建筑电气控制系统的设计方法等。通过本课程的学习，使学习者不但可以掌握传统的建筑电气继电接触器控制系统有关知识，同时还可以掌握现代 PLC 控制技术；不但可以掌握建筑电气控制技术方面的理论知识，同时将着力提高学习者的实际应用和动手能力及设计能力。

本课程的基本任务是：

（1）熟悉常用的建筑电气控制电器元件的结构原理、用途及型号，达到正确使用和选用的目的；

（2）熟练掌握建筑电气继电接触器控制系统的基本环节，具备阅读和分析建筑电气继电接触器控制系统的能力，能设计建筑电气继电接触器控制系统的控制电路；

（3）熟悉常用 PLC 的基本工作原理及应用发展概况；

（4）了解 DDC 控制技术的基本工作原理及在建筑电气控制系统中的应用；

（5）熟练掌握常用 PLC 的基本指令系统和典型电路的编程，掌握常用 PLC 的程序设计方法，能够根据建筑电气设备的过程控制要求进行系统设计，编制应用程序。

第1章　建筑电气常用低压电器和图形及文字符号

低压电器被广泛地应用于工业电气控制和建筑电气控制系统中，它是实现继电——接触器控制的主要电器元件。低压电器是指工作在交流 1500V、直流 1200V 及以下的电路中，以实现对电路中信号的检测、执行部件的控制、电路的保护、信号的变换等作用的电器。低压电器种类繁多，一般分为低压配电电器、低压控制电器、低压主令电器、低压保护电器及低压执行电器等。本章以建筑电气设备中常用的低压电器为主线，主要介绍各种常用的低压电器的结构、工作原理、主要技术参数、选择方法等。以产品图片方式介绍建筑电气设备中常用的低压电器的结构及工作原理。同时介绍建筑电气设备中常用的低压电器的图形及文字符号。

1.1　建筑电气常用低压电器的分类和电器的基本知识

1.1.1　常用低压电器的定义和分类

1. 常用低压电器的定义

凡是自动或手动接通和断开电路，以及能实现对电路或非电对象切换、控制、保护、检测、变换和调节目的的电气元件统称为电器。

低压电器是指额定电压等级在交流 1200V、直流 1500V 以下的电器，是接通和断开电路或调节、控制和保护电路及电气设备用的电工器具。

2. 建筑电气常用低压电器的分类

低压电器的用途广泛，功能多样，种类繁多，结构各异。建筑电气设备控制系统中的常用低压电器，一般分为低压配电电器、低压控制电器、低压主令电器、低压保护电器及低压执行电器等。具体分类可按如下方法进行分类。

（1）按动作原理分类

1）手动电器　用手或依靠机械力进行操作的建筑电器，如手动开关、控制按钮、行程开关等主令电器。

2）自动电器　借助于电磁力或某个物理量的变化自动进行操作的建筑电器，如接触器、各种类型的继电器、电磁阀等。

（2）按用途分类

1）控制电器　用于各种建筑电气设备的控制电路和控制系统中的电器，例如接触器、继电器、电动机启动器等。

2）主令电器　用于建筑电气设备的自动控制系统中发送动作指令的电器，例如按钮、行程开关、万能转换开关等。

3）保护电器　用于保护电路及用电设备的电器，如熔断器、热继电器、各种保护继电器、避雷器等。

4）执行电器　用于完成建筑电气设备的某种动作或传动功能的电器，如电磁铁、电磁离合器等。

5）配电电器　用于建筑电气系统中的供、配电，进行电能输送和分配的电器，例如高压断路器、隔离开关、刀开关、自动空气开关等。

（3）按工作原理分类

1）电磁式电器　依据电磁感应原理来工作，如接触器、各种类型的电磁式继电器等。

2）非电量控制电器　依靠外力或某种非电物理量的变化而动作的电器，如刀开关、行程开关、按钮、速度继电器、温度继电器等。

（4）按触点类型分类

1）有触点电器　利用触点的接通和分断来切换电路，如接触器、刀开关、按钮等。

2）无触点电器　无可分离的触点，主要是利用电子元件的开关效应，即导通和截止来实现电路的通、断控制，如接近开关、霍尔开关、电子式时间继电器、固态继电器等。

有些元件既是低压控制电器又是低压主令电器（如按钮等），既是低压配电电器又是低压保护电器（如熔断器等），所以分类并没有十分明显的界线。

1.1.2　常用低压电器的基本知识

1. 电磁式电器的工作原理与结构特点

电磁式电器由两个主要部分组成：感测部分——电磁机构，执行部分——触头系统。

（1）电磁机构

电磁机构是电磁式电器的感测部分，它的主要作用是将电磁能量转换为机械能量，带动触头动作，从而完成接通或分断电路。如图 1-1 所示，电磁机构由吸引线圈、铁芯、衔铁等几部分组成。

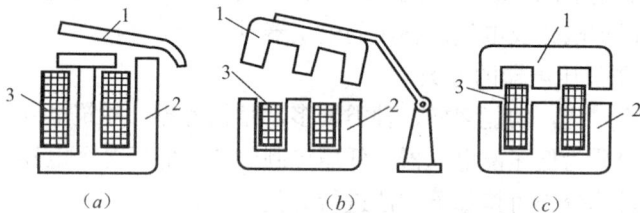

图 1-1　常用的磁路结构
1—衔铁；2—铁芯；3—吸引线圈

（2）吸引线圈

吸引线圈的作用是将电能转换成磁场能量。按通入电流种类不同，可分为直流和交流线圈。

对于直流电磁铁，因其铁芯不发热，只有线圈发热，所以直流电磁铁的吸引线圈做成高而薄的瘦长型，且不设线圈骨架，使线圈与铁芯直接接触，易于散热。

对于交流电磁铁，由于其铁芯存在磁滞和涡流损耗，这样线圈和铁芯都发热，所以交流电磁铁的吸引线圈设有骨架，使铁芯与线圈隔离并将线圈制成短而厚的矮胖型，这样做有利于铁芯和线圈的散热。

电磁铁的吸力可按下式求得：

$$F_{at} = \frac{10^7}{8\pi} B^2 S \tag{1-1}$$

式中　F_{at}——电磁吸力，N；

　　　B——气隙中磁感应强度，T；

　　　S——磁极截面积，m^2。

交流电磁铁的电磁吸力是随时间变化而变化的，具体可按下面表示：

$$B = B_m \sin\omega t \tag{1-2}$$

$$F_{atm} = F_0 - F_0 \cos 2\omega t \tag{1-3}$$

电磁铁的电磁吸力特性，是指电磁吸力 F_{at} 随衔铁与铁芯间气隙 δ 变化的关系曲线。不同的电磁机构，有不同的吸力特性。

2. 电磁式电器的触头系统和电弧

(1) 电磁式电器的触头系统

触头是电器的执行部分，起接通和分断电路的作用。因此要求触头导电、导热性能良好，通常用铜制成。

触头的主要结构型式可分为：桥式触头、指形触头。具体如图 1-2 所示。

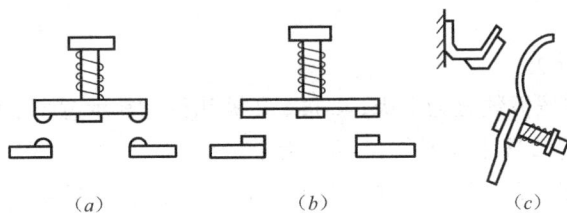

图 1-2　触头的结构型式

(a) 点接触式桥型触头；(b) 面接触式桥型触头；(c) 指形触头

(2) 电弧的产生

在大气中断开电路时，如果被断开电路的电流超过某一数值，断开后加在触头间隙两端电压超过某一数值（在 12～20V 之间）时，则触头间隙中就会产生电弧。

(3) 常用的灭弧方法

常用的灭弧方法主要有：磁吹灭弧、窄缝灭弧、栅片灭弧方法，具体如图 1-3～图 1-5 所示。

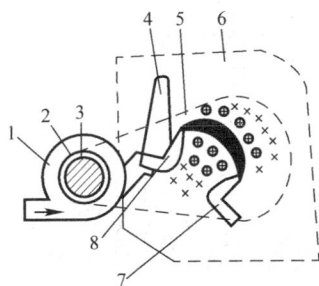

图 1-3　磁吹灭弧示意图

1—磁吹线圈；2—绝缘套；3—铁芯；4—引弧角；
5—导磁夹板；6—灭弧罩；7—动触头；8—静触头

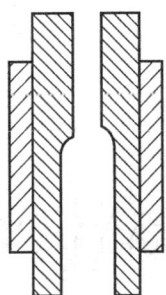

图 1-4　窄缝灭弧装置

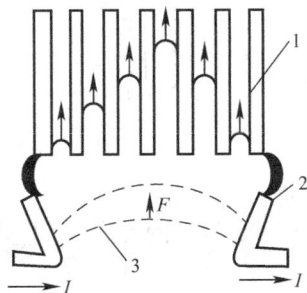

图 1-5　栅片灭弧示意图

1—灭弧栅片；2—触头；3—电弧

1.2 建筑电气常用低压开关电器的结构原理和选择方法

1.2.1 低压刀开关的结构原理和选择方法

低压刀开关又称低压闸刀开关或低压隔离开关，是通用电气元件，是建筑电气设备控制系统中最常用的电气元件。它是手控电器中最简单而使用又较广泛的一种低压电器。如图 1-6 所示是最简单的低压刀开关（手柄操作式单级开关）示意图。低压刀开关在电路中的作用是隔离低压电源，以确保电路和设备维修的安全分断负载，如不频繁地接通和分断容量不大的低压电路或直接启动小容量电动机。低压刀开关带有动触头—闸刀（触刀），并通过它与座上的静触头—刀夹座（静插座上的触头）相契合（或分离），以接通（或分断）电路。其中以熔断体作为动触头的称为熔断器式刀开关，简称刀熔开关。

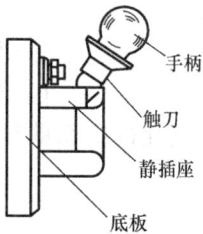

图 1-6 刀开关的典型结构

（手柄、触刀、静插座、底板）

建筑电气设备控制系统中常用的刀开关有 HD 型单投刀开关、HS 型双投刀开关（刀形转换开关）、HR 型熔断器式刀开关、HZ 型组合开关、HK 型闸刀开关、HY 型倒顺开关和 HH 型铁壳开关等。

1. HD 型单投刀开关

HD 型单投刀开关按极数分为 1 极、2 极、3 极几种，其示意图及图形符号如图 1-7 所示。其中图 1-7（a）为直接手动操作，（b）为手柄操作，（c）～（h）为刀开关的图形符号和文字符号。其中图 1-7（c）为一般图形符号，（d）为手动符号，（e）为三极单投刀开关符号；当刀开关用作隔离开关时，其图形符号上加有一横杠，如图 1-7（f）、图 1-7（g）、图 1-7（h）所示。

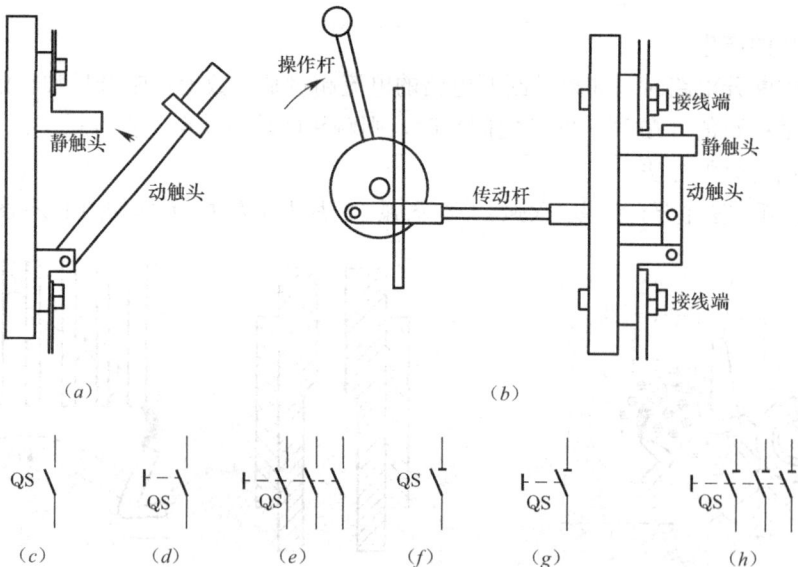

图 1-7 HD 型单投刀开关示意图及图形符号

（a）直接手动操作；（b）手柄操作；（c）一般图形符号；（d）手动符号；（e）三极单投刀开关符号；
（f）一般隔离开关符号；（g）手动隔离开关符号；（h）三极单投刀隔离开关符号

单投刀开关的型号含义如下:

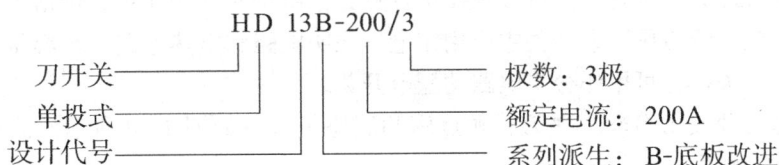

$$HD\ 13B\text{-}200/3$$

刀开关———
单投式———
设计代号———

极数: 3极
额定电流: 200A
系列派生: B-底板改进

设计代号: 11—中央手柄式, 12—侧方正面杠杆操作机构式, 13—中央正面杠杆操作机构式, 14—侧面手柄式。

2. HS 型双投刀开关

HS 型双投刀开关也称转换开关, 其作用和单投刀开关类似, 常用于双电源的切换或双供电线路的切换等, 其示意图及图形符号如图 1-8 所示。由于双投刀开关具有机械互锁的结构特点, 因此可以防止双电源的并联运行和两条供电线路同时供电。

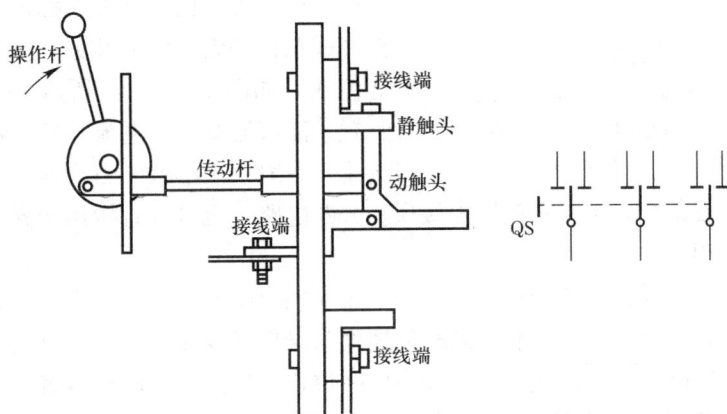

图 1-8　HS 型双投刀开关示意图及图形符号

3. HR 型熔断器式刀开关

HR 型熔断器式刀开关也称刀熔开关, 它实际上是将刀开关和熔断器组合成一体的电器。刀熔开关操作方便, 并简化了供电线路, 在供配电线路上应用很广泛, 其工作示意图及图形符号如图 1-9 所示。刀熔开关可以切断故障电流, 但不能切断正常的工作电流, 所以一般应在无正常工作电流的情况下进行操作。

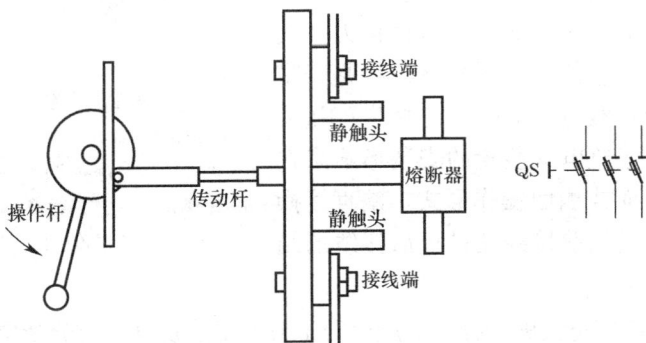

图 1-9　HR 型熔断器式刀开关示意图及图形符号

4. HK 型开启式负荷开关

HK 型开启式负荷开关俗称闸刀或胶壳刀开关，由于它结构简单、价格便宜、使用维修方便，故得到广泛应用。该开关主要用作电气照明电路和电热电路、小容量电动机电路的不频繁控制开关，也可用作分支电路的配电开关。

胶底瓷盖刀开关由熔丝、触刀、触点座和底座组成，如图 1-10 所示。此种刀开关装有熔丝，可起短路保护作用。

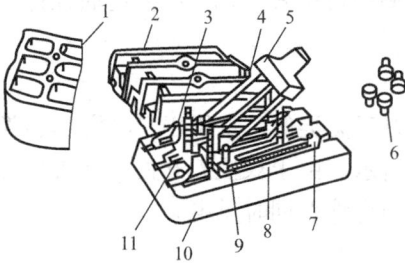

图 1-10 开启式负荷开关

1—上胶盖；2—下胶盖；3—插座；4—触刀；
5—操作手柄；6—固定螺母；7—进线端；
8—熔丝；9—触点座；10—底座；11—出线端

闸刀开关在安装时，手柄要向上，不得倒装或平装，以避免由于重力自动下落而引起误动合闸。接线时，应将电源线接在上端，负载线接在下端，这样拉闸后刀开关的刀片与电源隔离，既便于更换熔丝，又可防止可能发生的意外事故。

5. HH 型铁壳封闭式负荷开关

HH 型封闭式负荷开关俗称铁壳开关，主要由铁壳或钢板外壳、触刀开关、操作机构、熔断器等组成，如图 1-11（a）所示。刀开关带有灭弧装置，能够通断负荷电流，熔断器用于切断短路电流。一般用于小型电力排灌、电热器、电气照明线路的配电设备中，用于不频繁地接通与分断电路，也可以直接用于异步电动机的非频繁全压启动控制。

铁壳开关的操作结构有两个特点：一是采用储能合闸方式，即利用一根弹簧以执行合闸和分闸的功能，使开关的闭合和分断时的速度与操作速度无关。它既有助于改善开关的动作性能和灭弧性能，又能防止触点停滞在中间位置。二是设有联锁装置，以保证开关合闸后便不能打开箱盖，而在箱盖打开后，不能再合开关，起到安全保护作用。

HK 型开启式负荷开关和 HH 型封闭式负荷开关都是由负荷开关和熔断器组成，其图形符号也是由手动负荷开关 QL 和熔断器 FU 组成，如图 1-11（b）所示。

6. 刀开关的选择方法

刀开关的选择应从以下几个方面进行考虑：

（1）刀开关结构形式的选择 应根据刀开关的作用和建筑电气装置的安装形式来选择是否带灭弧装置，如分断负载电流时，应选择带灭弧装置的刀开关。根据建筑电气装置的安装形式来选择是否是正面、背面或侧面操作形式，是直接操作还是杠杆传动，是板前接线还是板后接线的结构形式。

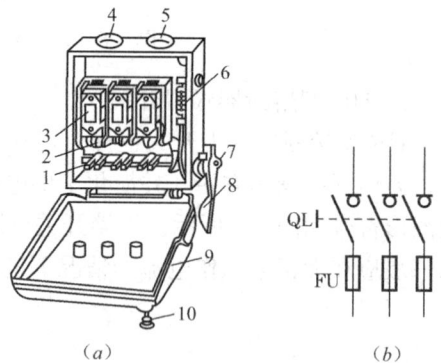

图 1-11 铁壳负荷开关

（a）封闭式负荷开关；（b）图形符号及文字符号
1—动触刀；2—静夹座；3—熔断器；4—进线孔；
5—出线孔；6—速断弹簧；7—转轴；8—操作手柄；9—上罩盖；10—上罩盖锁紧螺栓

（2）刀开关的额定电流的选择 一般应等于或大于建筑电气所分断电路中各个负载额定电流的总和。对于电动机负载，应考虑其启动电流，所以应选用额定电流大一级的刀开关。若再考虑电路出现的短路电流，还应选用额定电流更大一级的刀开关。

（3）各型号刀开关的应用场合　HR3 熔断器式刀开关具有刀开关和熔断器的双重功能，采用这种组合开关的电器可以简化配电装置结构，经济实用，越来越广泛地用在低压配电屏上。HK1、HK2 系列开启式负荷开关（胶壳刀开关），用作电源开关和小容量电动机非频繁启动的操作开关。HH3、HH4 系列封闭式负荷开关（铁壳开关），操作机构具有速断弹簧与机械联锁，用于非频繁启动、28kW 以下的三相异步电动机。

1.2.2　低压断路器的结构原理和选择方法

低压断路器又称自动空气开关，是通用电气元件，也是建筑电气低压配电系统中常用的开关电器之一。它不仅可以接通和分断正常负载电流、电动机工作电流和过载电流，而且可以接通和分断短路电流。主要用于不频繁操作的建筑电气低压配电线路或开关柜中，作为建筑电气电源开关使用。另外，低压断路器还可以对建筑供电线路、建筑电气设备、电动机等实行保护。例如，当线路发生严重过流、过载、短路、断相、漏电等故障时，能自动切断线路，起到保护作用。由于低压断路器具有多种保护功能、动作值可调、分断能力高、操作方便、安全等优点，因此得到了广泛应用。

1. 低压断路器的结构和工作原理

低压断路器由操作机构、触头、保护装置（各种脱钩器）、灭弧系统等组成。低压断路器工作原理如图 1-12 所示。

低压断路器的主触头是靠手动操作或电动合闸的。当主触头闭合后，自由脱扣机构将主触头锁在合闸位置上。过电流脱扣器的线圈和热脱扣器的热元件与主电路串联，欠电压脱扣器的线圈和电源并联。当电路发生短路或严重过载时，过电流脱扣器的衔铁吸合，使自由脱扣机构动作，主触头断开主电路。当电路过载时，热脱扣器的热元件发热使双金属片向上弯曲，推动自由脱扣机构动作。当电路欠电压时，欠电压脱扣器的衔铁释放，也使自由脱扣机构动作。分励脱扣器则作为远距离控制用，在正

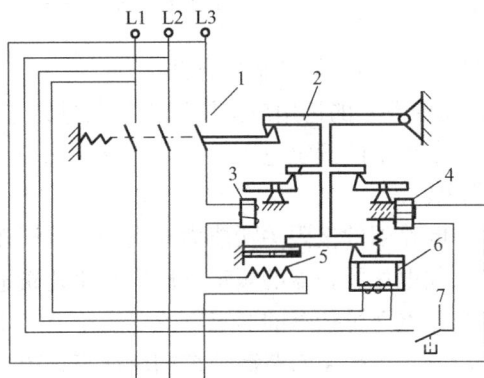

图 1-12　低压断路器工作原理图
1—主触头；2—自由脱扣机构；3—过电流脱扣器；4—分励脱扣器；5—热脱扣器；6—欠压脱扣器；7—脱扣按钮

常工作时，其线圈是断电的，在需要远距离控制时，按下脱扣按钮，使线圈通电，衔铁带动自由脱扣机构动作，使主触头断开。

2. 低压断路器的分类

低压断路器的分类方式很多，主要有以下几种：

（1）按结构形式分类

按结构形式分有万能式（又称框架式）断路器和塑壳式断路器。万能式断路器主要用作配电网络的保护开关，有 DW15、DW16、CW 系列，而塑料外壳式断路器除用作配电网络的保护开关外，还可用作电动机、照明线路的控制开关，有 DZ5 系列、DZ15 系列、DZ20 系列、DZ25 系列。

（2）按灭弧介质分类

按灭弧介质分有空气式和真空式（目前国产多为空气式）。

（3）按操作方式分类

按操作方式分有手动操作、电动操作和弹簧储能机械操作。

（4）按极数分类

按极数分有单极式、二极式、三极式和四极式。

（5）按安装方式分类

按安装方式分有固定式、插入式、抽屉式和嵌入式等。

低压断路器容量范围很大，最小为4A，而最大可达5000A。

3. 低压断路器的选择

（1）低压断路器的型号

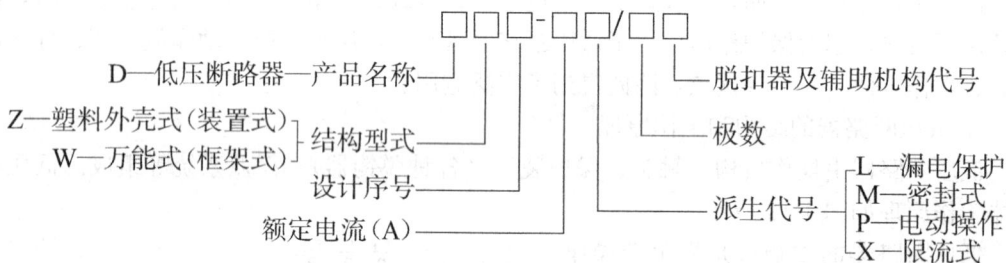

（2）低压断路器的选择方法

低压断路器的选用应按照以下几条进行选择：

1）断路器的额定电压和额定电流应大于或等于建筑电气线路、设备的正常工作电压和工作电流。

2）断路器的极限关断能力应大于或等于建筑电气线路最大短路电流。

3）欠电压脱扣器的额定电压应等于建筑电气线路的额定电压。

4）过电流脱扣器的额定电流应大于或等于建筑电气线路的最大负载电流。

1.2.3 智能化断路器的结构原理与选择

传统的断路器保护功能是利用热磁效应原理，通过机械系统的动作来实现的。智能化断路器的特征则是采用了以微处理器或单片机为核心的智能控制器（智能脱扣器）技术。它不仅具备普通断路器的各种保护功能，同时还具有定时显示电路中的各种电器参数（电流、电压、功率、功率因数等）功能。对电路进行在线监视、自行调节、测量、试验、自诊断、可通信等功能。还能对各种保护功能的动作参数进行显示、设定和修改，同时还可使保护电路动作时的故障参数能够存储在存储器中以便查询。智能化断路器原理框图如图1-13所示。

和传统的断路器相比较，智能断路器具有如下优点：

（1）采用智能断路器技术后，对于非故障性的操作，断路器都可以在较低的速度下断开，减少断路器断开时的冲击力和机械磨损，从而提高断路器的使用寿命，在工程上可达到较好的经济效益和社会效益。

（2）采用智能断路器技术可以实现高压开关设备的检测、保护、控制和通信等智能化功能。

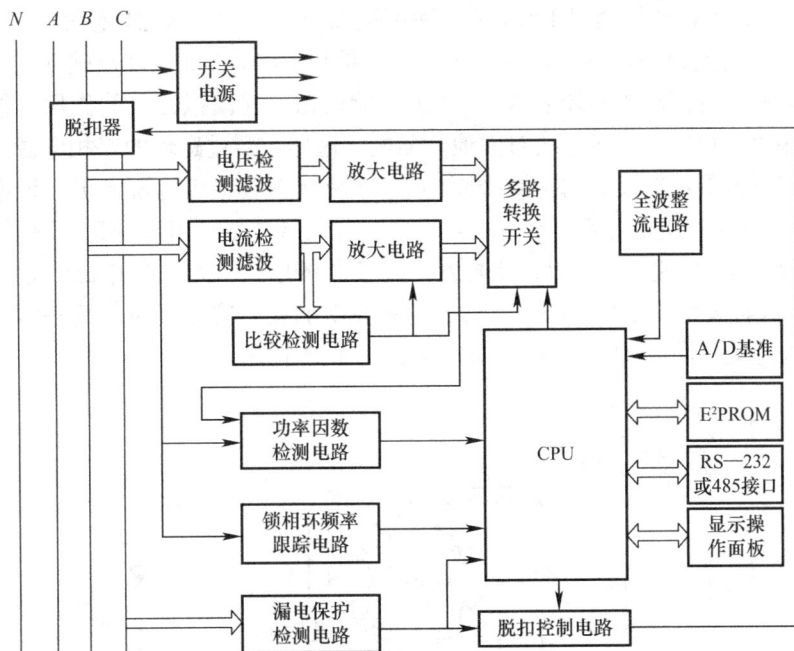

图 1-13　智能化断路器原理框图

（3）采用智能断路器技术可以实现自动重合闸装置的多次重合闸。对于传统的重合闸开关而言，采用重合闸继电器，正常运行时，重合闸继电器的电容进行充电，当发生故障断路器断开后，电容进行瞬间放电从而达到重合闸目的。当重合闸故障时，由于电容未再进行充电，因此重合闸只能进行一次。采用智能断路器技术后有可能改变目前的试探性自动重合闸的工作方式，实现自适应自动重合闸，即做到在短路故障开断后，如故障仍存在则拒绝重合，只有当故障消失后才进行重合。采用智能技术后就会避免传统重合闸只能重合一次的弊端。

（4）实现定相合闸，降低合闸操作过电压，取消合闸电阻，进一步提高可靠性；实现选相分闸，控制实际燃弧时间，使断路器起弧时间控制在最有利于燃弧的相位角，不受系统燃弧时差要求限制，从而提高断路器实际开断能力。

随着微电子技术、微机技术、计算机网络和数字通信技术的飞速发展，以及人工智能技术在开关电气产品研发和研究领域的应用，智能断路器将会从简单的采用微机控制取代传统继电器功能的单一封闭装置，发展到具有完整的理论体系和多学科交叉的电器智能化系统，成为电气工程领域中电力开关设备、电力系统继电保护、工业供配电系统及工业控制网络技术新的发展方向。

1.2.4　漏电保护断路器的结构原理与选择

漏电保护断路器是建筑电气系统中常用的电气开关，可用于对低压电网直接触电和间接触电进行有效保护，也可以作为三相电动机的缺相保护。它有单相和三相方式。

由于其以漏电流或由此产生的中性点对地电压变化为动作信号，所以不必以负荷电流值来整定动作值，所以灵敏度高，动作后能有效地切断电源，保障人身安全。

图 1-14 为漏电保护断路器的电路原理图，图中 L 为电磁铁线圈，漏电时可驱动闸刀

开关 K1 断开。每个桥臂用两只 IN4007 串联可提高耐压。R3、R4 阻值很大，所以 K1 合上时，流经 L 的电流很小，不足以造成开关 K1 断开。R3、T4 为可控硅 T1、T2 的均压电阻，可以降低对可控硅的耐压要求。K2 为试验按钮，起模拟漏电的作用。按压试验按钮 K2，K2 接通，相当于外线火线对大地有漏电，这样，穿过磁环的三相电源线和零线的电流的矢量和不为零，磁环上的检测线圈的 a、b 两端就有感应电压输出，该电压立即触发 T2 导通。由于 C2 预先充有一定电压，T2 导通后，C2 便经 R6、R5、T2 放电，使 R5 上产生电压触发 T1 导通。T1、T2 导通后，流经 L 的电流大增，使电磁铁动作，驱动开关 K1 断开，试验按钮的作用是随时可检查本装置功能是否完好。用电设备漏电引起电磁铁动作的原理与此相同。R1 为压敏电阻，起过压保护作用。

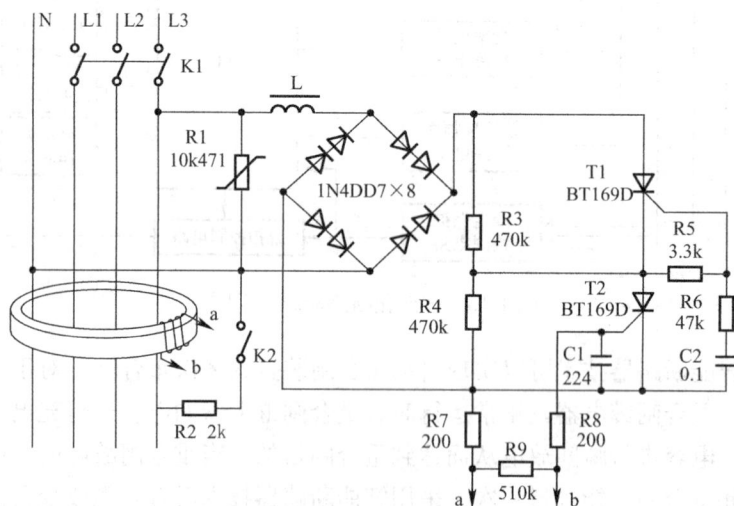

图 1-14 漏电保护断路器原理电路

漏电保护断路器的应用范围如下：

（1）无双重绝缘，额定工作电压在 110V 以上时的移动电具。

（2）建筑工地。

（3）临时线路。

（4）家庭。

防止直接接触带电体保护的动作电流值为 30mA，0.1s 内动作。可按需要安装间接接触保护的漏电保护器。

漏电保护断路器安装要求：

（1）被保护回路电源线，包括相线和中性线均应穿入零序电流互感器。

（2）接入零序互感器的一段电源线应用绝缘带包扎紧，捆成一束后由零序电流互感器孔的中心穿入。这样做主要是消除由于导线位置不对称而在铁芯中产生不平衡磁通。

（3）由零序互感器引出的零线上不得重复接地，否则在三相负荷不平衡时生成的不平衡电流，不会全部从零线返回，而有部分由大地返回，因此通过零序电流互感器电流的向量和便不为零，二次线圈有输出，可能会造成误动作。

（4）每一保护回路的零线，均应专用，不得就近搭接，不得将零线相互连接，否则三相的不平衡电流，或单相触电保护器相线的电流，将有部分分流到相连接的不同保护回路的零线上，会使两个回路的零序电流互感器铁芯产生不平衡磁动势。

（5）保护器安装好后，通电，按试验按钮试跳。

1.3　建筑电气常用低压熔断器的结构原理和选择方法

熔断器是通用电气元件，也是建筑电气低压配电系统中常用的电路安全保护电器之一。熔断器是根据其上所通过的电流超过规定值后，以其自身产生的热量使熔体熔化，从而使电路断开。熔断器广泛应用于建筑低压配电系统和控制系统以及用电设备中，作为短路和过电流的保护器，是建筑电气中应用最普遍的保护器件之一。

1.3.1　常用低压熔断器的结构原理和分类

1. 工作原理及特点

熔断器是一种过电流保护器。熔断器主要由熔体和熔管以及外加填料等部分组成。使用时，将熔断器串联于被保护电路中，当被保护电路的电流超过规定值，并经过一定时间后，由熔体自身产生的热量熔断熔体，使电路断开，从而起到保护的作用。

以金属导体作为熔体而分断电路的电器，串联于电路中，当过载或短路电流通过熔体时，熔体自身将发热而熔断，从而对电力系统、各种电工设备以及家用电器都起到了一定的保护作用。

熔断器具有反时限特性，如图 1-15 所示，即过载电流小时，熔断时间长；过载电流大时，熔断时间短。所以，在一定过载电流范围内，当电流恢复正常时，熔断器不会熔断，可继续使用。熔断器有各种不同的熔断特性曲线，可以适用于不同类型保护对象的需要。

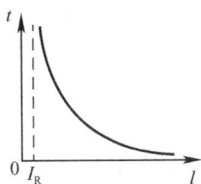

2. 熔断器的结构和分类

熔断器主要由熔体、外壳和支座 3 部分组成，其中熔体是控制熔断特性的关键元件。熔体的材料、尺寸和形状决定了熔断特性。

图 1-15　熔断器的反时限保护特性

熔体材料分为低熔点和高熔点两类。低熔点材料如铅和铅合金，其熔点低容易熔断，由于其电阻率较大，故制成熔体的截面尺寸较大，熔断时产生的金属蒸汽较多，只适用于低分断能力的熔断器。高熔点材料如铜、银，其熔点高，不容易熔断，但由于其电阻率较低，可制成比低熔点熔体较小的截面尺寸，熔断时产生的金属蒸气少，适用于高分断能力的熔断器。熔体的形状分为丝状和带状两种。改变截面的形状可显著改变熔断器的熔断特性。

熔断器的种类很多，按结构分为开启式、半封闭式和封闭式；按有无填料分为有填料式、无填料式。

1.3.2　建筑电气常用低压熔断器和选择

1. 建筑电气常用的熔断器

（1）插入式熔断器

插入式熔断器如图 1-16 所示。常用的产品有 RC1A 系列，主要用于低压分支电路的保护，因其分断能力较小，多用于照明电路和小型动力电路中。

（2）螺旋式熔断器

螺旋式熔断器如图 1-17 所示，熔体装在一个瓷管内并填充石英砂，石英砂用于熔断时的消弧和散热，瓷管头部装有一个染成红色的熔断指示器，一旦熔体熔断，指示器马上弹出脱落，透过瓷帽上的玻璃孔可以看到，起到指示的作用。螺旋式熔断器额定电流为5～200A，主要用于短路电流大的分支支路或有易燃气体的场所。

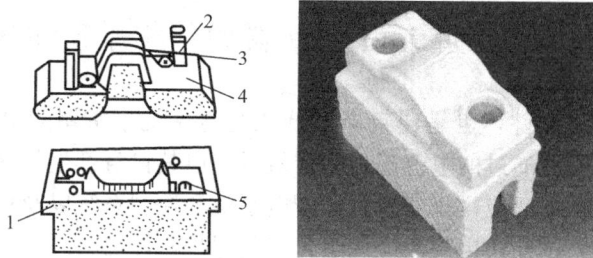

图 1-16　插入式熔断器

1—动触点；2—熔体；3—瓷插件；4—静触点；5—瓷座

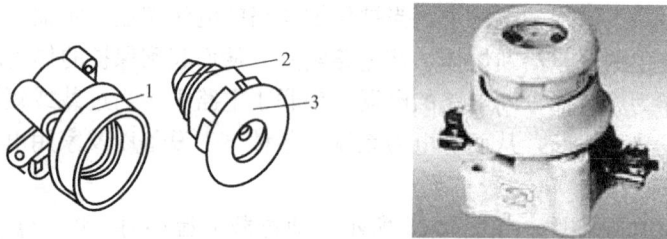

图 1-17　螺旋式熔断器

1—底座；2—熔体；3—瓷帽

（3）RM10 型密闭管式熔断器

RM10 型密闭管式熔断器，是无填料管式熔断器，如图 1-18 所示，其熔管由纤维物制成，使用的熔体为变截面的锌合金片。熔体熔断时，纤维熔管的部分纤维物因受热而分解，产生高压气体，使电弧很快熄灭。无填料管式熔断器具有结构简单、保护性能好、使用方便等特点，一般均与刀开关组成带熔断器功能的刀开关使用。

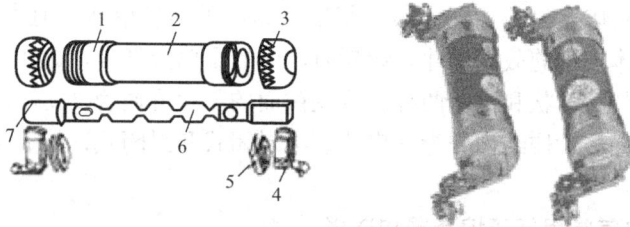

图 1-18　RM10 型密闭管式熔断器

1—铜圈；2—熔断管；3—管帽；4—插座；5—特殊垫圈；6—熔体；7—熔片

（4）RT0 型有填料密闭管式熔断器

RT0 型有填料密闭管式熔断器如图 1-19 所示，熔体采用紫铜箔冲制的网状熔片并联而成，装配时将熔片围成笼形，使填料与熔体充分接触，这样既能均匀分布电弧能量，提高分断能力，又可使管体受热较为均匀而不易断裂。熔断指示器是一个机械信号装置，指示器上焊有一根很细的康铜丝，与熔体并联。在正常情况下，由于康铜丝的电阻很大，电流基本上从熔体流过。当熔体熔断时，电流流过康铜丝，使其迅速熔断。此时，指示器在弹簧的作用下立即向外弹出，显现出醒目的红色信号。绝缘手柄是用来装卸熔断器熔体的可动部件。

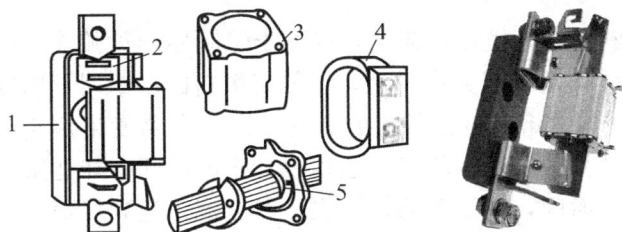

图 1-19　RT0 型有填料密闭管式熔断器

（5）快速熔断器

快速熔断器主要用于建筑电气设备中的半导体器件保护。半导体器件的过载能力很低，只能在极短的时间（数毫秒至数十毫秒）内承受过载电流。而一般熔断器的熔断时间是以秒计的，所以不能用来保护半导体器件，为此，必须采用在过载时能迅速动作的快速熔断器。快速熔断器的结构与有填料封闭管式熔断器基本一致，所不同的是快速熔断器采用以银片冲制成的有 V 形深槽的变截面熔体。

（6）自复式熔断器

自复式熔断器一般在建筑电气中很少采用。自复式熔断器采用低熔点金属钠作熔体。当发生短路故障时，短路电流产生高温使钠迅速气化，呈现高阻状态，从而限制了短路电流的进一步增加。一旦故障消失，温度下降，金属钠蒸汽冷却并凝结，重新恢复原来的导电状态，为下一次动作做好准备。由于自复式熔断器只能限制短路电流，却不能真正切断电路，故常与断路器配合使用。它的优点是不必更换熔体，可重复使用。

2. 建筑电气常用熔断器的选择

（1）熔断器的型号及主要技术参数

1）熔断器的型号

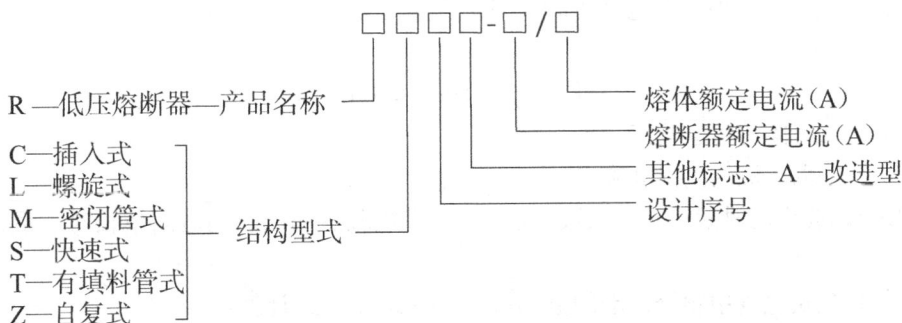

R—低压熔断器—产品名称

C—插入式
L—螺旋式
M—密闭管式　　结构型式
S—快速式
T—有填料管式
Z—自复式

熔体额定电流（A）
熔断器额定电流（A）
其他标志—A—改进型
设计序号

2）额定电压

指熔断器长期工作所能承受的电压，如交流 380V、500V、600V、1000V；直流 220V、440V 等，允许长期工作在额定电压下。

3）额定电流

熔断器额定电流取决于熔断器各部分长期工作所允许的温升，该值根据被保护电器、电机的容量确定，并有规定的标准值。

熔体额定电流取决于熔体的最小熔断电流和熔化系数，根据需要可以划分为较细的等级，且不同等级的熔体可装入同一等级的熔断器中。

4）分断能力

熔断器所能分断的最大短路电流值，取决于熔断器的灭弧能力。它是熔断器的主要技术指标，与熔体额定电流大小无关，一般有填料的熔断器分断能力较高，数值在 KA 级，具有限流作用的熔断器分断能力更高。由于电路发生短路时，其短路电流增长要有一个过程，达到最大值（峰值）也需要一定的时间。如能采取某种措施使熔体的熔断时间小于这一时间，则熔断器即可在短路电流未达到峰值之前分断电路，这种作用称为"限流作用"。这种作用主要是通过采取措施缩短熔体熔化时间和提高灭弧能力来达到。

5）熔化特性与熔断特性

熔化特性可表示为试验电流与熔化时间的关系曲线，熔断特性则可表示为试验电流与熔断时间的关系曲线。前后熔断器通过上述两个特性的合理配合或与其他电器动作特性合理配合，使整个配电系统达到选择性保护的要求。

（2）建筑电气常用熔断器的选择

主要依据建筑电气负载的保护特性和短路电流的大小选择熔断器的类型。对于容量小的电动机和照明支线，常采用熔断器作为过载及短路保护，因而希望熔体的熔化系数适当小些。通常选用铅锡合金熔体的 RQA 系列熔断器。对于建筑电气中较大容量的电动机和照明干线，则应着重考虑短路保护和分断能力。通常选用具有较高分断能力的 RM10 和 RL1 系列的熔断器；当短路电流很大时，宜采用具有限流作用的 RT0 和 RT12 系列的熔断器。

（3）建筑电气常用熔断器的选择方法

1）用于保护无启动过程的平稳负载，如建筑电气照明线路、建筑电气中电阻性负载时，熔体的额定电流等于或略大于线路的工作电流，额定电压应大于或等于线路的工作电压。

2）保护建筑电气中单台电动机时，考虑到电动机受启动电流的冲击，可按式（1-4）计算：

$$I_{RN} \geqslant (1.5 \sim 2.5) I_N \tag{1-4}$$

式中 I_{RN}——熔体的额定电流，A；

I_N——电动机的额定电流，A。

轻载启动或启动时间短时，系数可取 1.5，带重载启动或启动时间较长时，系数可取 2.5。

3）保护建筑电气中频繁启动的电动机，可按式（1-5）计算：

$$I_{RN} \geqslant (3.0 \sim 3.5) I_N \tag{1-5}$$

4）保护建筑电气中多台电动机，可按式（1-6）计算：

$$I_{RN} \geqslant (1.5 \sim 2.5) I_{Nmax} + \sum I_N \tag{1-6}$$

式中 I_{Nmax}——容量最大的那台电动机的额定电流，A；

$\sum I_N$——其余电动机额定电流之和，A。

必须着重指出，在选用熔断器时，一定要保证所选型号的参数数值与被保护的负载技术数据相符合，否则不但起不到保护作用，反而会导致建筑电气负载、建筑电气线路损坏，严重时还会带来危害较大的后果。

1.4　建筑电气常用主令电器

主令电器是通用电气元件，是在自动控制系统中专用于发布控制命令的电器，主要用来控制接触器、继电器或其他电器的线圈，使电路接通或分断，从而达到控制生产机械的目的。

主令电器应用广泛、种类繁多，是建筑电气控制系统中常用的低压控制电器之一。建筑电气控制系统中常用的主令控制电器按其作用可分为：按钮、行程开关、接近开关、万能转换开关、主令控制器等。

1.4.1　建筑电气常用按钮

按钮是用来切断和接通低电压小电流的控制电路，是一种最简单的手动开关。

按钮从结构上看主要由按钮帽、复位弹簧、桥式触头和外壳等组成，如图 1-20 所示。按钮的种类很多，分类方法也很多，如果按用途和结构的不同，可分为启动按钮、停止按钮和复合按钮等。按钮的电气图形符号如图 1-21 所示。

常开按钮：手指未按下时，触头是断开的；当手指按下时，触头接通；手指松开后，在复位弹簧作用下触头又返回原位断开。它常用作启动按钮。

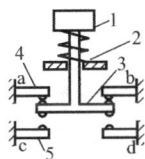

图 1-20　按钮的结构图

1—按钮帽；2—复位弹簧；3—动触头；
4—常闭静触头；5—常开静触头

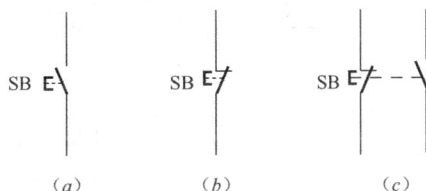

图 1-21　按钮的图形符号及文字符号

(a) 常开按钮；(b) 常闭按钮；(c) 复合按钮

常闭按钮：手指未按下时，触头是闭合的；当手指按下时，触头被断开；手指松开后，在复位弹簧作用下触头又返回原位闭合。它常用作停止按钮。

复合按钮：将常开按钮和常闭按钮组合为一体。当手指按下时，其常闭触头先断开，然后常开触头闭合；手指松开后，在复位弹簧作用下触头又返回原位。它常用在控制电路中作电气联锁。

为标明按钮的作用，避免误操作，通常将按钮帽做成红、绿、黑、黄、蓝、白、灰等颜色。

(1)"停止"和"急停"按钮必须是红色的。当按下红色按钮时，必须使设备停止工作或断电。

(2)"启动"按钮的颜色是绿色。

(3)"启动"与"停止"交替动作的按钮的颜色必须是黑白、白色或灰色，不得用红色和绿色。

（4）"点动"按钮必须是黑色的。

（5）"复位"按钮（如保护继电器的复位按钮）必须是蓝色的。当复位按钮还具有停止作用时，则必须是红色的。

1.4.2 建筑电气常用行程开关和接近开关

行程开关又称为位置开关或限位开关，它的作用是将机械位移转变为电信号，使电动机的运行状态发生改变。在实际生产中，将行程开关安装在预先安排的位置，当安装于生产机械运动部件上的挡块撞击到行程开关时，行程开关的触头动作，实现电路的切换。因此，行程开关是一种根据运动部件的行程位置而切换电路的电器，它的作用原理与按钮类似。行程开关广泛应用于各类建筑电气设备和机电设备，如机床和电梯、起重机械等，用以控制其行程，进行终端限位保护。在建筑的电梯的控制电路中，还利用行程开关来控制开关轿门的速度、自动开关门的限位，轿厢的上、下限位保护。

行程开关按其结构可分为直动式、滚轮式、微动式和组合式，如图 1-22 所示。

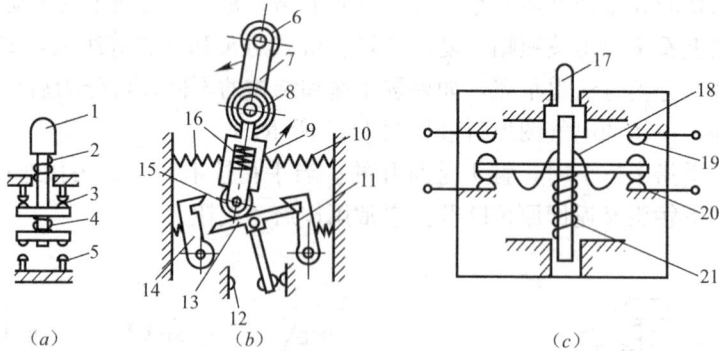

图 1-22 行程开关的结构图

(a) 直动式；(b) 滚动式；(c) 微动式

1—顶杆；2、8、10、6—弹簧；3、20—常闭触头；4—弹簧触头；5、19—常开触头；6—滚轮；7—上转臂；
9—套架；11、14—压板；12—触头；13—触头推杆；15—小滑轮；17—推杆；18—弯形片状弹簧；21—恢复弹簧

1. 直动式行程开关

如图 1-22 (a) 所示，其动作原理与控制按钮类似，是用运动部件上的撞块来碰撞行程开关的顶杆，使触点的开闭状态发生变化，触点已接在控制电路中，从而使相应的电器动作，达到控制的目的。直动式行程开关的优点是结构简单、成本较低；缺点是触点的分合速度取决于撞块移动速度，若撞块移动速度太慢，则触点就不能瞬时切换电路，使电弧在触点上停留时间过长，容易烧蚀触点。因此这种开关不宜用在撞块移动速度低于 0.4m/min 的场合。

2. 滚轮式行程开关

如图 1-22 (b) 所示，当被控机械上的撞块撞击带有滚轮的撞杆时，撞杆转向右边，带动凸轮转动，顶下推杆，使微动开关中的触头迅速动作。当运动机械返回时，在复位弹簧的作用下，各部分动作部件复位。滚轮式行程开关具体又分为单滚轮自动复位与双滚轮非自动复位两种形式。滚轮式行程开关的优点是：克服了直动式行程开关的缺点，触点的通断速度不受运动部件速度的影响，动作快。缺点是：结构复杂，

价格较贵。

3. 微动开关

如图 1-22（c）所示，微动开关是行程非常小的瞬时动作开关，其特点是操作力小和操作行程短，主要用于机械、纺织、轻工等各种机械设备中作限位保护与联锁保护等。微动开关也可以看成尺寸甚小而又非常灵敏的行程开关，微动开关的缺点是不耐用。

行程开关的型号含义和电气符号如图 1-23 所示。

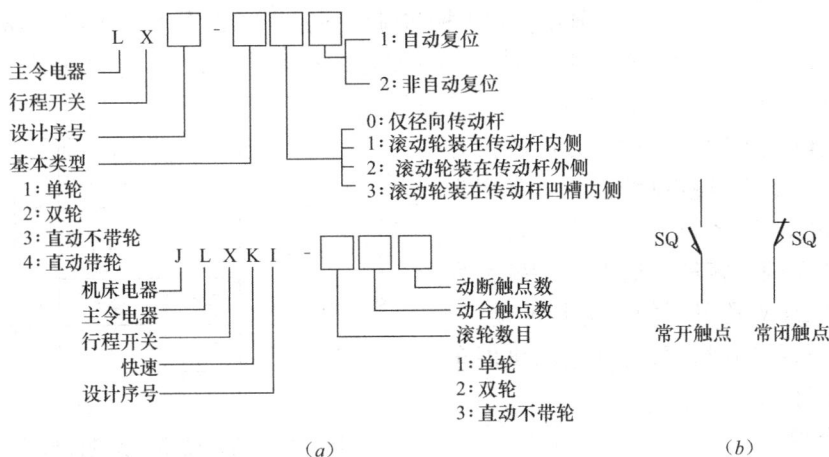

图 1-23 行程开关的型号含义和电气符号

4. 接近开关

接近开关是一种非接触式的位置开关。它由感应头、高频振荡器、放大器和外壳组成。当运动部件与接近开关的感应头接近时，就使其输出一个电信号。

接近开关的用途已经远远超出一般的行程开关的行程和限位保护，它还可以用于高速计数、测速、液面控制、检测金属体的存在、检测零件尺寸、无触点按钮及用做计算机或可编程控制器的传感器等。

接近开关按工作原理分为高频振荡型（检测各种金属）、永磁型及磁敏元件型、电磁感应型、电容型、光电型和超声波型等几种。常用的接近开关是高频振荡型，由振荡、检测、晶闸管等部分组成。

1.4.3 建筑电气常用万能转换开关和主令控制器

1. 万能转换开关

万能转换开关是一种多挡式、控制多回路的主令电器。万能转换开关主要用于各种控制线路的转换、电压表、电流表的换相测量控制、配电装置线路的转换和遥控等。万能转换开关还可以用于直接控制小容量电动机的启动、调速和换向。

如图 1-24 所示为万能转换开关单层的结构示意图。万能转换开关一般由操作机构、定位装置、面板、手柄及触点等部件组成。触点的分断与闭合由凸轮进行控制。由于每层凸轮可做成不同的形状，因此当手柄转到不同位置时，通过各层凸轮的作用，可以使各对触点按需要的规律接通和分断。

根据手柄的操作方式，万能转换开关可分为自复式和定位式两种。所谓自复式是指用

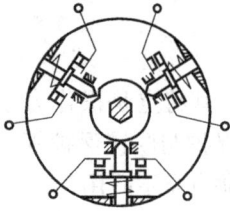

图 1-24 万能转换开关
结构示意图

手拨动手柄于某一挡位时，手松开后，手柄会自动返回原位；定位式则是指手柄被置于某挡位时，不能自动返回原位而停在该挡位。

万能转换开关的手柄操作位置是以角度表示的。不同型号的万能转换开关的手柄有不同万能转换开关的触头，其在电路图中的图形符号如图 1-25 所示。但由于其触头的分合状态与操作手柄的位置有关，所以除在电路图中画出触头图形符号外，还应画出操作手柄与触头分合状态的关系。图 1-25（a）中当万能转换开关打向左 45°时，触头 1-2、3-4、5-6 闭合，触头 7-8 打开；打向 0°时，只有触头 5-6 闭合，向右 45°时，触头 7-8 闭合，其余打开。

在建筑电气控制系统中，万能转换开关常用于水泵的电气控制线路中。常用产品有 LW5 和 LW6 系列。LW5 系列可控制 5.5kW 及以下的小容量电动机；LW6 系列只能控制 2.2kW 及以下的小容量电动机。用于可逆运行控制时，只有在电动机停车后才允许反向启动。

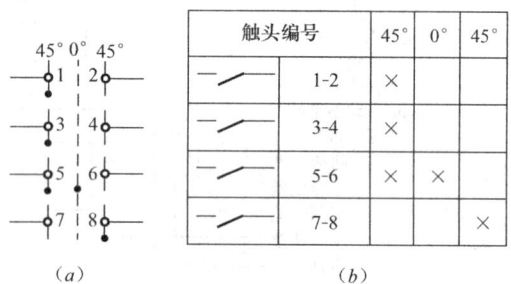

触头编号		45°	0°	45°
—	1-2	×		
—	3-4	×		
—	5-6	×	×	
—	7-8			×

（a） （b）

图 1-25 万能转换开关的图形符号
（a）图形符号；（b）触头闭合表

2. 主令控制器

主令控制器是一种频繁对电路进行接通和切断的电器。通过它的操作，可以对控制电路发布命令，与其他电路联锁或切换。常配合磁力启动器对绕线式异步电动机的启动、制动、调速及换向实行远距离控制，广泛用于建筑电气设备的控制系统和工业机电设备的控制系统中，如各类起重机械的拖动电动机的控制等。

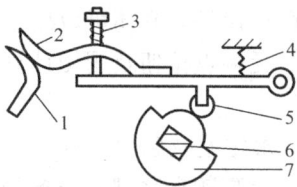

图 1-26 凸轮控制器结构图
1—静触头；2—动触头；3—触头弹簧；
4—弹簧；5—滚子；6—方轴；7—凸轮

主令控制器触点的图形符号及操作手柄在不同位置时的触点分合状态的表示方法与万能转换开关类似。与万能转换开关相比，主令控制器具有更多的挡位，具有操作比较轻便、允许每小时通电次数较多的特点，触点为双断点桥式结构。

从结构上讲，主令控制器分为两类；一类是凸轮可调式主令控制器；一类是凸轮固定式主令控制器。图 1-26所示为凸轮式主令控制器结构图，它主要由手柄、定位机构、转轴、凸轮和触头组成。

1.5 建筑电气常用接触器

接触器是通用电气元件，是一种自动控制开关设备，主要用于频繁接通或分断交、直流电路和大容量控制电路。与刀开关所不同的是它是利用电磁吸力和弹簧反作用力配合使触头自动切换的电器，它具有比工作电流大数倍的接通和分断能力，但不能分断短路电流，并具有体积小、价格低、维护方便、控制容量大、寿命长的特点，适于频繁操作和远距离控制。因此在电力拖动与自动控制系统中得到了广泛的应用。

接触器按其触头通过电流的种类可分为交流接触器和直流接触器。在建筑电气中常用的是交流接触器。

1.5.1　交流接触器

1. 交流接触器的组成

交流接触器外形及图形符号如图 1-27 所示，其文字符号为 KM。

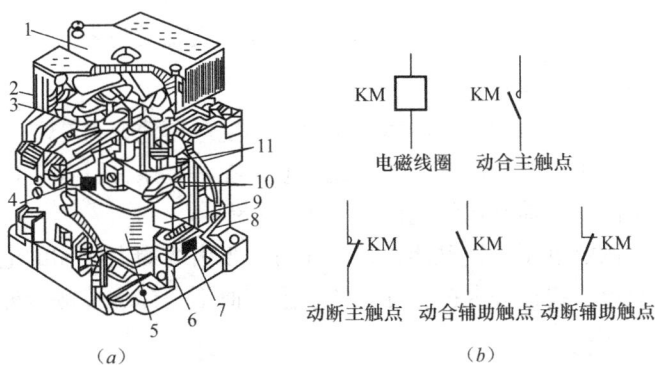

图 1-27　交流接触器外形及符号

(*a*) 结构；(*b*) 图形符号

1—灭弧罩；2—触点压力弹簧片；3—主触点；4—反作用弹簧；5—线圈；6—短路环；
7—静铁芯；8—弹簧；9—动铁芯；10—辅助动合触点；11—辅助动断触点

交流接触器主要由电磁系统、触头系统和灭弧装置及其他部件等四部分组成。

（1）电磁系统

电磁系统主要用于产生电磁吸力（动力）。它由电磁线圈（吸力线圈）、动铁芯（衔铁）和静铁芯等组成。交流接触器的电磁线圈是由绝缘铜导线绕制在铁芯上，铁芯由硅钢片叠压而成，以减少交流接触器吸合时产生的振动和噪声。

（2）触头系统

触头系统主要用于通断电路或者传递信号。它分为主触头和辅助触头，主触头用以通断电流较大的主电路，一般由三对动合触头组成；辅助触头用以通断电流较小的控制电路，一般有动合和动断两对触头，常在控制电路中起电气自锁或互锁作用。

（3）灭弧装置

灭弧装置用来熄灭触头在切断电路时所产生的电弧，保护触头不受电弧灼伤。在交流接触器中常采用的灭弧方法有电动力灭弧和栅片灭弧。

（4）其他部件

其他部件包括反作用弹簧、缓冲弹簧、传动机构、接线柱和外壳等。

1.5.2　交流接触器型号和选择

1. 交流接触器的型号和主要技术参数

交流接触器的型号表示如下：

```
CJ □ - □ / □
```

主触点数
主触点额定电流
设计序号
交流接触器

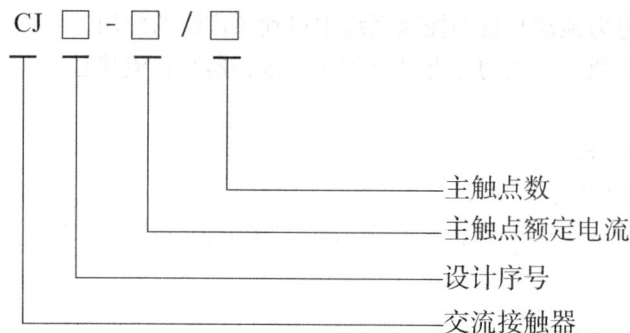

交流接触器的主要技术参数有：

（1）额定电压：指主触头的额定电压。常用的额定电压值有 220V、380V 和 660V 等。

（2）额定电流：指主触头的额定工作电流。它是在一定条件（额定电压、使用类别和操作频率等）下规定的，目前常用的电流等级为 5～800A。

（3）吸引线圈的额定电压：接触器正常工作时，吸引线圈上所加的电压值。一般该电压数值以及线圈的匝数、线径等数据均标于线包上，而不是标于接触器外壳铭牌上，使用时应加以注意。

（4）动作值：指接触器的吸合电压和释放电压。吸合电压是指接触器吸合前，缓慢增加吸合线圈两端的电压，接触器可以吸合时的最小电压。释放电压是指接触器吸合后，缓慢降低吸合线圈的电压，接触器释放时的最大电压。一般规定，吸合电压不低于线圈额定电压的 85%，释放电压不高于线圈额定电压的 70%。

（5）额定操作频率：指每小时允许的操作次数。接触器在吸合瞬间，吸引线圈需消耗比额定电流大 5～7 倍的电流，如果操作频率过高，则会使线圈严重发热，直接影响接触器的正常使用。一般为 300 次/h、600 次/h 和 1200 次/h。

（6）寿命：包括机械寿命和电气寿命。接触器是频繁操作电路，应有较高的机械寿命和电气寿命，该指标是产品质量的重要指标之一。

2. 建筑电气中交流接触器的选择

（1）根据建筑电气负载的性质选择交流接触器的类型。

（2）交流接触器的额定电压应大于或等于建筑电气负载回路的额定电压。

（3）交流接触器的吸引线圈额定电压应与所接建筑电气系统控制电路的额定电压等级一致。

（4）额定电流应大于或等于被控建筑电气主回路的额定电流。根据建筑电气负载额定电流，交流接触器安装条件及电流流经触头的持续情况来选定交流接触器的额定电流。

1.6 建筑电气常用控制继电器

控制继电器是通用电气元件，也是建筑电气设备控制系统中最常用的电器之一。控制继电器主要用于电路的逻辑控制。控制继电器具有逻辑记忆功能，能组成复杂的逻辑控制电路。控制继电器用于将某种电量（如电压、电流）或非电量（如温度、压力、转速、时间等）的变化量转换为开关量，以实现对电路的自动控制功能。

控制继电器的种类很多，按输入量可分为电压继电器、电流继电器、时间继电器、速度继电器、压力继电器等；按工作原理可分为电磁式继电器、感应式继电器、电动式继电器、电子式继电器等；按用途可分为控制继电器、保护继电器等；按输入量变化形式可分为有无继电器和量度继电器。电压继电器、电流继电器、时间继电器、速度继电器、压力继电器是建筑电气系统中常用的控制继电器。

1.6.1　电磁式继电器

在建筑电气控制系统中常用的继电器大多数是电磁式继电器。电磁式继电器具有结构简单、价格低廉、使用维护方便、触点容量小（一般在 5A 以下）、触点数量多且无主辅之分、无灭弧装置、体积小、动作迅速、准确、控制灵敏、可靠等特点，因此广泛地应用于低压控制系统中。常用的电磁式继电器有电流继电器、电压继电器、中间继电器以及各种小型通用继电器等。

电磁式继电器的结构和工作原理与接触器相似，主要由电磁机构和触点组成。电磁式继电器也有直流和交流两种。图 1-28 为直流电磁式继电器结构示意图，在线圈两端加上电压或通入电流，产生电磁力，当电磁力大于弹簧反力时，吸动衔铁使常开常闭接点动作；当线圈的电压或电流下降或消失时衔铁释放，接点复位。

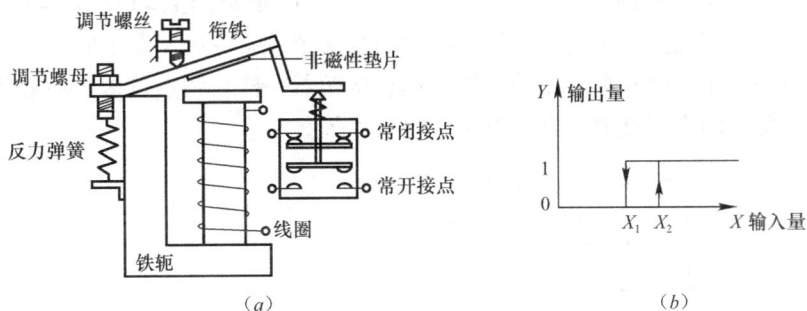

图 1-28　直流电磁式继电器结构示意图

(a) 直流电磁式继电器结构示意图；(b) 继电器输入—输出特性

1. 电磁式继电器的整定

继电器的吸动值和释放值可以根据保护要求在一定范围内调整，现以图 1-28 所示的直流电磁式继电器为例予以说明。

(1) 转动调节螺母，调整反力弹簧的松紧程度可以调整动作电流（电压）。弹簧反力越大动作电力（电压）就越大，反之就越小。

(2) 改变非磁性垫片的厚度。非磁性垫片越厚，衔铁吸合后磁路的气隙和磁阻就越大，释放电流（电压）也就越大，反之越小，而吸引值不变。

(3) 调节螺丝，可以改变初始气隙的大小。在反作用弹簧力和非磁性垫片厚度一定时，初始气隙越大，吸引电流（电压）就越大；反之就越小，而释放值不变。

2. 电磁式继电器的特性

继电器的主要特性是输入—输出特性，又称为继电特性，如图 1-28 (b) 所示。

当继电器输入量 X 由 0 增加至 X_2 之前，输出量 Y 为 0。当输入量增加到 X_2 时，继电器吸合，输出量 Y 为 1，表示继电器线圈得电，常开接点闭合，常闭接点断开。当输入量继续增大时，继电器动作状态不变。

当输出量 Y 为 1 的状态下，输入量 X 减小，当小于 X_2 时 Y 值仍不变，当 X 再继续减小至小于 X_1 时，继电器释放，输出量 Y 变为 0，X 再减小，Y 值仍为 0。

在继电器特性曲线中，X_2 称为继电器的吸合值，X_1 称为继电器的释放值。$k = X_1/X_2$，称为继电器的返回系数，它是继电器的重要参数之一。

返回系数 k 值可以调节，不同场合对 k 值的要求不同。例如一般控制继电器要求 k 值低些，在 $0.1 \sim 0.4$ 之间，这样继电器吸合后，输入量波动较大时不致引起误动作。保护继电器要求 k 值高些，一般在 $0.85 \sim 0.9$ 之间。k 值是反映吸力特性与反力特性配合紧密程度的一个参数，一般 k 值越大，继电器灵敏度越高，k 值越小，灵敏度越低。

1.6.2　中间继电器

中间继电器是建筑电气控制系统中常用的继电器之一。它的结构和接触器基本相同，如图 1-29 （a）所示，其图形符号如图 1-29 （b）所示。

中间继电器在控制电路中起逻辑变换和状态记忆的功能，以及用于扩展接点的容量和数量。另外，在控制电路中还可以调节各继电器、开关之间的动作时间，防止电路误动作的作用。中间继电器实质上是一种电压继电器，它是根据输入电压的有或无而动作的，一般触点对数多，触点容量额定电流为 $5 \sim 10A$ 左右。中间继电器体积小，动作灵敏度高，一般不用于直接控制电路的负荷，但当电路的负荷电流在 $5 \sim 10A$ 以下时，也可代替接触器起控制负荷的作用。中间继电器的工作原理和接触器一样，触点较多，一般为四常开和四常闭触点。常用的中间继电器型号有 JZ7、JZ14 等。

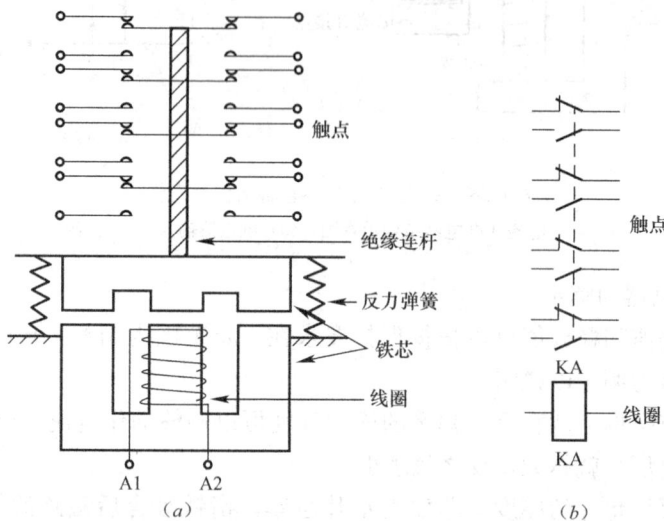

图 1-29　中间继电器的结构示意图及图形符号
（a）中间继电器示意图；（b）中间继电器图形符号

1.6.3　电流继电器和电压继电器

1. 电流继电器

电流继电器的输入量是电流，它是根据输入电流大小而动作的继电器。电流继电器的线圈串入电路中，以反映电路电流的变化，其线圈匝数少、导线粗、阻抗小。电流继电器可分为欠电流继电器和过电流继电器。

欠电流继电器用于欠电流保护或控制，如直流电动机励磁绕组的弱磁保护、电磁吸盘中的欠电流保护、绕线式异步电动机启动时电阻的切换控制等。欠电流继电器的动作电流整定范围为线圈额定电流的 30%～65%。需要注意的是，欠电流继电器在电路正常工作时，电流正常不欠电流时，欠电流继电器处于吸合动作状态，常开接点处于闭合状态，常闭接点处于断开状态；当电路出现不正常现象或故障现象导致电流下降或消失时，继电器中流过的电流小于释放电流而动作，所以欠电流继电器的动作电流为释放电流而不是吸合电流。

过电流继电器用于过电流保护或控制，如起重机电路中的过电流保护。过电流继电器在电路正常工作时过过正常工作电流，正常工作电流小于继电器所整定的动作电流，继电器不动作，当电流超过动作电流整定值时才动作。过电流继电器动作时其常开接点闭合，常闭接点断开。过电流继电器整定范围为额定电流的 110%～400% 额定电流，其中交流过电流继电器为额定电流的 110%～400%，直流过电流继电器为额定电流的 70%～300%。

常用的电流继电器的型号有 JL12、JL15 等。

电流继电器作为保护电器时，其图形符号如图 1-30 所示。

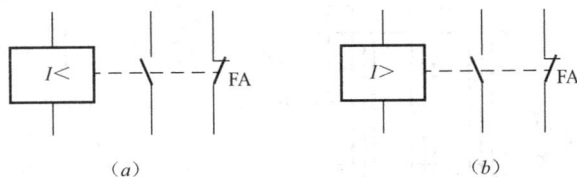

图 1-30　电流继电器的图形符号

(a) 欠电流继电器；(b) 过电流继电器

2. 电压继电器

电压继电器的输入量是电路的电压大小，其根据输入电压大小而动作。与电流继电器类似，电压继电器也分为欠电压继电器和过电压继电器两种。过电压继电器动作电压范围为额定电压的 105%～120%；欠电压继电器吸合电压动作范围为额定电压的 20%～50%，释放电压调整范围为额定电压的 7%～20%；零电压继电器当电压降低至额定电压的 5%～25% 时动作，它们分别起过压、欠压、零压保护。电压继电器工作时并联在电路中，因此线圈匝数多、导线细、阻抗大，反映电路中电压的变化，用于电路的电压保护。

电压继电器常用在电力系统继电保护中，在低压控制电路中使用较少。

电压继电器作为保护电器时，其图形符号如图 1-31 所示。

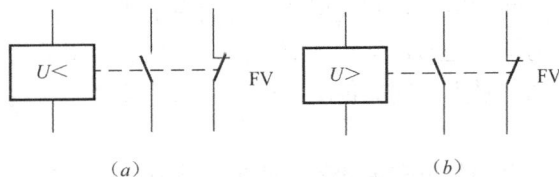

图 1-31　电压继电器的图形符号

(a) 欠电压继电器；(b) 过电压继电器

1.6.4　热继电器

热继电器是通用电气元件，也是建筑电气设备中最常用的电器元件。热继电器主要用于电力拖动系统中电动机的过负荷保护。如起重机、电梯、供水设备等的电动机保护。

电动机在实际运行中，常会遇到因电气或机械原因等引起的过电流（过负荷和断相）现象。如果过电流不严重，持续时间短，绕组不会超过允许温升，这种过电流是允许的；如果过电流情况严重，持续时间较长，则会加速电动机绝缘的老化，缩短电动机的使用年限，甚至烧毁电动机。因此，在电动机回路中必须设置保护装置。

1. 热继电器的结构与工作原理

热继电器是利用电流的热效应来切断电路的保护电器，主要由发热元件、双金属片和触头及动作机构等部分组成。图1-32（a）所示是双金属片式热继电器的结构示意图，图1-32（b）所示是其图形符号。由图可见，热继电器主要由双金属片、热元件、复位按钮、传动杆、拉簧、调节旋钮、复位螺丝、触点和接线端子等组成。双金属片是一种将两种线膨胀系数不同的金属用机械辗压方法使之形成一体的金属片。膨胀系数大的（如铁镍铬合金、铜合金或高铝合金等）称为主动层，膨胀系数小的（如铁镍类合金）称为被动层。由于两种线膨胀系数不同的金属紧密地贴合在一起，当产生热效应时，使得双金属片向膨胀系数小的一侧弯曲，由弯曲产生的位移带动触头动作。

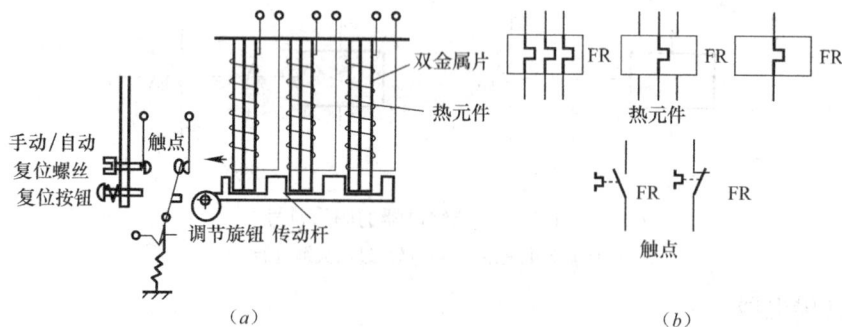

图1-32　热继电器结构示意图及图形符号
(a) 热继电器结构示意图；(b) 热继电器图形符号

热元件一般由铜镍合金、镍铬铁合金或铁铬铝等合金电阻材料制成，其形状有圆丝、扁丝、片状和带状几种。热元件串接于电动机的定子电路中，通过热元件的电流就是电动机的工作电流（大容量的热继电器装有速饱和互感器，热元件串接在其二次回路中）。当电动机正常运行时，其工作电流通过热元件产生的热量不足以使双金属片变形，热继电器不会动作。当电动机发生过电流且超过整定值时，双金属片的热量增大而发生弯曲，经过一定时间后，使触点动作，通过控制电路切断电动机的工作电源。同时，热元件也因失电而逐渐降温，经过一段时间的冷却，双金属片恢复到原来状态。

热继电器动作电流的调节是通过旋转调节旋钮来实现的。调节旋钮为一个偏心轮，调节旋钮可以改变传动杆和动触点之间的传动距离，距离越长，动作电流就越大；反之动作电流就越小。

热继电器复位方式有自动复位和手动复位两种，将复位螺丝旋入，使常开的静触点向动触点靠近，这样动触点在闭合时处于不稳定状态，在双金属片冷却后动触点也返回，为自动复位方式。如将复位螺丝旋出，触点不能自动复位，为手动复位方式。在手动复位方式下，需在双金属片恢复形状时按下复位按钮才能使触点复位。

2. 热继电器的型号与选择

我国目前生产的热继电器主要有JR0、JR1、JR2、JR9、JR10、JR15、JR16等系列。

JR1、JR2系列热继电器采用间接受热方式，其主要缺点是双金属片靠发热元件间接加热，热偶合较差；双金属片的弯曲程度受环境影响较大，不能正确反映负载的过电流情况。JR0、JR15、JR16等系列热继电器采用复合加热方式并采用了温度补偿元件，因此较能正确反映负载的工作情况。

热继电器主要用于电动机的过载保护，使用中应考虑电动机的工作环境、启动情况、负载性质等因素，具体应按以下几个方面来选择：

（1）热继电器结构型式的选择。星形接法的电动机可选用两相或三相结构热继电器，三角形接法的电动机应选用带断相保护装置的三相结构热继电器。

（2）热继电器的动作电流整定值一般为电动机额定电流的1.05～1.1倍。

（3）对于重复短时工作的电动机（如起重机电动机），由于电动机不断重复升温，热继电器双金属片的温升跟不上电动机绕组的温升，电动机将得不到可靠的过载保护。因此，不宜选用双金属片热继电器，而应选用过电流继电器或能反映绕组实际温度的温度继电器来进行保护。

1.6.5　时间继电器

时间继电器是通用电气元件，也是建筑电气设备中最常用的电器元件。时间继电器用来按照所需时间间隔，接通或断开被控制的电路，以协调和控制生产机械的各种动作，因此是按整定时间长短进行动作的控制电器。

1. 时间继电器的分类

时间继电器在控制电路中用于时间的控制。其种类很多，按其动作原理可分为电磁式、空气阻尼式、电动式和电子式等；按延时方式可分为通电延时型和断电延时型。

2. 空气阻尼式时间继电器的工作原理

下面以JS7型空气阻尼式时间继电器为例说明其工作原理。空气阻尼式时间继电器是利用空气阻尼原理获得延时的，它由电磁机构、延时机构和触头系统3部分组成。电磁机构为直动式双E型铁芯，触头系统借用LX5型微动开关，延时机构采用气囊式阻尼器。

空气阻尼式时间继电器可以做成通电延时型，也可改成断电延时型，电磁机构可以是直流的，也可以是交流的，如图1-33所示。现以通电延时型时间继电器为例介绍其工作原理。

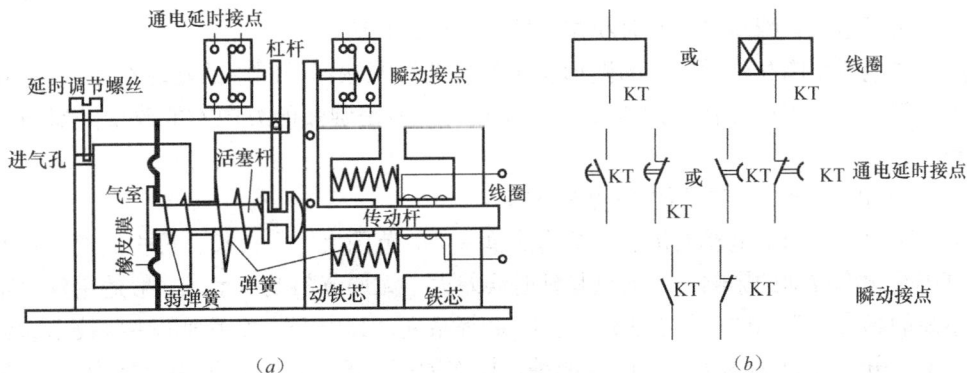

图1-33　空气阻尼式时间继电器示意图及图形符号（一）

（a）通电延时继电器示意图；（b）通电延时继电器图形符号；

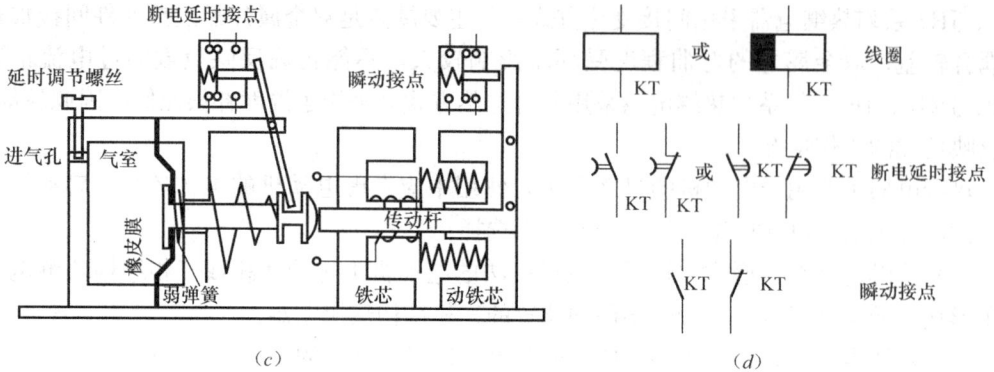

图 1-33　空气阻尼式时间继电器示意图及图形符号（二）

（c）断电延时继电器示意图；（d）断电延时继电器图形符号

图 1-33（a）中通电延时型时间继电器为线圈不得电时的情况，当线圈通电后，动铁芯吸合，带动 L 形传动杆向右运动，使瞬动接点受压，其接点瞬时动作。活塞杆在塔形弹簧的作用下，带动橡皮膜向右移动，弱弹簧将橡皮膜压在活塞上，橡皮膜左方的空气不能进入气室，形成负压，只能通过进气孔进气，因此活塞杆只能缓慢地向右移动，其移动的速度和进气孔的大小有关（通过延时调节螺丝调节进气孔的大小可改变延时时间）。经过一定的延时后，活塞杆移动到右端，通过杠杆压动微动开关（通电延时接点），使其常闭触头断开、常开触头闭合，起到通电延时作用。

当线圈断电时，电磁吸力消失，动铁芯在反力弹簧的作用下释放，并通过活塞杆将活塞推向左端，这时气室内的空气通过橡皮膜和活塞杆之间的缝隙排掉，瞬动接点和延时接点迅速复位，无延时。

如果将通电延时型时间继电器的电磁机构反向安装，就可以改为断电延时型时间继电器，如图 1-33（c）中断电延时型时间继电器所示。线圈不得电时，塔形弹簧将橡皮膜和活塞杆推向右侧，杠杆将延时接点压下（注意，原来通电延时的常开接点现在变成了断电延时的常闭接点了，原来通电延时的常闭接点现在变成了断电延时的常开接点），当线圈通电时，动铁芯带动 L 形传动杆向左运动，使瞬动接点瞬时动作，同时推动活塞杆向左运动，如前所述，活塞杆向左运动不延时，延时接点瞬时动作。线圈失电时，动铁芯在反力弹簧的作用下返回，瞬动接点瞬时动作，延时接点延时动作。

时间继电器线圈和延时接点的图形符号都有两种画法，线圈中的延时符号可以不画，接点中的延时符号可以画在左边也可以画在右边，但是圆弧的方向不能改变，如图 1-33（b）和（d）所示。

3. 空气阻尼式时间继电器的特点和选择

空气阻尼式时间继电器的优点是结构简单、延时范围大、寿命长、价格低廉，且不受电源电压及频率波动的影响；其缺点是延时误差大、无调节刻度指示，一般适用延时精度要求不高的场合。常用的产品有 JS7-A、JS23 等系列。其中 JS7-A 系列的主要技术参数为延时范围，分 0.4～60s 和 0.4～180s 两种，操作频率为 600 次/h，触头容量为 5A，延时误差为±15%。在使用空气阻尼式时间继电器时，应保持延时机构的清洁，防止因进气孔堵塞而失去延时作用。

时间继电器在选用时应根据控制要求选择其延时方式，根据延时范围和精度选择继电器的类型。

1.6.6　速度继电器

速度继电器又称为反接制动继电器，主要用于三相鼠笼型异步电动机的反接制动控制。图 1-34 为速度继电器的原理示意图及图形符号，它主要由转子、定子和触头 3 部分组成。转子是一个圆柱形永久磁铁，定子是一个鼠笼型空心圆环，由硅钢片叠成，并装有鼠笼型绕组。其转子的轴与被控电动机的轴相连接，当电动机转动时，转子（圆柱形永久磁铁）随之转动产生一个旋转磁场，定子中的鼠笼型绕组切割磁力线而产生感应电流和磁场，两个磁场相互作用，使定子受力而跟随转动，当达到一定转速时，装在定子轴上的摆锤推动簧片触点运动，使常闭触点断开，常开触点闭合。当电动机转速低于某一数值时，定子产生的转矩减小，触点在簧片作用下复位。

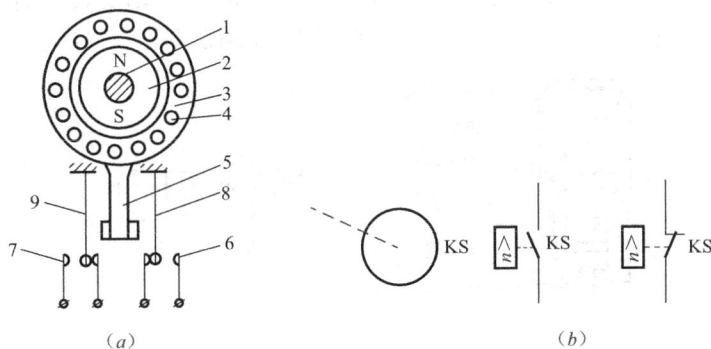

图 1-34　速度继电器的原理示意图及图形符号

1—转子；2—电动机轴；3—定子；4—绕组；5—定子柄；6—静触头；7—动触头；8、9—簧片

常用的速度继电器有 JY1 型和 JFZ0 型两种。其中 JY1 型可在 700～3600r/min 范围工作，JFZ0-1 型适用于 300～1000r/min，JFZ0-2 型适用于 1000～3000r/min。

一般速度继电器都具有两对转换触点，一对用于正转时动作，另一对用于反转时动作。触点额定电压为 380V，额定电流为 2A。通常速度继电器动作转速为 130r/min，复位转速在 100r/min 以下。

1.6.7　液位继电器和压力继电器

液位继电器和压力继电器是通用电气元件，在建筑电气系统中常用于检测液体的液位和压力，如高位水箱的液位和供水系统的压力检测等。

1. 液位继电器

液位继电器主要用于对液位的高低进行检测并发出开关量信号，以控制电磁阀、液泵等设备对液位的高低进行控制。液位继电器的种类很多，工作原理也不尽相同，下面介绍 JYF-02 型液位继电器。其结构示意图及图形符号如图 1-35 所示。浮筒置于液体内，浮筒的另一端为一根磁钢，靠近磁钢的液体外壁也装一根磁钢，并和动触点相连，当水位上升时，受浮力上浮而绕固定支点上浮，带动磁钢条向下，当内磁钢 N 极低于外磁钢 N 极时，由于液体壁内外两根磁钢同性相斥，壁外的磁钢受排斥力迅速上翘，带动触点迅速动作。同理，当液位下降，内磁钢 N 极高于外磁纲 N 极时，外磁钢受排斥力迅速下翘，带动触点迅速动作。液位高低的控制是由液位继电器安装的位置决定的。

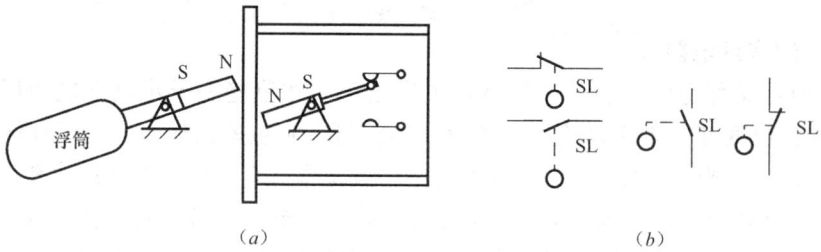

图 1-35　JYF-02 型液位继电器结构示意图及图形符号
(a) 液位继电器（传感器）示意图；(b) 图形符号

2. 压力继电器

压力继电器主要用于对液体或气体压力的高低进行检测并发出开关量信号，以控制电磁阀、液泵等设备对压力的高低进行控制。其结构示意图及图形符号如图 1-36 所示。

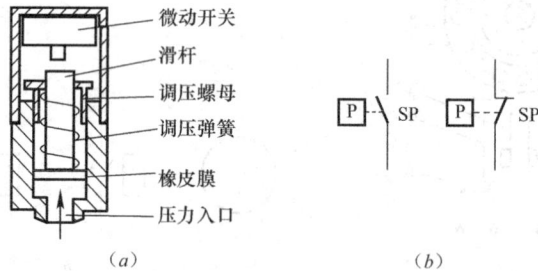

图 1-36　压力继电器结构示意图及图形符号
(a) 压力继电器（传感器）示意图；(b) 图形符号

压力继电器主要由压力传送装置和微动开关等组成，液体或气体压力经压力入口推动橡皮膜和滑杆，克服弹簧反力向上运动，当压力达到给定压力时，触动微动开关，发出控制信号，旋转调压螺母可以改变给定压力。

作为控制元件，概括起来，继电器有如下几种作用：（1）扩大控制范围。例如，多触点继电器控制信号达到某一定值时，可以按触点组的不同形式，同时换接、开断、接通多路电路。（2）放大。例如，灵敏型继电器、中间继电器等，用一个很微小的控制量，可以控制很大功率的电路。（3）综合信号。例如，当多个控制信号按规定的形式输入多绕组继电器时，经过比较综合，达到预定的控制效果。（4）自动、遥控、监测。例如，自动装置上的继电器与其他电器一起，可以组成程序控制线路，从而实现自动化运行。

1.7　建筑电气其他常用低压电器

1.7.1　建筑电气常用控制电磁铁

建筑电气常用的控制电磁铁有 MQ 型牵引电磁铁、MW 型起重电磁铁、MZ 型制动电磁铁等。

MQ 型牵引电磁铁常用于在低压交流电路中作为机械设备及各种自动化系统操作机构的远距离控制。

MW 型起重电磁铁用于安装在起重机械上吸引钢铁等磁性物质。

MZD 型单相制动电磁铁和 MZS 型三相制动电磁铁一般用于组成电磁制动器。由制动电磁铁组成的 TJ2 型交流电磁制动器的结构示意图如图 1-37（a）所示。通常电磁制动器和电动机轴安装在一起，其电磁制动线圈和电动机线圈并联，二者同时得电或电磁制动线圈先得电之后电动机紧随其后得电。电磁制动器线圈得电吸引衔铁使弹簧受压，闸瓦和固定在电动机轴上的闸轮松开，电动机旋转，当电动机和电磁制动器同时失电时，在压缩弹簧的作用下闸瓦将闸轮抱紧，使电动机制动。

电磁铁的图形符号和电磁制动器一样，文字符号为 YB。电磁制动器的图形符号如图 1-37（b）所示。

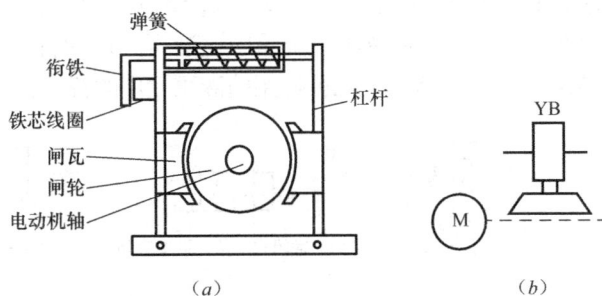

图 1-37　电磁制动器的示意图及图形符号

（a）电磁制动器结构示意图；（b）电磁制动器图形符号

1.7.2　建筑电气其他常用低压控制电器

1. 信号灯

信号灯也叫指示灯，是通用电气元件，在各种建筑电气设备及建筑电气线路中可作为电源指示、显示设备的工作状态以及操作警示等使用。

信号灯发光体主要有白炽灯、氖灯和发光二极管等。

信号灯有持续发光（平光）和断续发光（闪光）两种发光形式，一般信号灯用平光灯。

常用的信号灯型号有 AD11、AD30、ADJ1 等，信号灯的主要参数有工作电压、安装尺寸及发光颜色等。具体内容此处不多述，可进一步查阅相关参考手册。

2. 报警器

常用的建筑电气报警器有电铃和电喇叭等，一般电铃用于正常的操作信号（如设备启动前的警示）和设备的异常现象（如变压器的过载、漏油）。电喇叭用于设备的故障信号（如线路短路跳闸）。报警器的图形符号如图 1-38 所示。

图 1-38　报警器的图形符号

（a）电喇叭；（b）电铃；（c）蜂鸣器

3. 液压控制元件

随着计算机和自动控制技术的不断发展，液压控制技术与电气控制结合得越来越紧密。液压控制元件在建筑电气设备中也得到了广泛应用。液压传动具有运动平稳、可实现在大范围内无级调速、易实现功率放大等特点，被广泛地应用于工业生产的各个领域。液压传动系统由四种主要元件组成，即动力元件——液压泵、执行元件——液压缸和液压马达、控制元件——各种控制阀和辅助元件——油箱、油路、滤油器等。其中控制阀包括压力控制阀、流量控制阀、方向控制阀和电液比例控制阀等。压力控制阀用以调节系统的压力，如溢流阀、减压阀等；流量控制阀用以调节系统工作液流量大小，如节流阀、调速阀等；方向控制阀用以接通或关断油路，改变工作液体的流动方向，实现运动换相；电液比例控制阀用以开环或闭环控制方式对液压系统中的压力、流量进行有级或无级调节。液压元件的种类很多，这里介绍几种常用的液压元件及其符号。在液压系统图中，液压元件的符号只表示元件的职能，不表示元件的结构和参数。图 1-39 所示为几种常用的液压元件的符号。

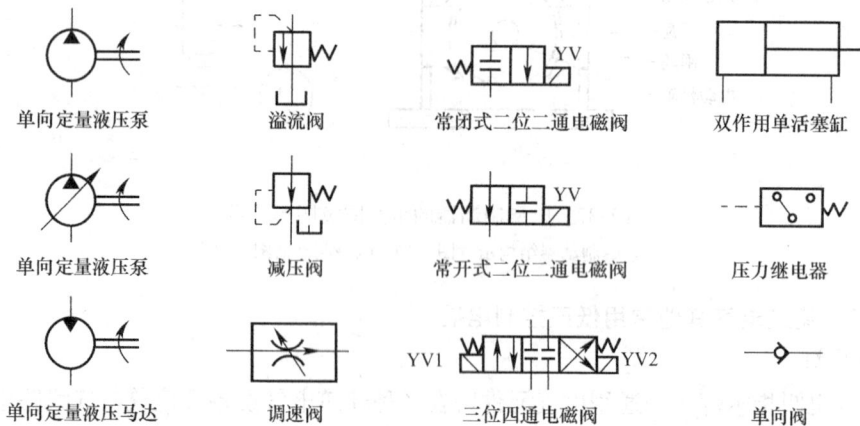

图 1-39　常用液压元件的符号

液压阀的控制有手动控制、机械控制、液压控制、电气控制等。电磁阀线圈的电气图形符号和电磁铁、继电器线圈一样，文字符号为 YV。具体内容此处不多述，可进一步查阅相关参考手册。

1.8　建筑电气元件的图形符号和文字符号

1.8.1　建筑电气元件的图形符号

建筑电气元件的图形符号是建筑电气设计人员的通用语言，国际上通用的电气图形符号标准是 IEC（国际电工委员会）标准。中国新的国家标准图形符号（GB）和 IEC 标准是一致的，国标序号为 GB4728。这些通用的电气符号在相关手册内都可查到。建筑电气的图形符号目前执行的国家标准是《电气简图用图形符号》GB/T 4728—1996～2000、《电气技术文件编制》GB/T 6988.1～4—2002 等新标准。标准给出了大量的常用电器图形符号，表示产品特征。通常用于较简单的电器作为一般符号。对于一些组合电器，不必考虑其内部细节时可用方框符号表示。

　　新的国家标准的一个显著特点就是图形符号可以根据需要进行组合，在该标准中除了提供了大量的一般符号之外，还提供了大量的限定符号和符号要素，限定符号和符号要素不能单独使用，它相当于一般符号的配件。将某些限定符号或符号要素与一般符号进行组合就可组成各种电气图形符号，如图 1-40 所示。

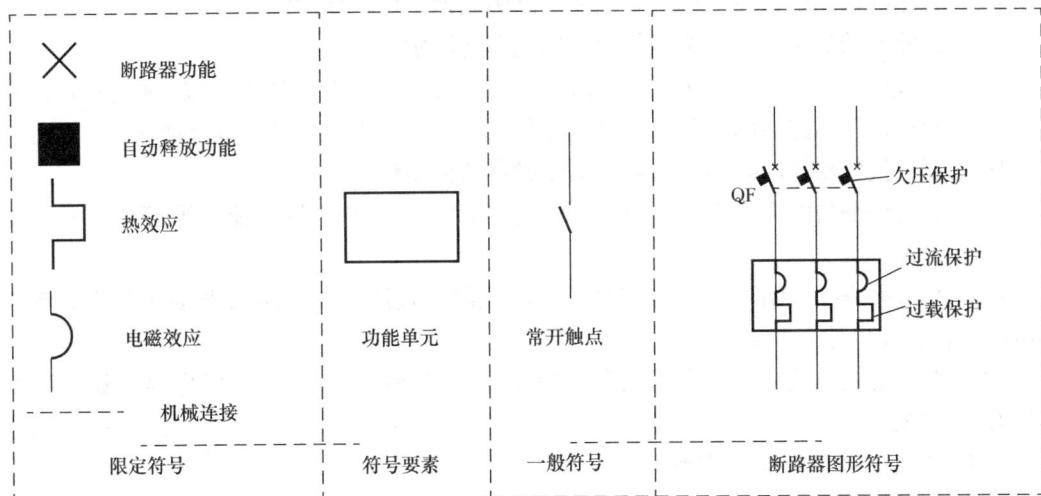

图 1-40　断路器图形符号的组成

1.8.2　建筑电气元件的文字符号

　　建筑电气元件的文字符号是在建筑电气元件图形符号旁标注的文字代号，起辅助说明作用，是建筑电气设计人员的通用语言文字符号。目前执行的国家标准是《电气技术中的文字符号制定通则》GB/T 7159—1987，在标准中将所有的电气设备、装置和元件分成 23 大类，每个大类用一个大写字母表示。文字符号分为基本文字符号和辅助文字符号。

　　基本文字符号分为单字母符号和双字母符号两种。单字母符号应优先采用，每个单字母符号表示一个电器大类。如 C 表示电容器类、R 表示电阻器类等。

　　双字母符号由一个表示种类的单字母符号和另一个字母组成，第一个字母表示电器的大类，第二个字母表示对某电器大类的进一步划分。例如 G 表示电源大类，GB 表示蓄电池；S 表示制电路开关，SB 表示按钮，SP 表示压力传感器（继电器）。

　　文字符号用于标明电器的名称、功能、状态和特征。同一电器如果功能不同，其文字符号也不同，例如照明灯的文字符号为 EL，信号灯的文字符号为 HL。

　　辅助文字符号表示电气设备、装置和元件的功能、状态和特征，由 1～3 位英文名称缩写的大写字母表示。例如辅助文字符号 BW（Backward 的缩写）表示向后，P（Pressure 的缩写）表示压力。辅助文字符号可以和单字母符号组合成双字母符号。例如单字母符号 K（表示继电器接触器大类）和辅助文字符号 AC（交流）组合成双字母符号 KA，表示交流继电器；单字母符号 M（表示电动机大类）和辅助文字符号 SYN（同步）组合成双字母符号 MS，表示同步电动机。辅助文字符号可以单独使用。常用的建筑电气元件图形符号和文字符号见附录。

思考题与习题

1-1　低压电器的分类有哪几种?

1-2　常用的低压电器有哪些? 它们在电路中起何种保护作用?

1-3　熔断器的额定电流、熔体的额定电流有何区别?

1-4　闸刀开关在安装时,为什么不能倒装? 如果将电源线接在闸刀下端,有什么问题?

1-5　根据低压断路器的原理图,说明在什么情况下自由脱扣机构可以动作?

1-6　复合按钮动作时,动合触点和动断触点如何动作?

1-7　交流接触器线圈断电后,动铁芯不能立即释放,电动机不能立即停止,原因是什么?

1-8　交流电磁线圈错误接入对应直流电压电源,直流电磁线圈错误接入对应交流电压电源,将会发生什么现象? 为什么?

1-9　在电动机主电路中装有熔断器,为什么还要装热继电器? 热继电器与熔断器的作用有何不同?

1-10　接触器选用的原则是什么?

1-11　交流电磁式继电器与直流电磁式继电器以什么来区分?

1-12　过电压继电器与过电流继电器的整定范围各是多少?

1-13　中间继电器与电压继电器在结构上有哪些异同点? 在电路中各起什么作用?

1-14　电磁式继电器的选择要点是什么?

1-15　简述电磁阻尼式时间继电器延时工作原理及调节延时方法。

1-16　对于星形联结三相感应电动机可用一般三相热继电器作断相保护吗? 对于三角形联结三相感应电动机必须使用三相具有断相保护的热继电器,对吗?

1-17　比较电磁阻尼式、空气阻尼式、电动式、电子式时间继电器的工作原理、应用场合。

1-18　简述双金属片式热继电器的结构与工作原理。

1-19　如何选择热继电器?

1-20　热继电器与熔断器在电路中功能有何不同?

1-21　熔断器的额定电流、熔体的额定电流和熔断器的极限分断电流,三者各有何不同?

1-22　低压断路器具有哪些脱扣装置? 试分别叙述其功能。

1-23　如何选用塑壳式断路器?

1-24　控制按钮有哪些主要参数? 如何选用?

1-25　主令开关的主要参数有哪些? 如何选用?

1-26　什么是建筑电气元件图中的元件图形符号和文字符号?

第 2 章　建筑电气常用继电接触控制线路与典型控制系统分析

建筑电气控制系统的控制方法，主要有继电接触器逻辑控制、可编程逻辑控制、PLC控制、DDC控制器控制、计算机控制（单片机、DSP控制器等）等方法。主要由继电器和接触器等控制电器组成的自动控制系统，称为继电器—接触器逻辑控制系统，简称继电接触控制系统。继电接触器逻辑控制是由各种有触点电器，如接触器、继电器、按钮、开关等组成，具有结构简单、价格便宜、抗干扰能力强等优点，可应用于各类生产设备及控制、远距离控制和生产过程自动控制，是传统的电气控制技术，也是建筑电气控制系统常用的控制技术。目前我国工业生产和建筑电气控制系统中应用最广泛、最基本的控制仍是继电接触器控制。任何复杂的控制电路或系统，都是由一些比较简单的基本控制环节、保护环节根据不同要求组合而成。因此本章主要介绍继电接触控制的基本线路和典型建筑电气设备的继电接触控制系统分析，掌握这些基本控制环节是学习以后各章和电气控制技术的基础。

2.1　建筑电气常用继电接触控制的基本线路

2.1.1　点动控制和连续控制

1. 点动控制

所谓点动，即按下按钮时电动机转动工作，松开按钮时电动机停止工作。点动控制线路如图 2-1 所示，图中左侧部分为主回路，三相电源经刀开关 QS、熔断器 FU 和接触器 KM 的三对主触点，接到电动机定子绕组。主电路中流过的电流是电动机工作电流，电流值较大。右侧部分为控制电路，由按钮 SB 和接触器 KM 线圈串联而成，控制电路的电流较小。

线路的工作原理：合上刀开关 QS 后，因未按下点动按钮 SB，接触器 KM 线圈没有得电，KM 的主触点断开，电动机 M 不得电，所以不会启动。

按下点动按钮 SB 后，控制电路中接触器 KM 线圈得电，其主回路中的动合触点闭合，电动机得电启动运行。

松开按钮 SB 后，按钮在复位弹簧作用下自动复位断开，控制电路中 KM 线圈失电，主电路中 KM 触点恢复断开状态，电动机断电直至停止运行。

该控制电路中，QS 为刀开关，不能直接控制电动机，只能起电源引入的作用。主回路熔断器 FU1 起短路保护作用，如发生三相电路的任两路熔断器相之间短路，或是任一相电路发生对地短路，短路电流使熔断器迅速熔断，从而切断主电路电源，实现对电动机的短路保护。

点动控制电路常用于短时工作制电气设备或需精确定位场合，如门窗的启闭控制或吊车吊钩移动控制等。点动控制基本环节一般是在接触器线圈中串接常开控制按钮，在实际控制线路中有时也用继电器常开触头代替按钮控制。

2. 连续控制

连续控制亦称长动控制，是指按下按钮后，电动机通电启动运转，松开按钮后，电动机仍然继续运行，只有按下停止按钮，电动机才失电直至停转。连续控制与点动控制的主要区别在于松开启动按钮后，电动机能否继续保持得电运行的状态。如所设计的控制线路能满足松开启动按钮后，电动机仍然保持运转，即完成了连续控制，否则就是点动控制。

连续控制线路如图 2-2 所示，比较图 2-1 的点动控制线路可见，连续控制线路是在点动控制线路的启动按钮 SB2 两端并联一个接触器 KM 的辅助动合触点，另串联一个动断停止按钮 SB1。

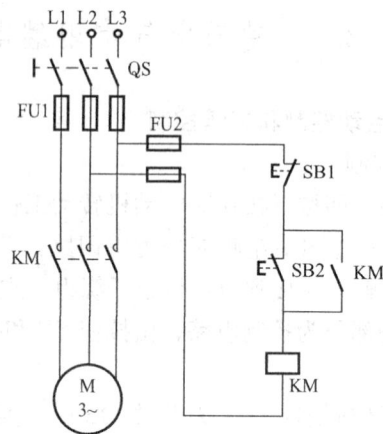

控制线路的工作原理：合上刀开关 QS，按下按钮 SB2，KM 线圈得电，KM 主触点闭合，电动机 M 启动；KM 辅助触点闭合自锁。按下按钮 SB1，KM 线圈断电，电动机 M 停止。

接触器的动合触点称为自锁触点。自锁是依靠接触器自身的辅助触点来保证线圈继续通电的现象。带有自锁功能的控制线路具有失压（零压）和欠压保护作用。即一旦发生断电或者电源电压下降到一定值（一般降到额定值85％以下）时，自锁触点就会断开，接触器 KM 线圈就会断电，不再按下启动按钮 SB2，电动机将无法自行启动。只有在操作人员再次按下启动按钮 SB2，电动机才能重新启动，从而保证人身和设备的安全。

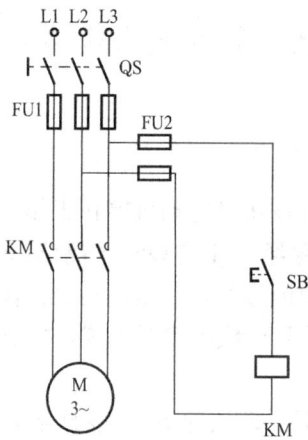

图 2-1　点动控制线路　　　　图 2-2　连续控制线路

2.1.2　多地控制和互锁控制

1. 多地控制

在大型设备中，为了操作方便，常常要求能在多个地点进行控制。图 2-3 为两地控制的控制线路。其中 SB1、SB3 为安装在甲地的启动按钮和停止按钮，SB2、SB4 为安装在乙地的启动按钮和停止按钮。线路的特点是：启动按钮应并联接在一起，停止按钮应串联接在一起，这样就可以分别在甲、乙两地控制同一台电动机，达到操作方便的目的。对于三地或多地控制，只要将各地的启动按钮并联、停止按钮串联即可实现。

由此可以得出普遍结论：欲使几个电器都能控制接触器通电，则几个电器的动合触点应并联接到该接触器的启动按钮；欲使几个电器都能控制某个接触器断电，则几个电器的动断触点应串联接到该接触器的线圈电路中。

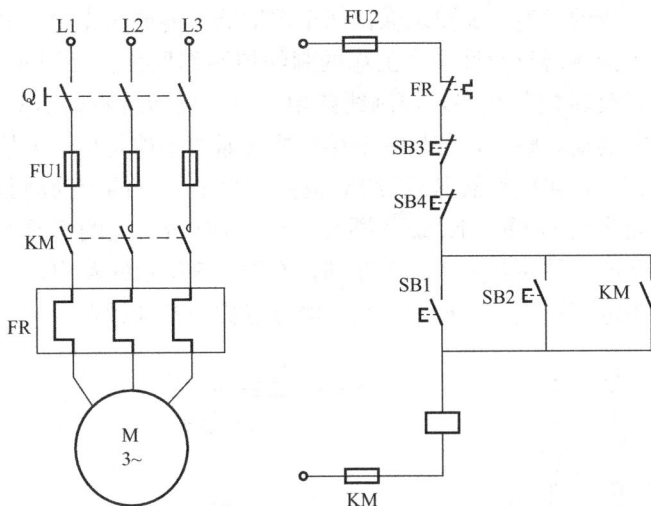

图 2-3　两地控制的控制线路

2. 互锁控制

各种生产机械和建筑机械常常要求具有上下、左右、前后等相反方向的运动，这就要求电动机能够正、反向运转。对于三相交流电动机，将三相交流电的任意两相对换即可改变定子绕组相序，实现电动机反转。图 2-4 是三相笼型异步电动机正、反转控制线路，图中 KM1、KM2 分别为正、反转接触器，其主触点接线的相序不同，KM1 按 U—V—W 相序接线，KM2 按 V—U—W 相序接线，即将 U、V 两相对调，所以两个接触器分别工作时，电动机的旋转方向不一样，实现电动机的可逆运转。

图 2-4 所示控制线路虽然可以完成正反转的控制任务，但这个线路存在重大缺陷，在按下正转按钮 SB2 后，KM1 通电并且自锁，接通正序电源，电动机正转。若发生错误操作，在电动机正转时按下反转按钮 SB3，KM2 通电并自锁，此时在主电路中将发生 U、V 两相电源短路事故。

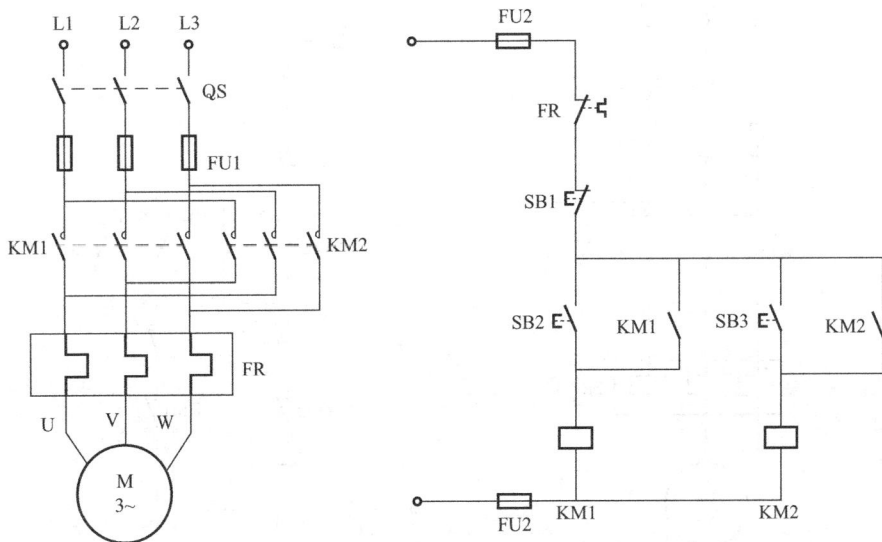

图 2-4　电动机的正反转控制电路

为了避免上述事故的发生，就要求保证两个接触器不能同时得电，必须相互制约，这种在同一时间里两个接触器只允许一个工作的制约控制作用称为互锁或联锁控制。图 2-5 为带互锁保护的正、反转控制线路，控制线路中，正、反转接触器 KM1 和 KM2 线圈支路都分别串联了对方的动断触点，任何一个接触器接通的条件是另一个接触器必须处于断电释放的状态。例如，正转接触器 KM1 线圈被接通得电，它的辅助动断触点被断开，将反转接触器 KM2 线圈支路切断，KM2 线圈在 KM1 接触器得电的情况下是无法接通得电的。两个接触器之间的这种相互关系称为互锁，在图 2-5 所示线路中，互锁是依靠电气元件来实现的，也称为电气互锁。实现电气互锁的触点称为互锁触点。

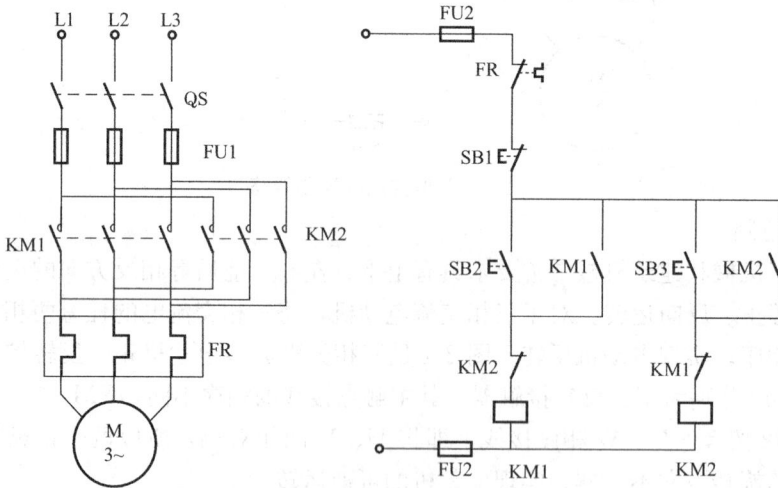

图 2-5　带互锁保护的正、反转控制线路

电气互锁正、反转控制线路存在的缺点是从一个转向过渡到另一个转向时，要先按停止按钮 SB1，不能直接过渡，显然这是十分不方便的。为了解决这个问题，在生产上通常采用复式按钮触点构成的机械互锁线路，如图 2-6 所示。

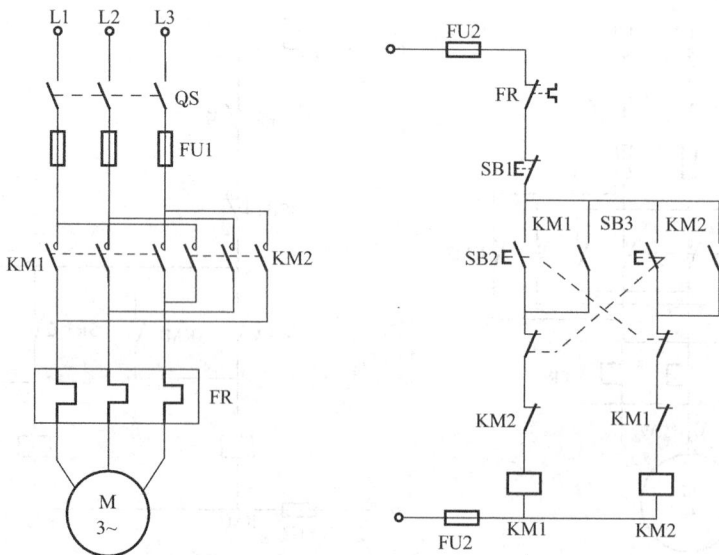

图 2-6　双重联锁的电动机正反转控制电路

在图 2-6 中，保留了由接触器动断触点组成的电气互锁，并增加了由按钮 SB2 和 SB3 的动断触点组成的机械联锁。这样，当电动机由正转变为反转时，只需按下反转按钮 SB3，便会通过 SB3 的动断触点先断开 KM1 电路，KM1 失电，互锁触点复位闭合，继续按下 SB3，KM2 线圈得电，其主触点闭合，实现了电动机反转，当电动机由反转变为正转时，按下 SB2，原理与前一样。

该线路结合了电气互锁和按钮互锁的优点，是一种比较完善的既能实现正、反转直接启动的要求，又具有较高可靠性的控制线路。这种电路广泛应用在电力拖动控制系统中。

2.1.3　行程控制

常用的行程控制有单行程控制和自动往复行程控制两种，下面分别介绍。

1. 单行程控制

如图 2-7 所示，为建筑吊车的行程控制，图中安装了行程开关 SQF 和 SQZ，将它们的动断触点串接在电动机正反转接触器 KMF 和 KMR 的线圈回路中。当按下正转按钮 SBF 时，正转接触器 KMF 通电，电动机正转，此时吊车上升，到达顶点时吊车撞块顶撞行程开关 SQF，其动断触点断开，使接触器线圈 KMF 断电，于是电动机停转，吊车不再上升（此时应有抱闸将电动机转轴抱住，以免重物滑下）。此时即使再误按 SBR，接触器线圈 KMR 也不会通电，从而保证吊车不会运行超过 SQF 所在的极限位置。

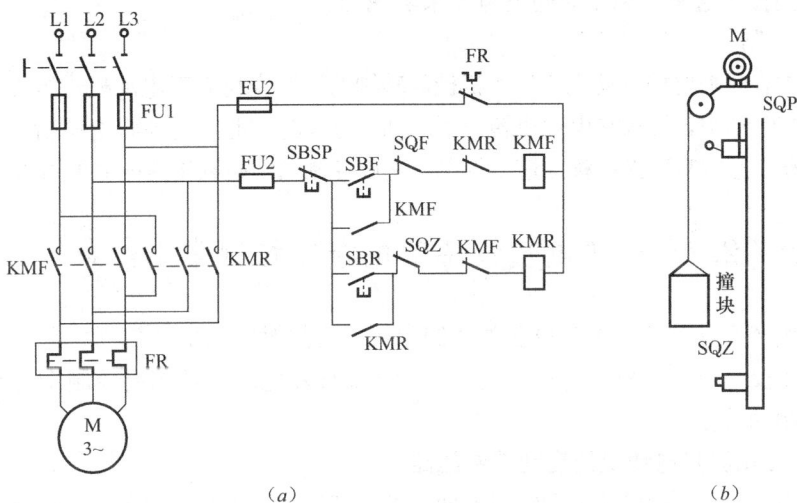

图 2-7　建筑吊车的限位行程控制

（a）控制线路；（b）限位开关位置

当按下反转按钮 SBR 时，反转接触器 KMR 通电，电动机反转，吊车下降，到达下端终点时顶撞行程开关 SQZ，电动机停转，吊车不再下降。

2. 自动往复行程控制

如图 2-8 所示，按下正向启动按钮 SB1，电动机正向启动运行，带动工作台向左运动。当运行到 SQ2 位置时，挡块压下 SQ2，接触器 KM1 断电释放，KM2 通电吸合，电动机反向启动运行，使工作台向右运动。工作台运动到 SQ1 位置时，挡块压下 SQ1，KM2 断电释放，KM1 通电吸合，电动机又正向启动运行，工作台又向左运动，如此一直循环下去，直到需要停止时按下 SB3，KM1 和 KM2 线圈同时断电释放，电动机脱离电源停止转动。

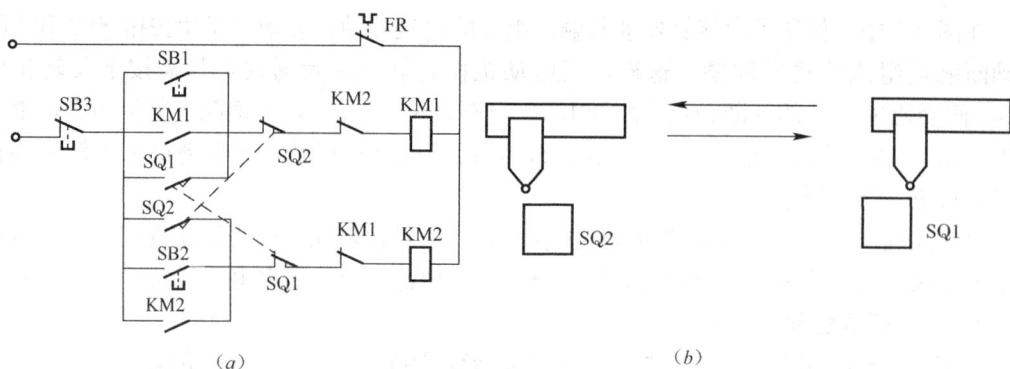

图 2-8 行程往返控制

(a) 自动往返控制电路；(b) 往返运动图

2.1.4 时间控制和速度控制

1. 时间控制

在生产中经常需要按一定的时间间隔来对生产机械进行控制，例如电动机的降压启动需要一定的时间，然后才能加上额定电压；在一条自动生产线中的多台电动机，常需要分批启动，在第一批电动机启动后，需经过一定时间才能启动第二批。这类自动控制称为时间控制。时间控制通常是利用时间继电器来实现的。

2. 速度控制

在生产中有时需要按电动机或生产机械的转轴的转速变化来对电动机进行控制，例如在电动机的反接制动中，要求在电动机转速下降到接近零时，能及时地将电源断开，以免电动机反方向转动。这类自动控制称为速度控制，速度控制通常是利用速度继电器来实现的。

2.2 建筑电气设备继电接触控制常用线路

在各种生产机械和建筑电气设备的控制中，主要是对电动机的控制。在建筑电气设备的控制中，主要是对交流异步电动机的控制，交流异步电动机常用的控制主要有启动、停止、调速、制动等控制。

2.2.1 三相异步电动机的启动控制线路

三相异步电动机包括鼠笼型和绕线型两大类，其启动方法有直接启动和降压启动两种。

直接启动亦称为全电压启动，电动机容量在 7.5kW 以下者，一般采用全电压直接启动方式。三相鼠笼型异步电动机直接启动的方法有采用刀开关直接启动控制和采用接触器直接启动控制。

如果电动机的容量较大（大于 7.5kW），可采用降压启动的方法，对于鼠笼型异步电动机可采用定子绕组串电阻（电抗）启动、Y—△ 降压启动、自耦变压器降压启动和延边三角形降压启动等方式；对于绕线型异步电动机，还可采用转子串电阻启动或转子串频敏变阻器启动等方式。降压启动的实质是，启动时小加在电动机定子绕组上的电压，以减小启动电流；而启动后再将电压恢复到额定值，电动机进入正常工作状态。

1. 直接启动和停止

如图 2-9 所示，是采用交流接触器直接启动控制线路，由主电路和控制电路组成。主电路由刀开关 QS、熔断器 FU、接触器 KM 的主触头、热继电器 FR 的发热元件和电动机 M 组成，控制电路由停止按钮 SB2、启动按钮 SB1、接触器 KM 的常开辅助触头和线圈、热继电器 FR 的常闭触点组成。

（1）启动控制

按下启动按钮 SB1，接触器 KM 线圈通电，与 SB1 并联的 KM 的辅助常开触点闭合，以保证松开按钮 SB1 后 KM 线圈持续通电，串联在电动机回路中的 KM 的主触点闭合，电动机连续运转，从而实现连续运转控制。

（2）停止控制

按下停止按钮 SB2，接触器 KM 线圈断电，与 SB1 并联的 KM 的辅助常开触点断开，以保证松开

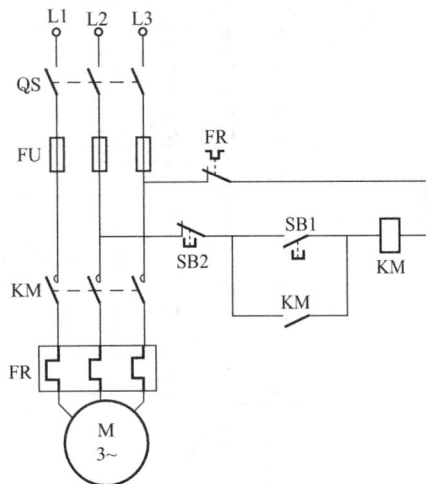

图 2-9　接触器直接启动
和停止控制线路

按钮 SB2 后 KM 线圈持续失电，串联在电动机回路中的 KM 的主触点断开，电动机停转。

图 2-9 所示的启动控制线路还可实现短路保护、过载保护和失压（或欠压）保护。起短路保护的是串接在主电路中的熔断器 FU。一旦电路发生短路故障，熔体立即熔断，电动机立即停转。

起过载保护的是热继电器 FR。当过载时，热继电器的发热元件发热，将其常闭触点断开，使接触器 KM 线圈断电．串联在电动机回路中的 KM 的主触点断开，电动机停转。同时 KM 辅助触点也断开，解除自锁。故障排除后若要重新启动，需按下 FR 的复位按钮，使 FR 的常闭触点复位（闭合）即可。

起失压（或欠压）保护的是接触器 KM 本身。当电源暂时断电或电压严重下降时，接触器 KM 线圈的电磁吸力不足，衔铁自行释放，使主、辅触点自行复位，切断电源，电动机停转，同时解除自锁。

2. 降压启动

三相异步电动机采用直接启动时，虽然控制线路结构简单、使用维护方便，但启动电流很大（约为正常工作电流的 4～7 倍），这样大的启动电流不仅会减低电动机的寿命，而且还会使变压器二次电压大幅下降，引起电源电压波动，影响同一供电网路中其他设备的正常运行。所以对于容量较大的电动机来说必须采用降压启动的方法，以限制其启动电流。

（1）定子串电阻降压启动控制电路

图 2-10 所示为定子绕组串电阻降压启动控制线路图。这种控制线路是根据启动所需时间，利用时间继电器控制切除降压电阻的。启动时在三相定子绕组中串入电阻 R，使电动机定子绕组电压降低，启动结束后再将电阻 R 短接，使电动机全压运行。

启动过程如下：合上刀开关 QS，按下启动按钮 SB2，接触器 KM1 线圈得电，使得 KM1 主触头闭合，定子绕组串电阻 R 启动。在接触器 KM1 线圈得电的同时，时间继电器 KT 通电开始计时，当达到时间继电器的整定值时，时间继电器 KT 常开触头闭合，使接触器 KM2 线圈得电，这样一方面使得 KM2 主触头闭合，短接启动电阻 R，另一方面使 KM2 常闭辅助触头断开，从而使 KM1 和 KT 断电，电动机 M 投入全压运行。

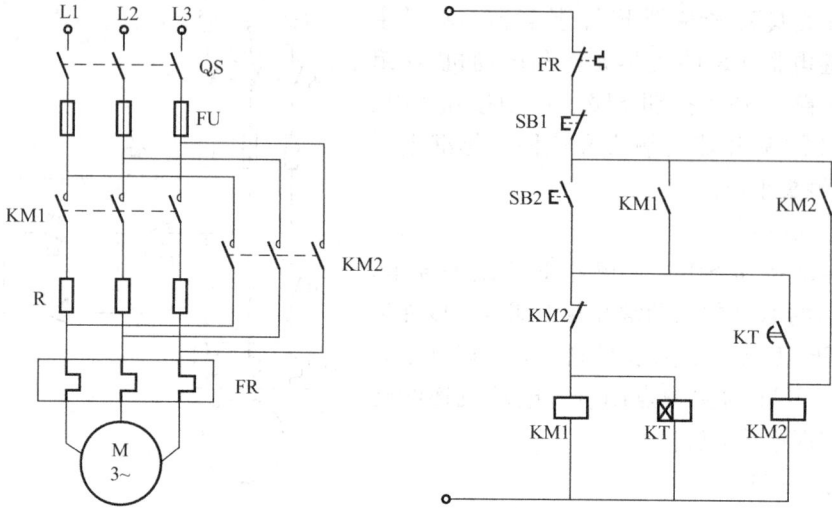

图 2-10　定子绕组串电阻降压启动控制线路

（2）Y—△降压启动

对于正常运行时电动机额定电压等于电源线电压，定子绕组为三角形连接方式的三相异步电动机，可以采用 Y—△降压启动。它是指启动时，将电动机定子绕组接成星形，待电动机的转速上升到一定值后，再换接成三角形连接。这样，电动机启动时每相绕组的工作电压为正常时绕组电压的 $1/\sqrt{3}$，启动电流为三角形直接启动时的 1/3。

图 2-11 为笼型异步电动机 Y—△降压启动的控制线路。启动过程如下：当合上刀开关 QS 以后，按下启动按钮 SB2，接触器 KM1 线圈、KM3 线圈以及通电延时型时间继电器 KT 线圈得电，电动机接成星形启动；同时通过 KM1 的动合辅助触点自锁，时间继电器开始定时。当电动机接近于额定转速，即时间继电器 KT 延时时间已到，KT 的延时断开动断触点断开，切断 KM3 线圈电路，KM3 断电释放，其主触点和辅助触点复位；同时，KT 的延时动合触点闭合，使 KM2 线圈得电并自锁，主触点闭合，电动机接成三角形运行。时间继电器 KT 线圈也因 KM2 动断触点断开而失电，时间继电器复位，为下一次启

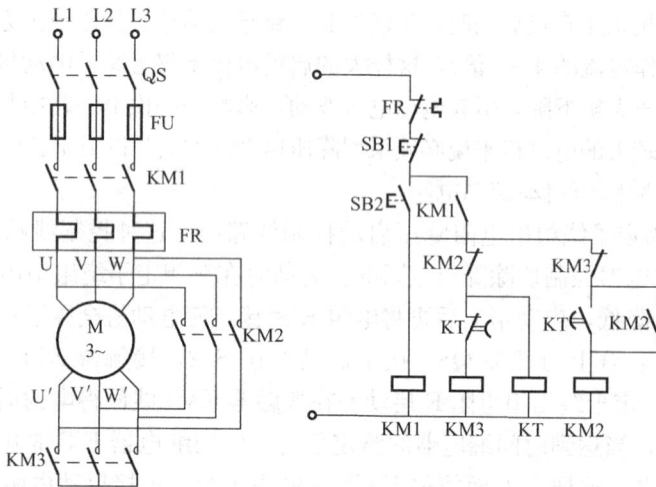

图 2-11　Y—△降压启动控制电路

动做好准备。图中的 KM2、KM3 动断触点是互锁控制，防止 KM2、KM3 线圈同时得电而造成电源短路。

与其他方法相比，该线路成本较低，结构简单，其缺点是启动转矩小。因而这种启动方法适用于小容量电机及电动机轻载启动的场合。

（3）自耦变压器降压启动

自耦变压器降压启动是指电动机启动时利用自耦变压器来降低加在电动机定子绕组上的启动电压。待电动机启动后，再将自耦变压器切除，使电动机在全压下正常运行。控制线路如图 2-12 所示。

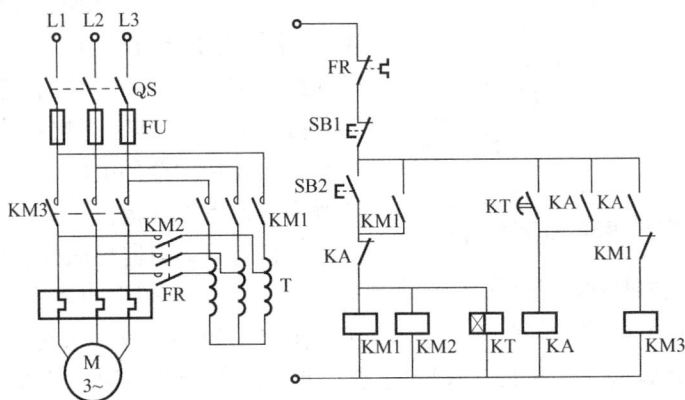

图 2-12　自耦变压器降压启动控制电路

启动过程如下：合上刀开关 QS，按下启动按钮 SB2，接触器 KM1、KM2 线圈和时间继电器 KT 线圈同时得电，KM1 主触头和辅助触头闭合，KM2 主触头闭合，电动机定子串自耦变压器降压启动。经过一定的延时后，KT 的延时闭合常开触头闭合，中间继电器 KA 线圈得电并自锁，KA 的动断触头断开使 KM1、KM2 线圈断电，切除自耦变压器，另外 KA 的动合触头闭合和 KM1 的动断触头闭合使接触器 KM3 线圈得电，KM3 主触头闭合使电动机 M 全压正常运行。

该控制线路对电网的电流冲击小，损耗功率也小，但是自耦变压器价格较高，主要用于启动较大容量的电动机。

3. 绕线式异步电动机的启动

与笼型异步电动机相比，三相绕线式异步电动机的优点是，可以在转子绕组中串接电阻或频敏变阻器进行启动，由此达到减小启动电流，提高转子电路的功率因数和增加启动转矩的目的。一般在要求启动转矩较高的场合（例如，桥式起重机吊钩电动机、卷扬机等），绕线式异步电动机的应用非常广泛。

串接于三相转子电路中的启动电阻，一般都连接成星形。在启动前，启动电阻全部接入电路，在启动过程中，启动电阻被逐级地短接。电阻被短接的方式有三相电阻不平衡短接法和三相电阻平衡短接法。不平衡短接法是转子每相的启动电阻按先后顺序被短接。而平衡短接法是转子三相的启动电阻同时被短接。使用凸轮控制器来短接电阻宜采用不平衡短接法，因为凸轮控制器中各对触头闭合顺序一般是按不平衡短接法来设计的，故控制线路简单，如桥式起重机就是采用这种控制方式。使用接触器来短接电阻时宜采用平衡短接法。下面介绍使用接触器控制的平衡短接法启动控制。

（1）按钮控制的启动控制

图 2-13 为转子绕组串电阻启动由按钮操作的控制线路。

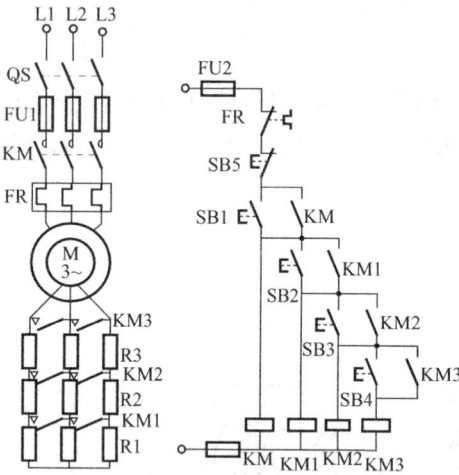

图 2-13　按钮控制的绕线式
异步电动机的启动控制

工作原理为：合上电源开关 QS，按下 SB1，KM 得电吸合并自锁，电动机串全部电阻启动，经过一定时间后，按下 SB2，KM1 得电吸合并自锁，KM1 主触头闭合切除第一级电阻 R1，电动机转速继续升高；再经一定时间后，按下 SB3，KM2 得电吸合并自锁，KM2 主触头闭合切除第二级电阻 R2，电动机转速继续升高；当电动机转速接近额定转速时，按下 SB4，KM3 得电吸合并自锁，KM2 主触头闭合切除全部电阻，启动结束，电动机在额定转速下正常运行。

（2）时间继电器控制的启动控制

图 2-14 为时间继电器控制绕线式电动机串电阻启动控制线路，又称为时间原则控制，其中三个时间继电器 KT1、KT2、KT3 分别控制三个接触器 KM1、KM2、KM3 按顺序依次吸合，自动切除转子绕组中的三级电阻，与启动按钮 SB1 串接的 KM1、KM2、KM3 三个常闭触头的作用是保证电动机在转子绕组中接入全部启动电阻的条件下才能启动。若其中任何一个接触器的主触头因熔焊或机械故障而没有释放时，电动机就不能启动。

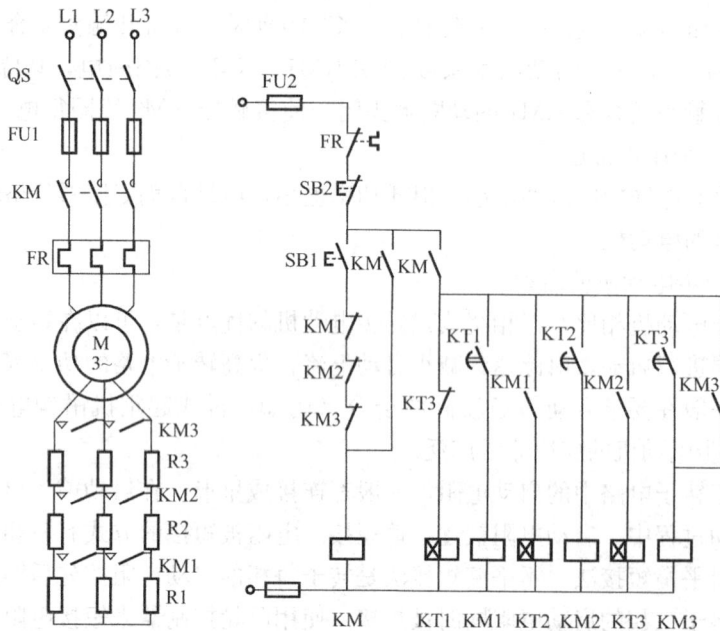

图 2-14　时间继电器控制的绕线式电动机启动控制

2.2.2　三相异步电动机的制动控制线路

在实际运用中，有些生产机械和建筑电气设备往往要求电动机快速、准确地停车，而电动机在脱离电源后由于机械惯性的存在，完全停止需要一段时间，这就要求对电动机采取有效措施进行制动。电动机制动分机械制动和电气制动两大类。

机械制动是在电动机断电后，利用机械装置对其转轴施加相反的作用力矩（制动力矩）来进行制动。电磁抱闸是常用方法之一，结构上电磁抱闸由制动电磁铁和闸瓦制动器组成。断电制动型电磁抱闸在电磁线圈断电后，利用闸瓦对电动机轴进行制动，电磁线圈得电后，松开闸瓦，电动机可以自由转动。这种制动在起重机械上被广泛应用。

电气制动是使电动机停车时产生一个与转子原来的实际旋转方向相反的电磁转矩来进行制动，常用的电磁制动有反接制动和能耗制动。

1. 反接制动控制

采用反接制动时在电动机三相电源被切断后，立即通上与原相序相反的三相电源，以形成与原转向相反的电磁转矩，利用这个制动转矩使电动机迅速停止转动。这种制动方式必须在电动机转速降到接近零时切除电源，否则电动机仍有反向力矩可能会反转，造成事故。

（1）单向运行反接制动控制线路

图 2-15 所示为单向运行电动机反接制动控制线路，是利用速度继电器实现对反接制动的控制。图 2-15 中主回路所串的电阻 R 为制动限流电阻，防止反接制动瞬间过大的电流可能会损坏电动机。其工作原理如下：

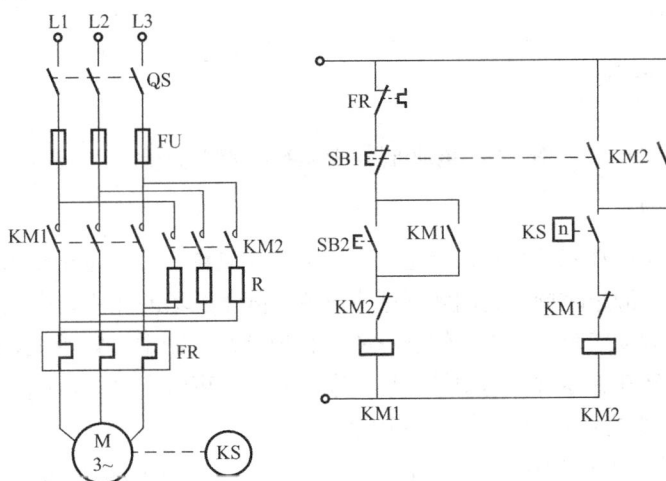

图 2-15　按速度原则控制的单向反接制动控制

合上开关 QS，接通电源，按下启动按钮 SB2，接触器 KM1 得电吸合并自锁，KM1 主触头闭合使电动机 M 启动，当转速上升到 100r/min 时，速度继电器 KS 动作，KS 动合触头闭合，为反接制动做推备。

按下停止按钮 SB1，其动断触头断开，使接触器 KM1 断电释放，电动机断电；SB1 动合触头闭合，KM2 得电吸合并自锁（因这时电动机转速仍很高，速度继电器 KS 仍是动作状态，KS 动合触头是闭合的），KM2 主触头闭合使电动机换相，反接制动开始，电动机转速快速下降，当转速低于 100r/min 时，速度继电器 KS 动合触头断开，KM2 断电释放，反接制动过程结束。

（2）可逆运行的反接制动控制线路

图 2-16 为笼型异步电动机降压启动可逆运行反接制动控制线路。图 2-16 中电阻 R 在启动过程和制动过程中都起限流作用。开始启动时，由于速度继电器的动合触头 KS1 和 KS2 均是断开的，故接触器 KM3 不通电，电阻 R 接入电路中成为定子串电阻降压启动。当转速 $n>100r/min$ 后，动合触头 KS1 或 KS2（在反转时）闭合使 KM3 通电吸合，电阻 R 被切除，电动机在额定电压下运行。制动时，利用中间继电器 KA3、KA4 的动断触头断开使 KM3 断电释放，从而接入电阻 R 实现串限流电阻反接制动。

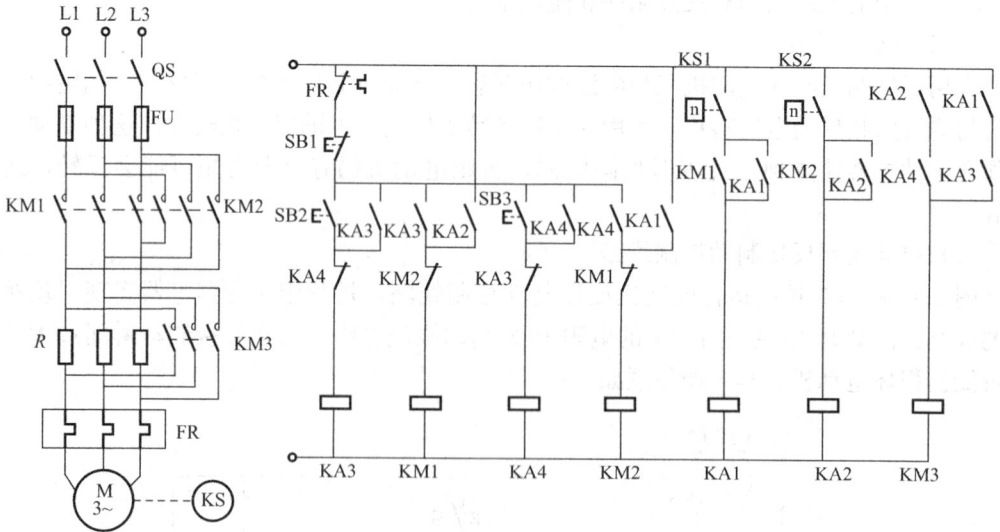

图 2-16　电动机的可逆运行反接制动控制

2. 能耗制动控制

三相异步电动机能耗制动是在切断定子绕组的交流电源后，在定子绕组任意两相通入直流电流，以产生一个静止磁场，利用转子感应电流与静止磁场的作用，产生反向电磁转矩而制动。能耗制动时制动转矩的大小与转速有关，转速越高，制动转矩越大，随转速的降低制动转矩也下降，当转速为零时，制动转矩也为零。制动结束必须及时切除直流电源。

（1）按时间原则控制的能耗制动控制线路

图 2-17 所示为按时间原则控制的能耗制动控制线路。主电路在进行能耗制动时所需的直流电源，由二极管组成单相桥式整流电路通过接触器 KM2 引入，交流电源与直流电源的切换是由 KM1、KM2 来完成，制动时间由时间继电器 KT 决定。

控制线路的工作原理如下：

启动：按下启动按钮 SB2，继电器 KM1 线圈得电并自锁，电动机 M 运行工作。

能耗制动：按下停止按钮 SB1，KM1 断电释放，KM2 和 KT 线圈得电并自锁，KM2 主触头闭合，将直流电源接入电动机定子绕组，进行能耗制动。经过一段时间，KT 的延时断开的常闭触头断开，接触器 KM2 断电，切断通往电动机的直流电源，时间继电器 KT 也随之断电，电动机能耗制动结束。

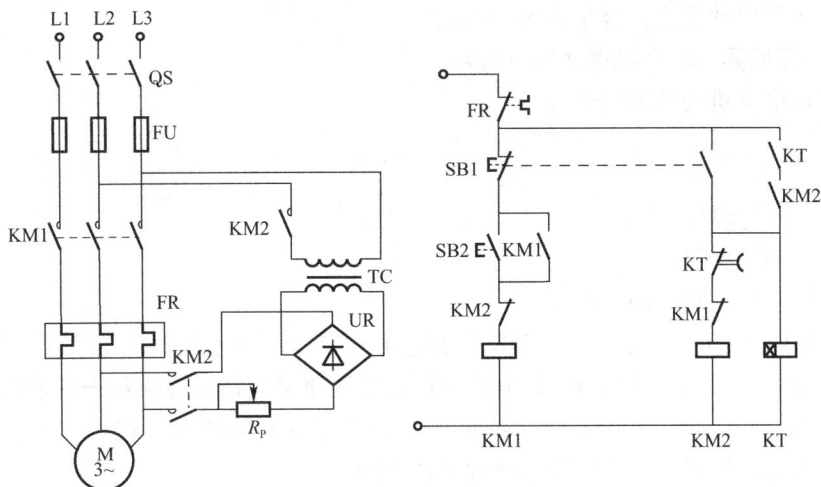

图 2-17　按时间原则控制的电动机能耗制动控制

图 2-17 中自锁回路中的瞬时常开触头的作用是为了考虑时间继电器 KT 线圈断线或机械卡住故障时，断开接触器 KM2 的线圈通路，使电动机定子绕组不致长期接入直流电源。

（2）按速度原则控制的能耗制动控制线路

图 2-18 所示为按速度原则控制的能耗制动控制线路。控制电路的工作原理如下：

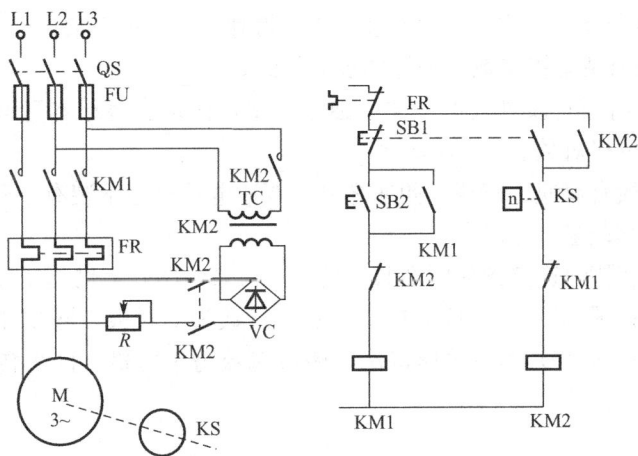

图 2-18　按速度原则控制的能耗制动控制

启动：按下启动按钮 SB2，继电器 KM1 线圈得电并自锁，电动机 M 运行工作。当电动机速度上升到一定转速时，速度继电器 KS 触点闭合，为能耗制动做准备。

能耗制动：按下按钮 SB1，KM1 断电释放，同时 KM2 得电并自锁，KM2 主触头闭合，将直流电源接入电动机定子绕组，进行能耗制动。电动机转速很快下降，当转速下降接近零速（$n < 100 \text{r/min}$）时，速度继电器 KS 动合触头断开使 KM2 断电释放，切除直流电源，能耗制动过程结束。

能耗制动的优点是制动准确、平稳、能量消耗小，但需要整流设备。故常用于要求制动平稳、准确和启动频繁、容量较大的电动机。

2.2.3 三相异步电动机调速控制线路

三相异步电动机的转速公式为

$$n = \frac{60f_1}{p}(1-s) \tag{2-1}$$

式中：　　s——转差率；

　　　　f_1——电源频率，Hz；

　　　　p——定子绕组的极对数。

由式（2-1）可知，三相异步电动机的调速方法有：改变电动机定子绕组的极对数 p，改变电源频率 f_1，改变转差率 s。其中改变转差率调速又包括：绕线转子电动机在转子电路串接电阻调速、绕线转子电动机串级调速、异步电动机交流调压调速、电磁离合器调速。此处只介绍变极调速和变频调速两种调速线路。

1. 变极调速

绕线式异步电动机的定子绕组极对数改变后，它的转子绕组必须相应地重新组合，很难实现。而三相鼠笼型异步电动机采用改变磁极对数调速，改变定子极数时，转子极数也同时改变，鼠笼型转子本身没有固定的极数，它的极数随定子极数而定。因此，变极对数调速方法仅适用于鼠笼型异步电动机。但由于这种调速方法只能一级一级地改变转速，所以不能平滑地调速。

鼠笼型异步电动机改变定子绕组极对数的方法主要有以下三种：

① 装有一套定子绕组，改变它的连接方式，得到不同的极对数；

② 定子槽里装有两套极对数不一样的独立绕组；

③ 定子槽里装有两套极对数不一样的独立绕组，而每套绕组本身又可以改变它的连接方式，得到不同的极对数。

多速电动机一般有双速、三速、四速之分。双速电动机定子装有一套绕组，三速、四速电动机则装有两套绕组。

双速电动机三相绕组连接图如图 2-19 所示。图 2-19（a）为结构示意图，改变接线方式可获得两种接法；图（b）为三角形接法，磁极对数为 2 对极，同步转速为 1500r/min，是一种低转速接法；图（c）为双星形接法，磁极对数为 1 对极，同步转速为 3000r/min，是一种高转速接法。

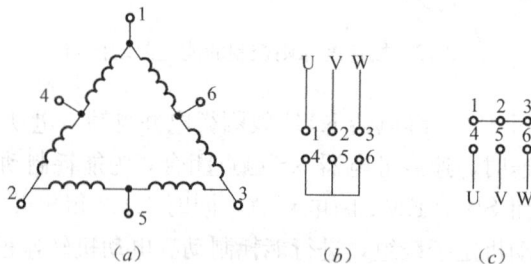

图 2-19　双速电动机定子绕组的结构及接线方式

(a) 结构示意图；(b) 三角形接法；(c) 双星形接法

（1）双速三相异步电动机手动控制变极调速线路

双速三相异步电动机手动控制变极调速线路如图 2-20 所示。工作原理如下：

低速控制：按下按钮 SB3，接触器 KM1 线圈得电并自锁，此时电动机绕组为三角形连接，低速运行。

高速控制：按下按钮 SB2，接触器 KM1 线圈断电，同时接触器 KM2、KM3 线圈得电并自锁，此时电动机绕组为双星形连接，高速运行。

电动机停止：按下按钮 SB1，电动机停止运行。

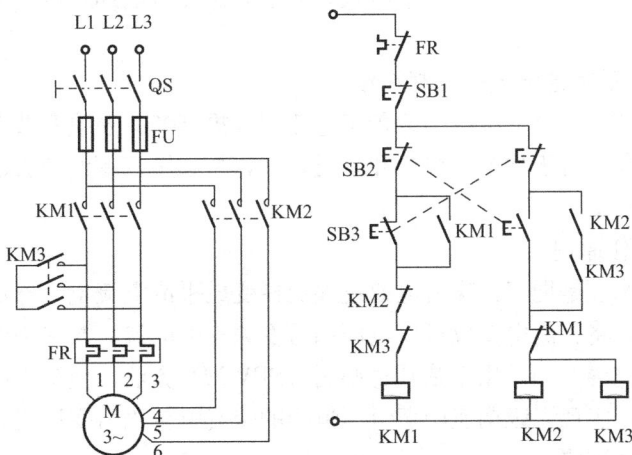

图 2-20　双速三相异步电动机手动控制变极调速线路

（2）双速三相异步电动机自动控制变极调速线路

双速三相异步电动机自动控制变极调速线路如图 2-21 所示。图中转换开关 SA 有三个位置：中间位置，所有接触器和时间继电器都不接通，控制电路不起作用，电动机处于停止状态；低速位置，接通 KM1 线圈电路，其触点动作的结果是电动机定子绕组接成三角形，以低速运转；高速位置，接通 KM2、KM3 和 KT 线圈电路，电动机定子绕组接成双星形，以高速运转。但应注意，该线路高速运转必须从低速运转过渡过来。

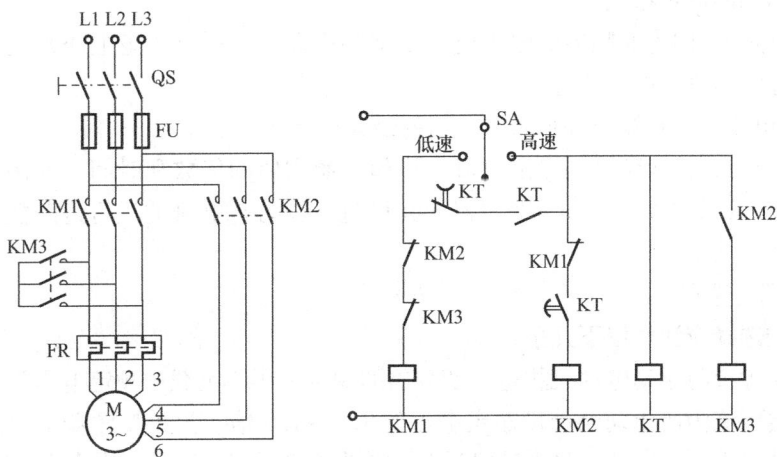

图 2-21　双速三相异步电动机自动控制变极调速线路

控制线路动作原理：转换开关 SA 置于高速位置，时间继电器 KT 得电，其瞬时触点闭合，接触器 KM1 得电，电动机 M 低速运行；当时间继电器的设定时间到达后，KM1 失电，同时 KM2、KM3 得电，电动机 M 高速运行。

2. 变频调速

变频调速是通过变频装置将电网提供的恒压、恒频交流电变为变压、变频的交流电。它是通过平滑改变异步电动机的供电电源频率 f_1 从而改变异步电动机的同步转速 n_1，故可以由高速到低速保持较小的转差率。调速时平滑性好、效率高、调速范围大、精度高、启动电流低，对系统及电网无冲击，节电效果明显，是交流电动机的一种比较理想的调速方法。

2.2.4 变频器及其继电接触控制线路

交流电机变频调速是当今节电、改善工艺流程以提高产品质量和改善环境、推动技术进步的一种主要手段。对于建筑的风机和泵类负载，如采用变频调速方法改变其流量，节电率可达 20%～60%。

1. 变频器的工作原理

变频器的工作原理是把工频交流电通过整流器变成平滑直流电，然后利用半导体器件组成的三相逆变器，将直流电变成可变电压和可变频率的电流，并采用输出波形调制技术使得输出波形更加完善，如采用正弦脉宽调制（SPWM）方法，使输出的波形近似于正弦波用于驱动电动机，实现无级调速即把恒压恒频的交流电转化为变压变频的交流电以满足交流电动机变频调速需要。

2. 变频器的额定参数

（1）输入侧的额定参数

1）输入电压，即电源侧的电压。在我国低压变频器的输入电压通常为 380V（三相）和 220V（单相）。中高压变频器的输入电压通常为 0.66kV、3kV、6kV（三相）。此外，变频器还对输入电压的允许波动范围作出规定，如±10%、−15%～＋10%等。

2）输入侧电源的相数，如单相、三相。

3）输入侧电源的频率，通常为工频 50Hz，频率的允许波动范围通常规定为±5%。

（2）输出侧的额定参数

1）额定电压，因为变频器的输出电压要随频率而变，所以额定电压被定义为输出的最高电压，通常与输入电压相等。

2）额定电流，变频器允许长时间输出的最大电流。

3）过载能力，指变频器的输出电流允许超过额定值的倍数和时间，大多数变频器的过载能力规定为：150%，1min。变频器的允许过载能力与电机的运行过载能力相比，变频器的过载能力是很低的。

3. 变频器的选择

变频器的选择应注意以下几条：

（1）电压等级与驱动电动机相符，变频器的额定电压与负载的额定电压相符。

（2）额定电流为所驱动电动机额定电流的 1.1～1.5 倍。由于变频器的过载能力没有电动机的过载能力强，因此一旦电动机过载，首先损坏的是变频器。如果机械设备选用的电动机功率大于实际机械负载功率，并将把机械功率调节至电动机输出功率，则此时变颜器的功率选用一定要等于或大于电动机功率。

（3）根据被驱动设备的负载特性选择变频器的控制方式。变频器的选型除一般需注意的事项（如输入电源电压、频率、输出功率、负载特点等）外，还要求与相应的电动机匹配良好，要求在正常运行时，在充分发挥其节能优势的同时，避免过载运行，并尽量避开其拖动设备的低效工作区，以保证高效可靠地运行。

4. 变频器的继电接触控制线路

目前变频器的型号和生产厂家很多，例如 ABB 公司、三菱公司、西门子公司、欧姆龙公司等。由于三菱公司变频器具有高性能、低噪声、功能强、输入电压范围宽等特点，得到了广泛的应用。下面以三菱公司 FR-A500 系列变频器为例介绍其控制线路。

FR-A500 系列通用变频器控制端子接线如图 2-22 所示。

（1）主电路部分

R、S、T 为电源接线端（380V）；

U、V、W 为变频器输出端，用于连接电动机的 U、V、W 接线端；

R_1、S_1 为控制回路电源。

（2）控制电路端子

STF 为正转启动信号，此信号处于 ON 为正转，处于 OFF 为停止；

STR 为反转启动信号，此信号处于 ON 为反转，处于 OFF 为停止；

STOP 为启动自保持选择信号，此信号处于 ON，可选择启动自保持；

RH、RM、RL 为多段速度选择信号，用高速 RH、中速 RM 和低速 RL 的组合可选择多段速度；

JOG 为点动模式选择信号，当此信号为 ON 时，选择点动运行（出厂设定）；

RT 为第二加/减速时间选择信号，当此信号处于 ON 时，选择第二加/减速时间；

MRS 为输出停止信号，当此信号处于 ON 时，变频器输出停止；

RES 为复位信号，用于解除保护回路动作的保持状态；

AU 为电流输入选择信号，此信号处于 ON 时，变频器可用直流 4～20mA 作为频率设定；

SD 为公共输入端子（漏型）；

U、V、W 为控制端异常输出信号，变频器内部出现故障时，此信号输出；

FM 为指示仪表信号（脉冲），可以从多种输出信号中选择，例如频率信号；

AM 为模拟信号输出，同上；

10、2、5 为频率信号设定，可以连接 1kΩ 滑动电位器，作为频率信号输入。

图 2-23 所示为具有正反转运行控制功能的变频调速控制外部端子继电接触控制接线图。

如图 2-23 所示，当正转启动时，按下按钮 SB1，接触器 KM1 线圈得电并自锁，KM1 动合触点闭合，接通 STF 端子，电动机正转运行；同理，当反转启动时，按下按钮 SB2，接触器 KM2 线圈得电并自锁，KM2 动合触点闭合，接通 STR 端子，电动机反转运行。当需要停止运行时，按下按钮 SB3，接触器 KM1、KM2 线圈失电，STF 或 STR 端子断开，变频器无输出电压，电动机停止运行。

10、2、5 端连接的电位器用于设定输出频率，改变电位器的阻值，可改变输出的最高频率。FM 端连接的频率计用于监视输出频率的大小。

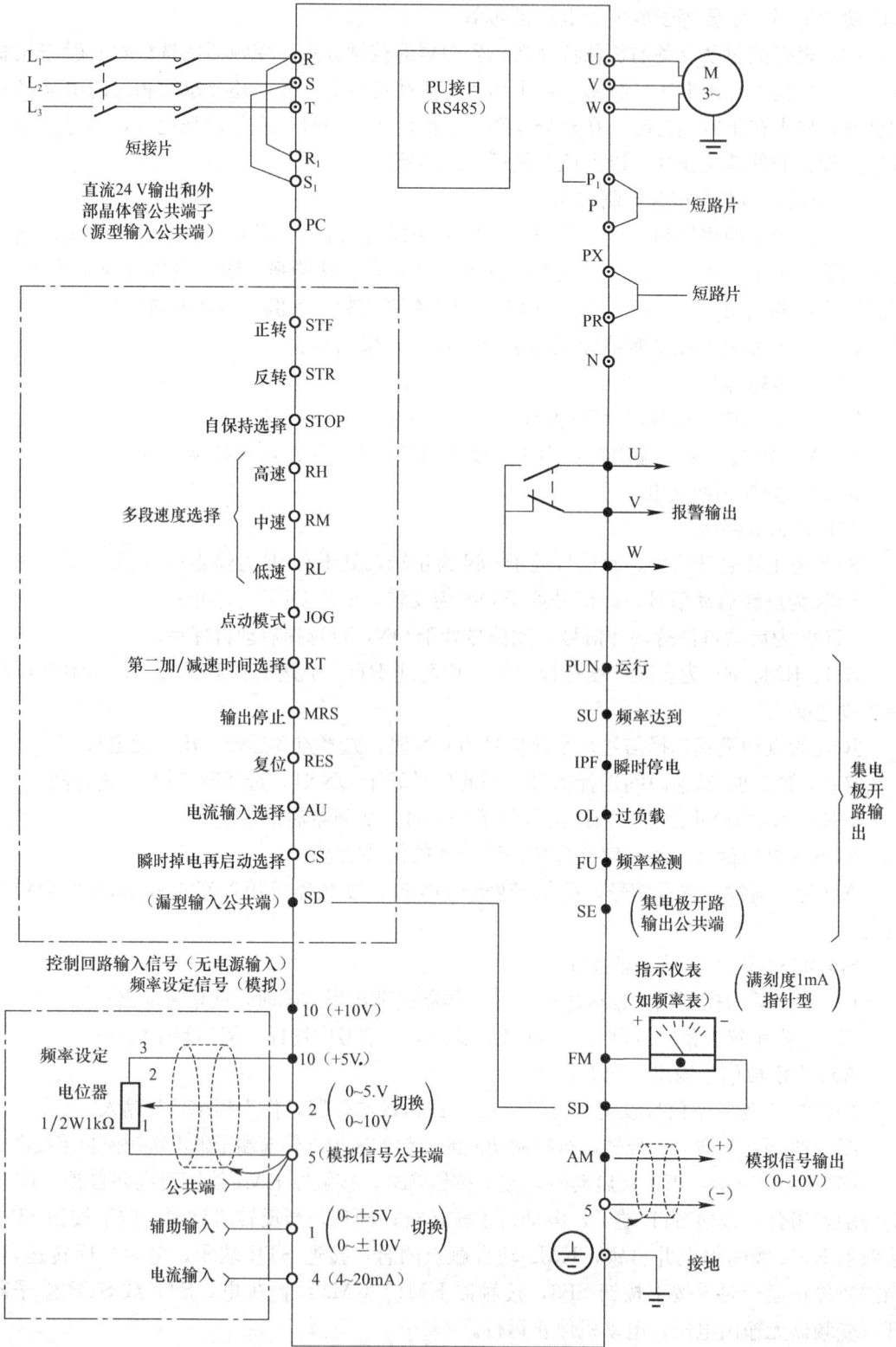

图 2-22 FR-A500 系列通用变频器端子接线图

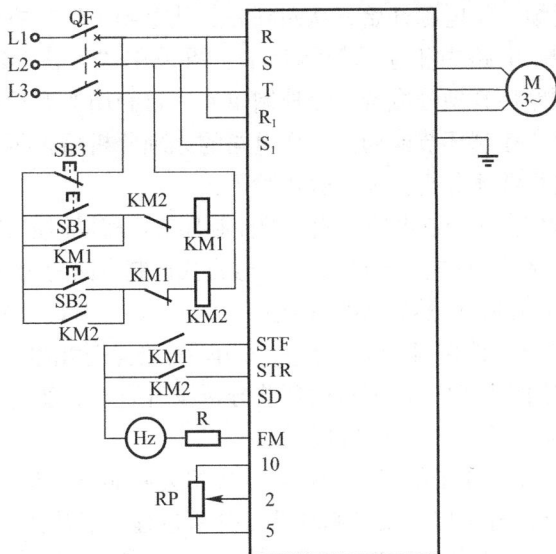

图 2-23　正反转运行的变频调速控制继电接触控制接线图

2.3　建筑电气继电接触控制线路分析方法

分析建筑电气控制线路前，先介绍分析电气控制线路图的一般方法。工程上通常将电气控制线路分为电气控制原理图、元器件布置图、安装接线图等三大图。电气控制原理图主要是指：电气主电路、控制电路、辅助控制电路的工作原理电路等电路图。元器件布置图是指根据电气主电路、控制电路、辅助控制电路等电路中的电气元器件的实际尺寸、空间大小、控制功能要求、电磁环境要求、安装接线位置等要求的实际电气元器件布置图。安装接线图是指将电气元器件布置图中的电气元器件按照电气原理图的工作原理要求和接线工艺要求进行连接的线路图。此处主要介绍电气原理图的分析方法。

2.3.1　分析电气控制原理图的基本方法与步骤

1. 分析电气控制原理图的基本方法

分析电气控制原理图的基本方法和思路是"先机后电、先主后控、先主后辅、先简后烦、从电源开始、从左到右、从上到下、化整为零、集零为整、统观全局、总结特点"。分析控制电路的最基本方法是查线读图法。

2. 分析电气原理图的基本步骤和方法

（1）分析主电路

主电路是指成套电气设备中用来驱动电动机等执行电器动作的强电器件的电气通路。相对辅助（控制）电路而言，主电路具有十分简洁的形式。因此分析时应从主电路入手，根据对象（电动机、电磁阀等执行电器）的控制要求去分析电动机的启动控制、转向控制、调速控制、制动控制等基本控制功能要求。

（2）分析控制电路

控制电路的分析通常采用"先主后控、先主后辅、先简后烦、从电源开始、从左到右、从上到下、化整为零、集零为整"的读图分析方法。即在读图分析时，采用"先主后控、先主后辅、先简后烦、从电源开始、从左到右、从上到下"的方法，根据主电路所具有的环节，对应找出控制电路中相应的控制环节。再采用"化整为零、集零为整"的方法，按其功能或控制顺序将其划分成若干个控制单元，再利用典型控制环节的分析方法逐一进行分析。完成对每个控制环节或局部工作电路的原理分析后，再根据各环节之间的控制关系，对控制线路进行整体分析。其一般步骤为：

1）从主电路入手对应找出控制电路中相应的控制环节，即根据主电路中的接触器等设备的接入方式，由主电路控制元件的主触点的文字符号查找控制电路的相应设备；将控制电路按功能划分为若干个局部控制线路，然后从电源和主令信号开始，对每一个局部控制环节，按因果关系进行逻辑判断，以便理清控制流程的脉络，简单明了地表达出电路的自动工作过程。

在分析各个局部控制线路时，可把对此环节分析没有影响、暂时不参与控制的电路元件"去除"，即将其视为"通路"或者"断路"。

2）根据各元件及其在线路中的对应触点，寻找相关局部环节及环节间的联系。

3）从电源合闸开始，分析启动及控制环节，分析过程一般从按下启动按钮开始。

按下启动按钮，观察线路中各电磁线圈的得电情况，并找出其分布在控制线路各个部分的触点，分析这些触点的通断对其他控制元件的影响。对于接触器，还应查看其主触点的动作情况及对被控设备的控制情况。按线圈的接通顺序，依次分析各元件在线路中的作用。

对于各类继电器，特别应注意其各对触点在控制线路中的作用，不能遗漏。对于时间继电器，还应特别注意其延时触点和瞬动触点在线路中的不同作用。

分析时应按步列写线路的工作原理，以避免遗漏。

（3）分析辅助电路

辅助电路包括执行元件的工作状态显示、电源显示、参数测定、照明和故障报警等。这部分电路具有相对独立性，起辅助作用但又不影响主要功能；辅助电路中很多部分是受控制电路中的元件来控制的，所以分析辅助电路时，还要回过头来对照控制电路对这部分电路进行分析。

（4）分析联锁与保护环节

生产机械对于安全性、可靠性有很高的要求，实现这些要求，除了合理地选择拖动、控制方案外，在控制线路中还设置了一系列电气保护和必要的电气联锁。在电气控制原理图的分析过程中，电气联锁与电气保护环节是一个重要内容，不能遗漏。

（5）分析特殊控制环节

在某些控制电路中，还设置了一些与主电路、控制电路关系不密切，相对独立的某些特殊环节，如产品计数装置、自动检测系统、晶闸管触发电路和自动调温装置等。这些部分往往自成一个小系统，其读图分析的方法可参照上述分析过程，并灵活运用电子技术、变流技术、自控系统、检测与转换等知识进行逐一分析。

（6）总体检查

经过"化整为零"，逐步分析每一局部电路的工作原理以及各部分之间的控制关系之后，还必须用"集零为整"的方法检查整个控制线路，看是否有遗漏。特别要从整体角度去进一步检查和理解各控制环节之间的联系，以达到正确理解原理图中每一个电气元器件的作用。

2.3.2 建筑电气继电接触控制原理图的查线读图法

查线读图法是分析继电接触控制电路的最基本方法。继电接触控制电路主要由信号元器件、控制元器件和执行元器件组成。

用查线读图法阅读建筑电气控制原理图时，应首先分析并搞清楚建筑电气控制设备的控制要求，然后再按照查线读图的方法进行分析和线路的查读。一般先分析建筑电气设备的控制对象的执行元器件的线路（即主电路）。查看主电路有哪些控制元器件的触头及电气元器件等，大致判断被控制对象的性质和控制要求，然后根据主电路分析的结果所提供的线索及元器件触头的文字符号，在控制电路上查找有关的控制环节，结合元器件表和元器件动作位置图进行读图。控制电路的读图通常是由上而下或从左往右，读图时假想按下操作按钮，跟踪控制线路，观察有哪些电气元器件受控动作。再查看这些被控制元器件的触头又怎样控制另外一些控制元器件或执行元器件动作的。如果有自动循环控制，则要观察执行元器件带动机械运动将使哪些信号元器件状态发生变化，并又引起哪些控制元器件状态发生变化。在读图过程中，特别要注意控制环节相互间的联系和制约关系，直至将电路全部看懂为止。

查线读图法的优点是直观性强，容易掌握；其缺点是分析复杂电路时易出错。因此，在用查线读图法分析线路时，一定要认真细心。

2.4　建筑电气设备典型继电接触控制系统分析

2.4.1　混凝土搅拌机的电气控制系统分析

混凝土搅拌机在建筑工地上是最常见的一种机械，其种类和结构形式很多，典型的混凝土搅拌机电气控制系统原理图如图 2-24 所示。

图 2-24 主要由搅拌机主电路、进料升降主电路、供水主电路、搅拌和出料控制电路、辅助保护电路等组成。

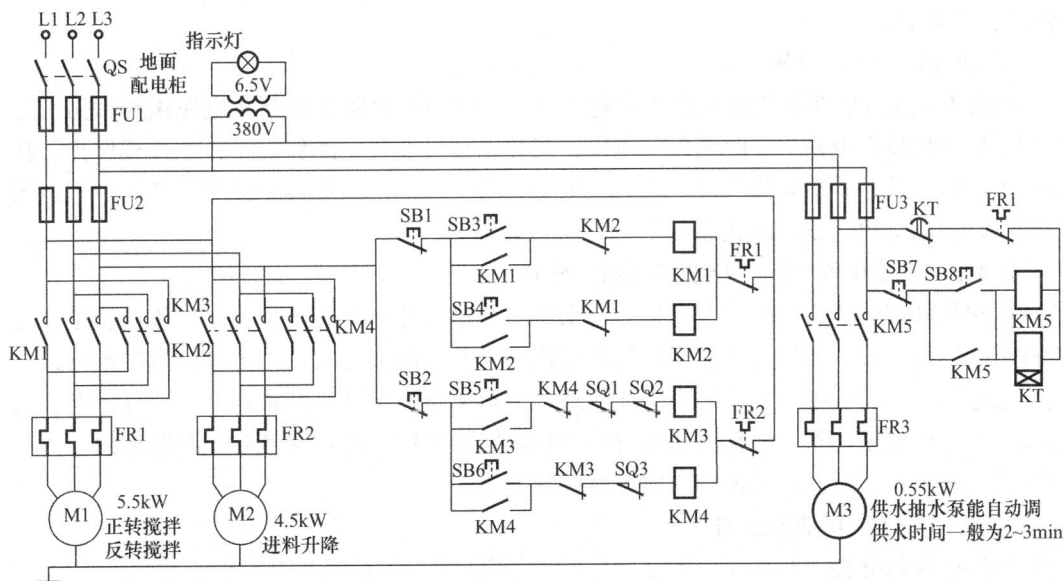

图 2-24　混凝土搅拌机电气控制系统原理图

1. 电气控制系统主电路的工作原理分析

如图 2-24 所示，M1 为搅拌电动机，M2 为进料升降机，M3 为供水泵电动机。当电动机正转时，进行搅拌操作；反转时，进行出料操作。

2. 进料升降主电路的控制原理分析

如图 2-24 所示，把原料水泥、砂子和石子按 1：2：3 的比例配好后，倒入送斗内。按下上升按钮 SB5，KM3 得电吸合并自锁。其主触点接通 M2 电源，M2 正转，料斗上升。当上升到一定的高度后，料斗挡铁碰撞上升限位开关 SQl 和 SQ2，使接触器 KM3 断电释放，料斗倾斜把料倒入搅拌机内。然后按下下降按钮 SB6，KM4 得电吸合并自锁，其主触点逆序接通 M2 电源，使 M2 反转，卷扬系统带动料斗下降。待下降到料斗口与地面平时，挡铁又碰撞下降限位开关 SQ3，使接触器 KM4 断电释放，料斗停止下降，为下次上料做好准备。

3. 供水主电路的控制原理分析

如图 2-24 所示，待上料完毕后，料斗停止下降。按下水泵启动按钮 SB8，使接触器 KM5 得电吸合并自锁。其主触点接通水泵电动机 M3 的电源，M3 启动，向搅拌机内供水。同时时间继电器 KT 也得电吸合，待供水时间到（按水与原料的比例，调整时间继电器的延迟时间，一般为 2～3min），时间继电器的常闭延时断开的触点断开，使接触器 KM5 断电释放，水泵电动机停止。也可根据供水的情况，手动按下停止按钮 SB7，停止供水。

4. 搅拌和出料控制电路的分析

如图 2-24 所示，待停止供水后，按下搅拌启动按钮 SB3，搅拌控制接触器 KMl 得电吸合自锁。正相序接通搅拌机的 M1 的电源，搅拌机开始搅拌。待搅拌均匀后，按下停止按钮 SBl 搅拌机停止。这时如需出料可把送料的车斗放在锥形出料口处，按下出料按钮 SB4，KM2 得电吸合并自锁。其主触点反相序接通 M1 电源，M1 反转把搅拌好的混凝土泥浆自动搅拌出来。待出料完或运料车装满后，按下停止按钮 SBl，KM2 断电释放，M1 停止转动和出料。

5. 辅助保护电路分析

电源开关 QS 装在搅拌机的旁边的配电箱内，它一方面用于控制总电源供给，另一方面用于出现机械性电器故障时紧急停电用。三台电动机设有短路保护、长期过载保护、接地保护。料斗设有升降限位保护。为防止电源短路，正反转接触器间设有互锁保护。电源指示灯，指示电源电路通断状态。

2.4.2 建筑电梯的继电接触控制系统分析

电梯是随现代化建筑的兴起而发展起来的一种垂直升降交通工具。在现代社会里，它像汽车、轮船一样，不仅标志着建筑物的现代化程度，而且是人们生产和生活中不可缺少的交通运输工具。因此，它已成为现代建筑（特别是高层建筑）的重要组成部分。电梯交通系统的设计合理与否，将直接影响着建筑物功能的发挥。此处在简要介绍电梯的结构和原理的基础上，着重讨论电梯的继电接触控制部分。

1. 电梯的分类和基本结构

（1）电梯的分类

常用电梯分为两大类，一种是电扶梯，简称扶梯；一种是垂直升降电梯，简称电梯。

按用途分类主要有：乘客电梯、载货电梯、医用电梯、服务电梯、建筑工程用电梯、自动扶梯、其他专用电梯（如观光电梯、矿井电梯、船舶电梯）等。

按速度分类主要有：低速电梯（$v \leqslant 1m/s$）、快速电梯（$1m/s < v < 2m/s$）、高速电梯

（$v > 2m/s$）。

按拖动电动机类型分类主要有：交流电梯、直流电梯。

按控制方式分类主要有：手柄控制电梯（由司机在轿厢内操纵手柄开关）、按钮控制电梯、信号控制电梯（是一种自动控制程度较高的电梯）、集选控制电梯（分为下、上集选形式）、并联控制电梯（多台电梯并联运行）、群控电梯、梯群智能控制电梯、微机控制电梯等。

（2）电梯的基本结构

电梯是机电一体化的大型系统设备，它是现代科学技术的综合产品，其基本结构示意图如图 2-25 所示。电梯通常是由曳引系统、电力拖动系统、导向系统、轿厢系统、门系统、重量平衡系统、电气控制系统、安全保护系统等八大系统组成。

2. 电梯的电力拖动

电梯的电力拖动方式经历了从简单到复杂的过程。目前，用于电梯的拖动系统主要有：交流单速电动机拖动系统；交流双速电动机拖动系统；交流调压调速拖动系统；交流变频变压调速拖动系统；直流发电机—电动机晶闸管励磁拖动系统；晶闸管直流电动机拖动系统等。

交流单速电动机由于舒适感差，仅用在杂物电梯上。交流双速电动机具有结构紧凑，维护简单的特点，广泛应用于低速电梯中。

交流调压调速拖动系统多采用闭环控制系统，加上能耗制动或涡流制动等方式，具有舒适感好、平层准确度高、结构简单等优点，使它所控制的电梯能在快、低速范围内大量取代直流快速和交流双速电梯。

直流发电机—电动机晶闸管励磁拖动系统具有调

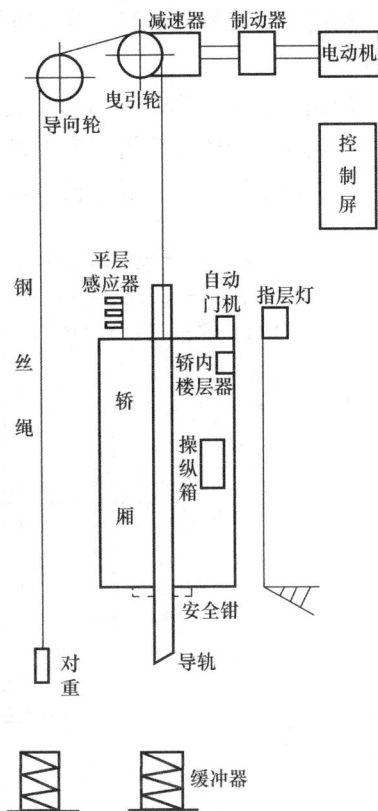

图 2-25　电梯基本结构示意图

速性能好、调速范围宽等优点，在 20 世纪 70 年代以前得到广泛的应用。但因其机组结构体积大、耗电大、造价高等缺点，已逐渐被性能与其相同的交流调速电梯所取代。

晶闸管直流电动机拖动系统在工业上早有应用，但用于电梯上却要解决低速时的舒适感问题。因此应用较晚，它几乎与微机同时应用在电梯上，目前世界上最高速度的（10m/s）电梯就是采用这种系统。

交流变频变压拖动系统可以包括上述各种拖动系统的所有优点，已成为世界上最新的电梯拖动系统，目前速度已达 6m/s。

从理论上讲，电梯是垂直运动的运输工具，无需旋转机构来拖动，更新的电梯拖动系统可能是直线电机拖动系统。

图 2-26 是常见的低速电梯拖动电动机主电路。电动机为单绕组双速鼠笼式异步电机，与双绕组双速电动机的主要区别是增加了虚线部分和辅助接触器 KM_{FA}。

交流双速曳引电动机有两种不同的结构形式。一种电动机的快、慢速定子绕组是两个独立绕组。快速绕组通电时，电动机以 1000r/min 同步转速作快速运行；慢速绕组通电时，电动机以 250r/min 同步转速作慢速运行。另一种是电动机的快、慢速定子绕组是同一绕组，依靠控制系统改变绕组接法，实现一个绕组具有两个不同速度的目的。当绕组为 YY 联结时，电动机的同步转速为 1000r/min。当绕组为 Y 联结时，电动机的同步转速为 250r/min。绕组的接线原理图如图 2-27 所示。

快速运行时，快速接触器 KM_F 触点动作，向电动机引出线 D_4、D_5、D_6 提供交流电源，快速辅助接触器 KM_{FA} 触点动作，把电动机引出线 D_1、D_2、D_3 短接，于是，绕组形成 YY 联结。

慢速运行时，KM_F 和 KM_{FA} 复位，慢速接触器 KM_S 动作，交流电源经 D_1、D_2、D_3 端引入电动机，电机绕组变为 Y 联结。

为了使乘用人员有舒适感，高速换低速较平稳，电路中串有电阻和电抗。

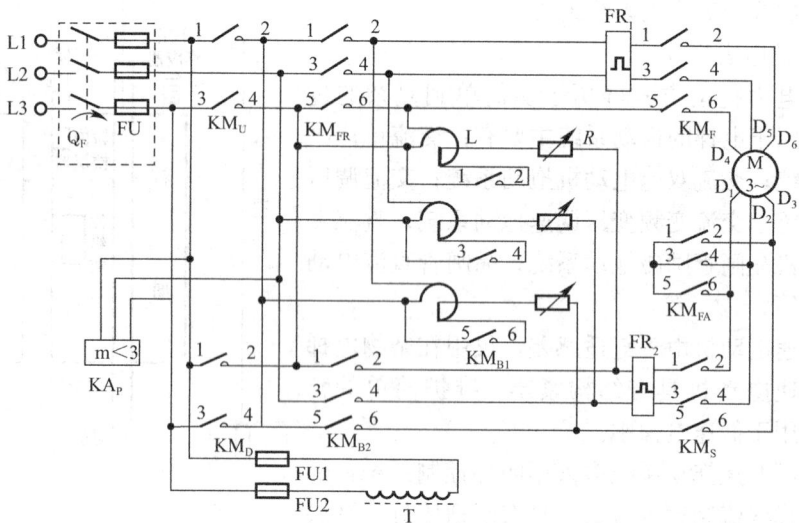

图 2-26　交流双速电梯的主电路

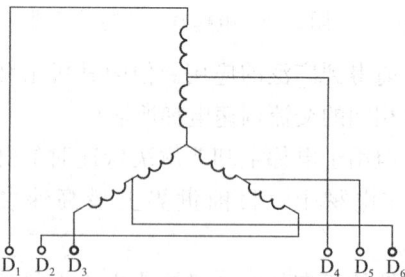

图 2-27　交流双速单绕组电动机接线原理

3. 交流双速电梯轿内按钮继电器控制线路分析

电梯的控制系统主要由电梯的曳引主电机控制电路、自动开关门控制电路、选层和定向控制电路、启动和运行控制电路、停层减速控制电路、平层停车控制电路、厅门停车控制电路、厅门召唤控制电路、轿厢位置和方向显示电路、安全保护控制电路等组成。可以看出电梯的控制系统是一个十分复杂的控制系统。由于篇幅所限，此处不可能一一介绍，作为建筑电气典型的继电接触控制系统分析实例，现以交流双速电梯轿内按钮继电器控制线路为例，对电梯的部分继电接触控制系统的原理进行分析。如图 2-28 所示，为交流双速电梯轿内按钮控制电路。其控制的曳引主电路如图 2-26 所示。

如图 2-26 交流双速电梯的主电路和图 2-28 交流双速电梯轿内按钮控制电路所示，主电路中的交流接触器 KM_U 和 KM_D 分别控制电动机的正、反转，即电梯的上行和下行。接触器 KM_F 和 KM_S 分别控制电动机的快速和慢速接法。

如图 2-28 所示，对应图 2-26 主电路中的交流接触器 KM_U 和 KM_D、KM_F 和 KM_S 的主触头分别由图 2-28 中的相应控制线圈进行控制。图 2-26 中的快速运行接法的启动电抗器 L 由图 2-28 中的快速运行接触器 KM_{FR} 控制线圈控制切除。慢速运行接法的启动、制动电抗器 L 和启动、制动电阻 R 由图 2-28 中的接触器 KM_{B1} 和 KM_{B2} 控制线圈分两次控制切除，均按时间原则控制。

曳引电动机正常工作的过程是：图 2-26 和图 2-28 中的接触器 KM_U 或 KM_D 通电吸合，通过图 2-28 中的电梯上行或下行控制电路选择好方向；快速接触器 KM_F 和快速辅助接触器 KM_{FA} 通电吸合；曳引电动机定子绕组接成 6 极接法，串入电抗器 L 启动。经过图 2-28 中的延时电路，快速运行接触器 KM_{FR} 通电吸合，短接电抗器 L，电动机稳速运行。电梯运行到需停的层楼区时，由停层装置控制使 KM_F、KM_{FA} 和 KM_{FR} 失电，使图 2-28 中慢速接触器 KM_S 通电吸合，控制图 2-26 主电路中的曳引电动机接成 24 极接法，串入电抗器 L 和电阻 R 进入回馈制动状态，电梯减速。经过延时，图 2-28 中的制动接触器 KM_{B1} 通电吸合，控制图 2-26 中的制动接触器 KM_{B1} 切除电抗器 L，电梯继续减速。又经延时，制动接触器 KM_{B2} 通电吸合，切除电阻 R，曳引电动机进入稳定的慢速运行状态。当电梯运行到平层时，由平层装置控制使 KM_S、KM_{B1}、KM_{B2} 失电，电动机由电磁制动器制动停车。

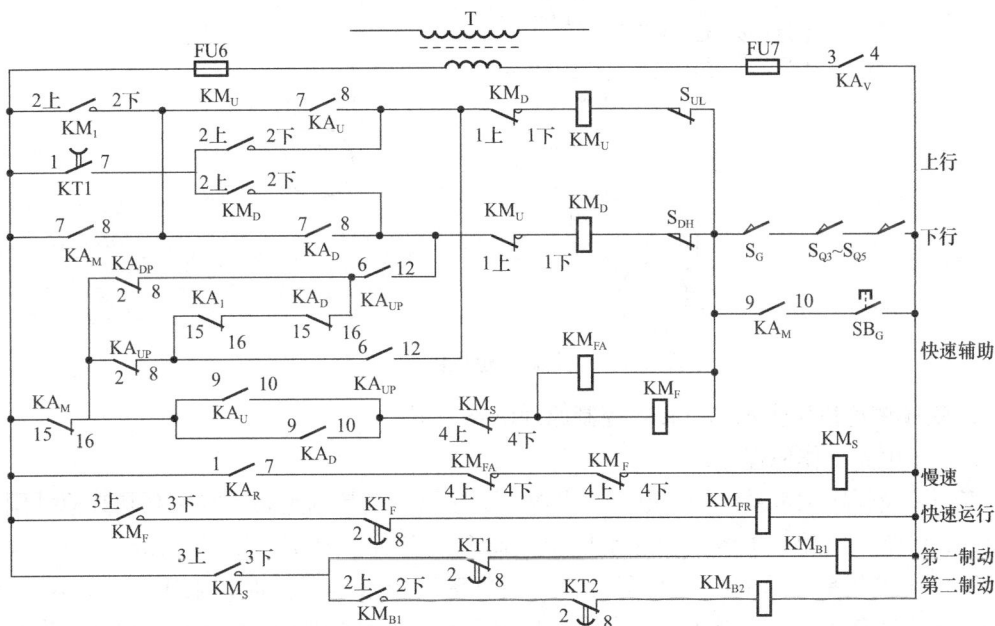

图 2-28　交流双速电梯轿内按钮控制电路

2.4.3　变频调速恒压供水继电接触控制系统分析

变频调速恒压供水方式的特点是：水泵的供水量随着用水量的变化而变化，无多余水量，无需蓄水设备。其实现方法是通过控制线路中变频器和水压变送器的作用，使变频调速泵的电动机的供电频率发生变化，从而调节水泵的转速，确保在用水量变化时，供水量随之相应变化，最终维持供水系统的压力不变，实现供水量和用水量的闭环控制。

1. 变频调速恒压供水继电接触控制系统组成

变频调速恒压供水继电接触控制系统由两台水泵（一台为由变频 VVVF 供电的变速泵，另一台为全电压供电的定速泵）、控制器 KGS 及前述两台泵的相关控制电路组成。其主电路如图 2-29 所示，控制系统电路如图 2-30 所示。

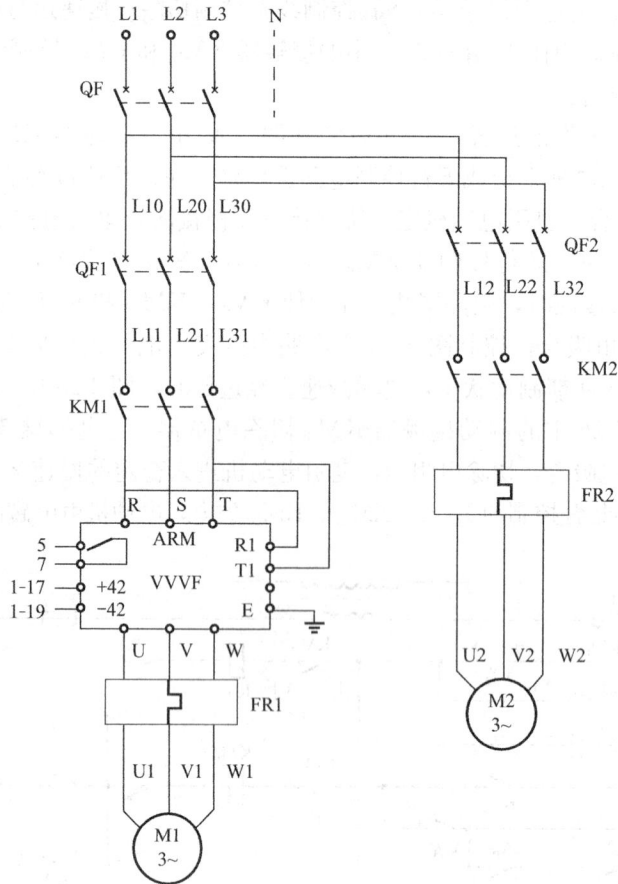

图 2-29　变频调速恒压供水主电路

2. 变频调速恒压供水继电接触控制原理电路分析

（1）主电路工作原理分析

变频调速恒压供水系统的主电路有电源、变频器、变频调速泵、定速泵和其他外围电路组成。正常上电后，水压信号经水压变送器 P 送到控制器 KGS，由 KGS 控制变频器 VVVF 的输出频率，从而控制水泵的转速。当系统用水量增大时，水压下降，KGS 使 VVVF 输出频率提高，水泵加速，供水量相应增大，实现需求量与供水量的平衡。当系统用水量减少时，水压上升，KGS 使 VVVF 输出频率降低，水泵减速，供水量减少。这样，根据用水量对水压的影响，通过控制器 KGS 改变 VVVF 的频率实现对水泵电动机转速的调节，以维持系统水压基本不变。

（2）控制电路工作原理分析

1）正常用水量的自动控制

将选择开关 SA 打到图 2-30 控制电路中的"Z"自动位，系统即进入自动工作状态。

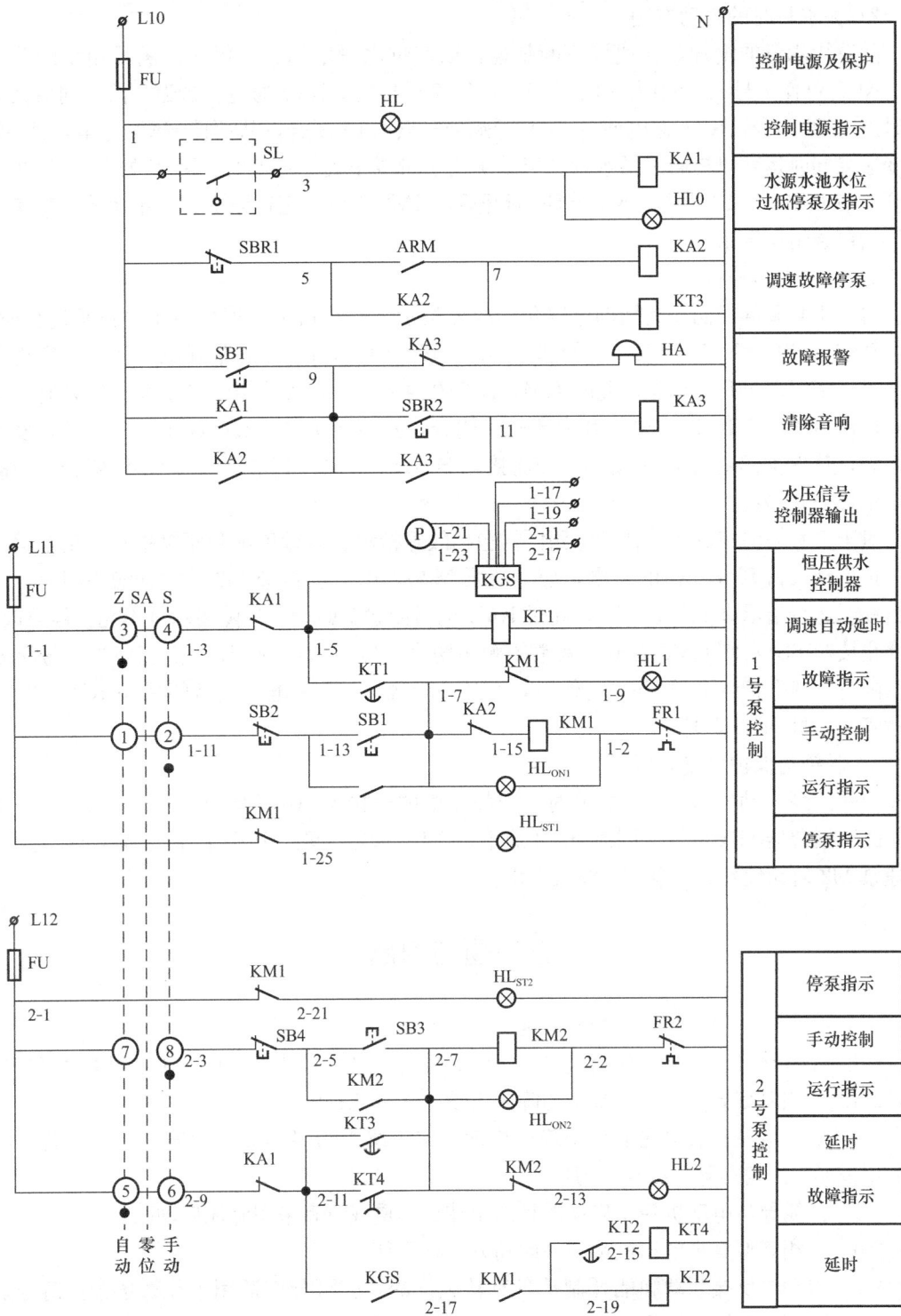

图 2-30　变频调速恒压供水继电接触控制电路

合上 QF1、QF2，则恒压供水控制器 KGS 和时间继电器 KT1 同时通电。延时一段时间后
KT1 常开触头闭合，KM1 通电，使变速泵 M1 启动，开始恒压供水。

2）大水量时的自动控制

随着用水量的增加，变速泵不断加速，以使供水量增加。若仍无法满足用水量要求时，KGS 可使 2 号泵控制回路中的 2-11 与 2-17 号接通，KT2 通电。延迟一段时间后其常开触点 KT2 闭合，KT4 通电使 KT4 常开瞬动触点 KT4 闭合，从而使 KM2 通电，使 M2 和变速泵同时运转以提高总供水量。当系统用水量减小到一定值时，KGS 的 2-11 与 2-17 断开，使 KT2、KT4 失电，KT4 延时断开后，KM2 失电，定速泵 M2 停止运转，变速泵又开始单独恒压供水。

3）辅助电路分析

对于 1 号泵的控制，其辅助电路包括故障指示、运行指示和停泵指示。正常运行时，按启动按钮 SB1，KM1 带电，使变速泵 Ml 运转。同时，KM1 的常开触头闭合，实现自锁。运行指示灯 HL_{ON1} 点亮，此时 KM1 的常闭触头断开，故障指示灯不亮。停泵时，按停止按钮 SB2，使 KM1 失电，其常闭触头闭合，停泵指示灯 HL_{ST1} 点亮。当 1 号泵发生故障时，热保护继电器 FR1 动作，交流接触器 KM1 失电，其常闭触头 KM1 闭合，使故障指示灯 HL1 发光。

对于 2 号泵的控制，其辅助电路同样包括故障指示、运行指示和停泵指示。正常运行时，按启动按钮 SB3，KM2 带电，使变速泵 M2 运转。同时，KM2 的常开触头闭合，实现自锁。运行指示灯 HL_{ON2} 点亮，此时 KM1 的常闭触头断开，故障指示灯不亮。停泵时，按停止按钮 SB4，使 KM2 失电，其常闭触头闭合，停泵指示灯 HL_{ST2} 点亮。当 2 号泵发生故障时，热保护继电器 FR2 动作时，交流接触器 KM2 失电，其常闭触头 KM2 闭合，使故障指示灯 HL2 发光。

4）联锁与保护电路分析

当变速泵电动机 Ml 出现故障时，变频器中的电接点 ARM 闭合，使继电器 KA2 通电，故障报警器 HA 报警，同时 KT3 通电，延时一段时间后 KT3 闭合，使 KM2 通电，定速泵 M2 启动代替故障泵 M1 投入工作。

思考题与习题

2-1 什么叫自锁、互锁？如何实现？

2-2 在电动机正、反转控制电路中，已有按钮的机械互锁，为什么还采用电气互锁？

2-3 三相笼型异步电动机常用的降压启动方法有几种？

2-4 电动机在什么情况下采用降压启动？定子绕组为星形接法的笼型异步电动机能否采用星形—三角形降压启动？为什么？

2-5 鼠笼异步电动机降压启动的目的是什么？重载时宜采用降压启动吗？

2-6 三相笼型异步电动机常用的制动方法有几种？

2-7 电动机反接制动和能耗制动各有什么优缺点？可分别适用于什么场合？请分别举一建筑电气设备实例说明？

2-8 在反接制动和能耗制动控制线路中都采用了速度继电器，说明速度继电器的作用。

2-9 请设计一个顺序启动的控制线路，要求：第一台电动机启动 5s 后第二台电动机启动，再经过 10s 第三台电动机启动，再经过 12s 全部电动机停止。

2-10　什么是变频器？变频器的作用是什么？

2-11　变频器的控制方式有哪些？各有什么特点？

2-12　交流电动机变频调速，在改变电源频率的同时，为什么要成比例地改变电源的电压？

2-13　建筑电气继电接触控制线路分析的基本思路是什么？基本方法是什么？

2-14　查线读图法的方法和要点是什么？

2-15　电梯主要由哪些系统组成？各系统的主要功能是什么？

2-16　电梯的曳引系统主要由哪几部分组成？曳引轮、导向轮各起什么作用？

2-17　变频调速恒压供水系统在供水高峰和低峰时，继电接触控制系统如何进行工作？

第3章 可编程序控制器（PLC）的组成及工作原理

可编程序控制器简称PLC，是20世纪70年代以来在继电器—接触器（简称继电接触）控制系统中引入微型计算机控制技术后，发展起来的一种专门用于工业控制领域的新型控制器，也是建筑电气控制领域常用的新型控制器，是替代继电器—接触器控制系统的新型控制器。本章主要介绍可编程控制器的基本概念、可编程控制器（PLC）的组成、可编程控制器（PLC）的工作原理和编程语言。

3.1 可编程序控制器（PLC）概述

可编程序控制器简称PLC，是20世纪70年代以来在继电器—接触器控制系统中引入微型计算机控制技术后发展起来的一种新型工业控制设备。20世纪60年代以前，自动控制的最先进的装置就是继电控制盘，对当时的生产力发展确实发挥了很大的作用。可编程序控制器（PLC）是一种专门用于工业控制领域的新型控制器，是替代继电器—接触器控制系统的新型控制器。相对于系统计算机和微型计算机而言，它是一个专用控制器。而在工业控制领域中它则是个通用控制器。

PLC可编程序控制器以软件控制取代了常规电气控制系统中的硬件控制，具有功能强、可靠性高、配置灵活、使用方便、体积小、重量轻等优点，目前已在工业自动化生产的各个领域中获得了广泛使用，成为工业控制领域的支柱控制器产品。

1. 可编程序控制器（PLC）的基本定义

国际电工委员会（IEC）对可编程序控制器的定义是：可编程序逻辑控制器是一种数字运算操作的电子系统，专为在工业控制环境下应用而设计。它采用了可编程序的存储器，用来在其内部存储执行逻辑运算、顺序控制、定时、计算和算术运算等操作的指令。通过数字式和模拟式的输入和输出来控制各类机械的生产过程。可编程序控制器及其有关外围设备都按易于与工业系统联成一个整体，易于扩充其功能的原则设计。

2. 可编程序控制器（PLC）的技术特点

现代可编程序控制器主要有如下一些技术特点：

（1）高可靠性与高抗干扰能力

可编程序控制器（PLC）是专为工业控制环境设计的，机内采取了一系列抗干扰措施。其平均无故障时间可高达4～5万小时。远远超过采用硬接线的继电器—接触器控制系统，也远远高于一般的计算机控制系统。可编程序控制器（PLC）在软件设计上采取了循环扫描、集中采样、集中输出的工作方式。设置了多种实时监控、自诊断、自保护、自恢复程序功能。在硬件设计上采用了屏蔽、隔离、滤波、联锁控制等抗干扰电路结构，并实现了整体结构的模块化。可编程序控制器（PLC）适应于恶劣的工业控制环境，这是它优于普通微型计算机控制系统的首要特点。

（2）通用、灵活、方便

可编程序控制器（PLC）作为专用微机控制系统产品，采用了标准化的通用模块结构。其 I/O 接口电路采用了足够的抗干扰设计。既可以使用模拟量，也可以使用开关量。现场信号可以直接接入，用户不需要进行硬件的二次开发。控制规模可以根据控制对象的信号数量与所需功能进行灵活方便的模块组合。具有接线简单，使用、维护十分方便的优点。

（3）编程简单、易于掌握

这是可编程序控制器（PLC）优于普通微机控制系统的另一个重要特点。可编程序控制器的程序编写一般不需要高级语言。其通常使用的梯形图语言类似于继电器控制原理图。使未掌握专门计算机知识的现场工程技术人员也可以很快熟悉和使用。这种面向问题和控制过程的编程语言直观、清晰、修改方便、易于掌握。当然，不同机型可编程序控制器（PLC）在编程语言上是多样化的。但同一档次不同机型的控制功能可以十分方便地相互转换。

（4）设计和开发周期短

设计一套常规继电器控制系统需顺序进行电路设计、安装接线、逻辑调试三个步骤。只有完成系统的前一步设计才能进入下一步设计。开发周期长，线路修改困难，工程越大这一缺点就越明显。而使用可编程序控制器（PLC）完成一套电气控制系统设计和产品开发，只要电气总体设计完成，I/O 接口分配完毕，软件设计、模拟调试与硬件设计就可以同时分别进行。在软件调试方面，控制程序可以反复修改。在硬件设计方面，安装接线只涉及输入和输出装置，不涉及复杂的继电器控制线路，硬件投资少，故障率低。在软、硬件分别完成之后的正式调试中，控制逻辑的修改也仅涉及软件修改，大大缩短了产品的开发周期。

（5）功能强、体积小、重量轻

由于可编程序控制器（PLC）是以微型计算机为核心的，所以具有许多计算机控制系统的优越性。以日本三菱公司的 FX2N-32MR 小型可编程控制器为例，该 PLC 的外型尺寸是 87mm×40mm×90mm，重量 0.65kg。内部包含各类继电器 3228 个，状态寄存器 1000 个，定时器 256 个，计数器 241 个，数据寄存器 8122 个，耗电量为 150W。其应用指令包括程序控制、传送比较、四则逻辑运算、移位、数据（包括模拟量）处理等多种功能。指令执行时间为每步小于 $0.1\mu s$，无论在体积、重量上，还是在执行速度、控制功能上，都是常规继电器控制系统所无法相比的。

可编程序控制器（PLC）按 I/O 点数和存储容量可分为小型、中型和大型 PLC 三个等级。小型 PLC 的 I/O 点数在 256 点以下，存储容量为 2k 步，具有逻辑控制、定时、计数等功能。目前的小型 PLC 产品也具有算术运算、数据通信和模拟量处理功能。中型 PLC 的 I/O 点数在 256~2048 点之间，存储容量为 2~8k 步。具有逻辑运算、算术运算、数据传送、中断、数据通信、模拟量处理等功能。用于多种开关量、多通道模拟量或数字量与模拟量混合控制的复杂控制系统。

大型 PLC 的 I/O 点数在 2048 点以上，存储容量达 8k 步以上。具有逻辑运算、算术运算、模拟量处理、联网通信、监视记录、打印等功能，有中断、智能控制、远程控制的等能力，可完成大规模的过程控制，也可构成分布式控制网络，完成整个工厂的网络化自动控制。

3.2 可编程序控制器（PLC）的基本硬件组成

3.2.1 可编程序控制器（PLC）的基本结构

根据外部硬件结构的不同，可以将可编程序控制器（PLC）分为整体式 PLC 和模块式 PLC。

1. 整体式 PLC 的结构

其主机主要由 CPU、存储器、I/O 接口、电源、通信接口等几大部分组成。根据用户需要可配备各种外部设备，如：编程器、图形显示器、微型计算机等。各种外部设备都可通过通信接口与主机相连。图 3-1 为整体式 PLC 的外部结构，图 3-2 为整体式 PLC 的硬件组成结构示意图。整体式 PLC 其 CPU、I/O 接口电路、电源等装在一个箱状机壳内，结构紧凑，体积小、价格低。基本单元内有 CPU 模块、I/O 模块和电源。扩展单元内只有 I/O 模块和电源，基本单元和扩展单元之间用扁平电缆连接。整体式 PLC 一般配备有许多专用的特殊功能单元，如模拟量 I/O 单元、位置控制单元和通信单元等。

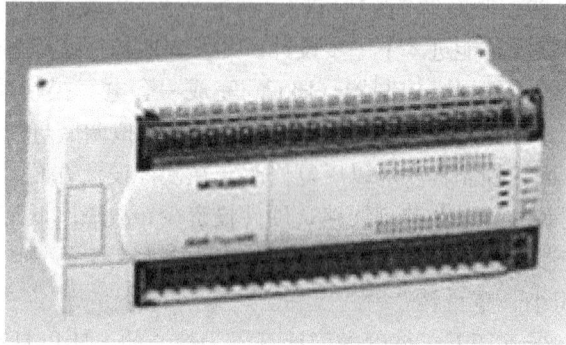

图 3-1 整体式 PLC

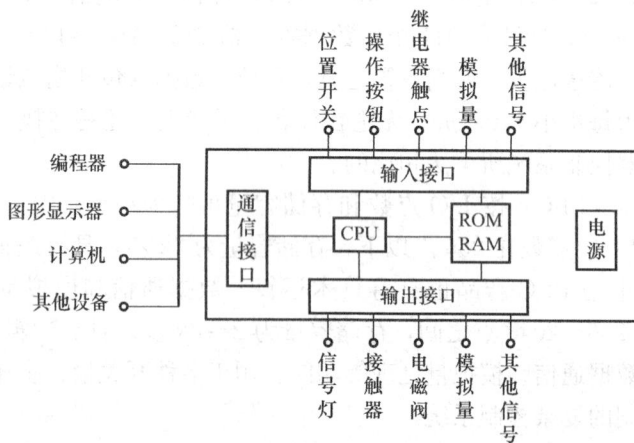

图 3-2 整体式 PLC 的硬件结构示意图

2. 模块式 PLC 的结构

大、中型 PLC 一般都采用模块式结构。如图 3-3 所示为模块式 PLC 的外部结构。模块式 PLC 采用搭积木的方式组成系统。一般由机架和模块组成。模块插在模块插座上，后者焊在机架的总线连接板上。机架有不同的槽数供用户选用。如果一个机架容纳不下所选用的模块，可以增加扩展机架。各机架之间用 I/O 扩展电缆连接。

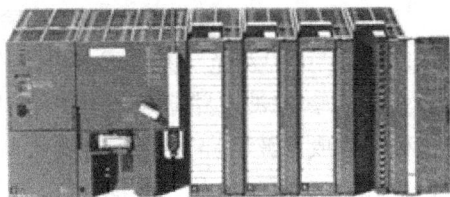

图 3-3　模块式 PLC

　　用户可以选用不同档次的 CPU 及按需求选用 I/O 模块。除电源模块和 CPU 模块插在固定的位置外，其他槽可以按需要插上输入或输出模块。所插槽位不同输入或输出点的地址不同，不同型号的 PLC 及不同点数的 I/O 模块其地址号也不同，具体可参考相应的用户使用手册。

　　机架：用于固定各种模块，并完成模块间通信。

　　CPU 模块：CPU 模块由微处理器和存储器组成，是 PLC 的核心部件，用于整机的控制。

　　电源模块：供 PLC 内部各模块工作，并可为输入电路和外部现场传感器提供电源。

　　输入模块：输入模块用于采集输入信号。分为开关量和模拟量输入模块。

　　输出模块：输出模块用于控制动作执行元件。分为开关量和模拟量输出模块。输出有三种形式：继电器输出、晶闸管输出、晶体管输出。

　　功能模块：用于完成各种特殊功能的模块。如运动控制模块、高速计数器模块、通信模块等。

3.2.2　中央处理器和存储器

　　中央处理器简称 CPU，是 PLC 的核心，在整机中起到类似于人脑的神经中枢作用，对 PLC 的整机性能有着决定性作用。目前大多数 PLC 都用 8 位或 16 位单片机作 CPU。单片机在 PLC 中的功能分为两部分，一部分是对系统进行管理，如自诊断、查错、信息传送、时钟、计数刷新等。另一部分是读取用户程序、解释指令、执行输入输出操作等。

　　PLC 的存储器分为系统程序存储器和用户程序存储器两种。

　　1. 系统程序存储器

　　用来存放制造商为用户提供的监控程序、模块化应用功能子程序、命令解释程序、故障诊断程序及其他各种管理程序。程序固化在 ROM 中，用户无法改变。

　　2. 用户程序存储器

　　专门提供给用户存放程序和数据，它决定了 PLC 的输入信号与输出信号之间的具体关系。其容量一般以字（每个字由 16 位二进制数组成）为单位。

　　3. PLC 程序存储器的种类

　　（1）随机存储器（RAM）：一般为用户存储器。

　　（2）只读存储器（ROM）：一般为系统存储器。

　　（3）可电擦除的存储器（EPROM、E^2PROM）：用于存放用户程序，存储时间远远长于 RAM，一般作为 PLC 的可选件。

3.2.3　输入/输出接口电路

　　输入接口电路用于采集输入信号。输入信号有开关量、模拟量、数字量三种形式。对应的则有开关量、模拟量、数字量三种形式的输入模块形式和输入接口电路。

图 3-4 为采用光电耦合的开关量输入接口电路原理图。图中，当现场开关 S 闭合时，光电耦合 T 中的发光二极管因有足够的电流流过而发光，输出端的光敏三极管导通，A 点为高电平，经滤波电路输入到 PLC 的内部电路。图中，$R1$、$R2$ 分压，$R1$ 且起限流作用，$R2$ 和 C 构成滤波电路。所有的输入信号都是经过光电耦合并经 RC 电路滤波后才送入 PLC 内部放大器，采用光电耦合并经 RC 电路滤波的措施后能有效地消除环境中杂散电磁波等造成的干扰。

输出接口电路用于控制信号输出或控制驱动电路输出。在 PLC 中，输出控制信号可直接控制驱动电路完成各种动作。在开关量输出模块中有晶体管、晶闸管和继电器三种功率放大元件的输出接口电路形式，输出电流为 $0.3 \sim 2A$，可直接驱动小功率负载电路完成各种动作。

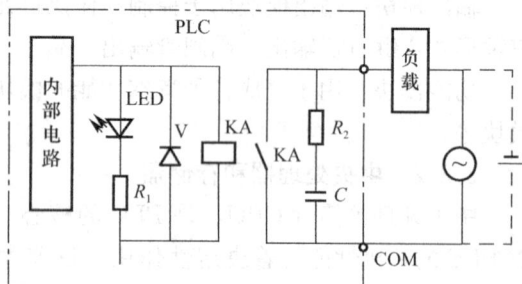

图 3-5 为继电器输出接口电路原理图。图中继电器 KA 既是输出开关器件，又是隔离器件；电阻 $R1$ 和 LED 组成了输出状态显示器；电阻 $R2$ 和电容 C 组成了 RC 放电灭弧电路。在程序运行过程中，当某一输出点有输出信号时，通过内部电路使得相应的输出继电器线圈接通，继电器触头闭合，使外部负载电路接通，同时输出指示灯点亮，指示该路输出端有输出。负载电源由外部提供。

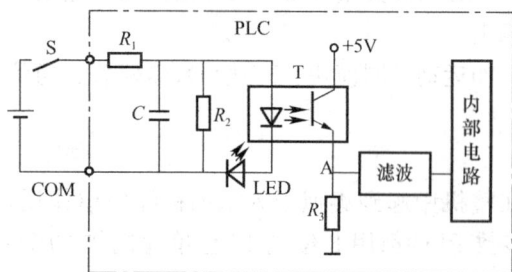

图 3-4　输入接口电路　　　　　　图 3-5　继电器输出接口电路

3.2.4　模拟量输入/输出模块

在建筑电气自动化控制系统中和工业自动化控制系统中，有些控制输入量往往是连续变化的模拟量，如：压力、流量、温度、转速等。而某些执行机构要求 PLC 输出模拟信号，如：伺服电动机、调节阀、记录仪等。PLC 的 CPU 只能处理数字量，这就产生了将模拟信号转换成数字信号及将数字信号转换成模拟信号的模拟量输入、输出模块。

1. 模拟量输入（A/D）转换模块

A/D 转换模块的作用是将输入模拟量转换为数字量。模拟量首先被传感器和变送器转换为标准的电流或电压信号，通过 A/D 转换模块将模拟量变成数字量送入 PLC。PLC 根据数字量的大小便能判断模拟量的大小。如：测速发电机随着电动机速度的变化，其输出的电压也随着变化。其输出的电压信号通过变送器后送入 A/D 转换模块，变成数字量。PLC 对此信号进行处理，便可知速度的快慢。图 3-6 为模拟量输入的 A/D 转换过程。

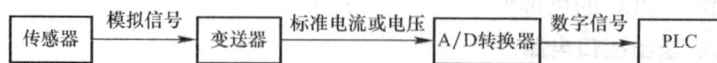

图 3-6　模拟量输入 A/D 转换过程

2. 数字量输出（D/A）转换模块

D/A 转换模块的作用是将 PLC 的数字输出量转换成模拟电压或电流，再去控制执行机构。图 3-7 为 D/A 的转换过程。

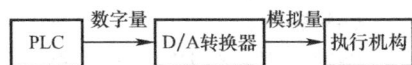

图 3-7　数字量输出 D/A 转换过程

模拟量 I/O 模块的主要任务就是通过模拟量输入（A/D）转换模块将模拟量输入信号转换成数字量，经 PLC 进行数字运算后，通过数字量输出（D/A）转换模块将数字量转换成模拟量输出，再去控制执行机构。

3.2.5　其他硬件模块和接口

1. 高速计数模块

PLC 中的计数器的最高工作频率受扫描周期的限制，一般仅为几十 Hz。在工业控制中，有时要求 PLC 有快速计数功能，计数脉冲可能来自旋转编码器、机械开关或电子开关。高速计数模块可以对几十 kHz 甚至上百 kHz 的脉冲计数。它们大多有一个或几个开关量输出点，计数器的当前值等于或大于预置值时，可通过中断程序及时地改变开关量输出的状态。这一过程与 PLC 的扫描过程无关，可以保证负载被及时驱动。

如三菱 FX2N 的 PLC 就有一个高速计数模块 FX2N-1HC，FX2N-1HC 中有一个高速计数器，可以单相/双相 50kHz 的高速计数，用外部输入或通过 PLC 的程序，可使计数器复位或启动计数过程，它可与编码器连接。

2. 运动控制模块

这类模块一般带有微处理器，用来控制运动物体的位置、速度和加速度，它可以控制直线运动或旋转运动、单轴或多轴运动。它们使运动控制与 PLC 的顺序控制功能有机地结合在一起，被广泛地应用在机床、装配机械等场合。

位置控制一般采用闭环控制，用伺服电动机作驱动装置。如果用步进电动机作驱动装置，既可以采用开环控制，也可以采用闭环控制。模块用存储器来存储给定的运动曲线。

3. 通信模块

通信模块是通信网络的窗口。在 PLC 中通信模块用来完成与别的 PLC、其他智能控制设备或主计算机之间的通信。远程 I/O 系统也必须配备相应的通信接口模块。

4. 人机接口

随着科学技术的不断发展以及自动控制的需要，PLC 的控制日趋完美。许多品牌的 PLC 配备了种类繁多的显示模块和图形操作终端（人机界面）作为人机接口。

（1）显示模块

以三菱 FX-10DM-E 显示模块为例，FX-10DM-E 显示模块可安装在面板上，用电缆与 PLC 连接。有 5 个键和带背光的 LED 显示器，可显示两行数据，每行 16 个字符，可用于各种型号的 FX 系列 PLC。可监视和修改定时器 T、计数器 C 的当前值，监视和修改数据寄存器 D 的当前值。

（2）图形操作终端（人机界面）

图形操作终端（人机界面），在液晶画面中可以显示各种信息、图形，还可以自由显示指示灯、PLC 内部数据、棒图、时钟等内容。同时，可以配备设备的状态，使设备的运行状况一目了然。图形操作终端（人机界面），配置有触摸屏，可以在画面中设置开关键盘，只需触按屏幕即可完成操作。画面的内容可以通过专用的画面制作软件，非常简便地创建。制作过程是从库中调用、配置所需部件的设计过程。

（3）编程器

编程器用来对 PLC 进行编程、发出命令和监视 PLC 的工作状态等。它通过通信端口与 PLC 的 CPU 连接，完成人机对话连接。目前常用的编程器有手持式简易编程器、便携式图形编程器和微型计算机三种形式。

1）手持式简易编程器。不同品牌的 PLC 配备不同型号的专用手持编程器，相互之间互不通用。它们不能直接输入和编辑梯形图程序，只能输入和编辑指令表程序。手持编程器的体积小，价格便宜，一般用电缆与 PLC 连接，常用来给小型 PLC 编程，用于系统的现场调试和维修比较方便。

2）便携式图形编程器。便携式图形编程器可直接进行梯形图程序的编制。不同品牌的 PLC 其图形编程器相互之间不通用。它较手持式简易编程器体积大。其优点是显示屏大，一屏可显示多行梯形图，但由于性价比不高，使它的发展和应用受到了很大的限制。

3）微型计算机编程。用微型计算机编程是最直观、功能最强大的一种编程方式。在微型计算机上可以直接用梯形图编程或指令编程，以及依据机械动作的流程进行程序设计的 SFC（顺序功能图）方式进行编程。而且，这些程序可相互变换。这种方式的主要优点是用户可以使用现有的计算机，笔记本电脑配上编程软件，也很适于在现场调试程序。对于不同厂家和型号的 PLC，只需要使用相应的编程软件就可以了。

编程器对应的工作方式有下列三种：

1）编程方式。编程器在这种方式下可以把用户程序送入 PLC 的内存，也可对原有的程序进行显示、修改、插入、删除等编辑操作。

2）命令方式。此方式可对 PLC 发出各种命令，如向 PLC 发出运行、暂停、出错复位等命令。

3）监视方式。此方式可对 PLC 进行检索，观察各个输入、输出点的通、断状态和内部线圈、计数器、定时器、寄存器的工作状态及当前值，也可跟踪程序的运行过程，对故障进行监测等。

3.3 可编程序控制器（PLC）的工作原理和常用编程语言

3.3.1 PLC 控制系统的组成

以可编程序控制器为控制核心单元的控制系统称为可编程序控制器控制系统。如图 3-8 所示为 PLC 控制系统的组成图。此控制系统由 PLC、编程器、信号输入部件和输出执行部件等组成。

图 3-8 中，PLC 可编程序控制器是控制系统的核心，它将逻辑运算、算术运算、顺序控制、定时、计数等控制功能以一系列指令形式存放在存储器中，然后根据检测到的输入条件按存储的程序，通过输出部件对生产过程进行控制。编程器的功能是把控制程序输入 PLC 可编程序控制器的基本单元，信号输入部件的功能是把现场信号送入 PLC 可编程序控制器，输出执行部件的功能是把 PLC 可编程序控制器的控制结果进行执行，并对控制对象（电动机）进行运行控制。图 3-8 中的 PLC 扩展单元的作用是在 PLC 基本单元输入/输出接口不够用时，进行输入/输出接口的扩展。

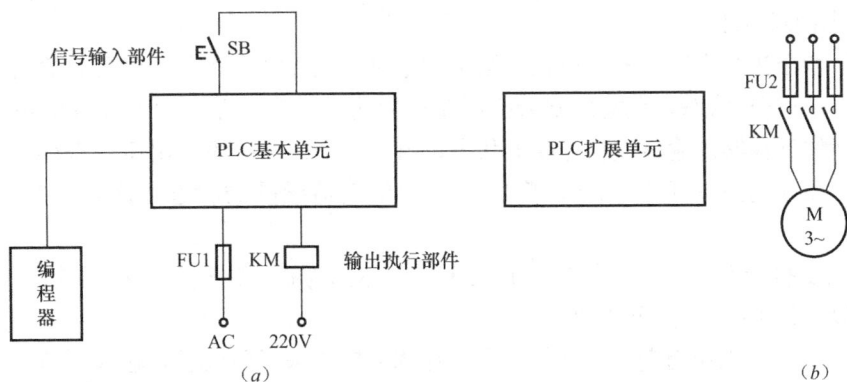

图 3-8　PLC 控制系统的组成

（a）PLC 控制系统；（b）控制对象（电机）主电路

如图 3-8 所示，我们根据控制系统的功能要求进行编程，然后把编好的控制软件程序通过编程器输入到 PLC 可编程序控制器的基本单元的用户存储器（随机存储器 RAM）中。然后接通 PLC 可编程序控制器控制系统的电源，启动 PLC 可编程序控制器，可编程序控制器控制系统就可根据 PLC 的现场输入控制信号，按照输入到 PLC 中的控制软件程序的功能要求进行工作，对控制对象（电动机）进行控制，控制电动机的运行。

3.3.2　PLC 的工作原理

对图 3-8 所示 PLC 来说，其工作原理是通过输入的用户现场控制程序和现场输入控制信号进行工作的。用户程序通过编程器输入，并存储于用户存储器中。PLC 以顺序执行用户程序的扫描基本工作方式进行有序工作，每一时刻只能执行一个指令。由于 PLC 有足够快的执行速度，从外部结果客观上看似乎是同时执行的。

如图 3-9 所示为 PLC 程序执行过程，PLC 可编程序控制器本身的工作过程可分为三个阶段：输入采样阶段、程序执行阶段、输出刷新阶段。对用户程序的循环执行过程称为扫描。这种工作方式称为扫描工作方式。

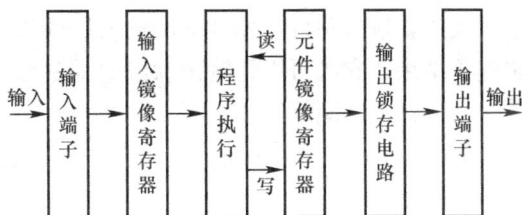

图 3-9　PLC 程序执行过程

PLC 程序执行过程：

1. 输入采样阶段

PLC 在输入采样阶段以扫描方式顺序读入所有输入端子的通/断（ON/OFF）状态信息，并将此状态信息存入输入镜像寄存器。接着转入程序执行阶段。在程序执行期间，即使外部输入信号的状态变化，输入镜像寄存器的状态也不会改变。这些变化只能在下一个工作周期的输入采样阶段才被读入。

2. 程序执行阶段

PLC 在程序执行阶段顺序对每条指令进行扫描。先从输入镜像寄存器中读入所有输入端子的状态信息。若程序中规定要读入某输出状态信息，则也在此时，从元件镜像寄存器读入。然后进行逻辑运算，由输出指令将运算结果存入元件镜像寄存器。这就是说，对于每个元件来说，元件镜像寄存器中所寄存的内容，会随着程序的执行过程而变化。

3. 输出刷新阶段

在所有指令执行完毕后即执行程序结束指令时，元件镜像寄存器中所有输出继电器的通/断（ON/OFF）状态，在输出刷新阶段转存到输出锁存电路。因而元件镜像寄存器亦称为输出镜像寄存器。输出锁存电路的状态，由上一个刷新阶段输出镜像寄存器的状态来确定。输出锁存电路的状态，决定了 PLC 输出继电器线圈的状态，这才是 PLC 的实际输出。

PLC 重复执行上述三个阶段构成的工作周期亦称为扫描周期。扫描周期因 PLC 机型而异，一般执行 1000 条指令约 20ms。

PLC 完成一个工作周期后，在第二个工作周期输入采样阶段进行输入刷新。因而输入镜像寄存器的数据，由上一个刷新时间 PLC 输入端子的通/断状态信息决定。

3.3.3 PLC 常用的编程语言

PLC 常用的编程语言主要有：梯形图语言、指令表语言、顺序功能图（SFC）语言、功能块图（FBD）语言、BASIC 语言、C 语言及汇编语言等。其中 BASIC 语言、C 语言及汇编语言为与计算机兼容的高级语言。各种语言都有各自的特点，一般说来，功能越强，语言就越高级，但掌握这种语言就越困难。最常用到的编程语言是梯形图和指令表。

1. 梯形图语言

它是由继电器控制系统图演变而来，与继电接触电气逻辑控制原理图非常相似，是一种形象、直观的实用图形语言，是 PLC 控制系统的主要编程语言，绝大多数 PLC 均具有这种编程语言。

由于梯形图是一种形象、直观的编程语言，对于熟悉继电接触控制线路的电气技术人员来说，学习梯形图编程语言是比较容易的。

梯形图编程语言特别适用于开关逻辑控制。梯形图由触点、线圈和应用指令组成。触点代表逻辑输入条件，如外部的输入信号和内部参与逻辑运算的条件等。线圈一般代表逻辑输出结果。它既可以是输出软继电器的线圈，也可以是 PLC 内部辅助软继电器或定时器、计数器的线圈等。

如图 3-10（a）所示是一个具有自锁功能的继电接触控制电路，图（b）是与其对应的梯形图程序。

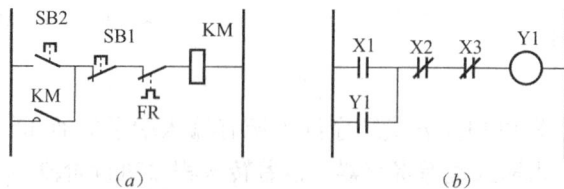

图 3-10　具有自锁功能的继电控制电路及其对应的梯形图
(a) 继电接触控制电路；(b) 对应的梯形图

图 3-10（b）中，X1、X2、X3、Y1，可称为逻辑元件或编程元件，也可称之为软继电器。每个软继电器线圈及所连各逻辑元件触点的逻辑组合构成一个逻辑梯级或称梯级。每个逻辑梯级内可安排若干个逻辑行连到一个软继电器线圈上。左右侧分别有一条竖直母线（有时省略了右侧的母线），相当于继电接触控制电路的控制母线。

（1）梯形图绘制原则和要求

1）梯形图按从上到下、从左到右的顺序绘制。每个逻辑元件起于左母线，终于右母线。继电器线圈与右母线直接连接，不能在继电器线圈与右母线之间连接其他元素，整个逻辑图形成阶梯形。

2）对电路各元件分配编号。用户输入设备按输入点的地址编号。如：启动按钮 SB2 的编号为 X1。用户输出设备都按输出地址编号。如：接触器 KM 的编号为 Y1。如果梯形图中还有其他内部继电器，则同样按各自分配的地址来编号。

3）在梯形图中，输入触点用以表示用户输入设备的输入信号。当输入设备的触点接通时，对应的输入继电器动作，其常开触点接通，常闭触点断开。当输入设备的触点断开时，对应的输入继电器不动作，其常开触点恢复断开，常闭触点恢复闭合。

4）在梯形图中，同一继电器的常开、常闭触点可以多次使用，不受限制，但同一继电器的线圈只能使用一次。

5）输入继电器的状态取决于外部输入信号的状态，因此在梯形图中不能出现输入继电器的线圈。

（2）软继电器与能流（控制信号流）

1）软继电器（又称内部线圈）

在 PLC 的梯形图中，主要利用软继电器线圈的吸—放功能以及触点的通—断功能来进行。PLC 内部并没有继电器那样的实体，只有内部寄存器中的位触发器，它根据计算机对信息的存—取原理，来读出触发器的状态，或在一定条件下改变它的状态。

2）能流（控制信号流）

想像左右两侧竖直母线之间有一个左正右负的直流电源电压（有时省略了右侧的竖直母线），电流信号从母线的左侧流向母线的右侧，这就是能流（控制信号流）。

实际上，并没有真实的电流流动，而是为了分析 PLC 的周期扫描原理以及信息存储空间分布的规律。能流（控制信号流）在梯形图中只能作单方向流动—即从左向右流动，层次的改变只能先上后下。

（3）梯形图与继电接触控制线路比较

1）相同之处：

A. 电路结构形式大致相同。

B. 梯形图大都沿用继电控制电路元件符号，有的有些不同。

C. 信号输入、信息处理以及输出控制的功能均相同。

2）不同之处：

A. 组成器件不同。继电控制电路由真实的继电器组成，梯形图由所谓软继电器组成。

B. 工作方式不同。当电源接通时，继电控制线路各继电器都处于该吸合的都应吸合，不吸合的继电器都因条件限制不能吸合。而在梯形图中，各继电器都处于周期性循环扫描接通之中。

C. 触点数量不同。继电接触控制电路中的继电器触点数量有限，PLC 梯形图中，软继电器的触点数量无限。因为在 PLC 存储器中的触发器状态可以执行任意次。

D. 编程方式不同。继电控制电路中，其程序已包含在电路中，功能专一、不灵活，而梯形图的设计和编程灵活多变。

E. 联锁方式不同。继电控制电路中，设置了许多制约关系的联锁电路，而在梯形图中，因它是扫描工作方式，不存在几个并列支路同时动作的因素，因此简化了电路设计。

2. 指令表语言

PLC 的指令是一种与微型计算机汇编语言中的指令相似的助记符表达式，由指令组成的程序叫做指令表程序语言。指令表与梯形图有着完全的对应关系，两者之间可以相互转换。指令表程序较难阅读，其中的逻辑关系很难一眼看出，所以在程序设计时一般使用梯形图语言。当用手持编程器键入梯形图程序时，必须将梯形图程序转换为指令表程序，因为手持编程器不具备梯形图程序编辑功能。在用户程序存储器中，指令按序号顺序排列。

如果用便携式图形编程器或微型计算机进行编程，既可以用梯形图语言又可以用指令表语言。则梯形图与指令表可以相互自动转换，程序写入 PLC 时，只需按 "Download"（下载）即可。

3. 顺序功能图（SFC）语言

这是一种位于其他编程语言之上的图形语言，用来编制顺序控制程序。顺序功能图提供了一种组织程序的图形方法。步、转换和动作是顺序功能图的三种主要元件。顺序功能图用来描述开关量控制系统的功能，根据它可以很容易地画出顺序控制梯形图程序。图 3-11 即为顺序功能图。

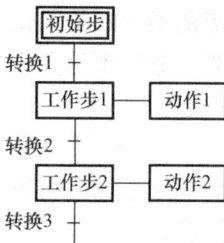

图 3-11 顺序功能图

4. 功能块图（FBD）语言

这是一种类似于数字逻辑门电路的编程语言。该编程语言用类似与门、或门的方框来表示逻辑运算关系。方框的左侧为逻辑运算的输入变量，右侧为输出变量。输入、输出端的小圆圈表示"非"运算，方框被"导线"连接在一起，信号自左向右运动。图 3-12 (b) 为西门子 PLC 功能块图与语句表，它与图 3-12 (a) 梯形图的控制逻辑相同。

5. 高级编程语言

高级编程语言是一种结构文本语言，是与计算机兼容的高级语言。与梯形图相比，它能完成复杂的数学运算，编写的程序非常简洁和紧凑。如 BASIC 语言、C 语言及汇编语言等。

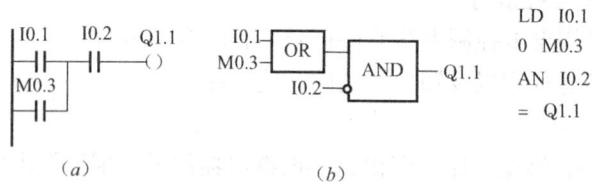

图 3-12 西门子 PLC 功能块图与梯形图

思考题与习题

3-1 可编程序控制器主要有哪些技术特点？

3-2 可编程序控制器与继电器-接触器控制系统、微型计算机控制系统、单片机控制系统有何相同和不同之处？

3-3　小型 PLC 可编程序控制器由几部分组成？各部分的主要作用是什么？

3-4　简要说明 PLC 可编程序控制器的工作过程和工作原理？

3-5　可编程序控制器有哪几种输出形式？各有什么特点？

3-6　试比较 PLC 梯形图与继电器-接触器控制电路图的异同。如何绘制可编程序控制器的梯形图？

3-7　可编程序控制器常用的编程语言有哪些？各有什么特点？

3-8　可编程序控制器的梯形图绘制原则和要求是什么？

3-9　什么叫指令表语言？什么叫顺序功能图（SFC）语言？什么叫功能块图（FBD）语言？什么叫高级编程语言？

第4章 三菱 FX 系列小型 PLC 及编程方法

目前在工业控制领域主流的小型 PLC 主要有：三菱 FX 系列、西门子系列、OMRON 系列等。OMRON 系列、西门子系列小型 PLC 将在后面第 5 章和第 6 章中介绍。本章主要介绍三菱 FX 系列小型 PLC 的性能特点和硬件简介、编程元件、基本指令及其编程方法、基本指令的应用和编程实例、简要介绍顺序控制与功能指令的编程方法。

4.1 三菱 FX 系列小型 PLC 的性能特点和硬件简介

4.1.1 三菱 FX 系列 PLC 性能特点和型号含义

1. 三菱 FX 系列 PLC 的性能特点

（1）体积

三菱 FX1S、FX1N 系列高度 90mm，深度 75mm，FX2N、FX2NC 系列高度 90mm，深度 87mm。内置的 24V DC 电源可作为输入回路的电源和传感器的电源。

（2）外型

基本单元、扩展单元和扩展模块的高度、深度相同，宽度不同。它们之间用扁平电缆连接，紧密拼装后组成一个整齐的长方体。

（3）多个子系列

FX1S、FX1N、FX2N、FX2NC 子系列。

FX1S 子系列最多 30 个 I/O 点，有通信功能。用于小型开关量控制系统。

FX1N 子系列最多 128 个 I/O 点，有较强的通信功能。用于要求较高的中小型控制系统。

FX2N、FX2NC 子系列最多 256 个 I/O 点，有很强的通信功能。用于要求很高的中小型控制系统。

（4）系统配置灵活

用户除了可选不同的子系列外，还可以选用多种基本单元、扩展单元和扩展模块，组成不同 I/O 点和不同功能的控制系统。

（5）功能强，使用方便

内置高速计数器、有输入输出刷新、中断、输入滤波时间调整、恒定扫描时间等功能，有高速计数器的专用比较指令。使用脉冲列输出功能，可直接控制步进电机或伺服电机。脉冲宽度调整功能可用于温度控制或照明等的调光控制。可设置 8 位数字密码。

2. FX 系列型号含义

FX 系列 PLC 型号含义如下：

$$FX\square\square-\square\square\square \ \square-\square$$

（1）（2）（3）（4）（5）

（1）子系列名称。如：1S，1N，2N 等。

（2）I/O 的总点数。如：16、32、48、128 等。

（3）单元类型。M 为基本单元，E 为输入输出混合扩展单元与扩展模块，EX 为输入专用扩展模块，EY 为输出专用扩展模块。

（4）输出形式。R 为继电器输出、T 为晶体管输出、S 为双相晶闸管输出。

（5）电源和输入、输出类型等特征。D 和 DS 为 DC 24V 电源；DSS 为 DC 24V 电源，晶体管输出；ES 为交流电源；ESS 为交流电源，晶体管输出；UA1 为 AC 电源，AC 输入。

例：FX2N-64MR-D 属于 FX2N 系列，有 64 个 I/O 点的基本单元，继电器输出，使用 DC 24V 电源。FX2N-48ER-D 属于 FX2N 系列，有 48 个 I/O 点的扩展单元，继电器输出，使用 DC 24V 电源。

FX1N 系列 PLC：

有 13 种基本单元：

FX1N-14MR-001、FX1N-24MR-001、FX1N-40MR-001、FX1N-60MR-001；

FX1N-24MT、FX1N-40MT、FX1N-60MT；

FX1N-24MR-D、FX1N-40MR-D、FX1N-60MR-D；

FX1N-24MT-D、FX1N-40MT-D、FX1N-60MT-D。

FX2N 系列 PLC：

有 20 种基本单元，功能强、速度快，每条指令执行时间仅为 $0.08\mu s$，内置用户存储器为 8K 步，可扩展到 16K 步，I/O 点最多可扩展到 256 点。有多种特殊功能模块或功能扩展板，可实现多轴定位控制。机内有实时钟，PID 指令可实现模拟量闭环控制。有很强的数学指令集，如浮点数运算、开平方和三角函数等。每个 FX2N 基本单元可扩展 8 个特殊单元。

4.1.2　三菱 FX2N 系列 PLC 硬件简介

下面以三菱 FX2N-64MR 为例进行介绍。

1. 三菱 FX2N-64MR 的结构

图 4-1 为 FX2N-64MR 型 PLC 结构示意图。图中：

2. 输入、输出信号接线示例

图 4-2 为三菱 FX2N-64MR 型 PLC 基本单元端子排列图。X 为输入端子，Y 为输出端子。图中输出部分有 COM1、COM2……COM6，共 6 个公共点，构成 6 组输出，各组公共端间相互隔离。对共用一个公共端的同一组输出，必须用同一电压类型和同一电压等级。不同的公共端组，可以使用不同的电压类型和电压等级。如 Y0～Y3 共用 COM1、Y4～Y7 共用 COM2，Y0～Y3 使用的电压可以是 AC220V，Y4～Y7 使用的电压可以是 DC24V。这为不同电压类型和等级的负载驱动提供了方便。

图 4-3 为三菱 FX2N PLC 输入信号接线图，输入端子和 COM 端子之间用无源接点或用晶体三极管 NPN 集电极开路连接。当进入输入状态时，相应输入端的指示灯 LED 亮灯。

图 4-4 为三菱 FX2N PLC 输出接线示意图。图中继电器 KA1、KA2 和接触器 KM1、KM2 线圈为 AC220V，电磁阀 YV1、YV2 为 DC24V，这样电磁阀与继电器、接触器便不能分在一组。而继电器、接触器为相同电压类型和等级，可以分在一组，如果一组安排不下，可以分在两组或多组，但这些组的公共点要连在一起。

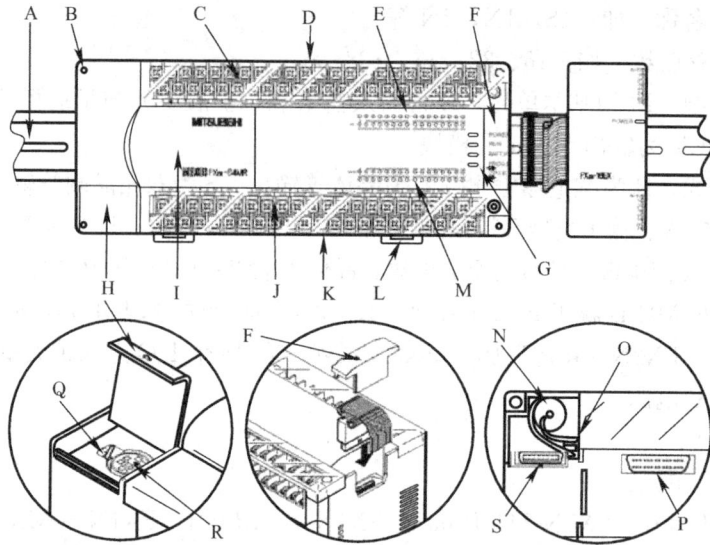

图 4-1　三菱 FX2N-64MR 型 PLC 结构示意图

A：35mm 宽 DIN 导轨；B：安装孔 4 个（φ4.5）；C：输入端子；D：输入端子盖板；E：输入指示灯；
F：I/O 扩展单元接口盖板；G：状态指示灯；H：编程器接口；I：面板盖；J：输出端子；K：输出端子盖板；
L：DIN 导轨装卸用卡子；M：输出指示灯；N：后备电池；O：后备电池连接插座；P：另选存
储器滤波器接口；Q：内置运行/停止开关；R：编程器接口；S：功能扩展板接口。

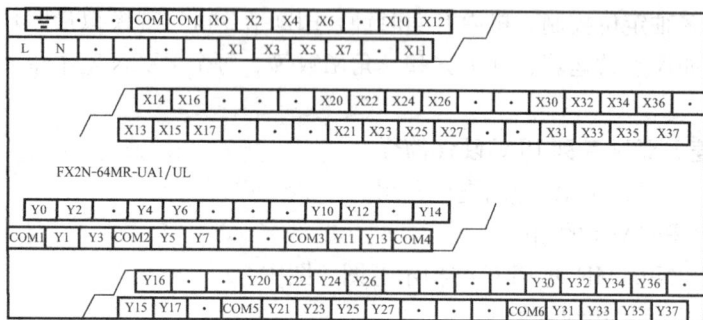

图 4-2　三菱 FX2N-64MR 型 PLC 基本单元端子排列

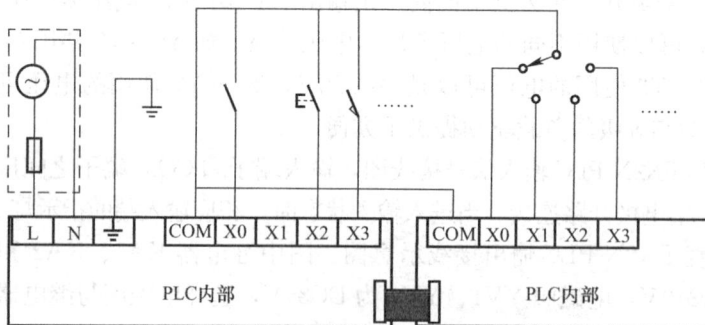

图 4-3　三菱 FX2N 输入信号接线方式

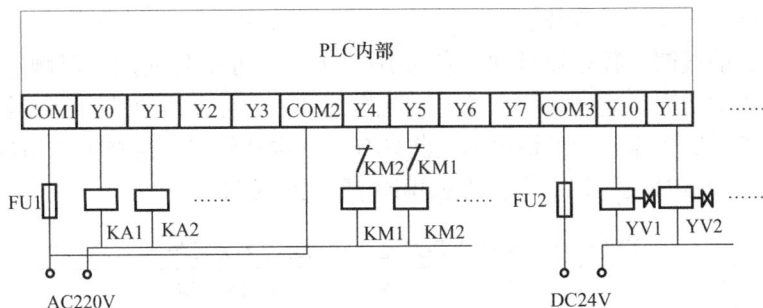

图 4-4　三菱 FX2N PLC 输出接线示意图

4.2　三菱 FX 系列 PLC 中的编程元件

PLC 提供给用户使用的每个输入/输出继电器、状态继电器、辅助继电器、计数器、定时器及每个存储单元都称为元件。由于这些元件都可以用程序（即软件）来指定，故又称为软元件或编程元件。各个元件有其各自的功能，有其固定的地址，元件的多少决定了 PLC 整个系统的规模及数据处理能力。编程元件的名称由字母和数字组成，它们分别代表元件的类型和元件号。

4.2.1　输入继电器（X）和输出继电器（Y）

1. 输入继电器（X）

输入继电器是 PLC 接受外部输入信号的窗口。PLC 通过光电耦合器，将外部信号的状态读入并存储在输入镜像寄存器中。输入端可以外接常开触点或常闭触点，也可以接多个触点组成的串并联电路或电子传感器（如接近开关）。在梯形图中，可以多次使用输入继电器的常开触点和常闭触点。表 4-1 为 FX1N、FX2N 系列 PLC 主机输入继电器元件编号。

FX1N、FX2N 系列 PLC 主机输入继电器元件编号　　表 4-1

PLC 型号	FX1N-14M	FX1N-24M	FX1N-40M	FX1N-60M		
输入继电器	X0~X7 8 点	X0~X15 14 点	X0~X27 24 点	X0~X43 36 点		
PLC 型号	FX2N-16M	FX2N-32M	FX2N-48M	FX2N-64M	FX2N-80M	FX2N-128M
输入继电器	X0~X7 8 点	X0~X17 16 点	X0~X27 24 点	X0~X37 32 点	X0~X47 40 点	X0~X267 184 点

输入继电器的元件号为 8 进制。如：FX2N-32M 型 PLC 共有 16 个输入点，编号分别为 X0、X1、X2、X3、X4、X5、X6、X7、X10、X11、X12、X13、X14、X15、X16、X17。输入继电器的线圈在程序设计时不允许出现。

PLC 在每一个周期开始时读取输入信号，输入信号的通、断持续时间应大于 PLC 的扫描周期。如果不满足这一条件，可能会丢失输入信号。

2. 输出继电器（Y）

输出继电器是 PLC 向外部负载发送信号的窗口。输出继电器用来将 PLC 的输出信号通过输出电路硬件驱动外部负载。

输出继电器的线圈在程序设计时只能使用一次，不可重复使用。但触点可以多次使用。输出继电器的线圈"通电"后，继电器型输出模块中对应的硬件输出继电器的常开触点闭合，使外部负载工作。硬件输出继电器只有一个常开触点，接在 PLC 的输出端子上。表 4-2 为 FX1N、FX2N 系列 PLC 主机输出继电器元件编号。

FX1N、FX2N 系列 PLC 主机输出继电器元件编号 表 4-2

PLC 型号	FX1N-14M	FX1N-24M	FX1N-40M	FX1N-60M		
输出继电器	Y0～Y5 6 点	Y0～Y11 10 点	Y0～Y17 16 点	Y0～Y27 24 点		
PLC 型号	FX2N-16M	FX2N-32M	FX2N-48M	FX2N-64M	FX2N-80M	FX2N-128M
输出继电器	Y0～Y7 8 点	Y0～Y17 16 点	Y0～Y27 24 点	Y0～Y37 32 点	Y0～Y47 40 点	Y0～Y267 184 点

输出继电器的元件号为 8 进制。如：FX2N-32M 型 PLC 共有 16 个输出点，编号分别为 Y0、Y1、Y2、Y3、Y4、Y5、Y6、Y7，Y10、Y11、Y12、Y13、Y14、Y15、Y16、Y17。

4.2.2 辅助继电器（M）

PLC 内有很多辅助继电器。它们是用软件实现的。辅助继电器的线圈，可以由 PLC 内部各软继电器的触点驱动，它们不能像输入继电器那样接收外部的输入信号，也不能像输出继电器那样直接驱动外部负载，而是一种内部的状态标志，起到相当于继电器控制系统中的中间继电器的作用。

1. 通用辅助继电器

在 FX 系列 PLC 中，除了输入继电器和输出继电器的元件号采用八进制外，其他编程元件的元件号都采用十进制，因此，通用辅助继电器的元件号采用十进制编排。

不同型号的 PLC 其通用辅助继电器的数量是不同的，其编号范围也不同。使用时，必须参照其编程手册。在此仅介绍 FX1N 和 FX2N 型 PLC 的通用辅助继电器点数及编号范围：FX1N 型 PLC 通用辅助继电器点数为 384 点，元件号从 M0 到 M383；FX2N 型 PLC 通用辅助继电器点数为 500 点，元件号从 M0 到 M499。

这些通用辅助继电器只能在 PLC 内部起辅助作用，在使用时，除了不能驱动外部元件外，其他功能与输出继电器非常类似。

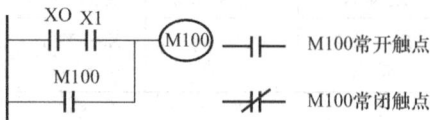

图 4-5 含有通用辅助继电器的梯形图

FX 系列 PLC 的通用辅助继电器与输出继电器一样没有断电保持功能，既断电后，无论程序运行时是 ON 还是 OFF，都将 OFF，通电后，必须由其他逻辑条件使之 ON。图 4-5 为含有通用辅助继电器的梯形图。

2. 失电保持辅助继电器

PLC 在运行中若突然停电，有时需要保持失电前的状态，以使来电后继续进行断电前的工作，这靠输出继电器和通用辅助继电器是无能为力了。这时就需要一种能保存失电前状态的辅助继电器，即失电保持辅助继电器。失电保持辅助继电器并非断电后真正能在自身电源也切断的条件下保存原工作状态，而是靠 PLC 内部的备用电池供电而已。

　　FX1N 型 PLC 失电保持辅助继电器点数为 1152 点，元件号从 M384 到 M1535；FX2N 型 PLC 失电保持辅助继电器点数为 2572 点，元件号从 M500 到 M3071。

　　图 4-6 所示是具有停电保持功能的辅助继电器用法举例。图中 X1 接通后，M600 动作，其常开触点闭合自锁，即使 X1 再断开，M600 的状态仍保持不变。若此时 PLC 失去供电，等 PLC 恢复供电后再运行时只要停电前 X2 的状态不发生改变，M600 仍能保持动作。M600 保持动作的原因并不是因为自锁，而是因为 M600 是失电保持辅助继电器，有后备电池供电的缘故。

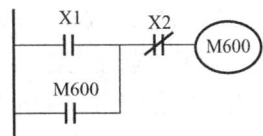

图 4-6　停电保持功能辅助继电器用法

　　3. 特殊辅助继电器

　　PLC 内有 256 个特殊辅助继电器，这些特殊辅助继电器各自具有特定功能。可以分为两大类：只能利用触点型、可驱动线圈型。

　　（1）只能利用触点型

　　这类特殊辅助继电器的线圈由 PLC 自动驱动，用户只能利用其触点。例如：

　　M8000—运行监控（PLC 运行时自动接通，停止时断开）。

　　M8002—初始脉冲（仅在 PLC 运行开始时接通一个扫描周期）。

　　M8005—PLC 后备锂电池电压过低时接通。

　　M8011—周期 10ms 时钟脉冲。

　　M8012—周期 100ms 时钟脉冲。

　　M8013—周期 1s 时钟脉冲。

　　M8014—周期 1min 时钟脉冲。

　　图 4-7 为只能利用触点型特殊辅助继电器在 PLC 运行（RUN）和停止（STOP）时的时序图。

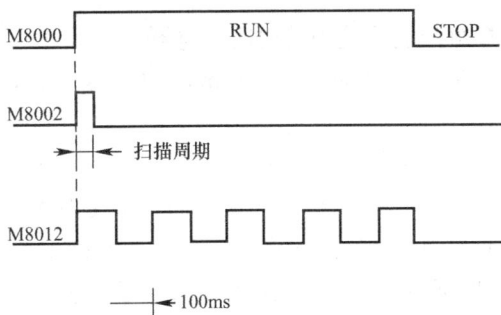

图 4-7　只能利用触点型特殊辅助继电器时序图

　　（2）可驱动线圈型

　　这类特殊辅助继电器的线圈可由用户驱动，而线圈被驱动后，PLC 将作特定动作。

　　M8030—线圈被驱动后使后备锂电池欠电压指示灯熄灭。

　　M8033—线圈被驱动后 PLC 停止运行时输出保持。

　　M8034—线圈被驱动后禁止所有的输出。

　　M8039—线圈被驱动后 PLC 以 D8039 中指定的扫描时间工作。

　　应注意，没有定义的特殊辅助继电器不可在用户程序中出现。

4.2.3　状态继电器（S）

　　状态继电器 S 在步进顺序控制程序的编程中是一类非常重要的软元件，它与后述的步进顺序控制指令 STL 组合使用。

　　状态继电器有以下五种类型：

　　1. 初始状态 S0～S9 共 10 点；

　　2. 回零 S10～S19 共 10 点；

3. 通用 S20～S499 共 480 点；

4. 失电保持 S500～S899 共 400 点；

5. 报警器 S900～S999 共 100 点。

通用状态继电器没有失电保持功能。在使用 IST（初始化状态功能）指令时，S0～S9 供初始状态使用。失电保持状态继电器 S500～S899 在断电时依靠后备锂电池供电保持。在使用应用指令 ANS（信号报警器置位）和 ANR（信号报警器复位）时，报警器 S900～S999 可用作外部故障诊断输出。报警器为失电保持型。

使用举例：图 4-8 为机械手抓取物体动作顺序功能图。

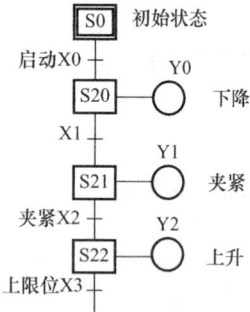

图 4-8 机械手抓取物体动作顺序功能图

设启动信号输入点为 X0，下限位开关信号输入点为 X1，夹紧限位开关信号输入点为 X2，上限位开关信号输入点为 X3……，控制下降电磁阀的输出点为 Y0，控制夹紧电磁阀的输出点为 Y1，控制上升电磁阀的输出点为 Y2……，S0 为初始状态（原位），S20、S21、S22……为工作步状态继电器，其动作过程如下：接通启动信号，X0=ON，状态继电器 S20 置位（=ON），随之，控制下降电磁阀的输出继电器 Y0 动作；当下限位开关 X1 变为 ON 后，状态继电器 S21 置位（=ON），状态继电器 S20 自动复位（=OFF），输出继电器 Y0 随之复位，控制夹紧电磁阀的输出继电器 Y1 动作；当夹紧限位开关 X2 变为 ON 时，状态继电器 S22 置位，同时状态继电器 S21 自动复位，输出继电器 Y1 随之复位，控制上升电磁阀的输出继电器 Y2 动作……。

随着状态动作的转移，前一状态继电器的状态自动复位（变为 OFF）。状态继电器的触点可多次使用。如果不用步进顺控指令，状态继电器 S 可当作普通的辅助继电器使用。

4.2.4 定时器（T）

PLC 内有几百个定时器，其功能相当于继电接触控制系统中的时间继电器。

定时器是根据时钟脉冲的累积计时的。时钟脉冲有周期为 1ms、10ms、100ms 三种，当所计时间到达设定值时，其输出触点动作。

定时器有一个设定值寄存器（一个字长）、一个当前值寄存器（一个字长）和一个用来存储其输出触点状态的映像寄存器（占二进制的一位），这三个单元使用同一个元件号。

定时器用常数 K 作为设定值，也可将数据寄存器（D）的内容作设定值。用数据寄存器（D）的内容作设定值时，一般用失电保持型数据寄存器，目的是断电时不会丢失数据。

FX 系列 PLC 的定时器分为非积算定时器和积算定时器。

1. 非积算定时器

所谓非积算定时器，是指定时器在停电或定时器线圈输入断开，定时器将复位。当复电或定时器线圈输入再次接通后，定时器将按照原设定时间重新计时，在再次动作时仍按照原设定时间动作，不进行设定时间的累积相加计算的定时器。FX1N 和 FX2N 型 PLC 内有 100ms 非积算定时器 200 点（个）（T0～T199），时间设定值为 0.1～3276.7s。10ms 非积算定时器 46 点（个）（T200～T245），时间设定值为 0.01～327.67s。图 4-9 为非积算定时器在程序中的使用及动作时序。

如图 4-9 所示，如果定时器线圈 T200 的驱动输入 X0 接通，T200 用的当前值计数器将 10ms 时钟脉冲相加计算。如果该值等于设定值 K123，定时器的输出触点就动作。即 X0 接通 1.23s 后（也就是 T200 的线圈"通电"0.01s×123＝1.23s 后），T200 的触点动作，Y0 随之动作。X0 断开或停电，定时器复位，输出触点复位。非积算定时器没有失电记忆功能。

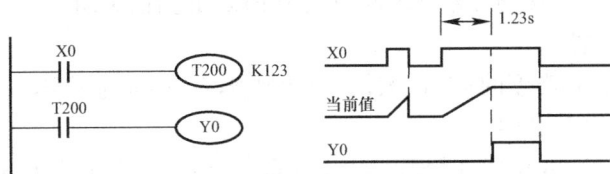

图 4-9　非积算定时器的使用及动作时序

2. 积算定时器

所谓积算定时器，是指在定时器停电或定时器线圈输入断开，定时器保存已计时间。当复电或定时器线圈输入再次接通后，积算定时器继续计时，计时时间为原保存的时间与继续计时时间之和。直到计时时间达到设定值，积算定时器的触点动作，即进行设定时间的累积相加计算的定时器。FX1N 和 FX2N 型 PLC 内有 1ms 积算定时器 4 点（个）（T246～T249），时间设定值为 0.001～32.767s；100ms 积算定时器 6 点（个）（T250～T255），时间设定值为 0.1～3276.7s。图 4-10 为积算定时器在程序中的使用及动作时序。

如图 4-10 所示，如果定时器线圈 T250 的驱动输入 X1 接通，则 T250 用的当前值计数器将 100ms 时钟脉冲相加计算。如果相加值等于设定值 K345（即 0.1s×345＝34.5s），则定时器的输出触点动作。在计算过程中，X1 断开或停电，在再动作后，继续进行相加计算，直到相加的时间等于设定时间后，定时器的输出触点动作。积算定时器具有失电记忆功能。要想使得 T250 复位，只有复位输入 X2 接通，强制进行。

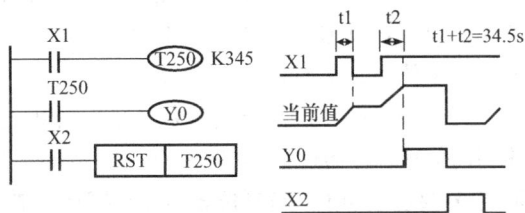

图 4-10　积算定时器在程序中的使用及动作时序

非积算定时器没有电池后备，在定时过程中，若停电或定时器线圈输入断开，非积算定时器复位。当复电或定时器线圈输入再次接通后，非积算定时器重新计时。积算定时器有锂电池后备，若停电或定时器线圈输入断开，积算定时器保存已计时间。当复电或定时器线圈输入再次接通后，积算定时器继续计时，计时时间为原保存的时间与继续计时时间之和。

要注意的是，在 FX1N 和 FX2N 型 PLC 中，在子程序与中断程序内应采用 T192～T199 和 T246～T249 定时器。这些定时器在执行指令时或执行 END 指令时计时。如果计时达到设定值，则在执行线圈指令或 END 指令时，输出触点动作。在子程序与中断程序内使用其他定时器，工作可能不正常。

定时器的精度与程序的编写有关。如果定时器的触点在线圈之前，精度将会降低。如果定时器的触点在线圈之后，最大定时误差为 2 倍扫描周期加上输入滤波器时间；如果定时器的触点在线圈之前，最大定时误差为 3 倍扫描周期加上输入滤波器时间。

最小定时误差为输入滤波器时间减去定时器的分辨率。1ms、10ms、100ms 定时器的分辨率分别为 1ms、10ms 和 100ms。

4.2.5 计数器 (C)

1. 内部计数器

内部计数器是在执行扫描操作时对内部元件（如 X、Y、M、S、T、C）的信号进行计数的计数器。因此，其接通和断开时间应长于 PLC 的扫描周期。

（1）16 位增计数器

FX 系列 PLC 有两种类型的 16 位增计数型计数器，一种为通用型，一种为失电保持型。

1）通用型 16 位增计数器

C0～C99 为通用型 16 位增计数器，共 100 点（个），其设定值为 K1～K32767。当计数输入信号每接通一次，计数器的当前值增 1，当计数器的当前值为设定值时，计数器的输出触点接通，之后即使计数输入信号再接通，计数器的当前值都保持不变，只有复位输入信号接通时，执行复位指令，可将计数器当前值复位为 0，其输出触点也随之复位。计数过程中如果失电，通用型计数器失去原计数数值，再次通电后，将重新计数。

2）失电保持型 16 位增计数器

C100～C199 为失电保持型 16 位增计数器，共 100 点（个），其设定值为 K1～K32767。其工作过程与通用型相同，只是在计数过程中如果失电，失电保持型计数器其当前值和输出触点的置位/复位状态保持不变。

计数器的设定值除了可以用常数 K 直接设定外，还可以通过指定数据寄存器的元件号来间接设定，此号寄存器内的内容便是设定值。如：指定 D125，而 D125 的内容是 200，则与设定值 K200 等效。

图 4-11 所示为 16 位增计数器的动作时序。X2 为计数输入，X2 每接通一次，计数器的当前值增 1，当计数器的当前值为 10 时，即计数达 10 次，计数器 C0 的输出触点接通，随之 Y0 线圈得电。当复位输入 X1 接通，执行 RST（复位）指令，计数器当前值复位为 0，其输出触点也随之复位。

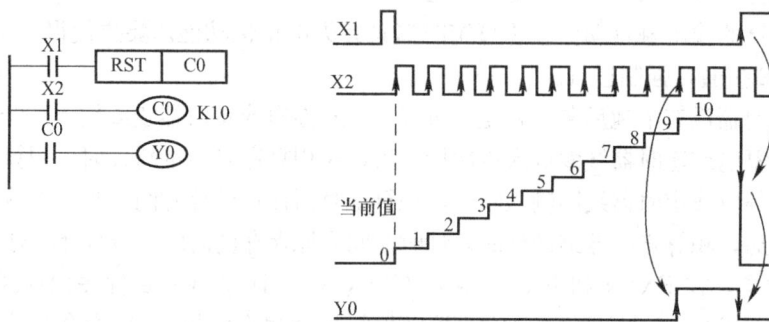

图 4-11 16 位增计数器的动作时序

（2）32 位双向计数器

双相计数器就是既可以设置为增计数又可以设置为减计数的计数器。32 位双相计数器计数值设定范围为 −2147483648～+2147483647。FX 系列 PLC 有两种 32 位双相计数器，一种为通用型，一种为失电保持型。

1）通用型 32 位双向计数器

C200～C219 为通用型 32 位双向计数器，共 20 点。作增计数或减计数（计数方向）

由特殊辅助继电器 M8200～M8219 设定。计数器与特殊辅助继电器一一对应，如计数器 C212 对应 M8212。对于计数器，当对应的辅助继电器接通（置 1）时为减计数；当对应的辅助继电器断开（置 0）时为加计数。计数值的设定可以直接用常数 K 或间接用数据寄存器 D 的内容作为设定值，但间接设定时，要用元件号连在一起的两个数据寄存器。如果用 16 位的数据寄存器，则必须由两个 16 位的数据寄存器才能组成 32 位。

2）失电保持型 32 位双向计数器

C220～C234 为失电保持型 32 位双向计数器，共 15 点（个）。作增计数或减计数（计数方向）由特殊辅助继电器 M8220～M8234 设定。其工作过程与通用型 32 位双向计数器相同，不同之处在于失电保持型 32 位双向计数器的当前值和触点状态在失电时均能保持。

图 4-12 为 32 位双向计数器的动作时序。计数器 C212 作增计数还是减计数取决于 M8212 的通断。M8212 断开 C212 作增计数，M8212 接通作减计数。因而 X1 的通断决定了 C212 的计数方向。X3 作为计数输入，驱动 C212 线圈进行加计数或减计数。X2 用于计数器 C212 复位，K-2 表示双向计数。

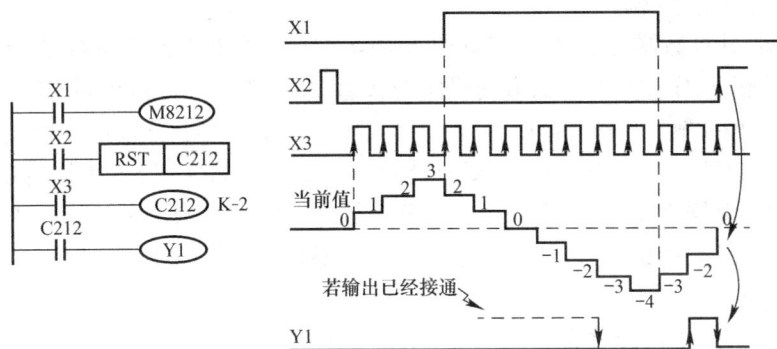

图 4-12　32 位双向计数器的动作时序

当计数器的当前值由－3→－2（增加）时，计数器的触点接通（置位），Y1 便有输出；由－2→－3（减小）时，其触点断开（复位）。当复位输入 X2 接通，通过 RST（复位）指令，使得计数器 C212 复位，其触点断开（复位），随之 Y1 停止输出。

双向计数器是循环计数器，如果计数器的当前值在最大值 2147483647 时进行加计数，则当前值就成为最小值－2147483647。类似地，如果计数器的当前值在最小值－2147483647 时进行减计数，则当前值就成为最大值 2147483647。

2. 高速计数器

FX 系列 PLC 中共有 21 点高速计数器，元件编号为 C235～C255。这些计数器在 PLC 中共享 8 个高速计数器输入端 X0～X7。当一个输入端被某个高速计数器占用时，这个输入端就不能再用于另一个高速计数器，也不能用作其他的输入。由于只有 8 个高速计数的输入，因此最多只能同时用 8 个高速计数器。

高速计数器是按中断方式运行的，与扫描周期无关。所选定的计数器的线圈应被连续驱动，以表示与它有关的输入点已被使用，其他高速计数器的处理不能与它冲突。连续驱动计数器的软元件触点可以是输入继电器触点，也可以是特殊辅助继电器（如 M8000）的常开触点等。

高速计数器分为1相型和2相型两类。1相型高速计数器分为1相无启动/复位和1相带启动/复位两种；2相型高速计数器分为2相双向计数器和2相A-B相计数器。表4-3为高速计数器一览表。

高速计数器简表　　　　表4-3

中断输入	1相无启动/复位计数器						1相带启动/复位计数器					2相双向计数器					2相A-B相计数器				
	C235	C236	C237	C238	C239	C240	C241	C242	C243	C244	C245	C246	C247	C248	C249	C250	C251	C252	C253	C254	C255
X0	U/D						U/D			U/D		U	U		U		A	A		A	
X1		U/D					R			R		D	D		D		B	B		B	
X2			U/D					U/D			U/D		R		R			R		R	
X3				U/D				R			R			U		U			A		A
X4					U/D				U/D					D		D			B		B
X5						U/D			R					R		R			R		R
X6										S					S					S	
X7											S					S					S

表中：U：增计数输入　　D：减计数输入　　A：A相输入
B：B相输入　　R：复位输入　　S：启动输入

（1）1相型高速计数器

1）1相型高速计数器共11点（C235～C245），所有计数器都是32位增/减计数器，即双向计数器，其触点动作方式及计数方向设定与普通32位双向计数器相同。作增计数器时，计数值达到设定值时触点动作并保持，作减计数器时，当计数值达到设定值时触点复位。

其中C235～C240为1相无启动/复位计数器，C241～C245为1相带启动/复位计数器。特殊辅助继电器M8235～M8245用来设置与之对应的计数器C235～C245的计数方向。M为ON时是减计数，为OFF时是加计数。要想使得计数器C235～C245复位，只有使用RST指令。

2）1相无启动/复位计数器

1相无启动/复位计数器（C235～C240）共6点，每个计数器只有一个输入端。如表4-3所示，C235利用X0作为高速脉冲的输入端、……C240利用X5作为高速脉冲的输入端，可以双向计数（U/D表示可以增、减计数），增、减计数由M8235～M8240的OFF及ON决定。图4-13为1相无启动/复位计数器的用法举例。

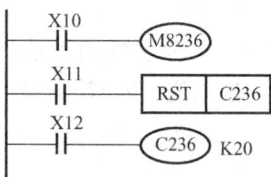

图4-13　1相无启动/复位计数器的用法

要想使得计数器C236进行计数，X12必须接通（即C236的线圈被驱动，才选中了计数器C236）。由于输入端X1是计数器C236的脉冲计数输入端，所以，在X12接通的条件下，计数器C236对来自X1端的脉冲进行计数。

M8236的通、断决定了计数器C236是进行减计数还是增计数，所以X10接通时C236进行的是减计数，X10断开时C236进行的是加计数。在进行加计数时，当计数值达到设定值K20时，C236的触点动作并保持；在进行减计数时，当计数值达到设定值K20时，C236的触点复位。

要想使得计数器C236复位，只有使用RST指令，X11的接通使得计数器C236复位，其触点断开。

（2）1相带启动/复位计数器

1相带启动/复位计数器共有5点（C241～C245）。每个计数器各有一个计数输入端和一个复位输入端。其中 C244、C245 还另有一个启动输入端。例如：C244（见表 4-3），计数输入端为 X0（对 X0 输入的脉冲进行计数），复位输入端为 X1（X1 端接通使得 C244 复位），启动输入端为 X6（X6 接通，C244 立即对 X0 输入的脉冲进行计数）。特殊辅助继电器 M8241～M8245 的接通、断开决定了 C241～C245 进行减计数还是加计数。

图 4-14 为 1 相带启动/复位计数器的用法举例。X12 接通时，C244 被选中，如果 X6 接通，C244 立即对 X0 输入的脉冲进行计数。计数设定值为数据寄存器 D1、D0 的内容（D1，D0）。可以在程序上用 X11 对 C244 进行复位，但是，如果 X1 接通，C244 立即复位，不需要该条程序。M8244 的通、断决定 C244 进行减计数还是增计数，因而 X10 的通、断决定了 C244 进行减计数还是增计数。

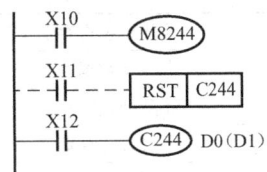

（3）2 相型高速计数器

2 相型高速计数器共有 10 点（C246～C255）。所谓 2 相，是指这些计数器有两个输入端，一个输入端专门用于增计数信号输入，而另一个输入端专门用于减计数信号输入。

1）2 相双向计数器

C246～C250 为 2 相双向计数器。它们有一个增计数输入端和一个减计数输入端，某些计数器还有复位和启动输入端。如表 4-3 所示，例如 C246 的增、减计数端分别是 X0 和 X1。在计数器的线圈接通后，X0 的上升沿，使得计数器的当前值加 1；X1 的上升沿，使得计数器的当前值减 1。

2）2 相 A-B 相计数器

C251～C255 为 2 相 A-B 相计数器。它们有两个计数输入端，有的计数器还有复位和启动输入端（见表 4-3）。计数器的最高计数频率受两个因素制约，一是各个输入端的响应速度，二是全部高速计数器的处理时间。高速计数器的处理时间是限制高速计数器计数频率的主要因素。高速计数器是采用中断方式运行的，因此，同时使用的计数器数量越少，计数频率就越高。如果某些计数器用比较低的频率计数，则其他计数器就能以较高的频率进行计数。

对于高速计数器的计数频率，单相和双向计数器最高为 10kHz，A/B 相计数器最高为 5kHz。最高总计数频率是指同时在 PLC 计数输入端出现的所有输入信号频率之和的最大值。最高的总计数频率：FX1N 为 60kHz，FX2N 为 20kHz，计算总计数频率时 A/B 相计数器的频率应加倍。

4.2.6　数据寄存器（D）

数据寄存器在模拟量检测、控制及位置控制等场合来存储数据和参数，用 D 表示。数据寄存器可以存储 16 位二进制数或称一个字。要想存储 32 位二进制数据（双字），必须同时用两个序号连续的数据寄存器进行数据存储。例如用 D0 和 D1 存储双字，D0 存放低 16 位，D1 存放高 16 位。字或双字的最高位为符号位，0 表示为正数，1 表示为负数。

数据寄存器的数值读出与写入一般采用应用指令。而且可以从数据存储单元（显示器）与编程装置直接读出/写入。

数据寄存器分为通用数据寄存器、失电保持数据寄存器、特殊数据寄存器、文件寄存器、外部调整寄存器、变址寄存器。表 4-4 为 FX1N 和 FX2N PLC 各类数据寄存器的点（个）数及地址编号范围。

数据寄存器		表 4-4
	FX1N	FX2N
通用数据寄存器	128（D0～D127）	200（D0～D199）
失电保持数据寄存器	7872（D128～D7999）	7800（D200～D7999）
特殊数据寄存器	256（D8000～D8255）	256（D8000～D8255）
文件寄存器	7000（D1000～D7999）	7000（D1000～D7999）
外部调整寄存器	2（D8030、D8031）	—

（1）通用数据寄存器

将数据写入通用数据寄存器后，其值将保持不变，直到下一次被改写。PLC 由运行（RUN）状态进入到停止（STOP）状态时，所有的通用数据寄存器的值都变为 0。如果前述数据寄存器和可驱动线圈型特殊辅助继电器 M8033 接通，PLC 由运行（RUN）状态进入到停止（STOP）状态时，通用数据寄存器的值将保持不变。

（2）失电保持数据寄存器

失电保持数据寄存器在 PLC 由运行（RUN）状态进入到停止（STOP）状态时，其值保持不变。利用参数设定，可以改变失电保持数据寄存器的范围。

（3）特殊数据寄存器

特殊数据寄存器是指写入特定目的的数据，或事先写入特定的内容。用来控制和监视 PLC 内部的各种工作方式和元件。如：备用锂电池的电压、扫描时间、正在动作的状态的编号等。PLC 上电时，这些数据寄存器被写入默认的值。

（4）文件寄存器

文件寄存器以 500 点为单位，可被外部设备存取。文件寄存器实际上被设置为 PLC 的参数区。文件寄存器与锁存寄存器重叠，数据不会丢失。FX1N 和 FX2N 系列 PLC 的文件寄存器可以通过块传送指令来改写其内容。

（5）外部调整寄存器

FX1N 系列 PLC 的外部调整寄存器为 D8030 和 D8031。在 FX1N 系列 PLC 的外部有两个小电位器，这两个电位器常用来修改定时器的时间设定值，通过调整小电位器可以改变 D8030 和 D8031 的值（0～255），依此来修改定时器的时间设定值。

4.3　三菱 FX 系列 PLC 的基本指令及编程方法

三菱 FX1N 和 FX2N PLC 中共有基本指令 27 条，基本指令一般由助记符和操作元件组成，助记符是每一条基本指令的符号，它表明操作功能；操作元件是被操作的对象。有些基本指令只有助记符，没有操作元件。

4.3.1　基本指令介绍

1. ［LD］、［LDI］、［OUT］指令

（1）LD 指令

LD 指令称为"取用指令"，即常开触点取用指令。

功能：常开触点逻辑运算开始，常开触点与梯形图左母线连接。

操作元件：X、Y、M、S、T、C。

程序步：1。

图 4-15 为 LD 指令在梯形图中的表示。

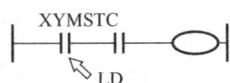

（2）LDI 指令

LDI 指令称为"取用反指令"，即常闭触点取用指令。

功能：常闭触点逻辑运算开始，常闭触点与梯形图左母线连接。

操作元件：X、Y、M、S、T、C。

程序步：1。

图 4-16 为 LDI 指令在梯形图中的表示。另外，LD、LDI 指令与后面讲到的 ANB 指令组合，在分支起点处也可使用。

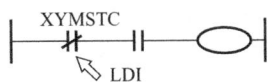

图 4-15　LD 指令在梯形图中的表示

图 4-16　LDI 指令在梯形图中的表示

（3）OUT 指令

OUT 指令称为"输出指令"或"驱动指令"。

功能：输出逻辑运算结果，也就是根据逻辑运算结果去驱动一个指定的线圈。

操作元件：Y、M、S、T、C。

程序步：1。

图 4-17 为 OUT 指令在梯形图中的表示。

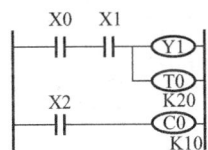

OUT 指令的使用说明：

1）OUT 指令不能用于驱动输入继电器，因为输入继电器的状态由输入信号决定。

2）OUT 指令可以连续使用，相当于线圈的并联，不受使用次数的限制。如图 4-18 所示。

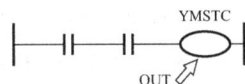

图 4-17　OUT 指令在梯形图中的表示

图 4-18　OUT 指令的连续使用

3）定时器（T）及计数器（C）使用 OUT 指令后，必须有常数设定值语句。此外，也可指定数据寄存器的地址号，以此地址号数据寄存器内的内容作为设定值。如图 4-18 中 OUT T0 后要有时间设定值 K20，OUT C0 后要有计数器设定值 K10 等。

常数 K 的设定范围、实际的定时器常数、相对于 OUT 指令的程序步数（包含设定值）如表 4-5 所示。

常数 K 设定表　　　　表 4-5

定时器、计数器	K 的设定范围	实际的设定值	步数
1ms 定时器	1～32，767	0.001～32.767s	3
10ms 定时器	1～32，767	0.01～327.67s	3
100ms 定时器		0.1～3，276.7s	
16 位计数器	1～32，767	同左	3
32 位计数器	−2，147，483，648～+2，147，483，647	同左	5

（4）举例说明 ［LD］、［LDI］、［OUT］指令的使用。

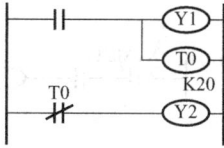

图 4-19 例 4-1 梯形图

步序	助记符	操作数
0	LD	X0
1	OUT	Y1
2	OUT	T0
	K	20
5	LDI	T0
6	OUT	Y2

例 4-1 写出图 4-19 所示梯形图的指令语句。

解： 拿到梯形图后，要按从上到下、自左到右将梯形图阅读清楚，充分了解各触点之间的逻辑关系，然后应用基本指令写出指令语句。图 4-19 所示梯形图对应的指令语句如下：

2. [AND]、[ANI] 指令

(1) AND 指令

AND 指令称为"与指令"，即常开触点串联指令。

功能：使继电器的常开触点与其他继电器的触点串联。

操作元件：X、Y、M、S、T、C。

程序步：1。

图 4-20 为 AND 指令在梯形图中的表示。

(2) ANI 指令

ANI 指令称为"与非指令"，即常闭触点串联指令。

功能：使继电器的常闭触点与其他继电器的触点串联。

操作元件：X、Y、M、S、T、C。

程序步：1。

图 4-21 为 ANI 指令在梯形图中的表示。

(3) 举例说明 [AND]、[ANI] 指令的使用

例 4-2 写出图 4-22 所示梯形图的指令语句。

解： 图 4-22 所示梯形图对应的指令语句如下：

0　LD　X0

1　AND　X1

2　ANI　X2

3　OUT　Y0

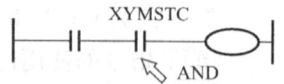

图 4-20　AND 指令在梯形图中的表示

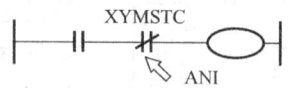

图 4-21　ANI 指令在梯形图中的表示

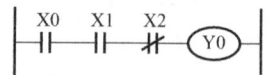

图 4-22　例 4-2 图

(4) AND、ANI 指令使用说明：

1) 用 AND、ANI 指令可进行 1 个触点的串联连接。串联触点的数量不受限制，该指令可以多次使用。

2) OUT 指令后，通过触点对其他线圈使用 OUT 指令，称之为纵接输出。如图 4-23 所示，X1 的常开触点与 Y1 线圈串联后，又与 Y0 线圈并联，就是纵接输出。这时 X1 的常开触点仍可以用 AND 指令。这种纵接输出，如果顺序不错，可多次重复，如图 4-24 所示。

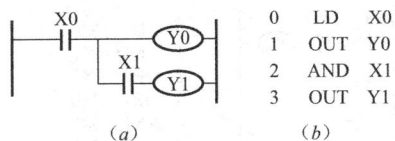

图 4-23　OUT 指令纵接输出

(a) 梯形图；(b) 指令语句

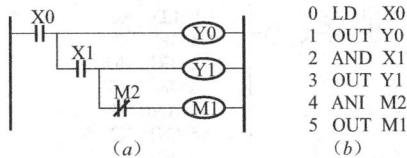

图 4-24　OUT 指令的多次纵接输出

(a) 梯形图；(b) 指令语句

3. [OR]、[ORI] 指令

(1) OR 指令

OR 指令称为"或指令"，即常开触点并联指令。

功能：使继电器的常开触点与其他继电器的触点并联。

操作元件：X、Y、M、S、T、C。

程序步：1。

图 4-25 为 OR 指令在梯形图中的表示。

(2) ORI 指令

ORI 指令称为"或非指令"，即常闭触点并联指令。

功能：使继电器的常闭触点与其他继电器的触点并联。

操作元件：X、Y、M、S、T、C。

程序步：1。

图 4-26 为 ORI 指令在梯形图中的表示。

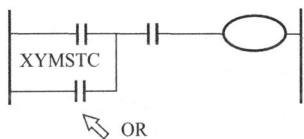

图 4-25　OR 指令在梯形图中的表示

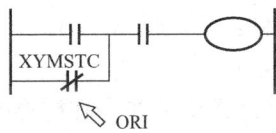

图 4-26　ORI 指令在梯形图中的表示

(3) 举例说明 [OR]、[ORI] 指令的使用

例 4-3　写出图 4-27 所示梯形图的指令语句。

解：图 4-27 所示梯形图对应的指令语句如下：

```
0    LD    X0
1    OR    X3
2    ORI   X4
3    AND   X1
4    ANI   X2
5    OUT   Y0
```

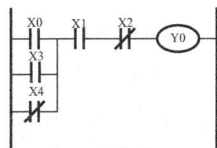

图 4-27　例 4-3 图

(4) OR、ORI 指令使用说明

1) OR、ORI 指令可以连续使用，并且不受使用次数的限制，如图 4-28 所示。

2) 当继电器的常开触点或常闭触点与其他继电器的触点组成的混联电路块并联时，也可以使用 OR 指令或 ORI 指令，如图 4-29 所示。

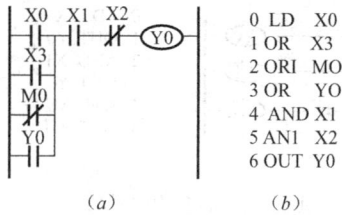

```
0 LD   X0
1 OR   X3
2 ORI  M0
3 OR   Y0
4 AND  X1
5 ANI  X2
6 OUT  Y0
```

(a)　　　　　　(b)

图 4-28　OR、ORI 指令的使用

(a) 梯形图；(b) 指令语句

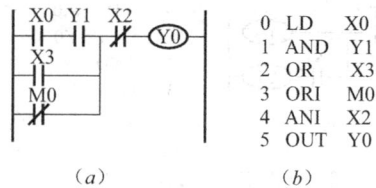

```
0 LD   X0
1 AND  Y1
2 OR   X3
3 ORI  M0
4 ANI  X2
5 OUT  Y0
```

(a)　　　　　　(b)

图 4-29　OR、ORI 指令在混联电路中的使用

(a) 梯形图；(b) 指令语句

4.［LDP］、［LDF］、［ANDP］、［ANDF］、［ORP］、［ORF］指令

（1）LDP、ANDP、ORP 指令

LDP、ANDP、ORP 指令是进行上升沿检测的触点指令，仅在指定位软元件上升沿时（由 OFF→ON 变化时）接通一个扫描周期。表示方法为触点的中间有一个向上的箭头。

1）LDP 指令

LDP 指令称为"取脉冲上升沿指令"。

功能：上升沿检测运算开始。

操作元件：X、Y、M、S、T、C。

程序步：1。

图 4-30 为 LDP 指令在梯形图中的表示。

2）ANDP 指令

ANDP 指令称为"与脉冲上升沿指令"。

功能：上升沿检测串联连接。

操作元件：X、Y、M、S、T、C。

程序步：1。

图 4-31 为 ANDP 指令在梯形图中的表示。

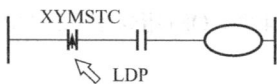

图 4-30　LDP 指令在梯形图中的表示

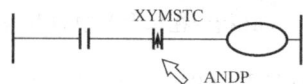

图 4-31　ANDP 指令在梯形图中的表示

3）ORP 指令

ORP 指令称为"或脉冲上升沿指令"。

功能：上升沿检测并联连接。

操作元件：X、Y、M、S、T、C。

程序步：1。

图 4-32 为 ORP 指令在梯形图中的表示。

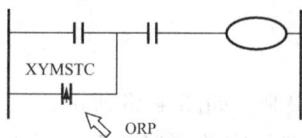

图 4-32　ORP 指令在梯形图中的表示

（2）LDF、ANDF、ORF 指令

LDF、ANDF、ORF 指令是进行下降沿检测的触点指令，仅在指定位软元件下降沿时（由 OFF→ON 变化时）接通一个扫描周期。表示方法为触点的中间有一个向下的箭头。图 5-44ORP 指令在梯形

图中的表示

1）LDF 指令

LDF 指令称为"取脉冲下降沿指令"。

功能：下降沿检测运算开始。

操作元件：X、Y、M、S、T、C。

程序步：1。

图 4-33 为 LDF 指令在梯形图中的表示。

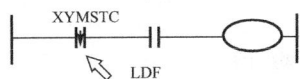

2）ANDF 指令

ANDF 指令称为"与脉冲下降沿指令"。

功能：下降沿检测串联连接。

操作元件：X、Y、M、S、T、C。

程序步：1。

图 4-34 为 ANDF 指令在梯形图中的表示。

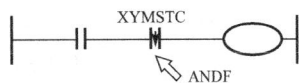

图 4-33　LDF 指令在梯形图中的表示　　图 4-34　ANDF 指令在梯形图中的表示

3）ORF 指令

ORF 指令称为"或脉冲下降沿指令"。

功能：下降沿检测并联连接。

操作元件：X、Y、M、S、T、C。

程序步：1。

图 4-35 为 ORF 指令在梯形图中的表示。

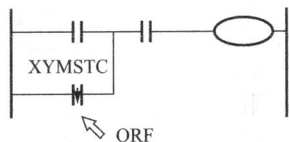

5. ［ANB］、［ORB］指令

（1）ANB 指令

ANB 指令称为"回路与指令"，即回路串联指令。

功能：回路与回路串联。

操作元件：无。

程序步：1。

图 4-36 为 ANB 指令在梯形图中的表示。

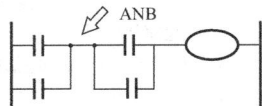

图 4-35　ORF 指令在梯形图中的表示　　图 4-36　ANB 指令在梯形图中的表示

（2）ORB 指令

ORB 指令称为"回路或指令"，即回路并联指令。

功能：回路与回路并联。

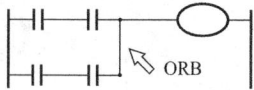

图 4-37　ORB 指令在
梯形图中的表示

操作元件：无。

程序步：1。

图 4-37 为 ORB 指令在梯形图中的表示。

回路的含义：所谓回路就是由几个触点按一定方式连接成的梯形图。由两个以上触点串联而成的回路就是串联回路；由两个以上触点并联而成的回路就是并联回路。触点的混联就形成了混联回路块。图 4-38 为各种电路块的梯形图表示。

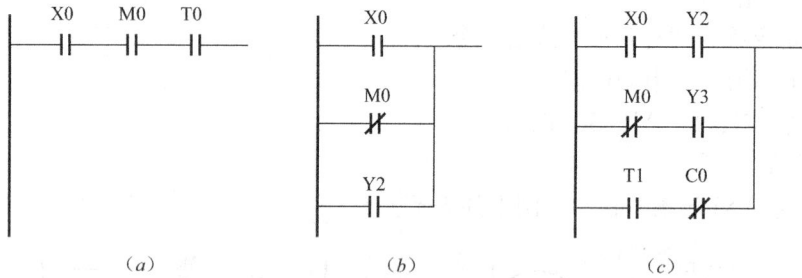

图 4-38　各种电路块的梯形图

(a) 串联电路块；(b) 并联电路块；(c) 混联电路块

(3) 举例说明 [ANB]、[ORB] 指令的使用

例 **4-4**　写出图 4-39 所示梯形图指令语句。

解： 图 4-39 所示梯形图指令语句如下：

```
0   LD    X0  ┐
1   ORI   M0  ├ 电路块 A
2   OR    Y2  ┘
3   LD    X1  ┐
4   AND   T0  │
5   OR    M1  ├ 电路块 B
6   ORI   C2  ┘
7   ANB   ← 电路块 A 与 B 串联
8   OUT   Y0    成较大的电路块 C
```

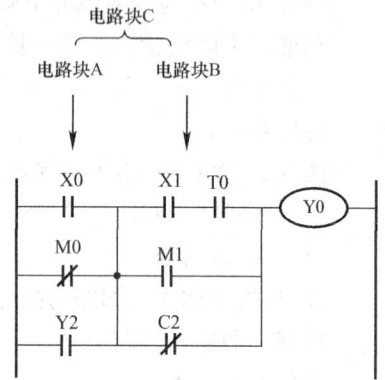

图 4-39　例 4-4 图

例 **4-5**　写出图 4-40 所示梯形图指令语句。

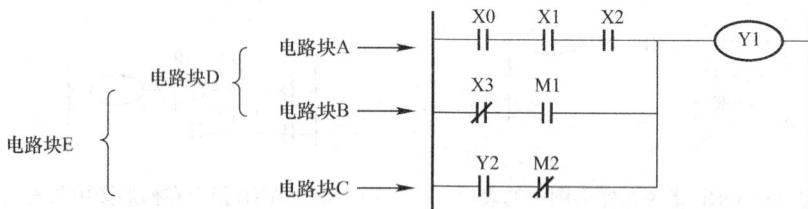

图 4-40　例 4-5 图

解： 图 4-40 所示梯形图指令语句如下：

```
0   LD    X0 ⎫
1   AND   X1 ⎬ 电路块 A
2   AND   X2 ⎭
3   LDI   X3 ⎫
4   AND   M1 ⎬ 电路块 B
5   ORB      ◄── 电路块 A 与 B 并联
                 成较大的电路块 D
6   LD    Y2 ⎫
7   ANI   M2 ⎬ 电路块 C
8   ORB      ◄── 电路块 C 与 D 并联
9   OUT   Y1      成较大的电路块 E
```

（4）ANB、ORB 指令使用说明

1）上两例中均采用写完两个电路块相应指令后便用 ANB 或 ORB 指令，这种编程方法，其 ANB 和 ORB 指令的使用次数不受限制，并且程序容易理解。

2）使用 ANB 和 ORB 指令编程时，也可采用 ANB 和 ORB 连续使用的方法。即，先按顺序将所有的电路块的指令写完，然后连续写 ANB 或 ORB 指令。如果有 n 个电路块，其次数应为 $n-1$ 次。采用这种方法编程，ANB 或 ORB 指令的使用次数不能超过 8 次。

如例 4-5 的指令语句也可写成：

```
0   LD    X0
1   AND   X1
2   AND   X2
3   LDI   X3
4   AND   M1
5   LD    Y2
6   ANI   M2
7   ORB
8   ORB
9   OUT   Y1
```

这个程序中有 3 个电路块并联，所以用了两个 ORB 指令。

应注意 ANB 和 AND、ORB 和 OR 之间的区别，在程序设计时要利用设计技巧，能不用 ANB 或 ORB 指令时，尽量不用，这样可以减少指令的使用条数。

6. ［MPS］、［MRD］、［MPP］回路分支导线指令

［MPS］、［MRD］、［MPP］称之为回路分支导线指令，用于一个电路块回路输出分支的导线连接。

（1）MPS 指令

MPS 指令称之为纵向回路开始横向分支导线指令。

功能：使用一次 MPS 指令，在梯形图中，控制系统将从主回路转入纵向回路开始的横向分支导线。

操作元件：无。

程序步：1。

（2）MRD 指令

MRD 指令称之为纵向回路中间横向分支导线指令。

功能：使用一次 MRD 指令，在梯形图中，控制系统将转入纵向回路的中间横向回路分支导线一次。

操作元件：无。

程序步：1。

（3）MPP 指令

MPP 指令称之为回路分支结束导线指令。

功能：使用一次 MPP 指令，在梯形图中，控制系统将从纵向回路的横向结束回路分支结束回路控制并转入主回路。

操作元件：无。

程序步：1。

图 4-41 为 MPS、MRD、MPP 指令在梯形图中的表示。

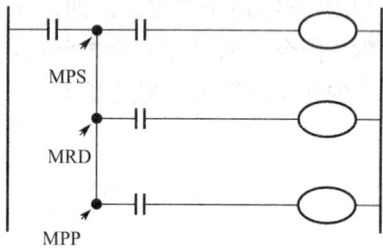

图 4-41　MPS、MRD、MPP 指令
梯形图中的表示

解： 图 4-42 指令语句如下：

0	LD	X0
1	**MPS**	
2	AND	X1
3	OUT	Y0
4	**MRD**	
5	AND	X2
6	OUT	Y1
7	**MRD**	
8	AND	X3
9	OUT	Y2
10	**MPP**	
11	AND	X4
12	OUT	Y3
13	END	

例 4-7　写出图 4-43 所示梯形图的指令语句。

（4）MPS、MRD、MPP 指令使用说明

1）MPS 和 MPP 指令必须成对使用。

2）MPS 指令的使用次数不能超过 11 次。

3）MPS、MRD、MPP 指令后如果有其他触点串联要用 AND 或 ANI 指令；若有电路块串联，要用 ANB 指令；若直接与线圈相连，应该用 OUT 指令。

（5）MPS、MRD、MPP 指令使用举例

例 4-6　只使用一层堆栈梯形图与指令转换的梯形图。写出梯形图如图 4-42 所示的指令语句。

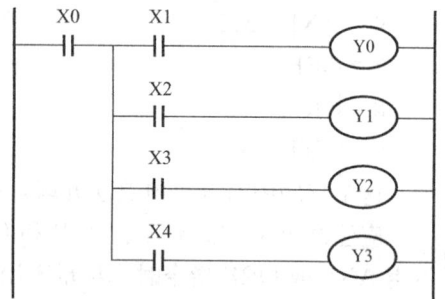

图 4-42　例 4-6 图

解：图 4-43 所示梯形图的指令语句如下：

0	LD	X0	11	ORB
1	**MPS**		12	ANB
2	LD	X1	13	OUT Y2
3	OR	X2	14	**MPP**
4	ANB		15	AND X5
5	OUT	Y1	16	OUT Y3
6	**MRD**		17	LD X10
7	LD	X3	18	OR X11
8	AND	X6	19	ANB
9	LD	X4	20	OUT Y4
10	AND	X7		

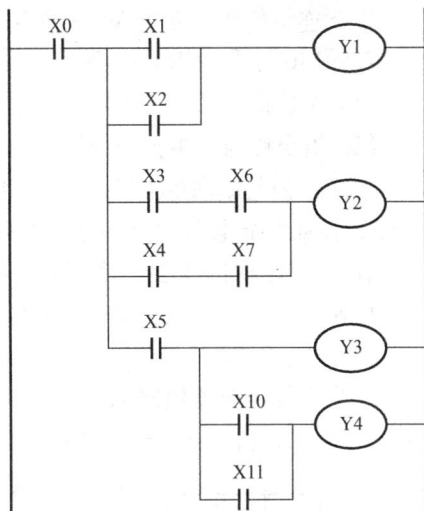

本例使用了接点组连接导线指令 ANB、ORB 和回路分支导线指令 MPS、MRD、MPP 并用。

例 4-8　写出图 4-44 所示梯形图的指令语句。

解：图 4-44 所示梯形图的指令语句如下：

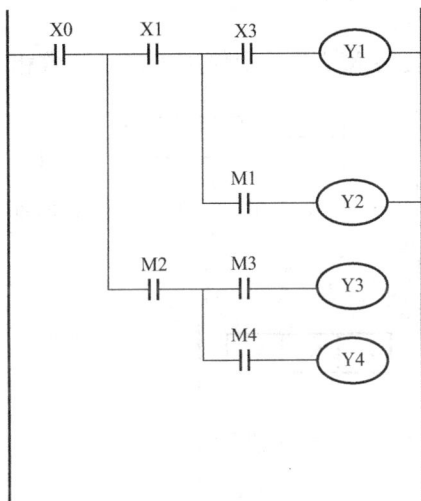

图 4-43　例 4-7 图

图 4-44　例 4-8 二分支回路

0	LD	X0	10	AND M2
1	**MPS**		11	**MPS**
2	AND	X1	12	AND M3
3	**MPS**		13	OUT Y3
4	AND	X3	14	**MPP**
5	OUT	Y1	15	AND M4
6	**MPP**		16	OUT Y4
7	AND	M1		
8	OUT	Y2		
9	**MPP**			

本例连续使用了两个 MPS 指令，称为二分支回路。

例 4-9　写出图 4-45 所示梯形图的指令语句。

解：图 4-45 所示梯形图的指令语句如下：

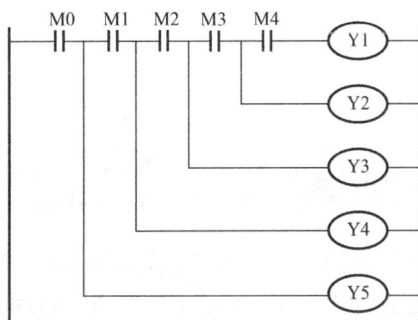

图 4-45　例 4-9 四分支回路

0	LD	M0	9	OUT Y1
1	MPS		10	MPP
2	AND	M1	11	OUT Y2
3	MPS		12	MPP
4	AND	M2	13	OUT Y3
5	MPS		14	MPP
6	AND	M3	15	OUT Y4
7	MPS		16	MPP
8	AND	M4	17	OUT Y5

本例连续使用了四个 MPS 指令，称为四分支回路。

7. ［MC］、［MCR］指令

（1）MC 指令

MC 指令称为"主控指令"。

功能：公共串联触点的连接，用于表示主控电路块的开始。MC 指令只能用于输出继电器 Y 和辅助继电器 M（不包括特殊辅助继电器）。通过 MC 指令的操作元件 Y 或 M 的常开触点将左母线临时移到一个所需的位置，产生一个临时左母线，形成一个主控电路块。

操作元件：N、Y 或 M（特殊辅助继电器除外）。

程序步：3。

N 为主控指令使用次数（N0～N7），也称主控嵌套，一定要按从小到大的顺序使用。图 4-46 为 MC 指令在梯形图中的表示。

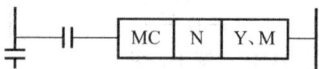

图 4-46　MC 主控指令梯形图

（2）MCR 指令

MCR 指令称为"主控复位指令"。

功能：用于表示主控电路块的结束。即取消临时左母线，将临时左母线返回到原来的位置，结束主控电路块。

操作元件：N。

程序步：2。

MCR 指令的操作元件即主控指令使用次数 N 一定要与 MC 指令中使用的嵌套层数相一致。如果是多层嵌套，主控返回时，一定要按从大到小的顺序返回。如果没有嵌套，通常用 N0 来编程，N0 没有使用次数限制。图 4-47 为 MCR 指令在梯形图中的表示。

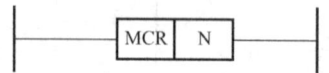

图 4-47　MCR 主控复位指令梯形图

图 4-48 为多路输出转换成用主控指令编程的梯形图。

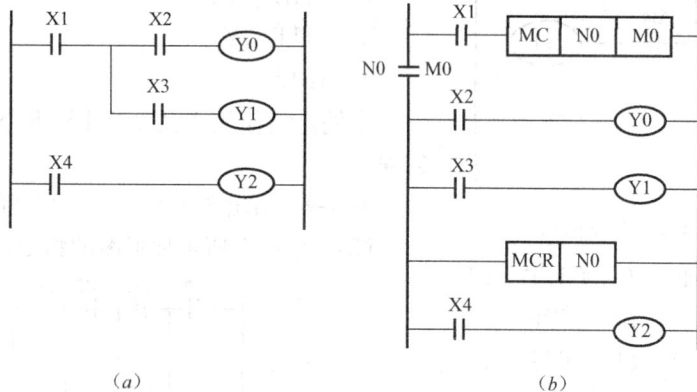

（a）　　　　　　　　　　（b）

图 4-48　多路输出转换成用主控指令编程的梯形图
（a）多路输出梯形图；（b）采用主控指令编程的梯形图

在图 4-48（b）所示梯形图中，X1 接通 N0 层嵌套的主控指令执行，M0 线圈被驱动，触点动作，M0 就是主控触点。这时，如果 X2 接通，Y0 线圈被驱动；如果 X3 接通，Y1 线圈被驱动。即 X1 接通后，执行 MC 与 MCR 之间的所有程序，执行完后，执行后续程序。如果 X1 没有接通，不执行 MC 与 MCR 之间的所有程序，直接执行后续程序。

图 4-48（b）所示梯形图对应的指令语句如下：

```
0    LD    X1
1    MC    N0
2          M0
3    LD    X2
4    OUT   Y0
5    LD    X3
6    OUT   Y1
7    MCR   N0
8    LD    X4
9    OUT   Y2
```

8. ［INV］指令

INV 指令称为"取反指令"。

功能：该指令执行之前的运算结果取反。

操作元件：无。

程序步：1。

图 4-49 为 INV 指令在梯形图中的表示。

用于在 INV 取反指令前的起始接点指令 LD、LDI、LDF、LDP 开始的接点或接点组的逻辑结果取反。如图 4-50 所示为 INV 指令在梯形图中的使用。

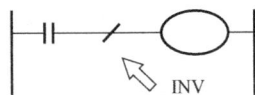

图 4-49　INV 取反指令梯形图

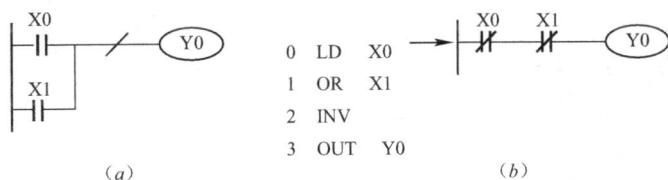

图 4-50　INV 对 LD 开始的接点逻辑结果取反
(a) 梯形图；(b) 指令语句

9. ［PLS］、［PLF］指令

PLS、PLF 指令为脉冲微分指令，主要用于检测脉冲的上升沿或下降沿，当条件满足时，产生一个扫描周期的脉冲信号输出。

（1）PLS 指令

PLS 指令称为"上升沿脉冲微分指令"。

功能：在脉冲信号的上升沿时，其操作元件的线圈得电一个扫描周期，产生一个扫描周期的脉冲输出。

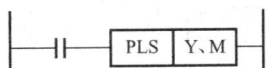

图 4-51　PLS 指令梯形图

操作元件：Y、M（特殊辅助继电器除外）。

程序步：2。

图 4-51 为 PLS 指令在梯形图中的表示。

（2）PLF 指令

PLF 指令称为"下降沿脉冲微分指令"。

功能：在脉冲信号的下降沿时，其操作元件的线圈得电一个扫描周期，产生一个扫描周期的脉冲输出。

图 4-52 PLF 指令梯形图

操作元件：Y、M（特殊辅助继电器除外）。

程序步：2。

图 4-52 为 PLF 指令在梯形图中的表示。

（3）PLS、PLF 指令应用如图 4-53 所示。指令语句如下：

0　LD　　X1

1　PLS　　M10

2　LD　　X1

3　PLF　　M20

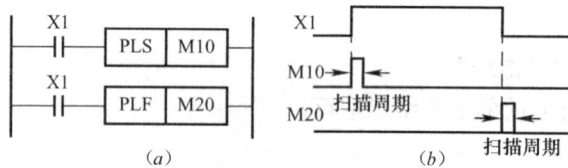

图 4-53　PLS、PLF 指令应用

(a) 梯形图；(b) 时序图

10.［SET］、［RST］指令

在 PLC 控制系统中，许多情况需要自锁，利用 SET 和 RST 指令便可以方便地进行自锁和解锁控制。

（1）SET 指令

SET 指令称为"置位指令"。

功能：驱动线圈，使其保持接通状态。

操作元件：Y、M、S。

程序步：Y、M 为 1 步，S、特殊辅助继电器 M 为 2 步。

图 4-54 为 SET 指令在梯形图中的表示。

（2）RST 指令

RST 指令称为"复位指令"。

功能：清除线圈保持接通状态，使其复位。

操作元件：Y、M、S、T、C、D、V、Z。

程序步：Y、M 为 1 步，S、特殊辅助继电器 M、T、C 为 2 步，D、V、Z、特殊数据寄存器 D 为 3 步。

图 4-55 为 RST 指令在梯形图中的表示。

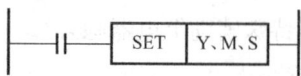

图 4-54　SET 置位指令梯形图　　　　图 4-55　RST 复位指令梯形图

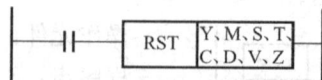

（3）SET、RST 指令使用说明

对同一元件，SET、RST 指令可以多次使用，顺序也可以随意，但最后执行的指令为有效；可以使用 RST 指令对数据寄存器 D、变址寄存器 V、Z 的内容进行清零；可以使用 RST 指令对积算定时器 T246～T255 的当前值及触点进行复位。

（4）SET、RST 指令的应用如图 4-56 所示。指令语句如下：

0　LD　X1

1　SET　Y1

2　LD　X2

3　RST　Y1

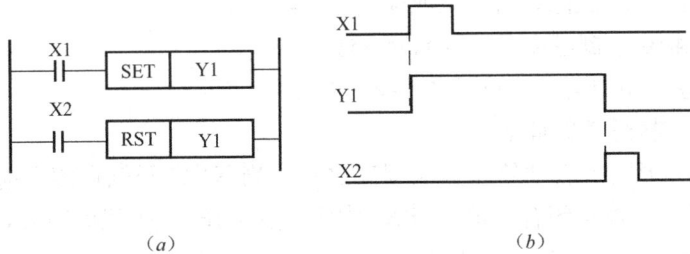

图 4-56　SET、RST 指令的应用

（a）梯形图；（b）时序图

11.［NOP］、［END］指令

（1）NOP 指令

NOP 指令称为"空操作指令"。

功能：在程序清除后，指令成为空操作，在程序调试过程中，可以取代一些不必要的指令。另外，使用 NOP 空操作指令可以延长扫描周期。NOP 空操作指令在程序中不予表示。

操作元件：无。

程序步：1。

如果在调试程序时加入一定量的 NOP 空操作指令，在追加程序时可以减少控制程序的步序号变动。在修改程序时可以用 NOP 空操作指令删除接点或电路，也就是用 NOP 空操作指令代替原来的指令，这样可以使步序号不变动，如图 4-57 所示。

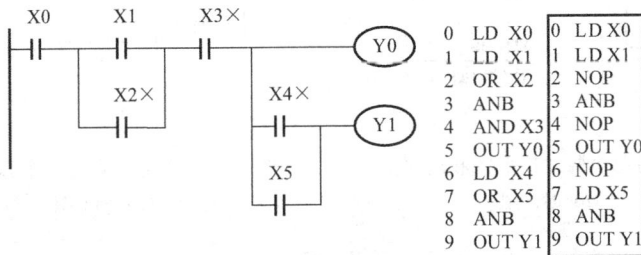

图 4-57　NOP 空操作指令的使用

（2）END 指令

END 指令称为"结束指令"。

功能：执行到 END 指令后，END 指令后面的指令不予执行，直接返回到 0 步。

操作元件：无

程序步：1。

在调试程序时，可以插入 END 指令，使得程序分段，提高程序调试速度。

PLC 所执行的程序从第 0 步到 END 指令结束。

如果在程序结束后不加 END 指令，PLC 将继续读 NOP 空操作指令，一直读到最大步序号。

在调试程序过程中，也可以在程序中插入 END 指令，把程序分成若干段，由于 PLC 只执行从第 0 步到第一个 END 指令之间的程序，如果有错误就一定在这段程序中，将错误纠正后将第一个 END 删除，再调试或检查下一段程序。

4.3.2 基本指令控制程序设计及编程方法

下面介绍一些常用的基本控制程序及编程方法。

1. 启动停止控制程序及编程方法

图 4-58 所示梯形图是启动停止控制程序之一。当 X1 常开触点闭合时，辅助继电器 M1 线圈接通，其常开触点闭合自锁。当 X2 常闭触点断开，M1 线圈断开，其常开触点断开。在这里 X1 就是启动信号，X2 为停止信号。图 4-59 为另一种启动停止控制程序，它利用了 SET/RST 指令，达到的目的是相同的。

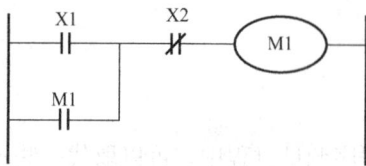

图 4-58　启动停止控制程序一 　　　　图 4-59　启动停止控制程序二

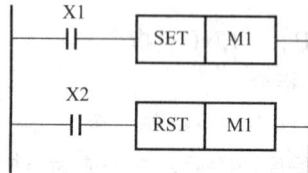

2. 产生单脉冲的控制程序及编程方法

在 PLC 程序设计时经常用到单个脉冲，进行一些软继电器的复位、启动、停止等。最常用的产生单脉冲的程序就是使用 PLS 和 PLF 指令完成，利用这两条指令可以得到宽度为一个扫描周期的脉冲。图 4-60 和图 4-61 为得到单个脉冲的梯形图和时序图。

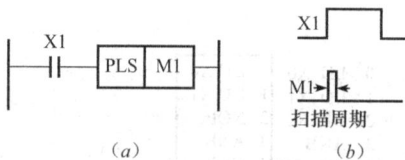

图 4-60　产生上升沿单个脉冲梯形图和时序图
(a) 梯形图；(b) 时序图

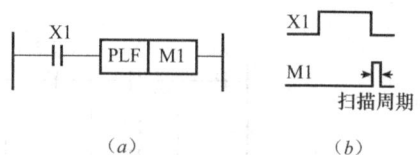

图 4-61　产生下降沿单个脉冲梯形图和时序图
(a) 梯形图；(b) 时序图

3. 产生固定脉宽连续脉冲的程序及编程方法

在 PLC 程序设计中，经常用到连续的脉冲信号，如作为计数器的计数脉冲或其他用途。图 4-62 为得到连续的脉冲信号的程序，脉冲宽度为一个扫描周期，且不可调整。注意不可用输出继电器产生连续的脉冲信号，因为如果输出继电器为继电器输出型，硬件继电器的触点在高频率的接通断开运行中，短时间内就将损坏。

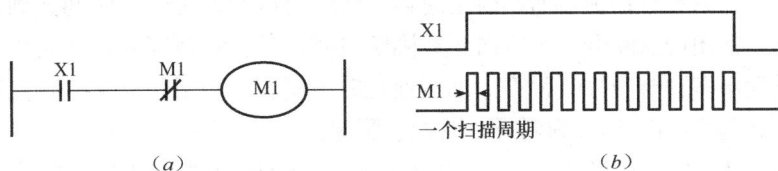

图 4-62　连续脉冲信号程序
(a) 梯形图；(b) 时序图

4. 产生可调脉宽连续脉冲的程序及编程方法

上述产生连续脉冲的程序其脉冲宽度不可调整，在 PLC 程序设计时，经常用到脉宽可调的连续脉冲。如：故障报警指示灯等，要求一定的点亮时间，这在 PLC 程序设计时可以利用定时器 T 来完成。图 4-63 为产生可调脉宽连续脉冲的程序。在这里 T0 为输出接通时间，T1 为输出关断时间，通过修改 T0 和 T1 的时间设定值，便可以改变 M1 的接通和关断时间。

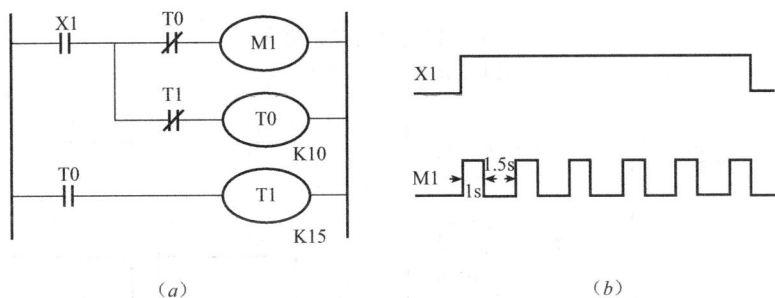

图 4-63　可调脉宽连续脉冲程序
(a) 梯形图；(b) 时序图

5. 利用特殊辅助继电器产生的闪烁电路程序及编程方法

在 PLC 程序设计中如果故障报警指示灯的闪烁时间定为点亮 1s 熄灭 1s，则可利用特殊辅助继电器 M8013 完成程序设计。如图 4-64 所示，M8013 是时钟脉冲宽度为 1s 的特殊辅助继电器，我们可以利用它来驱动输出继电器。当故障检测信号 X1 有输入时，故障报警输出 Y1 便产生接通 1s、断开 1s 的连续输出信号。利用 M8011～M8014 可以完成10ms、100ms、1s、1min 的闪烁电路程序。

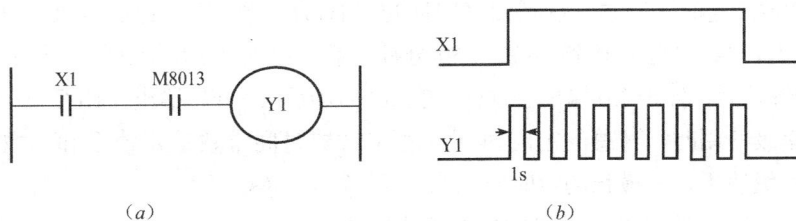

图 4-64　闪烁电路程序
(a) 梯形图；(b) 时序图

6. 时间控制程序及编程方法

FX 系列 PLC 的定时器为接通延时定时器，线圈得电开始延时，时间达到设定值，其常开触点闭合，常闭触点断开。当定时器线圈断电时，其触点瞬间复位。利用定时器的特点，便可以设计出多种时间控制程序。如接通延时控制程序和断开延时控制程序。图 4-65 为接通延时控制程序，图 4-66 为断开延时控制程序。

图 4-65 所示程序，X0 接通后，T0 开始延时，若 X0 接通时间不足时间设定值，T0 触点不动作。当 X0 一次接通时间达到 10s 后（此例中时间设定值为 K100），Y0 便有信号输出，所以称为接通延时控制程序。

图 4-66 所示程序，当 X1 接通后，Y0 便有输出，当 X1 断开 10s 后，Y0 才停止输出，所以称为断开延时控制程序。

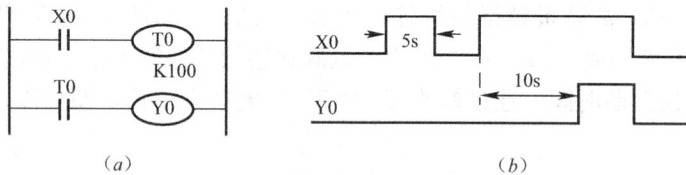

图 4-65 接通延时控制程序
(a) 梯形图；(b) 时序图

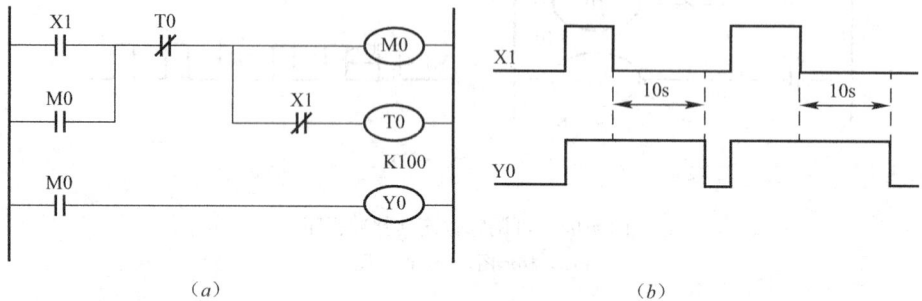

图 4-66 断开延时控制程序
(a) 梯形图；(b) 时序图

7. 定时器串级使用控制程序及编程方法

在 PLC 程序设计中经常用到较长时间延时的控制程序，而定时器的时间设定值范围是固定的，达不到要求，这时可以使用两个或多个定时器串级使用以扩展延时范围。图 4-67 所示程序为使用两个定时器串联，达到 1h 延时的控制程序。当 X0 接通后，Y0 便有输出，这时 T0 开始延时，当 T0 延时达到 1800s（30 分钟）后，启动 T1 开始延时。当 T1 延时达到 1800s（30 分钟）后，停止 Y0 输出。这样，在 X0 启动后 Y0 开始输出，1h 后 Y0 停止输出。

定时器串级使用时，其总的定时时间为各定时器时间常数设定值之和。如果用 N 个定时器进行串级使用，其最长的定时时间为 $3276.7 \times N$ (s)。

8. 采用计数器实现延时的控制程序及编程方法

使用计数器实现定时功能，需要使用时钟脉冲作为计数器的输入信号，而时钟脉冲可以由 PLC 内部的特殊辅助继电器产生。如 M8011、M8012、M8013、M8014 等。这些特殊辅助继电器分别为 10ms、100ms、1s、1min 时钟脉冲，也可以使用连续脉冲的控制程序产生。图 4-68 为采用计数器实现延时的控制程序。

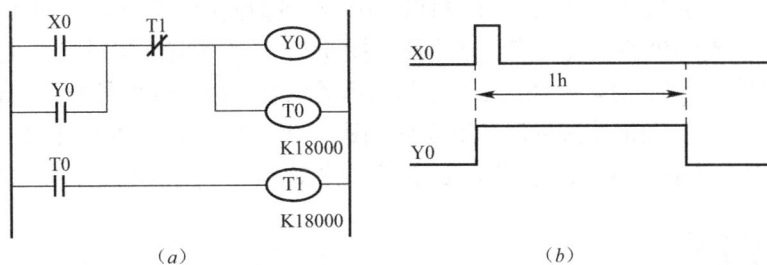

图 4-67　定时器串级使用控制程序
(a) 梯形图；(b) 时序图

图 4-68 所示控制程序运行过程为：当启动信号 X0 闭合时，M0 动作并自锁。C0 开始对 M8012 产生的时钟脉冲进行计数。当计数值达到设定值 18000 后，C0 动作，其常开触点闭合，Y0 开始有输出。当停止信号 X1 闭合时，使得 C0 复位，并使 M0 解锁，Y0 停止输出。M8012 为 100ms 的时钟脉冲，从启动信号 X0 闭合到产生 Y0 的延时时间为 $18000 \times 0.1 = 1800$ (s) $= 30$min。使用 M8012 延时时间最大误差为 0.1s。要想改变延时时间，可以改变设定值，要想提高延时精度可以使用周期更短的时钟脉冲。

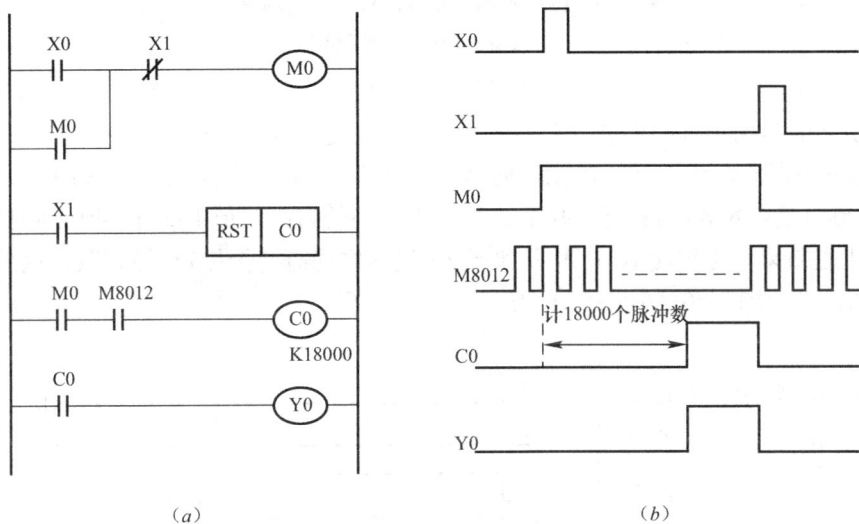

图 4-68　采用计数器实现延时控制程序
(a) 梯形图；(b) 时序图

4.4　基本指令的应用和编程实例

4.4.1　异步电动机Ｙ-△降压启动的 PLC 控制电路

下面介绍采用三菱 FX 系列 PLC 进行异步电动机Ｙ-△降低启动电压控制的基本电路和基本控制指令的应用编程实例。

将异步电动机三相绕组接成星形启动时，启动电流是直接启动的 1/3，在达到规定转速后，再切换为三角形运转。这种减小启动电流的启动方法适合于容量大、启动时间长的电动机，可避免启动时造成电网电压下降而限制电动机的使用。图 4-69 为采用三菱 FX 系列 PLC 控制异步电动机Y-△降压启动的电路。图 4-69（a）为异步电动机的主电路，接触器 KM1、KM2 同时接通时，电动机工作在星形启动状态；而当接触器 KM2、KM3 同时接通时，电动机就转入三角形接法正常工作状态。图 4-69（b）是 PLC 的外部输入、输出控制端口电路接线图，其中 X1 接启动按钮，X2 为停止按钮，HL 为电动机运行状态指示灯。

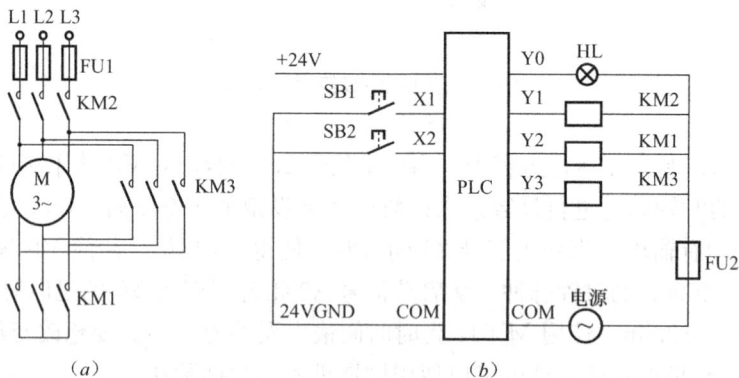

图 4-69　PLC 控制异步电动机Y-△启动电路
(a) 主电路；(b) PLC 控制电路

PLC 控制电动机Y-△降压启动电路的梯形图如图 4-70（a）所示。定时器 T1 确定启动时间，其预置定时值 T_S 应与电机相配。当电动机绕组由星形切换到三角形时，在继电器控制电路中利用常闭点断开在先，而常开点的闭合在后这种机械动作的延时，保证 KM1 完全断开后，KM3 再接通，从而达到防止短路的目的。但 PLC 内部切换时间很短，为了达到上述效果，必须使 KM1 断开和 KM3 接通之间有一个锁定时间 T_A，这是靠定时器 T2 来实现的。图 4-70（b）为工作时序图。

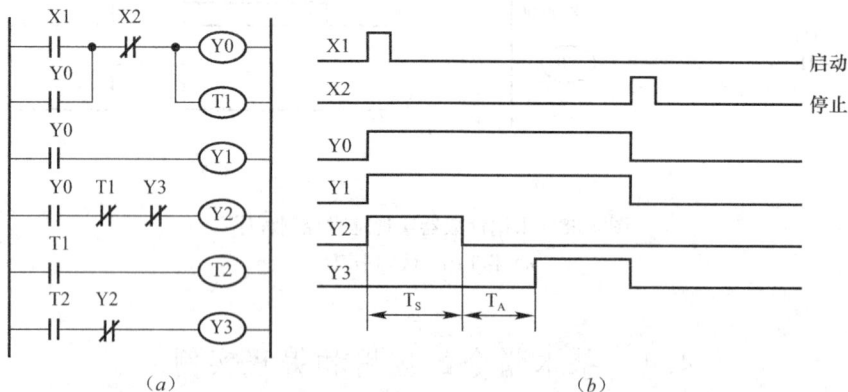

图 4-70　PLC 控制异步电动机Y-△启动的梯形图和时序图
(a) 梯形图；(b) 时序图

4.4.2　异步电动机正反转的 PLC 控制电路

下面介绍采用三菱 FX 系列 PLC 进行异步电动机正反转控制的基本电路和基本控制指

令的应用编程实例。

异步电动机由正转到反转，或由反转到正转切换时，可以使用两个接触器 KM1、KM2 去切换三相电源中的任何两相即可。但在设计控制电路时，必须防止由于电源换相引起的短路事故。如由正向运转切换到反向运转时，当发出使 KM1 断电的指令时，断开的主回路触点由于短时间内产生电弧，这个触点仍处于接通状态，如果这时立即使 KM2 通电，KM2 触点闭合，就会造成电源故障，必须在完全没有电弧时再使 KM2 接通。采用 PLC 控制可有效解决这一问题。图 4-71 为 PLC 控制异步电动机的正反转接线图，图 4-71（a）为 PLC 控制电动机可逆运行的外部输入、输出端口电路接线图，图 4-71（b）为相应的梯形图。

与机械动作的继电器控制电路不同，在 PLC 的内部处理中，触点的切换几乎没有时间延时。因此必须采用防止电源短路的方法，可使用定时器来设计切换的时间滞后。在图 4-71（a）中，X1、X2 接正、反转控制按钮，是常开型；X3 接停止按钮，是常闭型。PLC 控制梯形图中 M101、M102 为内部继电器；T1、T2 为定时器，分别设置对正转指令和反转指令的延迟时间。

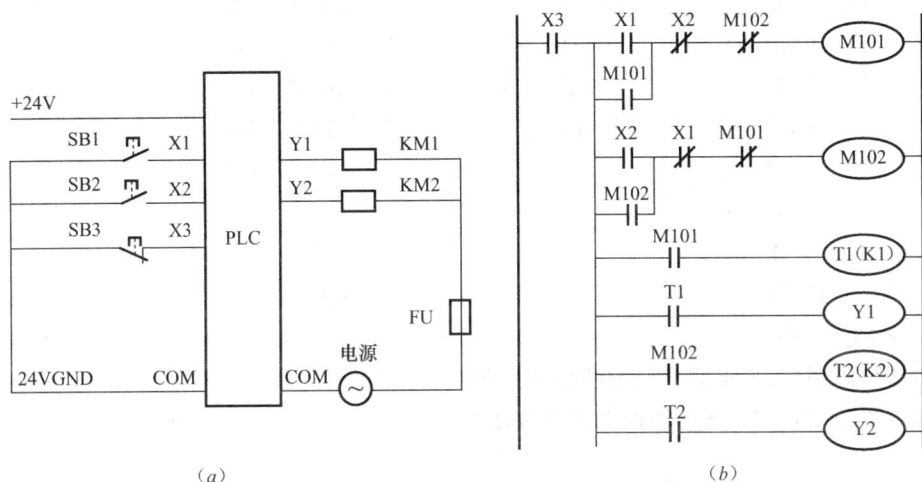

图 4-71　PLC 控制异步电动机正反转接线图
(a) PLC 控制接线图；(b) PLC 控制梯形图

思考题与习题

4-1　三菱 FX2 系列 PLC 中共有几种类型的辅助继电器？这些辅助继电器各有什么特点？

4-2　概括说明积算定时器与非积算定时器的相同之处与不同之处。

4-3　三菱 FX 系列 PLC 基本指令共有多少条？说明每一条指令的名称和功能。

4-4　简要说明 AND 指令与 ANB 指令、OR 指令与 ORB 指令之间的区别。

4-5　在什么情况下应该采用主控指令编程，编程时应注意哪些问题？

4-6　一段完整的程序，最后如果没有 END 指令，会产生什么结果？

4-7 写出图 4-72 所示梯形图的指令语句。

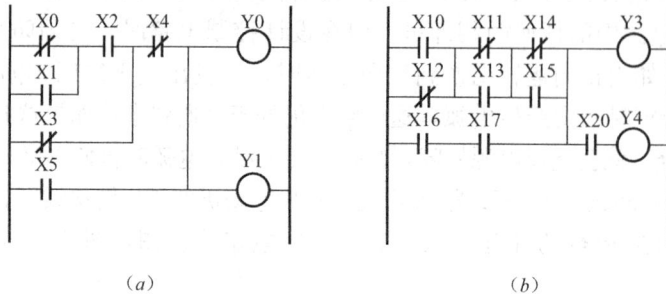

(a)   (b)

图 4-72 习题 4-7 梯形图

4-8 绘出下列指令语句对应的梯形图。

(1)	0	LD	X0	11	LD	M0	(2)	0	LD	X0
	1	ANI	X1	12	AND	M1		1	ANI	M0
	2	LD	X1	13	ORB			2	OUT	M0
	3	ANI	X3	14	AND	M2		3	LDI	X0
	4	ORB		15	OUT	Y4		4	RST	C0
	5	LD	X4	16	END			5	LD	M0
	6	AND	X5					6	OUT	C0
	7	LD	X6						K	8
	8	ANI	X7					9	LD	C0
	9	ORB						10	OUT	C0
	10	ANB								

4-9 写出图 4-73 所示梯形图的指令语句。

4-10 写出图 4-74 所示梯形图的指令语句。

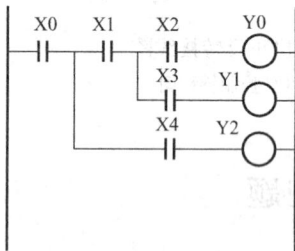

图 4-73 习题 4-9 梯形图   图 4-74 习题 4-10 梯形图

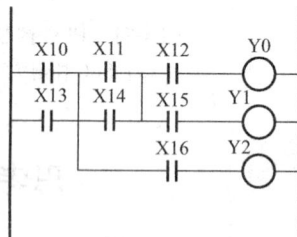

4-11 绘出下列指令语句对应的梯形图。

0 LD   X0   11 OUT   Y1

1 MPS   12 MPP

2 AND X1   13 OUT   Y1

3	MPS	14	MPP
4	AND X2	15	OUT Y2
5	MPS	16	MPP
6	AND X3	17	OUT Y4
7	MPS	18	END
8	AND X4		
9	OUT Y0		
10	MPP		

4-12　绘出下列指令语句表对应的梯形图。该梯形图如果采用 MPS/MPP 指令编程，写出对应指令语句表。

0	LD X1	7	OUT Y1
1	OR Y1	8	LD X2
2	ANI X0	9	OUT T1
3	MC N0		K40
	M0	11	MCR N0
6	LDI T1	12	END

4-13　写出图 4-75 所示梯形图的指令语句表，并补画 M0、M1 和 S30 的时序图。

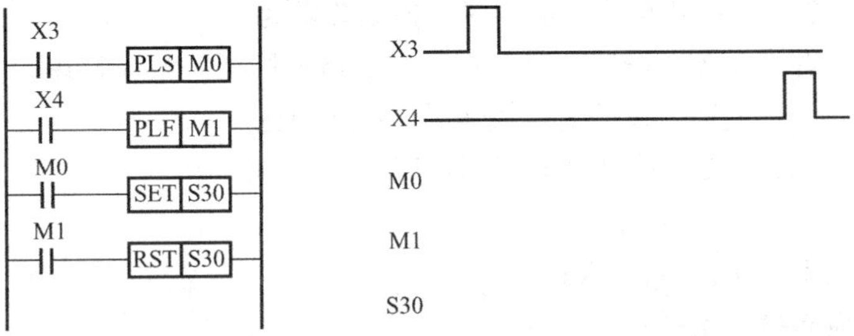

图 4-75　习题 4-13 图

4-14　写出图 4-76 所示梯形图的指令语句表，并补画 M0、M1、M2 和 Y0 的时序图。如果 PLC 的输入点 X0 接一个按钮，输出点 Y0 所接的接触器控制一台电动机，则通过这段程序能否用该按钮控制电动机启动和停止。

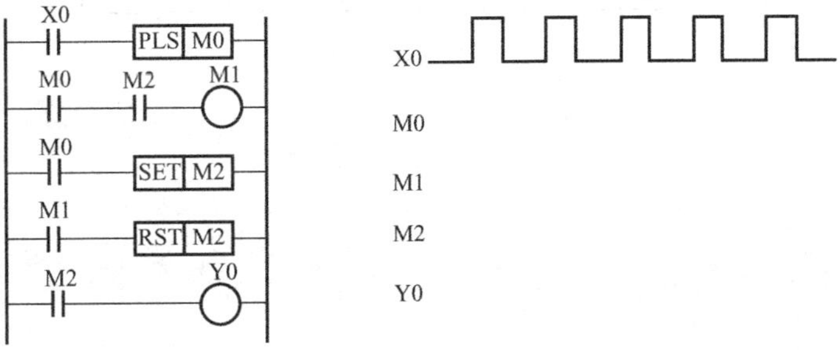

图 4-76　习题 4-14 图

4-15　用三菱 FX 系列 PLC 控制三相异步电动机星-三角启动过程，设计出梯形图并写出指令语句表。

4-16 设计一台包装机的计数控制电路，此电路用来对装配线上的产品进行检测和计数。要求检测到每 12 个产品通过时，产生一个输出，接通电磁阀 5s，进行包装，再进行下一道工序。

4-17 有一个指示灯，控制要求为：按下启动按钮后，亮 5s，熄灭 5s，重复 5 次后停止工作。试设计梯形图并写出指令语句表。

4-18 有三台电动机，控制要求为：按 M1、M2、M3 的顺序启动；前级电动机不启动，后级电动机不能启动；前级电动机停止时，后级电动机也停止。试设计梯形图，并写出指令语句表。

4-19 设计一个延时接通和延时断开电路并画出其梯形图，其时序图如下图 4-77 所示。

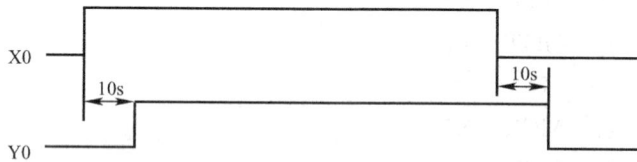

图 4-77 习题 4-19 图

4-20 设计一个智力竞赛抢答控制程序，控制要求为：

(1) 当某竞赛者抢先按下按钮，该竞赛者桌上指示灯亮。竞赛者共三人。

(2) 指示灯亮后，主持人按下复位按钮后，指示灯熄灭。

4-21 设计十字路口交通信号灯的控制程序：

(1) 按图 4-78 所示规律循环；

(2) 绿灯闪光 1s 一次，共 3 次；

(3) 开起时横向绿灯先亮；

(4) 另设手控程序，以备特殊情况为纵向（横向）通行开绿灯；

(5) 在夜间，纵向和横向都只要黄灯闪亮，1 秒一次，另加声响器与黄灯同步鸣响。

图 4-78 习题 4-21 图

第 5 章　三菱 FX 系列 PLC 的步进顺序控制和数据控制功能

对于复杂的控制电路或大型的自动控制系统，应用梯形图或指令表编程，程序过长，不易阅读和编写。一些 PLC 生产厂家，为了克服这一问题增加了 IEC 标准的 SFC（Sequential Function Chart）语言编制控制程序的方法，称为步进顺序控制。利用增加的两条步进顺控指令和状态转移图方式编程，可以较简单地实现较复杂的步进顺序控制。随着 PLC 的运算速度、存储量不断增加，其控制功能也越来越强，使得 PLC 不仅能处理大量开关量和进行顺序功能控制，同时还能实现模拟量和通信等数据功能处理的控制。PLC 除可以完全取代传统继电接触器控制系统的基本功能外，还具有了计算机控制系统的数据处理、联网通信、模拟量处理等功能。本章主要介绍三菱 FX 系列 PLC 的步进顺序控制和数据控制功能。

5.1　三菱 FX 系列 PLC 的步进顺序控制

5.1.1　步进顺序控制指令

步进顺序控制指令共有二条，即 STL（Step Ladder）和 RET，是一种符合 IEC 1131—3 标准中定义的 SFC 图（Sequential Function Chart 顺序功能图）的通用流程图语言。顺序功能图也叫状态转移图，相当于国家标准"电气制图"的功能表图（Function Charts）。SFC 图特别适合于步进顺序的控制，而且编程十分直观、方便、便于读图，初学者也很容易掌握和理解。具体见表 5-1。

步进梯形图指令　　　　　　　　　　　　　　　　　　　　　　表 5-1

名称	指令	梯形图符号	可用软元件	程序步
步进指令	STL	─┤├─ 或 ─┤SIL├─	S	1
步进结束指令	RET	─RET├		1

步进顺序控制指令 STL 的功能使状态元件 S 置位，步进开始，驱动 S 状态元件执行。其触点只有常开触点，当转移条件满足时，其状态置位，STL 触点闭合，驱动负载；当状态转移时，STL 指令断开，使与该指令有关的其他指令都不能执行。

5.1.2　单分支的状态转移图和步进梯形图

三菱 FX 系列 PLC 的状态元件一般有近百点到几百点，其中 FX2N 系列 PLC 的状态元件（S0～S899）共 900 点，用来作初始化用的状态元件有 10 点（S0～S9）。

1. 状态转移图和步进梯形图

初始化状态元件一般用 PLC 运行后的初始化脉冲特殊继电器 M8002 置位或由其他初始信号将其初始值置位。其他元件状态由状态转移条件决定。当状态转移条件满足时，状态开始从初始化状态转移，转移后的状态被置位，而转移源的状态自动复位。这种状态的转移用状态转移图来描述。状态转移图又称为顺序功能图或状态流程图，它是用来表示步进顺控系统的控制过程、功能和特性的一种图形。如图 5-1 所示，可有 3 种表示方式，既可用状态转移图表示，也可用步进梯形图和指令表或指令语句表示。

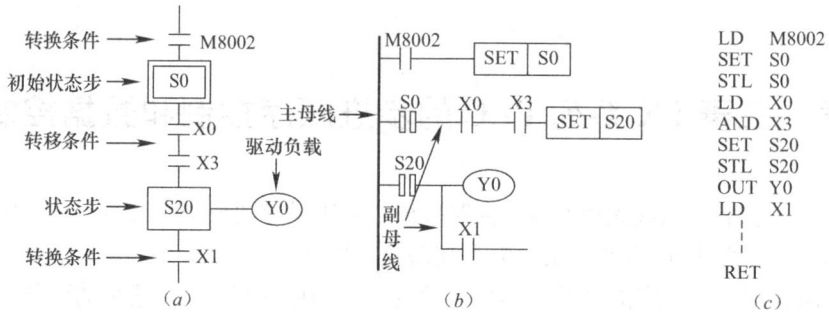

图 5-1　SFC 图的三种表达方式

(a) SFC 图（状态转移图）；(b) STL 图（步进梯形图）；(c) 指令语句

图 5-1 (a) 中的初始状态 S0 由 M8002 驱动，当 PLC 由 STOP→RUN 切换时，由 M8002 发出的初始化脉冲使 S0 置 1。此时当按下启动按钮 X0 和 X3 时，状态转移到 S20，S20 置 1，同时 S0 复位至零，S20 立即驱动 Y0。当转移条件 X1 接通时，状态从 S20 转移到下一个状态，如 S21 状态等，使 S21 置 1。而 S20 则在下一执行周期自动复位至零，Y0 线圈也就断电了。将状态转移图和步进顺序控制指令相结合，就形成了步进梯形图（步进顺控图），如图 5-1 (b) 所示，进而再写成指令语句，如图 5-1 (c) 所示。

2. 单分支的状态转移图

图 5-2 为某送料小车自动循环控制单分支的状态转移控制图。其中，用双线框表示初始状态，其他状态元件用单线框表示，方框之间的线段表示状态转移的方向，一般由上至下或由左至右，线段间的短横线表示转移的条件，与方框连接的横线和线圈表示状态驱动的负载。

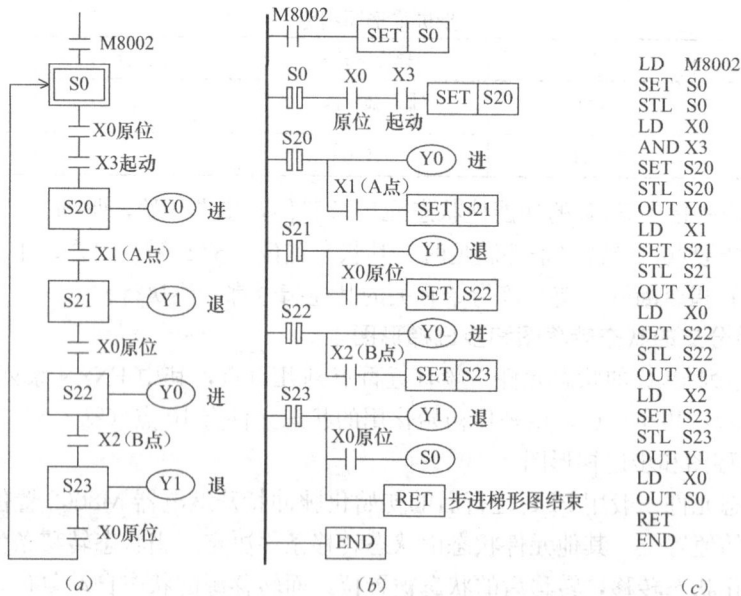

图 5-2　某送料小车自动循环控制单分支状态转移控制图

(a) SFC 图（状态转移图）；(b) STL 图（步进梯形图）；(c) 指令语句

如图 5-2 所示，图中的初始状态 S0 由 M8002 驱动，当 PLC 由 STOP→RUN 切换时，M8002 初始化脉冲使 S0 置 1，当送料小车在原位时，X0 接近开关受压闭合接通，当按下启动按钮 X3 时，状态转移到 S20，S20 置 1，同时 S0 复位至零，S20 立即驱动 Y0，使送料小车前进。送料小车前进至 A 点时，转移条件接近开关 X1 接通，状态从 S20 转移到 S21，使 S21 置 1，而 S20 则在下一执行周期自动复位至零，Y0 线圈也就断电了。当 S21 置 1 时，驱动线圈 Y1，使送料小车后退。送料小车后退至原位时，X0 接近开关受压闭合接通，状态转移到 S22，再次驱动 Y0，使送料小车前进。送料小车前进至 B 点时，转移条件接近开关 X2 接通，状态转移到 S23，驱动 Y1，使送料小车后退。送料小车后退至原位时，X0 接近开关受压闭合接通，状态转移回到 S0，使初始化状态 S0 又置位，控制过程第一次循环结束。当需要再一次工作时，可按下启动按钮 X3，控制过程可再次循环动作。

5.1.3 多分支的状态转移图和步进梯形图

多分支的状态转移图和步进梯形图主要有：选择性分支的状态转移图和步进梯形图、并行分支的状态转移图和步进梯形图、混合分支的状态转移图和步进梯形图。

1. 选择性分支的状态转移图和步进梯形图

选择性分支的状态转移图是由各自的条件选择执行，可选择左分支执行，也可选择右分支执行，取决于各自的选择条件。两个或两个以上的分支的状态不能同时转移。图 5-3（a）所示为选择性分支的状态转移，图 5-3（b）为其步进梯形图，图 5-3（c）为其相应的指令语句。

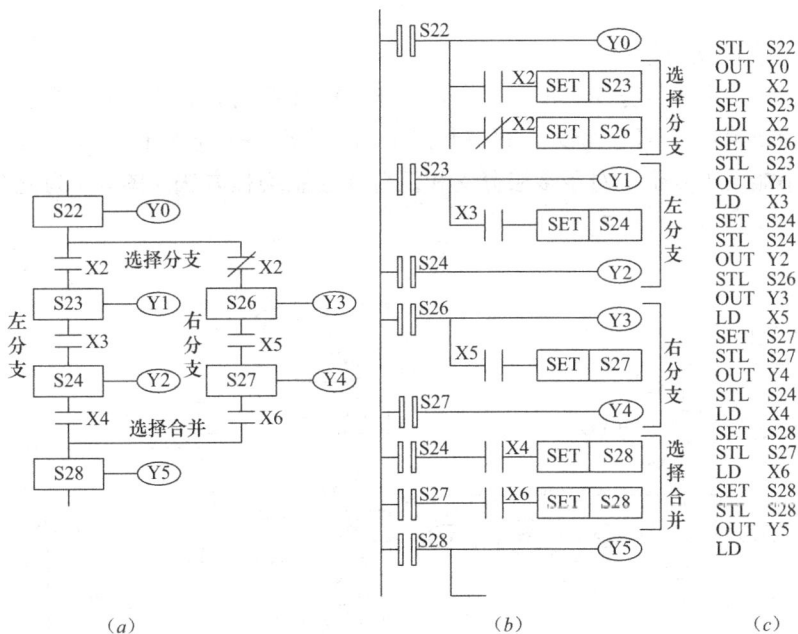

图 5-3 选择分支的状态转移图和步进梯形图
（a）状态转移图；（b）步进梯形图；（c）指令语句

2. 并行分支的状态转移图和步进梯形图

并行分支的状态转移是当同一条件满足时，状态同时向各并行分支转移。图 5-4（a）为并行性分支的状态转移图，图 5-4（b）为其步进梯形图，图 5-4（c）为其相应的指令语句。

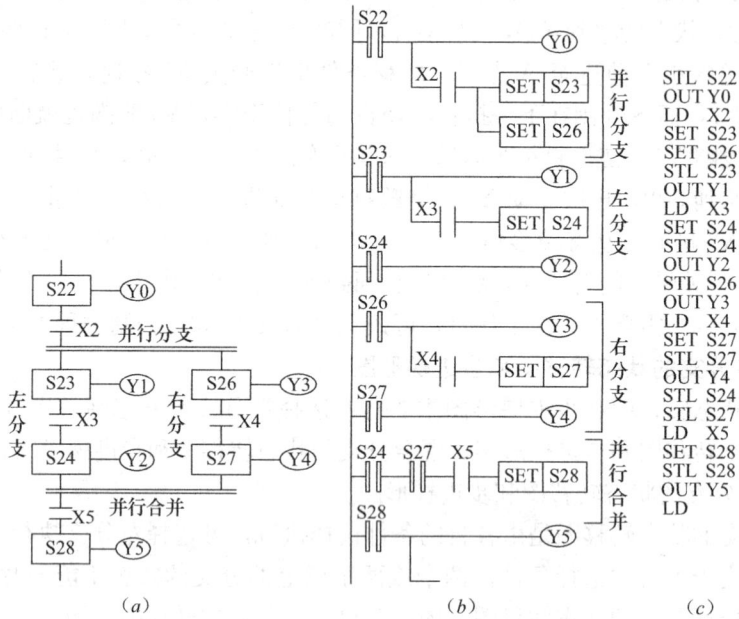

图 5-4　并行分支的状态转移图和步进梯形图
（a）状态转移图；（b）步进梯形图；（c）指令语句

3. 混合分支的状态转移图

有些步进顺控有多层分支和汇合组合，对于 FX2N 系列的 PLC，其分支数有一定的限制。对所有的初始状态（S0～S9），每一状态下的分支电路不能大于 16 个，并且在每一分支点分支数不能大于 8 个。对于多层分支和汇合要注意编程方法。图 5-5 为混合分支的状态转移图。

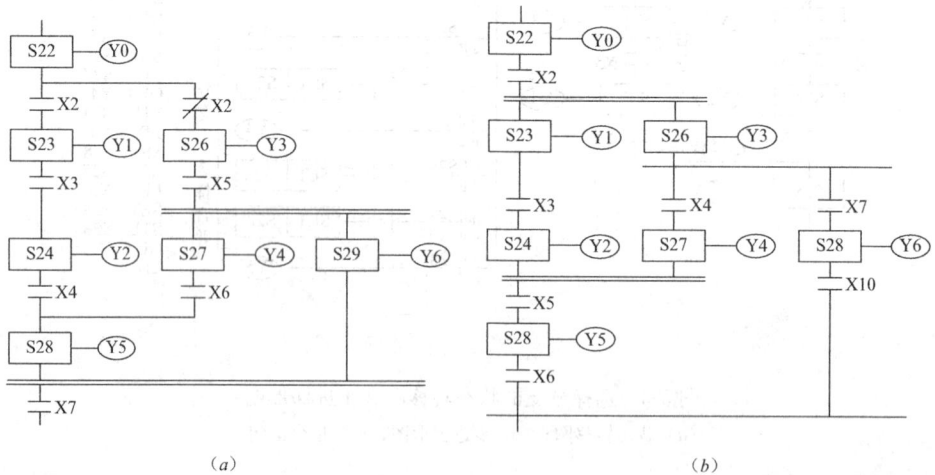

图 5-5　混合分支的状态转移图
（a）混合分支 1；（b）混合分支 2

5.2　步进顺序控制的应用和编程实例

5.2.1　建筑工地运料小车自动往返控制

如图 5-6 所示，为某建筑工地运料小车自动往返工况示意图，其控制工艺要求如下：

（1）按下启动按钮 SB，运料小车电机 M 正转，运料小车前进，碰到限位开关 SQ1 后，运料小车电机 M 反转，运料小车后退；

（2）运料小车后退碰到限位开关 SQ2 后，运料小车电机 M 停转，运料小车停车，停 5s，第二次前进，碰到限位开关 SQ3，再次后退；

（3）当后退再次碰到限位开关 SQ2 时，运料小车停止（或者继续下一个循环）。

为编程需要，设置输入、输出端口配置如表 5-2 所示。

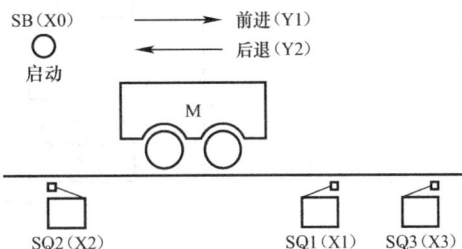

图 5-6　建筑工地运料小车自动往返系统工况示意图

输入、输出端口配置　　　　　　　　　表 5-2

输入设备	端口号	输出设备	端口号
启动 SB	X00	电机正转	Y01
前限位 SQ1	X01	电机反转	Y02
前限位 SQ3	X03		
后限位 SQ2	X02		

流程图是描述控制系统的控制过程、功能和特性的一种图形，流程图又叫功能表图（Function Chart）。流程图主要由步、转移（换）、转移（换）条件、线段和动作（命令）组成。图 5-7 是该运料小车的流程图。该运料小车的每次循环工作过程分为前进、后退、延时、前进、后退五个工步。每一步用一个矩形方框表示，方框中用文字表示该步的动作内容或用数字表示该步的标号。与控制过程的初始状态相对应的步称为初始步。初始步表示操作的开始。每步所驱动的负载（线圈）用线段与方框连接。方框之间用线段连接，表示工作转移的方向，习惯的方向是从上至下或从左至右，必要时也可以选用其他方向。线段上的短线表示工作转移条件，图中状态转移条件为 SB、SQ1。方框与负载连接的线段上的短线表示驱动负载的联锁条件，当联锁条件得到满足时才能驱动负载。转移条件和联锁条件可以用文字或逻辑符号标注在短线旁边。其工作原理分析见前述步进顺序控制方法。

5.2.2　建筑物料自动混合装置步进顺序控制

作为步进顺序的实例，此处简要介绍建筑物料自动混合装置的步进顺序。如图 5-8 所示为建筑物料自动混合装置的结构示意图，初始状态时容器是空的，电磁阀 F1、F2、F3 和 F4，搅拌电动机 M，液面传感器 L1、L2 和 L3，加热器 H 和温度传感器 T 均处于关断状态。其控制工艺要求如下：

（1）工作时，按下启动按钮，电磁阀 F1 开启，开始注入建筑物料 A，至高度 L2，此时 L2、L3 为 ON 时，关闭阀 F1，同时开启电磁阀 F2，注入物料 B，当液面上升至 L1 时，关闭阀 F2。

（2）停止物料 B 注入后，启动搅拌电动机 M，使 A、B 两种物料混合 10s。

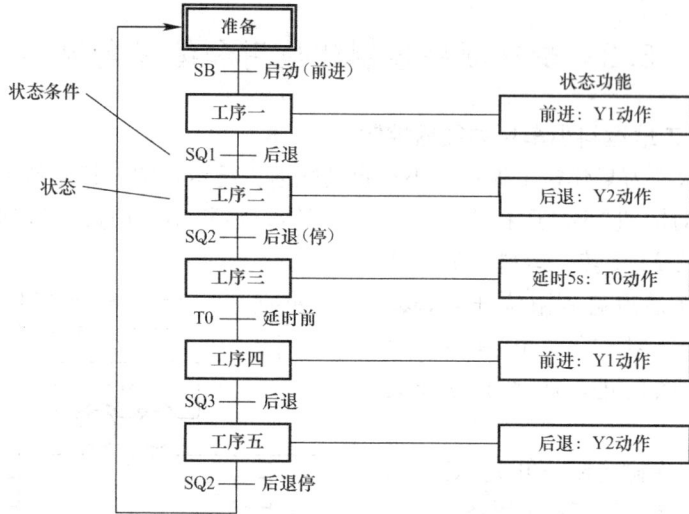

图 5-7　运料小车自动往返系统状态转移流程图

（3）10s 后停止搅拌，开启电磁阀 F4，放出混合物料，当液面高度降至 L3 后，再经 5s 关闭阀 F4。

（4）停止操作时按下停止按钮，在当前过程完成以后，再停止操作，回到初始状态。

图 5-9 为采用 PLC 控制的 I/O 配置及接线图。物料自动混合过程，实际上是一个按一定顺序操作的控制过程，因此我们可采用步进指令进行编程，其状态转移图如图 5-10 所示。其工作原理分析见前述步进顺序控制方法。

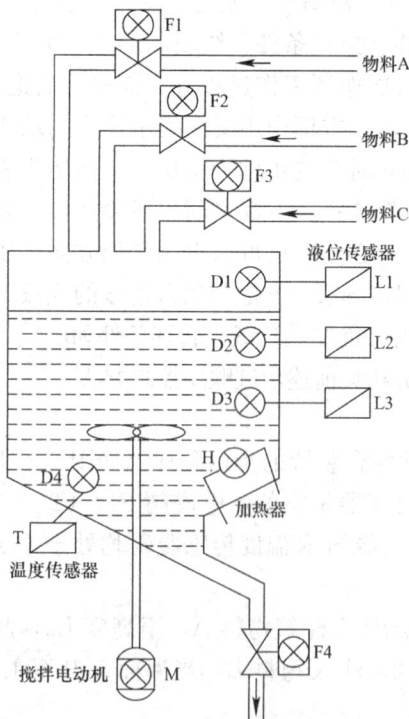

图 5-8　建筑物料自动混合装置结构示意图

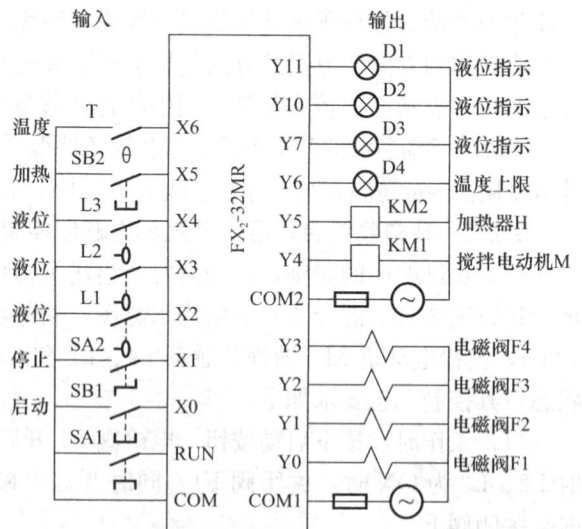

图 5-9　PLC I/O 配置及接线图

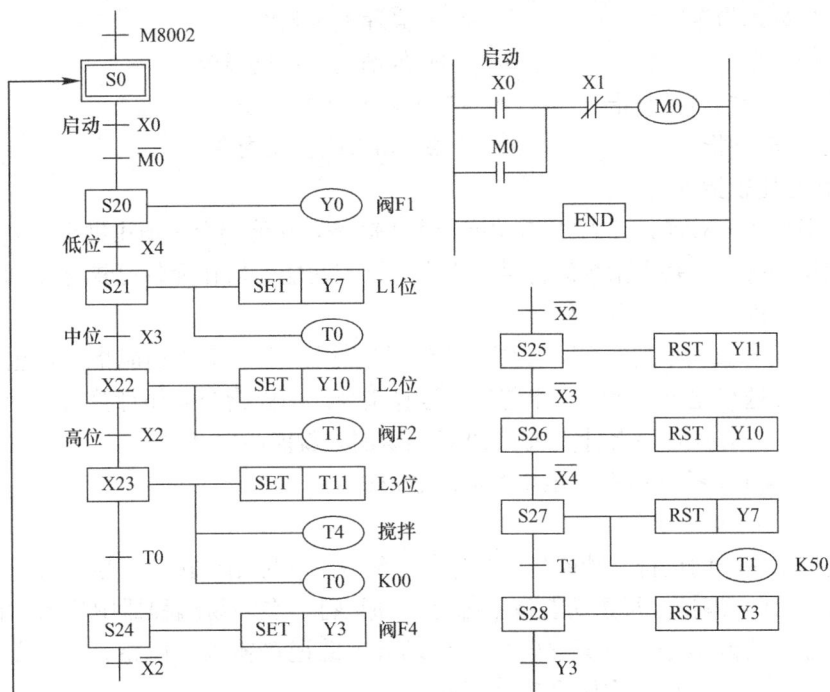

图 5-10　建筑物料自动混合控制的状态转移图

5.3　三菱 FX 系列 PLC 的功能指令和数据控制功能

5.3.1　三菱 FX 系列 PLC 的数据控制功能和功能指令简介

从 20 世纪 80 年代开始，PLC 制造商就逐步地在小型 PLC 中加入一些功能指令（Functional Instruction）或称为应用指令（Applied Instruction）。这些功能指令实际上就是一个个功能不同的子程序。随着芯片技术的进步，小型 PLC 的运算速度、存储量不断增加，其功能指令的功能也越来越强。使得 PLC 不仅能处理大量开关量和顺序控制功能，同时还能实现模拟量和通信数据处理等数据控制功能。许多技术人员梦寐以求甚至以前不敢想象的功能，通过功能指令就极易实现，从而大大提高了 PLC 的实用价值。一般来说功能指令可以分为程序流控制、传送与比较、算术与逻辑运算、移位与循环移位、数据处理、高速处理、方便命令、外部输入输出处理、外部设备通信、实数处理、点位控制和实时时钟等 12 类。

三菱 FX2N 型 PLC 的功能指令有两种形式，一种是采用功能号 FNC00～FNC246 表示，一种是采用助记符表示其功能意义。

例如：传送指令的助记符为 MOV，对应的功能号为 FNC12，其指令的功能为数据传送。功能号（FNC□□□）和助记符是一一对应的。

FX2N 型 PLC 的功能指令主要有以下几种类型：

（1）程序流程控制指令　　　　（2）传送与比较指令

（3）算术与逻辑运算指令　　　　（4）循环与移位指令

（5）数据处理指令　　　　　　（6）高速处理指令

（7）方便指令　　　　　　　　（8）外部输入输出指令

（9）外部串行接口控制指令　　（10）浮点运算指令

（11）实时时钟指令　　　　　　（12）葛雷码变换指令

（13）接点比较指令

三菱 FX1N 和 FX2N PLC 中共有功能指令 108 条，功能指令一般由助记符和操作元件组成，助记符是每一条基本指令的符号，它表明操作功能；操作元件是被操作的对象。有些基本指令只有助记符，没有操作元件。

本节以三菱 FX2N 系列的 PLC 为主介绍一些应用广泛的主要功能指令，包括程序流程控制指令、传送与比较指令、算术与逻辑运算指令。功能指令采用计算机通用的助记符＋操作数（元件）方式，稍有计算机及 PLC 知识的人就能明白其功能。

5.3.2　三菱 FX 系列 PLC 功能指令的表达形式

1. 功能指令的表现形式

功能指令由指令助记符、功能号、操作数等组成，功能指令按功能号（FNC 00~FNC250）编排。每条功能指令都有一助记符。在简易编程器中输入功能指令时是以功能号输入功能指令，在编程软件中是以指令助记符输入功能指令。三菱 FX 系列 PLC 功能指令的一般表现形式如图 5-11 所示。

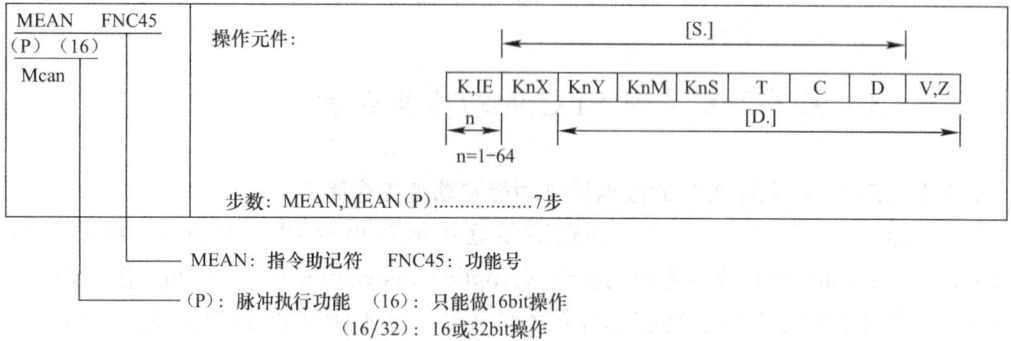

图 5-11　三菱 FX 系列 PLC 的功能指令一般形式

2. 助记符和功能号

如上述图 5-11 所示助记符 MEAN（求平均值）的功能号为 FNC45。每一助记符表示一种功能指令，每一指令都有对应的功能号。

3. 操作元件（或称操作数）

助记符表示一种功能指令，有些功能指令只须助记符，但大多数功能指令在助记符之后还必须有 1~4 个操作元件。它的组成部分有：

（1）源操作元件 [S·]，有时源不止一个，例如有 [S1·]、[S2·]。S 后面 [·] 的，表示可使用变址功能。

（2）目标操作元件 [D·]，如果不止一个目标操作元件时，用 [D1]、[D2] 表示。

（3）K、H 为常数。K 表示十进制数，H 表示十六进制数。

（4）功能助记符后有符号（P）的，表示具有脉冲执行功能。

（5）功能指令中有符号（D）的，表示处理 32 位数据，而不标（D）的，只处理 16 位数据。

4. 位软元件和字软元件

只处理 ON/OFF 状态的元件，称为位软元件，如 X、Y、M、S 等。其他处理数字数据的元件，例如 T、C、D、V、Z 等，称为字软元件。

位软元件由 Kn 加首元件号的组合，也可以处理数字数据，组成字软元件。位软元件以 4 位为一组组合成单元。K1～K4 为 16 位运算，K1～K8 为 32 位运算。例如 K1X0，表示 X3～X0 的 4 位数据，X0 为最低位；K4M10 表示 M25～M10 的 16 位数据，M10 为最低位；K8M100 表示 M131-M100 组成的 32 位数据，M100 为最低位。

不同长度的字软元件之间的数据传送，由于数据长度的不同，在传送时，应按如下方式进行处理：

（1）长→短的传送：长数据的高位保持不变。

（2）短→长的传送：长数据的高位全部变零。

对于 BCD、BIN 转换，算术运算，逻辑运算的数据也以这种方式传送。

5. 变址寄存器 V、Z

变址寄存器是在传送、比较指令中用来修改操作对象元件号的，其操作方式与普通数据寄存器一样。V 和 Z 是 16 位数据寄存器。将 V 和 Z 组合可进行 32 位的运算，此时 V 作为高位数据处理。变址寄存器用于改变软元件地址号。

例如下列的 Z 值定为 4，则：

K2X000Z＝K2X004　　K1Y000Z＝K1Y004

K4M10Z＝K4M14　　　　K2S5Z＝K2S9

　　　　D5Z＝D9　　　　　　　F6Z＝T10　　　　　C7Z＝C11

　　　　P8Z＝P12　　　　　K100Z＝K104

6. 整数与实数

（1）整数

在 PLC 中整数的表示及运算采用 BIN 码格式，可以用 16 或 32bit 元件来表示整数，其中最高位为符号 bit，0 表示正数，1 表示负数。负数以补码方式表示。

整数可表示的范围：16bit 时为 -32768～$+32767$，32bit 位时为 -2147483648～$+2147483647$。除表示范围受限制外，作科学运算时产生的误差也较大，所以需要引入实数。

（2）实数的浮点格式

实数必须用 32bit 来表示，通常用数据寄存器对来存放实数。实数的浮点格式如图 5-12 所示。

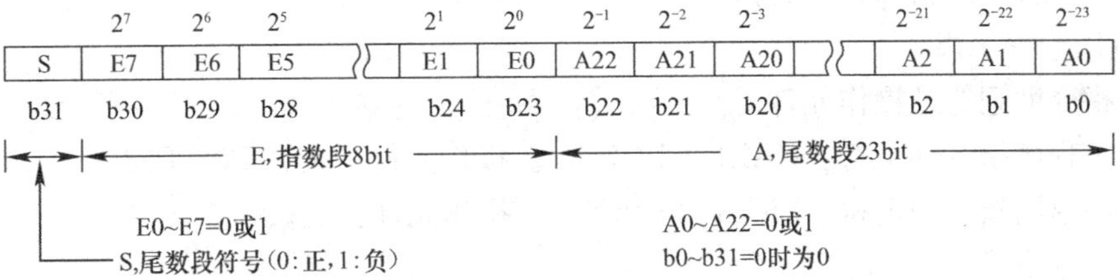

图 5-12　实数的浮点格式示例

（3）实数的记数格式

PLC 内实数的处理是采用上述浮点格式的，但浮点格式不便于监视，所以引入实数的记数格式。这是一种介于 BIN 与浮点格式之间的表示方法。用这种方法来表示实数也需占用 32bit，即两个字元件。通常也用数据寄存器对（如 D1，D0）来存放记数式实数。此时，序号小的数据寄存器（D0）存放尾数，序号大的数据寄存器存放以 10 为底的指数。

格式实数＝尾数×10^{指数}（上例中即是 D0×10^{D1}）；尾数范围：±（1000～9999）或 0；指数范围：−41～＋35。值得注意的是：尾数应以 4 位有效数字（不带小数）表示，例如 2.34567×10^5 应表示为 2345×10^2，在上例中即（D0）＝2345，（D1）＝2。

5.4 三菱 FX 系列 PLC 的基本功能指令

5.4.1 程序流控制指令

程序流控制指令（FNC00～FNC09）包括程序的条件跳转、中断、调用子程序、循环等。

1. 条件跳转指令（FNC00）

（1）指令助记符及操作元件

指令助记符：CJ（FNC00）。

操作元件：指针 P0～P63（P63 相当于 END 指令）。

（2）指令格式

指令格式如图 5-13 所示。

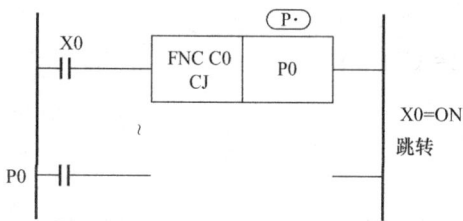

图 5-13 跳转指令格式

（3）指令说明

1）当 CJ 指令的驱动输入 X0 为 ON 时，程序跳转到指令指定的指针 P 同一编号的标号处。如果 X0 为 OFF 时，则执行紧接指令的程序。

2）当 X0 为 ON 时，被跳转命令到标号之间的程序不予执行。在跳转过程中如果 Y、M、S 被 OUT、SET、RST 指令驱动使输入发生变化，则仍保持跳转前的状态。例如，通过 X0 驱动输出 Y0 后发生跳转，在跳转过程中即使 X0 变为 OFF，但输出 Y0 仍有效。

3）对于 T、C，如果跳转时定时器或计数器正发生动作，则此时立即中断计数或定时，直到跳转结束后继续进行定时或计数。但是，正在动作的 T63 或高速计数器，不管有无跳转，仍旧连续工作。

4）功能指令在跳转时不执行，但 PLSY、PWM 指令除外。

2. 调用子程序指令

（1）指令助记符及操作元件

调用子程序指令助记符：CALL（FNC01）。操作元件：指针 P0～P63。

子程序返回指令助记符：SRET（FNC02）。操作元件：无。

（2）指令格式

调用子程序格式如图 5-14 所示。

（3）指令说明

1）把一些常用的或多次使用的程序以子程序写出。当 X0 为 ON 时，CALL 指令使主程序跳到标号 P 处执行子程序。子程序结束，执行 SRET 指令后返回主程序。

2）子程序应写在主程序结束指令 FEND 之后。

3）调用子程序可嵌套，嵌套最多可达 5 级。

4）CALL 的操作数与 CJ 的操作数不能用同一标号，但不同嵌套的 CALL 指令可调用同一标号的子程序。

5）在子程序中使用的定时器范围规定为 T192～T199 和 T246～T249。

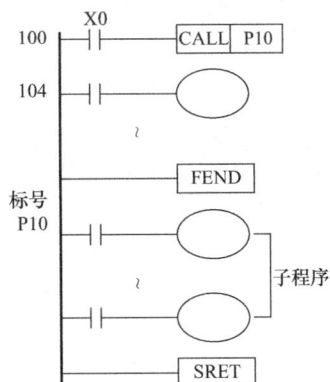

图 5-14　调用子程序格式

3. 中断指令

（1）指令助记符及操作元件

中断返回指令助记符：IRET（FNC03），操作元件：无。

允许中断指令助记符：EI（FNC04），操作元件：无。

禁止中断指令助记符：DI（FNC05），操作元件：无。

（2）指令格式

中断指令格式如图 5-15 所示。

（3）指令说明

1）中断用指针分为输入中断、定时中断和高速计数器中断三种，具体规定如下所述。

2）在主程序执行过程中，X000 由 OFF→ON 时，则程序跳转到 I001 标志的子程序处，当子程序执行到 IRET 时就返回到原来的主程序。

3）如果有多个依次发出的中断信号，则优先级按发生的先后为序，发生越早则优先级越高，若同时发生多个中断信号时，则中断标号小的优先级高。

4）中断程序在执行过程中，不响应其他的中断（其他中断为等待状态）。不能重复使用与高速计数器相关的输入，不能重复使用 I000 与 I001 相同的输入。

5）可编程控制器平时处于禁止中断状态。如果 EI-DI 指令在扫描过程中有中断输入时，则执行中断程序（从中断标号到 IRET 之间的程序）。

6）即使在允许中断范围内，如果特殊辅助继电器 M805△（△＝0～3）被驱动，则 I△0□的中断不执行。如图 5-15（b）所示，如果 X010 为 ON 时，则禁止 I001 或 I000 的中断。即虽存在中断请求，中断也不被接受。

7）当 DI～EI 指令间（中断禁止区间）发生中断请求时，则存贮这个请求信号，然后在 EI 指令执行完后才被执行。如果中断禁止区间较大，则等待中断响应的时间也较长。

4. 主程序结束

（1）指令助记符及操作元件

主程序结束指令助记符：FEND（FN C06）。操作元件：无。

（2）指令格式

指令格式如图 5-16 所示。

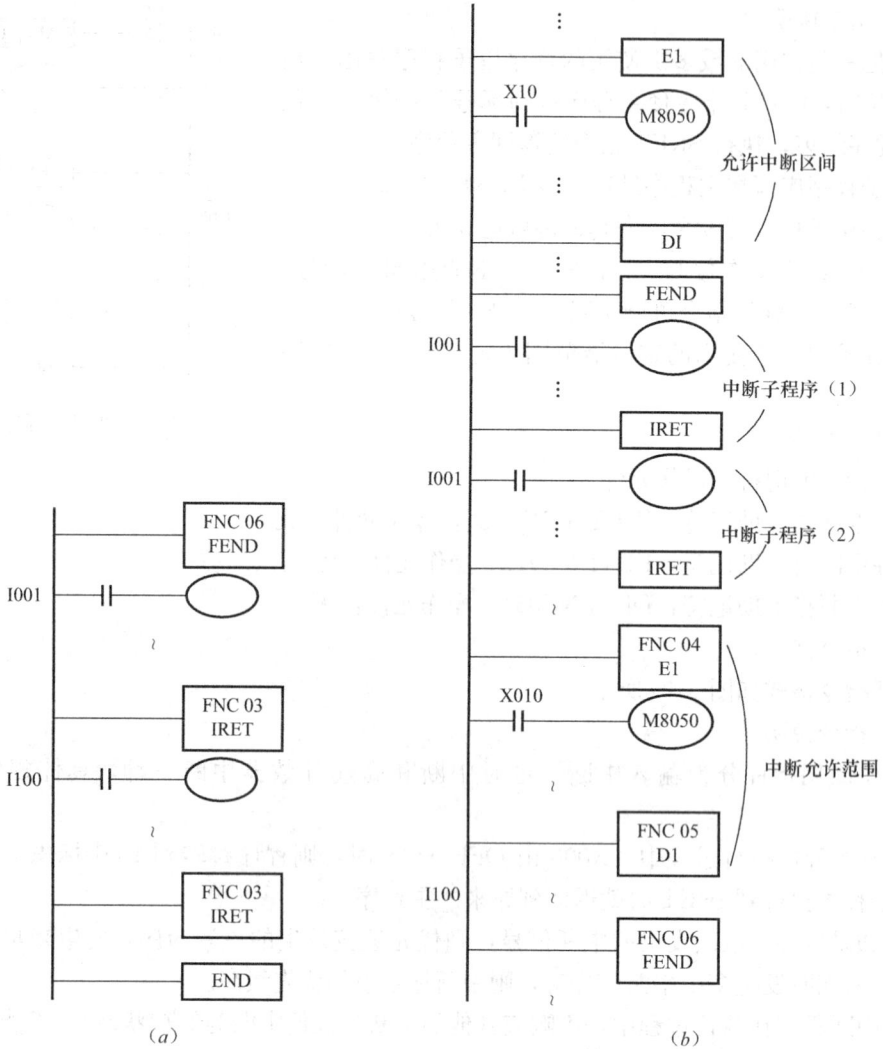

（a）

（b）

图 5-15　中断指令格式

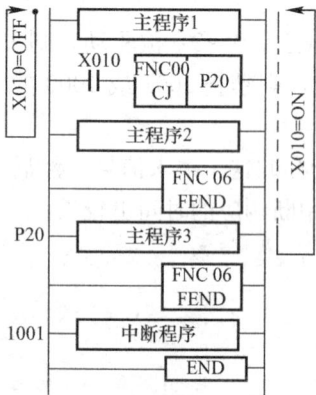

图 5-16　主程序结束指令格式

（3）指令说明

1）FEND 指令表示一个主程序的结束，执行这条指令与执行 END 指令一样，即执行输入、输出处理或警告定时器刷新后，程序送回到 0 步程序。

2）使用多条 FEND 指令时，中断程序应写在最后的 FEND 指令与 END 指令之间。子程序应写在 FEND 之后，而且必须以 SRET 结束。

3）如果在 FOR 指令执行后，在 NEXT 指令执行前执行 FEND 指令时，程序将会出错。

程序流控制指令除上述所介绍的指令外，还有：警戒时钟、循环等指令，此处由于篇幅所限，介绍从简。

5.4.2　数据传送及比较指令

数据传送和比较指令主要包括数据比较、传送、交换和
变换等指令。数据比较指令主要包括：数据比较、区间比较指令。传送指令主要包括：传
送、批传送指令。交换和变换指令主要包括：二进制码变换成 BCD 码、BCD 码变换成二
进制码指令。此处简要介绍一下数据比较、传送、二进制码变换成 BCD 码指令。

1. 数据比较指令

（1）指令助记符及操作元件

数据比较指令助记符：（D）CMP（FNCl0）。操作元件如下：

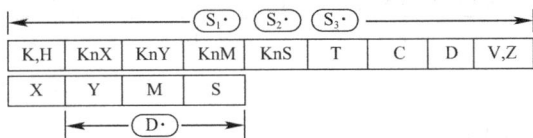

				$S_1 \cdot$	$S_2 \cdot$		$S_3 \cdot$	
K,H	KnX	KnY	KnM	KnS	T	C	D	V,Z
X	Y	M	S					

（2）指令格式

指令格式如图 5-17 所示。

（3）指令说明

1）比较指令操作数有两个源数据，把源数
据 [S1·] 与源数据 [S2·] 的数据进行比较，
其结果送到目标 [D·] 按比较结果进行操作。
按代数规则进行大小比较。

2）所有的源数据都按二进制数值处理。对于
多个比较指令，其目标 [D·] 也可指定为同一
个软元件，但每执行一次比较指令，[D·] 的内容发生变化。

图 5-17　数据比较指令格式

3）一条 CMP 指令用到三个操作数，如果只有一个或两个操作数，就会出错，妨碍
PLC 运行。

4）功能指令的前面加字母 D 为 32 位指令格式。

2. 数据传送指令

（1）指令助记符及操作元件

指令助记符：（D）MOV（FNCl2）。操作元件如下：

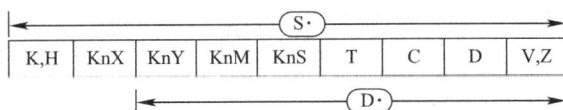

			$S \cdot$				
K,H	KnX	KnY	KnM	KnS	T	C	D	V,Z

$D \cdot$

（2）指令格式

指令格式如图 5-18 所示。

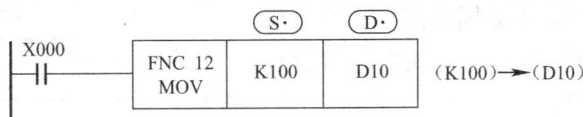

图 5-18　数据传送指令格式

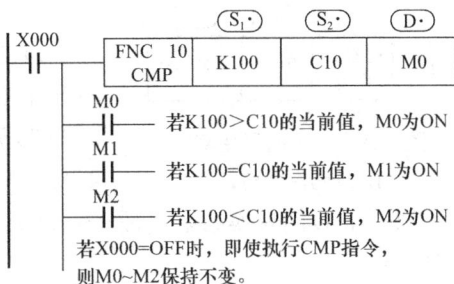

（3）指令说明

1）传送指令是将数据按原样传送的指令，当 X0 为 ON 时，K100 数据传送到 D10 中，当 X0 为 OFF 时，则目标元件中的数据保持不变。

2）传送时源数据常数 K100 自动转换成二进制数。

3. 二进制码变换成 BCD 码指令

（1）指令助记符及操作元件

指令助记符：（D）BCD（FNC18）。操作元件如下：

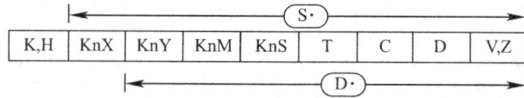

（2）指令格式

指令格式如图 5-19 所示。

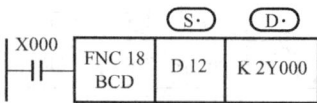

图 5-19　二进制码变换成
BCD 码指令格式

（3）指令说明

1）BCD 指令是将源中二进制数（BIN）转换成目标中的 BCD 的变换传送指令。当 X0 为 ON 时，D12 中数据转换成 BCD 码传送到 K2Y 中；当 X0 为 OFF 时，目标中的数据不变。

2）BCD 的转换结果超过 0~9999（16 位运算），或超过 0~99999999（32 位运算）时则出错。

3）在 PLC 控制中，BIN 向 BCD 变换，常用于向七段码显示等外部器件输出。

5.4.3　四则运算及逻辑运算指令

四则运算包括二进制数的加法、减法、乘法和除法。逻辑运算包括逻辑与、或、异或等。

1. 二进制加法、减法指令

（1）指令助记符及操作元件

加法指令助记符：（D）ADD（FNC20）；减法指令助记符：（D）SUB（FNC 21）。操作元件如下：

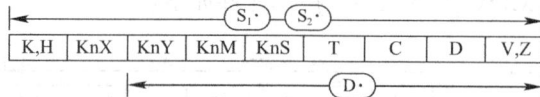

（2）指令格式

指令格式如图 5-20 所示。

（3）指令说明

1）二个源数据的二进制数值相加（相减），其结果送入目标元件中。各数据的高位是符号位，正为 0，负为 1。这些数据按代数规则进行运算。例如：5+（-8）=-3，5-（-8）=13。

2）当驱动输入 X000 为 OFF 时，不执行运

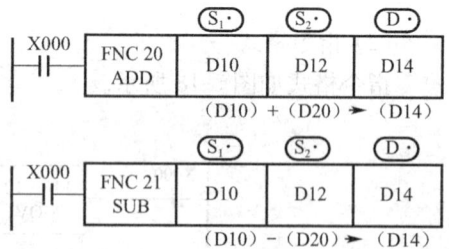

图 5-20　二进制加减法指令格式

算，目标元件的内容也保持不变。

3）如果运算结果为 0，零标志 M8020 置 1，如果运算结果超过 32767（16 位运算）或 2147483647（32 位运算），则进位标志 M8022 置 1。如果运算结果小于－32767（16 位运算）或－2147483647（32 位运算），则借位标志 M8021 置 1。

2. 二进制乘除法

（1）指令助记符及操作元件

乘法指令助记符：（D）MUL（FNC22）；除法指令助记符：（D）DIV（FNC23）。操作元件如下：

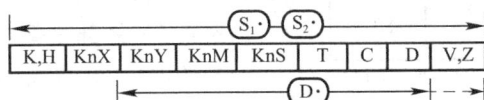

				($S_1 \cdot$) ($S_2 \cdot$)				
K,H	KnX	KnY	KnM	KnS	T	C	D	V,Z
			($D \cdot$)					

（2）指令格式

指令格式如图 5-21 所示。

（3）指令说明

1）乘法，二源的乘积以 32 位形式送到指定目标中。低 16 位在指定目标元件（D4）中，高 16 位在下一个元件（D5）中。

在上例中，如 D0＝8，D2＝9，则其乘积送到（D5，D4）＝72，最高位为符号位（0 为正，1 为负），V 不用于目标元件。只有 Z 允许作 16 位运算。

2）16 位运算的结果变为 32 位，32 位运算的结果变为 64 位。如果位组合指定元件为目标元件，超过 32 位的数据就会丢失。

3）如果驱动输入 X0 为 OFF，不执行运算，目标元件中的数据不变。

图 5-21　二进制乘除法指令格式

4）除法，[S1] 指定为被除数，[S2] 指定为除数，商存于 [D] 中、余数存于紧靠 [D] 的下一个编号的软元件中。V 和 Z 不可用于 [D] 中。

5）若位组合指定元件为 [D]，则余数就会丢失。除数为零时，则运算出错，且不执行运算。

3. 逻辑与、或、异或指令

（1）指令助记符及操作元件

与指令助记符：AND（FNC26）；或指令助记符：OR（FNC27）；异或指令助记符：XOR（FNC28）。操作元件如下：

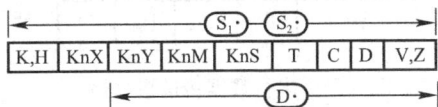

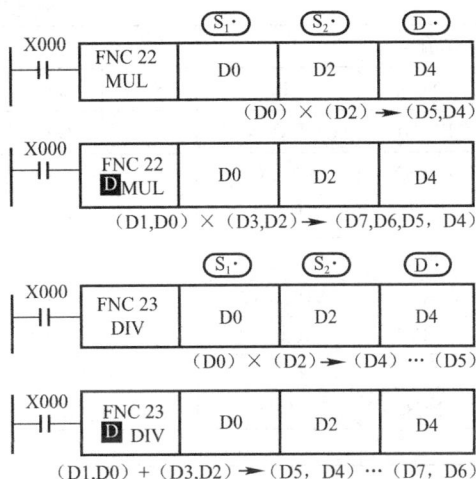

			($S_1 \cdot$) ($S_2 \cdot$)				
K,H	KnX	KnY	KnM	KnS	T	C	D	V,Z
			($D \cdot$)				

（2）指令格式

指令格式如图 5-22 所示。

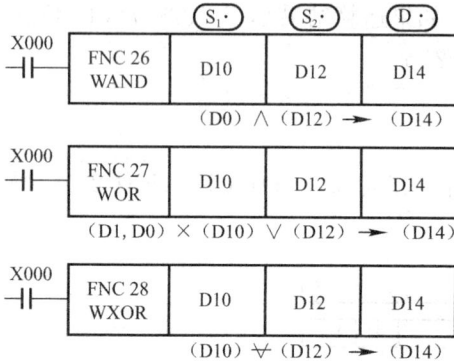

图 5-22　与、或、异或指令格式

（3）指令说明

1）16 位运算时，指令为 WAND、WOR、WXOR。32 位运算时，指令为（D）AND、（D）OR、（D）XOR。

2）当 X0 为 ON 时，进行各对应的逻辑运算，把结果存于目标［D］中。当 X0 为 OFF 时，不执行运算，［D］的内容保持不变。

5.4.4　外部设备 SER 指令

在 PLC 中，外部设备 SER 指令主要用于连接串行口的特殊适配器进行控制的指令，PID 运算指令也包括在其中。表 5-3 为外部设备 SER 指令。

外部设备 SER 指令　　　　　　　　　　　　　　表 5-3

功能号	指令格式					程序步	指令功能
FNC80	RS	（S·）	m	（D·）	n	9 步	串行数据传送
FNC81	（D）PRUN（P）	（S·）	（D·）			5/9 步	八进制位传送
FNC82	ASCI（P）	（S·）	（D·）	n		7 步	十六进制转为 ASCⅡ码
FNC83	HEX（P）	（S·）	（D·）	n		7 步	ASCⅡ转码为十六进制
FNC84	CCD（P）	（S·）	（D·）	n		7 步	校验码
FNC85	VRRD（P）	（S·）	（D·）			5 步	电位器值读出
FNC86	VRSC（P）	（S·）	（D·）			5 步	电位器值刻度
FNC88	PID	（S1）	（S2）	（S3）	（D）	9 步	PID 运算

此处针对表 5-3 为外部设备 SER 指令主要介绍一下串行数据传送指令（RS）、八进制位传送指令（PRUN）、PID 运算指令（PID）。

1. 串行数据传送指令（RS）

（1）指令助记符及操作元件

指令助记符：RS。操作元件如下：

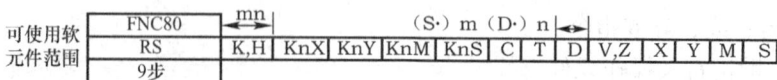

（2）指令格式

指令格式如图 5-23 所示。

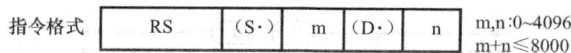

图 5-23　串行数据传送指令格式

（3）指令说明

串行数据传送指令（RS）用于可编程控制器与外部设备进行串行通信，在可编程控制器上使用 RS-232C 及 RS-485 功能扩展板及特殊适配器，即可进行发送和接收串行数据，指令说明如图 5-24 所示。

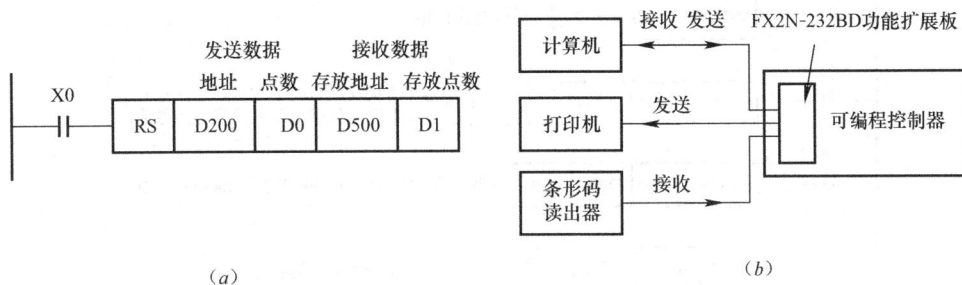

图 5-24　串行数据传送指令（RS）说明

（a）串行数据通信梯形图；（b）PLC 与外部设备的串行通信

（4）数据传送与接收应用说明

接收数据由特殊辅助继电器 M8122 控制，发送数据是由特殊辅助继电器 M8123 控制。数据传送的位数可以是 8 位或 16 位，由 M8161 控制。如图 5-25 所示为串行数据传送指令应用说明。

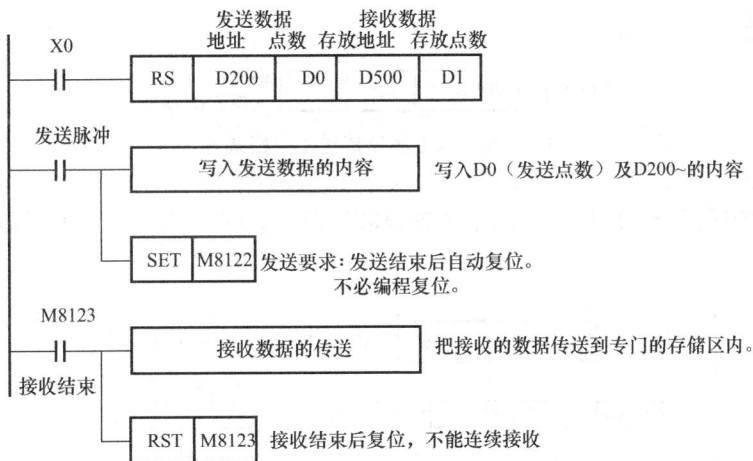

图 5-25　PLC 数据传送与接收

（5）应用举例

例如，PLC 与条形码读出器的通信，在 PLC 上安装一个 FX2N—232—BD 型功能扩展板，用通信电缆将条形码读出器与功能扩展板连接，将 D8120 的值设置为 H0367，其控制梯形图如图 5-26 所示。

2. 八进制位传送指令（PRUN）

（1）指令助记符及操作元件

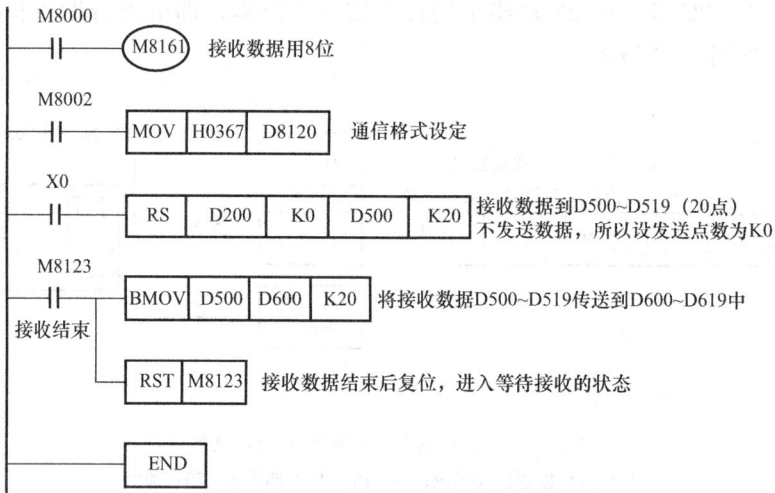

图 5-26　PLC 与条形码读出器的通信

指令助记符：PRUN。操作元件如下：

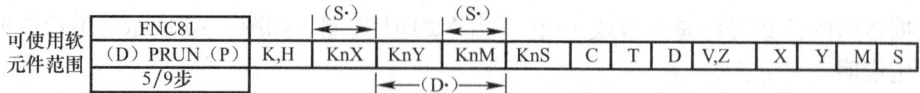

（2）指令格式

指令格式如图 5-27 所示。

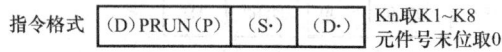

图 5-27　八进制位传送指令格式

（3）指令说明

八进制位传送指令（PRUN）用于 8 进制数处理。如图 5-28 所示为八进制位传送指令应用说明。

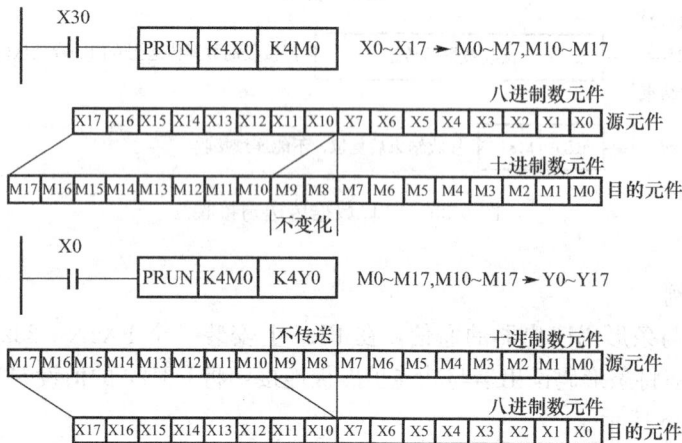

图 5-28　八进制位传送指令应用说明

3. PID 运算指令（PID）

（1）指令助记符及操作元件

指令助记符：PID。操作元件如下：

						(D)	(S1)	(S2)	(S3)	← →			
可使用软 元件范围	FNC88 PID 9步	K,H	KnX	KnY	KnM	KnS	C	T	D	V,Z	X	Y	M	S

（2）指令格式

指令格式如图 5-29 所示。

指令格式	PID	(S1)	(S2)	(S3)	(D)	(S3)：D0~D7975

图 5-29　PID 运算指令格式

（3）指令说明

PID 运算指令可进行回路控制的 PID 运算程序。在达到采样时间后的扫描时进行 PID 运算，指令的梯形图如图 5-30 所示。

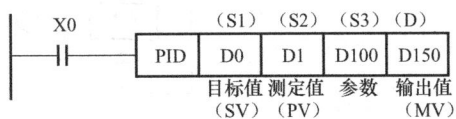

图 5-30　PID 运算指令的梯形图

思考题与习题

5-1　什么叫状态转移图和步进梯形图？各有什么特点？

5-2　步进顺序功能控制与基本指令控制方法有什么不同？各有什么优缺点？各适用于何种控制对象？

5-3　什么叫单分支状态转移图和多分支状态转移图及并联分支状态转移图？各有什么特点？

5-4　画出如图 5-31 所示单分支状态转移图的步进梯形图，并写出指令表。

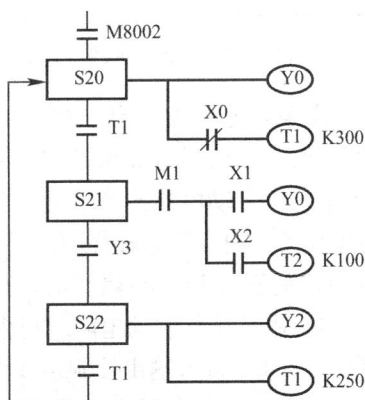

图 5-31　习题 5-4 图

5-5　画出如图 5-32 所示混合分支状态转移图的步进梯形图，并写出指令表。

5-6　根据图 5-33 所示的 SFC 图画出对应的 STL 图，并写出指令表。

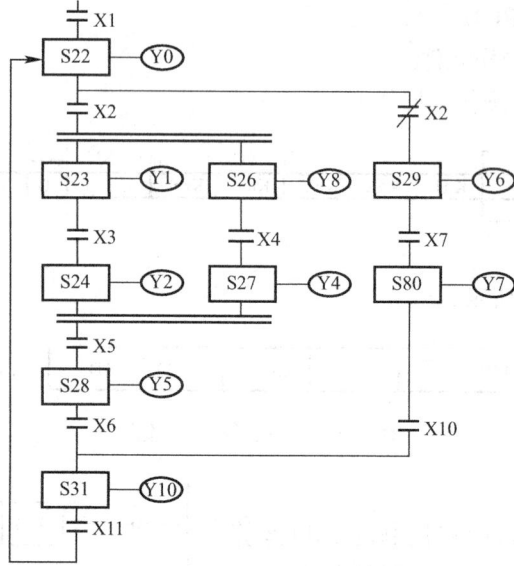

图 5-32 习题 5-5 图

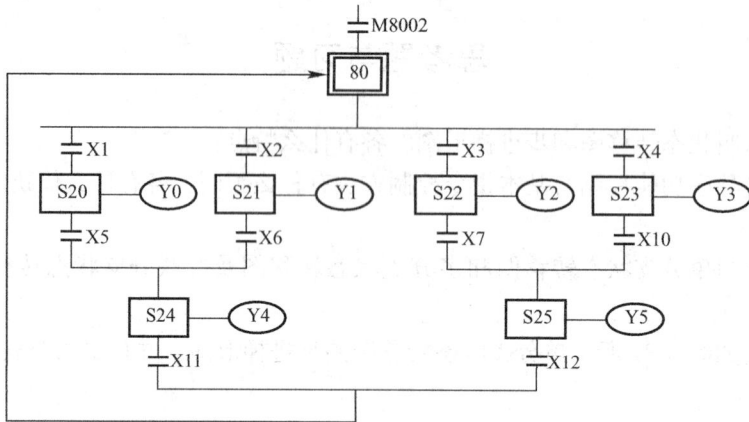

图 5-33 习题 5-6 图

5-7 某建筑供水系统有 4 台水泵，分别由 4 台三相异步电动机驱动，为了防止备用水泵长时间不用造成锈蚀等问题，要求 2 台运行 2 台备用，并每隔 8 小时切换一台，4 台水泵轮流运行。初次启动时，为了减少启动电流，要求第一台启动 10s 后第二台启动。根据控制要求画出 PLC 输入输出控制接线图和状态转移图。

5-8 控制一台三相异步电动机的正反转，在停止时，用速度继电器接线反接制动，为了减少反接制动电流，主电路中应串入反接制动电阻。请根据要求画出三相异步电动机正反转可逆运行反接制动控制电路，PLC 输入输出控制接线图和状态转移图。

5-8 PLC 的功能指令有哪些？有哪些控制数据、控制功能？与微型计算机的控制指令有何不同？

5-9 PLC 的数据传送及比较指令与微型计算机的数据传送及比较指令有何相同和不同之处？

5-10　如图 5-34 所示，当 X0＝0，X1＝1，X2＝1，X12＝0 时，Y0、Y1 的得电情况？当 X0＝1 时，Y0、Y1 的得电情况如何变化？

5-11　执行图 5-35 所示梯形图的结果是什么？请用二进制数表示 K2Y0-K2Y20 的值。

5-12　分析图 5-36 所示梯形图的执行结果是什么？

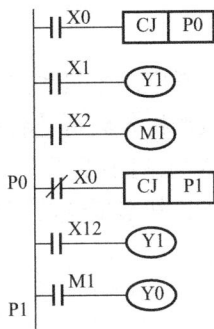

图 5-34　习题 5-10 图　　　　图 5-35　习题 5-11 图　　　　图 5-36　习题 5-12 图

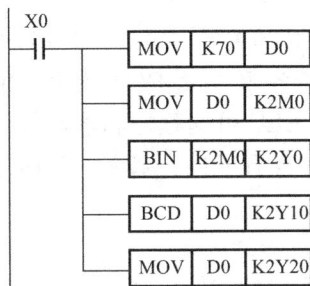

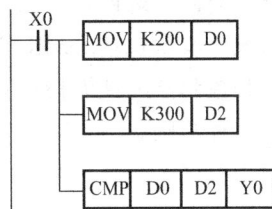

5-13　根据下面的控制要求画出梯形图，并写出控制程序。

（1）当 X0＝1 时，将一个数 123456 存放到数据寄存器中。

（2）当 X1＝1 时，将 K2X10 表示的 BCD 数存放到数据寄存器 D2 中。

（3）当 X2＝1 时，将 K0 传送到数据寄存器 D10-D20 中。

5-14　分析图 5-37 所示梯形图，如何使 Y0＝1。

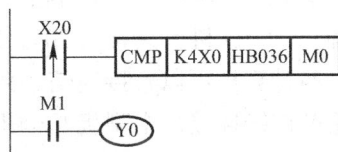

图 5-37　习题 5-14 图

5-15　分析图 5-38 所示梯形图的控制原理，根据时序图画出 M1、M2、M3、M4、Y0 和 Y1 的波形图。

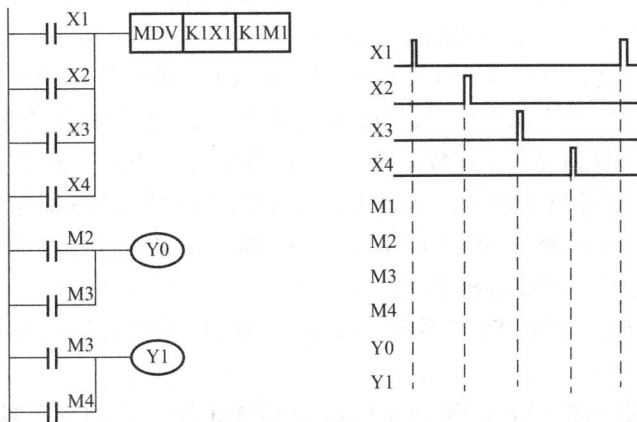

图 5-38　习题 5-15 图

第6章 OMRON 系列小型 PLC 及编程方法

OMRON 公司是世界上生产 PLC 的主要厂家之一，其 PLC 产品广泛应用于机械、冶金、交通、环保、食品、包装等各行各业。OMRON 的大、中、小、微型机各具特色各有所长。本章包括 OMRON 系列小型 PLC 可编程控制器，包括 OMRON 系列小型 PLC 可编程控制器的性能特点和硬件简介、编程元件、基本指令及其编程方法、基本指令的应用和编程实例。

6.1 OMRON 系列小型 PLC 概述

OMRON 公司的 PLC 产品系列齐全，主要有微型 PLC、小型 PLC、中型 PLC、大型 PLC 系列。OMRON 公司从 20 世纪 80 年代至今，产品多次更新换代。

20 世纪 80 年代后期，OMRON 相继开发出了 H 型机，大、中、小型对应有 C2000H/C1000H、C200H、C60H/C40H/C28H/C20H。大、中型机为模块式结构，小型机为整体式结构。H 型机的指令增加较多，有 100 多种，特别出现了指令的微分执行，一条指令可顶多条指令使用，为编程提供了方便。H 型机指令的执行速度又加快了，大型 H 机基本指令执行时间仅 0.4us，而 C200H 机也只有 0.7us。H 型机的通信功能增强了，甚至小型 H 机也配有 RS232C 口，与计算机可以直接通信。大型机 C2000H 的 CPU 可进行热备配置，其一般的 I/O 单元还可在线插拔。中型机 C200H 的特殊功能模块很丰富，结构合理，功能齐全，为当时中型机中较优秀的机型，获得了非常广泛的应用。C200H 曾用于太空实验站，开创业界先例。

进入 20 世纪 90 年代后，OMRON 更新换代的速度明显加快，特别是后 5 年，OMRON 在中型机和小型机上又有不少技术更新。

中型机从 C200H 发展到 C200HS。C200HS 于 1996 年进入中国市场，到了 1997 年全新的中型机 C200Hα 出现。它的性能比 C200HS 又有显著提高。除基本性能比 C200HS 提高外，α 机突出特点是它的通信组网能力强。例如，CPU 单元除自带的 RS232C 口外，还可插上通信板，板上配有 RS232C、RS422/RS485 口，α 机使用协议宏功能指令，通过上述各种串行通信口与外围设备进行数据通信。α 机可加入 OMRON 的高层信息网 Ethernet 网，还可加入中层控制网 Controller Link 网，而 C200H、C200HS 不可以。

1999 年以后，OMRON 在推出 CS1 系列的同时，在小型机方面相继推出 CPM2A/CPM2C/CPM2AE、CQM1H 等机型。

目前主要机型有：OMRON C 系列、CPM1A 系列、CPM2A 系列、CQM1H 系列和 CS1 等系列 PLC。

限于篇幅，本章选择 OMRON 的主流机型 OMRON C 系列（P 型机、H 型机等）、CPM1A 系列进行介绍。对于新推出的 CPM2A、CQM1H 和 CS1 系列 PLC 由于篇幅所限，不再多介绍，如需要可进一步查阅有关参考资料。

6.2　OMRON 的 C 系列小型 PLC

6.2.1　C 系列小型 PLC 的编程元件

OMRON C 系列可编程序控制器有大、中、小型机。C 系列的可编程序控制器主要有 P 型机、H 型机、HS 型机、Hα 型机、CQM1 型机、CS1 型机等。OMRON C 系列可编程序控制器编程元件的编码方式有两类：输入、输出继电器和内部辅助继电器采用"通道号＋位号"的编码方法，每个通道采用 16 进制编号。保持继电器、定时器/计数器、暂存继电器、数据存储器采用"识别码＋序号"的编码方法。其早期的 C 系列机型的继电器地址分配如表 6-1。

OMRON C 系列 PLC 继电器的地址分配　　　　　表 6-1

名　　称		点数	通道号	继电器地址
输入继电器		80	00～04CH	0000～0415
输出继电器		80	05～09CH	0500～0915
内部辅助继电器		128	10～18CH	1000～1807
特殊辅助继电器	备份电池电压降低时接通	16	18～19CH	1808
	扫描时间大于 100ms 时接通			1809
	高速计数器硬件清零时接通			1810
	PLC 正常运行时常断			1811、1812、1814
	PLC 正常运行时常通			1813
	PLC 上电时导通一个周期			1815
	0.1s、0.2s、1s 时钟脉冲			1900～1902
	算术运算指令操作数错误接通			1903
	算术运算指令进位、借位时接通			1904
	比较指令大于、等于、小于时接通			1905～1907
暂存继电器		8		TR0～TR7
保持继电器		160		HR000～HR915
定时器/计数器		48		TIM/CNT00～TIM/CNT47
数据存储器（DM）		64		DM00～DM63

1. 输入、输出继电器

如表 6-1 所示，C 系列 PLC 的输入继电器共有 80 点，通道号为 00～04CH，地址为 0000～0415；输出继电器也有 80 点，通道号为 05～09CH，地址为 0500～0915。实际上分配给输入、输出端子的继电器，对于具体的配置来说，不一定有相应的继电器与之对应。如 C20P 仅有 12 个输入点和 8 个输出点，可以使用的输入继电器为 0000～0011，可以使用的输出继电器为 0500～0507。没有使用的输入、输出通道可以用作内部辅助继电器号使用。

2. 内部辅助继电器

内部辅助继电器类似于继电接触器系统中的中间继电器，是在程序内可以自由使用的继电器。如表 6-1 所示 C 系列 PLC 的内部辅助继电器共有 128 点，通道号为 10～18CH，地址为 1000～1807。

3. 特殊辅助继电器

如表 6-1 所示，C 系列 PLC 的特殊辅助继电器共有 16 点，编号为 1808～1907。他们用来监视 PLC 的工作情况，根据需要可以在编程时使用。但需注意 1903～1908 在执行 END 指令时复位，所以不能在编程器上监视它们的状态。这里仅对几个常用的特殊辅助继电器作一介绍。

(1) 1815：当 PLC 上电时，1815 接通一个扫描周期。可以用此继电器作为具有复位端的继电器的复位信号。

(2) 1900～1902：这几个继电器为内部时钟脉冲发生器。1900 为周期 0.1s，1901 为周期 0.2s，1902 为周期 1s 的方波时钟脉冲。

(3) 1905～1907：这 3 个为标志继电器。在执行比较指令 CMP 时，如果比较的结果是">"，则 1905 接通；如果比较的结果是"="，则 1906 接通；如果比较的结果是"<"，则 1907 接通。

4. 暂存继电器

C 系列 PLC 提供了 8 个暂存继电器，地址为 TR0～TR7。对于不能使用 IL（02）和 ILC（03）来编程的分支电路，可以使用暂存继电器。

5. 保持继电器

如表 6-1 所示，C 系列 PLC 的保持继电器共有 160 点，地址号为：HR000～HR915CH。由于有备份电池，当电源掉电时，保持继电器能够保持它们原来的状态。对于需要保持掉电前状态的工作场合需要应用保持继电器。

6. 定时器、计数器

C 系列 PLC 中共有 48 个定时器、计数器。地址号为：TIM/CNT00～47，如果一个编号用做定时器，就不能再用做计数器了。但电源掉电时，定时器被复位，而计数器保持当前值不变。

7. 数据存储器（DM）

数据存储器内不能以单独的点来使用，要以通道（字）为单位（16 位）来使用。断电也能保持数据。如表 6-1 所示，数据存储器共有 64 点，地址为 DM00～DM63。

近期的 OMRON C 系列新机型可编程序控制器的继电器地址分配做了扩展，如表 6-2 所示。

OMRON C 系列 PLC 新机型继电器的地址分配 表 6-2

名　称		点数	通道号	继电器地址
输入继电器		160	000～009CH	00000～00915
输出继电器		160	010～019CH	01000～01915
内部辅助继电器		512	200～231CH	20000～23115
特殊辅助继电器	PLC 上电时导通一个周期	384	232～255CH	25315
	0.1s、0.2s、1s 时钟脉冲			25500～25502
	比较指令大于、等于、小于时接通			25505～25507
暂存继电器		8		TR0～TR7

名　　称	点数	通道号	继电器地址
保持继电器	520		HR0000～HR1915
定时器/计数器	128		TIM/CNT000～TIM/CNT127
数据存储器（DM）	1002 字		DM0000～DM1023

6.2.2　C 系列 PLC 的基本指令

C 系列 P 型机共有 37 条指令，可分为 3 大类：简单操作指令、专用操作指令和扩展指令。大部分指令与三菱 FX 系列 PLC 相同。本节只对部分常用的指令作一介绍。

1. 基本编程指令（LD，OUT，AND，OR，NOT 和 END）

这六条基本指令，对于任何程序都是不可缺少的，在编程时，在编程器上按它们对应的键就可以。

（1）LD 和 OUT

在每一条逻辑线或者一个程序段的开始都要使用 LD 指令。在逻辑线的开始如果使用一个继电器的常开触点时，使用 LD 指令。OUT 用于一个输出线圈，对于每个线圈可以认为有很多触点。

（2）AND

触点串联使用时，使用 AND 指令，也就是说它是一个逻辑与操作。

（3）OR

并联触点使用 OR 指令，也就是说它是一个逻辑或操作。

（4）NOT

它是求反操作，用于继电器的常闭触点。

（5）END（FUN01）

它表示程序结束，每个程序都必须有一条 END 指令。没有 END 指令的程序不能执行，并且在编程器上给出错误信息"NO END INST"。输入 END 指令时在编程器上按 FUN 键、0 键、1 键。

图 6-1 给出了由梯形图程序转化为指令码的一个例子。

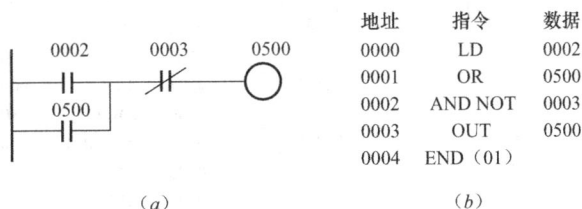

地址	指令	数据
0000	LD	0002
0001	OR	0500
0002	AND NOT	0003
0003	OUT	0500
0004	END（01）	

（a）　　　　　　　　（b）

图 6-1　由梯形图转化为指令码的示例

（a）梯形图；（b）指令语句

2. 块处理指令（AND LD 和 OR LD）

这里所说的块是指梯形图中由若干接点串联或并联所构成的支路。在程序中要把两个程序段联接起来，须使用这两个指令。AND LD 指令用于块串联，OR LD 用于块并联。

（1）AND LD 使用方法

用于联接串联的两个程序段，如图 6-2 所示。

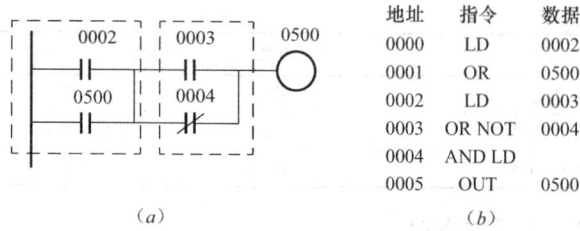

地址	指令	数据
0000	LD	0002
0001	OR	0500
0002	LD	0003
0003	OR NOT	0004
0004	AND LD	
0005	OUT	0500

(a)　　　　　　　　　　(b)

图 6-2　AND LD 使用方法示例

(a) 梯形图；(b) 指令语句

(2) OR LD 使用方法

用于联接两个并联的程序段，如图 6-3 所示。

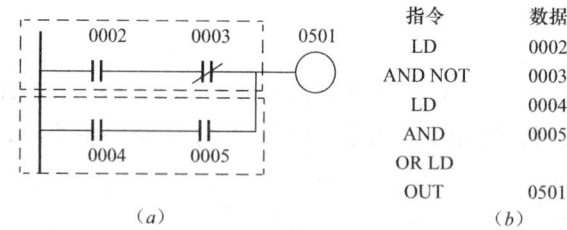

指令	数据
LD	0002
AND NOT	0003
LD	0004
AND	0005
OR LD	
OUT	0501

(a)　　　　　　　　　　(b)

图 6-3　ORLD 使用方法示例

(a) 梯形图；(b) 指令语句

3. 分支指令 IL (FUN02)，ILC (FUN03) 和暂存指令 TR

(1) IL (02) 是开始分支操作指令，ILC (03) 是分支操作结束指令。IL (02) 指令和 ILC (03) 指令总是配合使用。当不满足 IL 指令的条件时，在 IL 和 ILC 之间的所有输出线圈都 OFF。

在图 6-4 中，当输入继电器 0002 是 OFF 时，IL 和 ILC 之间的状态如表 6-3 所示。

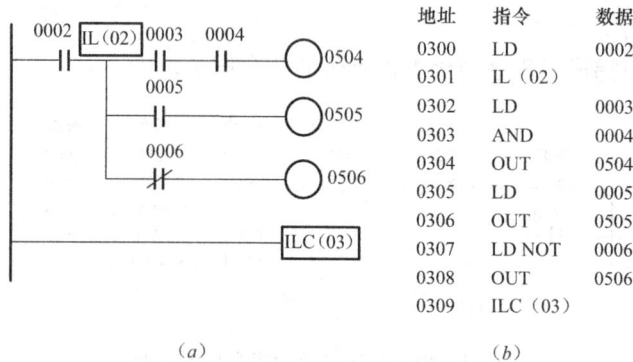

地址	指令	数据
0300	LD	0002
0301	IL (02)	
0302	LD	0003
0303	AND	0004
0304	OUT	0504
0305	LD	0005
0306	OUT	0505
0307	LD NOT	0006
0308	OUT	0506
0309	ILC (03)	

(a)　　　　　　　　　　(b)

图 6-4　IL/ILC 使用方法示例

(a) 梯形图；(b) 指令语句

IL 和 ILC 之间的状态　　　　　　　　　　表 6-3

输出线圈	OFF
定时器	复位
计数器、移位寄存器、锁存继电器	状态不变

如 0002（即 IL 指令的条件）是 ON 时，在 IL 和 ILC 之间的线圈正常操作。上面的梯形图 6-4 可改为图 6-5。

（2）暂存指令 TR

在程序中有几个分支输出时就需要使用暂存继电器，在同一段程序中，不能重复使用相同编号的 TR 指令。但在不同程序段中 TR 指令可以重复使用，必须使用 OUT 指令设置暂存继电器，以建立梯形图上的分支点标记。再次引用这个分支点时则需使用 LD 指令。暂存指令主要用在不能用分支指令 IL、ILC 编程时的场合。图 6-6 是暂存指令编程的例子。

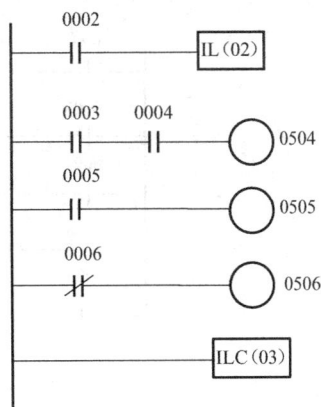

图 6-5　重写后的 IL/ILC 示例

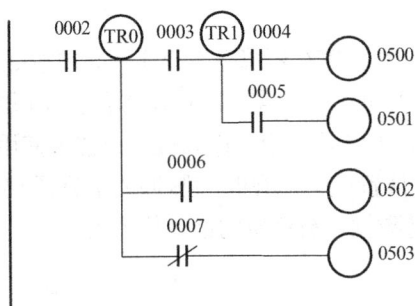

地址	指令	数据
0200	LD	0002
0201	OUT	TR0
0202	AND	0003
0203	OUT	TR1
0204	AND	0004
0205	OUT	0500
0206	LD	TR1
0207	AND	0005
0208	OUT	0501
0209	LD	TR0
0210	AND	0006
0211	OUT	0502
0212	LD	TR0
0213	AND NOT	0007
0214	OUT	0503

（a）　　　　　　　　　　（b）

图 6-6　TR 使用方法示例
（a）梯形图；（b）指令语句

4. 跳转指令 JMP（FUN04）、JME（FUN05）

JMP、JME 用于程序的跳转，JMP 用于跳转开始，JME 用于跳转结束，它们必须配合使用。当跳转的条件即 JMP 前的触点接通（ON）时，JMP 与 JME 之间的程序将顺序执行；当跳转的条件即 JMP 前的触点断开（OFF）时，程序将跳过 JMP 与 JME 之间的程序，转去执行 JME 后面的指令。

图 6-7 给出了跳转指令使用的示例。可以注意到，JMP、JME 指令不必输入参数，但必须成对使用。

5. 移位指令 SFT（FUN10）

移位指令 SFT 的功能是把一个指定通道的 16 位数据按位移位，也可以把几个通道连起来一起移位。移位指令使用时只指定通道号（即 4 位地址编码中的前 2 位），以此通道中的 16 个继电器作为移位寄存器。SFT 指令可以使用的继电器为输出继电器、内部辅助

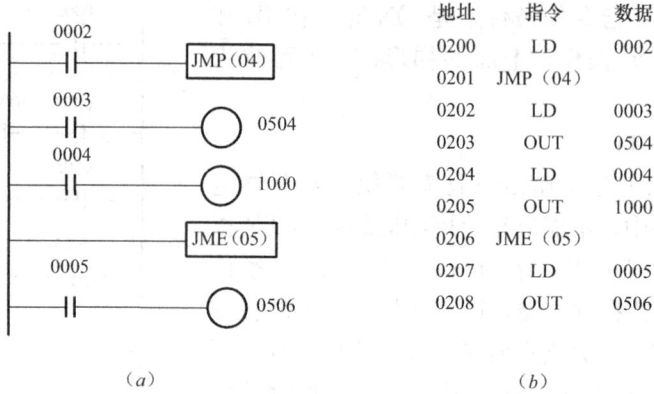

地址	指令	数据
0200	LD	0002
0201	JMP（04）	
0202	LD	0003
0203	OUT	0504
0204	LD	0004
0205	OUT	1000
0206	JME（05）	
0207	LD	0005
0208	OUT	0506

（a）　　　　　　　　　　　　　　　（b）

图 6-7　跳转指令使用方法示例

（a）梯形图；（b）指令语句

继电器和保持继电器。

图 6-8 为移位指令 SFT 使用方法示例。移位寄存器指令（SFT）必须按照下面的顺序进行编程：数据输入、时钟输入、置"0"输入和 SFT。移位的最小单位是 16 位，在图 6-8 的示例中移位的 16 位为 0500 到 0515。而移位的 16 位内容可以以位为单位来使用（见图 6-8c）。当置"0"输入变为 ON 时，16 位数据同时被置"0"。在时钟脉冲的上升沿移位数据，如果使用的是保持继电器，在电源断电时，保持数据，被移位的最高位丢失。

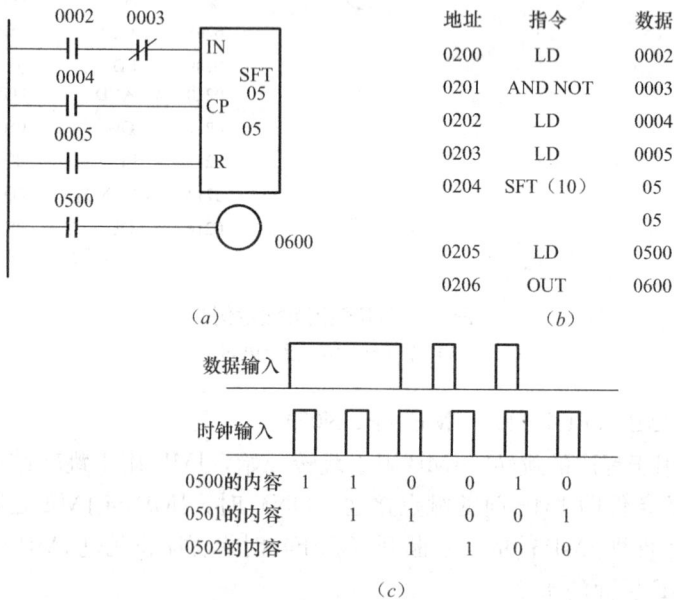

地址	指令	数据
0200	LD	0002
0201	AND NOT	0003
0202	LD	0004
0203	LD	0005
0204	SFT（10）	05
		05
0205	LD	0500
0206	OUT	0600

（a）　　　　　　　　　　　　　（b）

（c）

图 6-8　SFT 使用方法示例

（a）梯形图；（b）指令语句；（c）移位寄存器定时图

如果需要对多于 16 位的数据移位，可以把几个通道串联起来，一起移位。在图 6-9 中是三个通道（48 位）一起移位，这些位是 1000 到 1215。

被指定的开始通道和结束通道要在相同的继电器范围之内，并且要保证开始通道号不大于结束通道号。例如指定一个输出通道作为开始通道，那么结束通道也要是输出通道，而不能指定 HR 通道作为结束通道。

6. 保持指令 KEEP（FUN11）

KEEP 指令也称置数指令，类同于数字电路中的 RS 触发器，可以将一个继电器置位和复位。KEEP 指令可以使用的继电器为输出继电器、内部辅助继电器和保持继电器。

图 6-10 是保持指令 KEEP 应用实例。

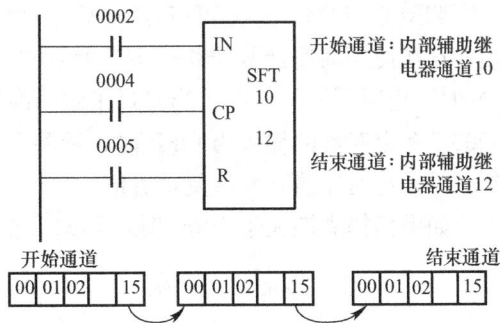

图 6-9　48 位一起移位

KEEP 指令编程的顺序是置位端、复位端、继电器线圈。当置位端接通时（ON），保持继电器接通（ON）；当复位端接通时（ON），保持继电器断开（OFF）；当置位端和复位端同时接通时（ON），复位端优先。

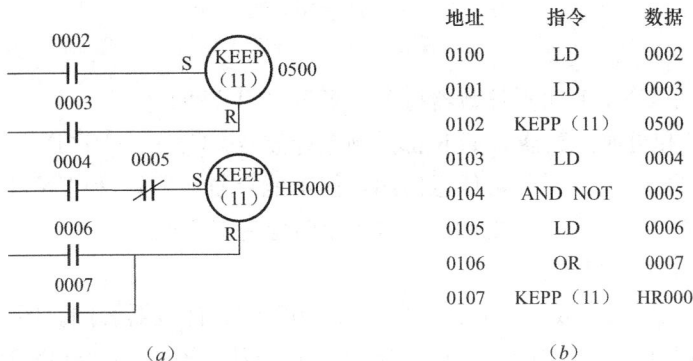

地址	指令	数据
0100	LD	0002
0101	LD	0003
0102	KEPP（11）	0500
0103	LD	0004
0104	AND NOT	0005
0105	LD	0006
0106	OR	0007
0107	KEPP（11）	HR000

(a)　　　　　　　　　　(b)

图 6-10　KEEP 使用方法示例

(a) 梯形图；(b) 指令语句

7. 定时器指令 TIM 和高速定时器指令 TIMH（FUN15）

定时器指令 TIM 和高速定时器指令 TIMH 都是减一延时定时器。它们的不同点是时间度量单位不同，TIM 的度量单位是 0.1s，其设置值在 0 到 999.9s 之间。而 TIMH 的度量单位是 0.01s，其设置值在 0 到 99.99s 之间。图 6-11 和图 6-12 为 TIM 和 TIMH 使用方法的例子。

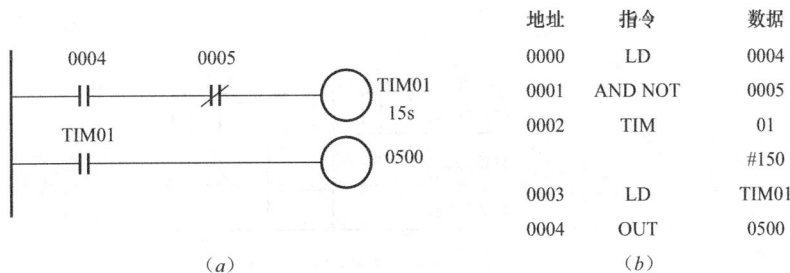

地址	指令	数据
0000	LD	0004
0001	AND NOT	0005
0002	TIM	01
		#150
0003	LD	TIM01
0004	OUT	0500

(a)　　　　　　　　　　(b)

图 6-11　TIM 使用方法示例

(a) 梯形图；(b) 指令语句

TIM 和 TIMH 编号可以在 00 到 47 之间任意指定，但是 TIM 号不能与 CNT 重复使用，且在使用高速计数器指令时 TIM/CNT47 要用于高速计数器。当定时器的输入变为 ON 时，定时器开始定时，当经过了定时时间后，TIM 和 TIMH 就 ON，这时其当前值为 0000。在定时器的输入为 OFF 时，清除 TIM、TIMH，其当前值恢复到预置值。在电源断电时，定时器清除并恢复预置值。

如果扫描周期大于 10ms 时，TIMH 指令不能执行。

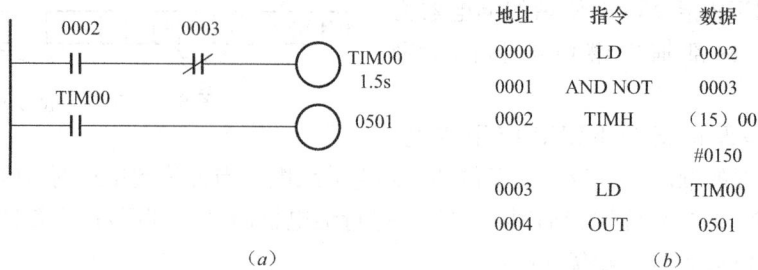

地址	指令	数据
0000	LD	0002
0001	AND NOT	0003
0002	TIMH	(15) 00
		#0150
0003	LD	TIM00
0004	OUT	0501

(a)　　　　　　　　(b)

图 6-12　TIMH 使用方法示例

(a) 梯形图；(b) 指令语句

8. 计数器指令 CNT 和可逆计数器指令 CNTR（FUNl2）

计数器 CNT 和可逆计数器 CNTR 都是预置计数器。CNT、CNTR、TIM 三者的编号都使用 TIM/CNT00～47，编号可任意使用，但不能重复。CNT 和 CNTR 的设置值可根据实际需要设置在 0000 到 9999 之间。电源断电时保持当前值。

（1）计数器指令 CNT

CNT 的编程顺序是计数输入端、计数器置"0"端、计数器线圈。图 6-13 为 CNT 使用方法示例。CNT 是减 1 计数器，当计数输入端信号从 OFF 变化为 ON 时，计数值减 1；当计数器的当前值减为 0000 时，计数器接通（ON），直到置"0"输入端为接通（ON）

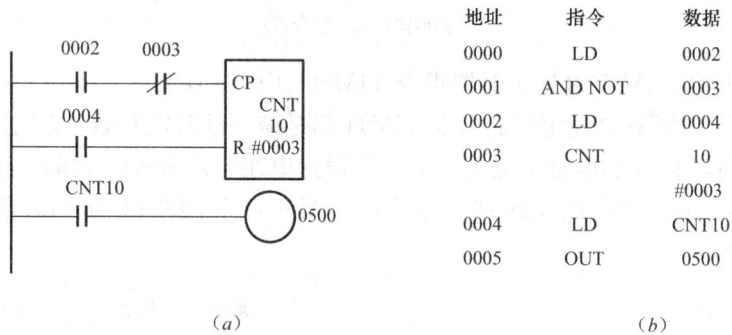

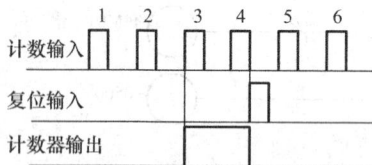

地址	指令	数据
0000	LD	0002
0001	AND NOT	0003
0002	LD	0004
0003	CNT	10
		#0003
0004	LD	CNT10
0005	OUT	0500

(a)　　　　　　　　(b)

(c)

图 6-13　CNT 使用方法示例

(a) 梯形图；(b) 指令语句；(c) CNT 定时图

时，使计数器线圈断开（OFF），复位计数器，恢复计数值为设置值。图 6-13（c）为其定时图。如果置"0"信号和计数输入信号同时到来，置"0"信号优先作用。

（2）可逆计数器指令 CNTR（FUNl2）

CNTR 是一个环形计数器，它有加、减两种计数方式。CNTR 的编程顺序是加 1 计数输入端（ACP），减 1 计数输入端（SCP），置"0"输入端（R）、可逆计数器线圈。图 6-14 为CNTR 使用方法示例。

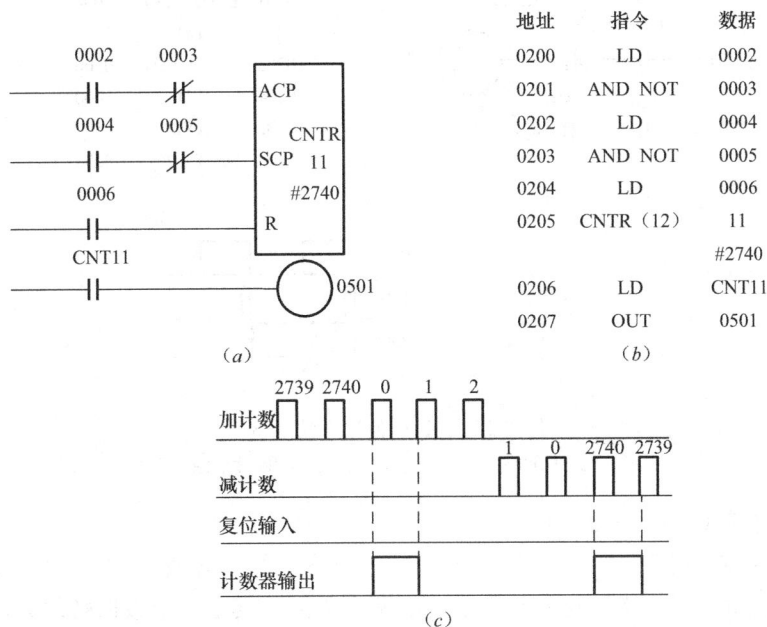

地址	指令	数据
0200	LD	0002
0201	AND NOT	0003
0202	LD	0004
0203	AND NOT	0005
0204	LD	0006
0205	CNTR（12）	11
		#2740
0206	LD	CNT11
0207	OUT	0501

图 6-14 CNTR 使用方法示例

（a）梯形图；（b）指令语句；（c）CNTR 定时图

当计数输入端信号从 OFF 变化为 ON 时，根据是 ACP（加）信号或者 SCP（减）信号，计数器值相应地加 1 或减 1，加信号和减信号同时到来时，计数器不动作，保持为当前值。

图 6-14（c）为 CNTR 的工作波形图，从图中可看出，当计数器的当前值是设置值时，再加 1 后计数器的当前值变为 0000，计数器接通（ON）。当计数器的当前值为 0000时，再减 1 后计数器的当前值变为设置值，计数器接通（ON），无论是加计数，还是减计数，接通时间持续到下一个计数脉冲到来。

当置"0"信号为 ON 时，计数器的当前值复位到 0000，这时 ACP 和 SCP 信号不起作用。

9. 微分指令 DIFU/DIFD（FUN13/FUN14）

DIFU 对输入信号的上升沿微分，输出一个扫描周期的正脉冲；DIFD 对输入信号的下降沿微分，输出一个扫描周期的正脉冲。微分指令常用于继电器作复位信号或其他控制信号。

在微分指令中可以使用的继电器有输出继电器、内部辅助继电器和保持继电器。在一个程序中最多可使用 48 条微分指令，如果多于此数则编程器将显示"DIF OVER"并且把第 49 个微分指令当作 NOP（空）指令来处理。

图 6-15 是微分指令的示例，当 0002 导通时，DIFU 使内部辅助继电器 1000 导通 1 个扫描周期。在 1000 窄脉冲的作用下，输出继电器 0500 在自身接点的引导下，构成计数触发器，对外部脉冲作二分频。图 6-15（c）为相应的时序波形图。

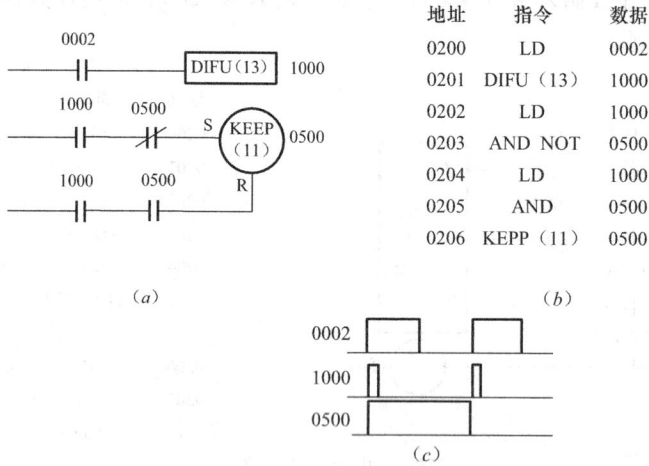

地址	指令	数据
0200	LD	0002
0201	DIFU（13）	1000
0202	LD	1000
0203	AND NOT	0500
0204	LD	1000
0205	AND	0500
0206	KEPP（11）	0500

图 6-15　DIFU 使用方法示例

（a）梯形图；（b）指令语句；（c）时序波形图

10. 比较指令 CMP（FUN20）

比较指令 CMP 用于一个通道的内容与另一个通道的内容或 4 位 16 进制常数进行比较。所以在编程时，在 CMP 比较指令后应有两个数据，其中一个数据必须为通道的内容。比较指令 CMP 可以使用的通道或常数见表 6-4。

CMP 可使用的通道或常数　　　　　　　　　　　　　　　　　表 6-4

输入/输出、内部辅助继电器	00 到 17
专用辅助继电器	18 到 19
保持继电器	0 到 9
定时器/计数器	00 到 47
常数	0000 到 FFFF
数据存储区	00 到 63

图 6-16 是比较指令 CMP 的示例，在 0002 接通时，内部辅助继电器通道 10 的内容与保持继电器通道的内容进行比较，他们的内容都是 4 位 16 进制数。如果 10 通道的内容大于 HR9 通道的内容，则 1905 接通使得输出继电器 0500 导通；如果 10 通道的内容与 HR9 通道的内容相等，则 1906 接通使得输出继电器 0501 导通；如果 10 通道的内容小于 HR9 通道的内容，则 1907 接通使得输出继电器 0502 导通。

需要注意的事，当条件满足时，CPU 每扫描一次程序都执行一次比较指令 CMP，如果要求比较条件变化一次只执行一次比较指令 CMP，则要使用微分指令 DIFU 和 DIFD。在图 6-17 中，在 0002 接通时，通道 10 的内容与 16 进制常数♯D9C5 比较一次，如果 10 通道的内容是♯D9C5 时，则 1906 接通使得输出继电器 0501 导通。

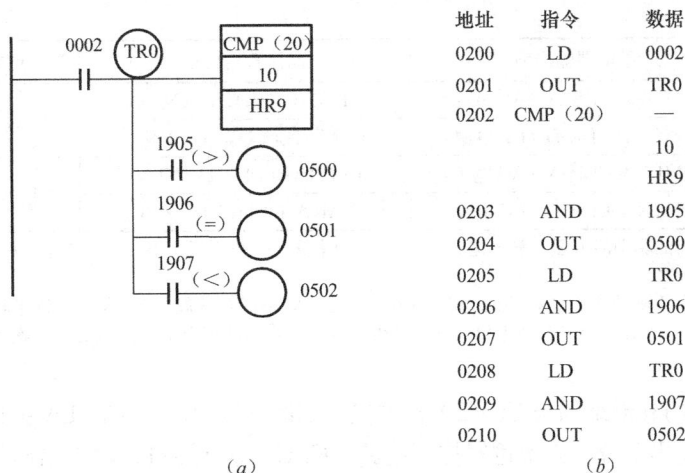

地址	指令	数据
0200	LD	0002
0201	OUT	TR0
0202	CMP（20）	—
		10
		HR9
0203	AND	1905
0204	OUT	0500
0205	LD	TR0
0206	AND	1906
0207	OUT	0501
0208	LD	TR0
0209	AND	1907
0210	OUT	0502

（a）　　　　　　　　　　　　（b）

图 6-16　CMP 指令使用示例 1

（a）梯形图；（b）指令语句

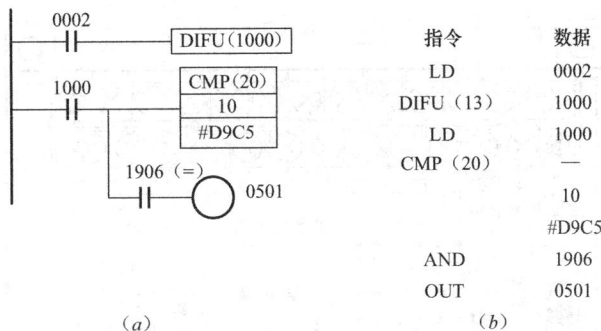

指令	数据
LD	0002
DIFU（13）	1000
LD	1000
CMP（20）	—
	10
	#D9C5
AND	1906
OUT	0501

（a）　　　　　　　　　　　　（b）

图 6-17　CMP 指令使用示例 2

（a）梯形图；（b）指令语句

6.3　CPM1A 系列小型 PLC

6.3.1　CPM1A 系列小型 PLC 系统构成

欧姆龙公司（OMRON）的 SYSMAC CPM1A，是一种小型整体式 PLC，在小规模控制系统中已获广泛应用。CPM1A 共有 4 种主机：10 点（6/4）、20 点（12/8）、30（18/12）点、40（24/16）点。CPM1A 主机的型号见表 6-5 所示。

CPM1A 主机的型号　　　　　　　　　　表 6-5

型　　号	继电器输出型	晶体管输出型	输入点数	输出点数
10 点输入/输出型	CPM1A-10CDR-A（AC 电源）	CPM1A-10CDT-D（NPN）	6 点	4 点
	CPM1A-10CDR-D（DC 电源）	CPM1A-10CDT1-D（PNP）		
20 点输入/输出型	CPM1A-20CDR-A（AC 电源）	CPM1A-20CDT-D（NPN）	12 点	8 点
	CPM1A-20CDR-D（DC 电源）	CPM1A-20CDT1-D（PNP）		

续表

型　　号	继电器输出型	晶体管输出型	输入点数	输出点数
30 点输入/输出型	CPM1A-30CDR-A（AC 电源）	CPM1A-30CDT-D（NPN）	18 点	12 点
	CPM1A-30CDR-D（DC 电源）	CPM1A-30CDT1-D（PNP）		
40 点输入/输出型	CPM1A-40CDR-A（AC 电源）	CPM1A-40CDT-D（NPN）	24 点	16 点
	CPM1A-40CDR-D（DC 电源）	CPM1A-40CDT1-D（PNP）		

注：1. 继电器输出的驱动能力强一般可达 2A，但信号频率低，一般小于 1Hz。所以常用于驱动继电器、接触器、电磁阀等负载。

2. 晶体管输出的驱动能力弱，一般为 300mA，但信号频率高，一般可到 1kHz。高速脉冲输出点可到 5～10kHz。所以常用于驱动步进电机、伺服电机等负载。若驱动继电器、接触器、电磁阀等负载，可加中间继电器。

CPM1A 主机的外形结构与 CPM2A 相类似，如图 6-18 所示。CPM1A 主机系统主要由电源、输入部分、输出部分、内部逻辑控制电路、CPU、I/O 接口、输入输出指示灯、扩展连接、模拟量控制、通信接口等系统组成。

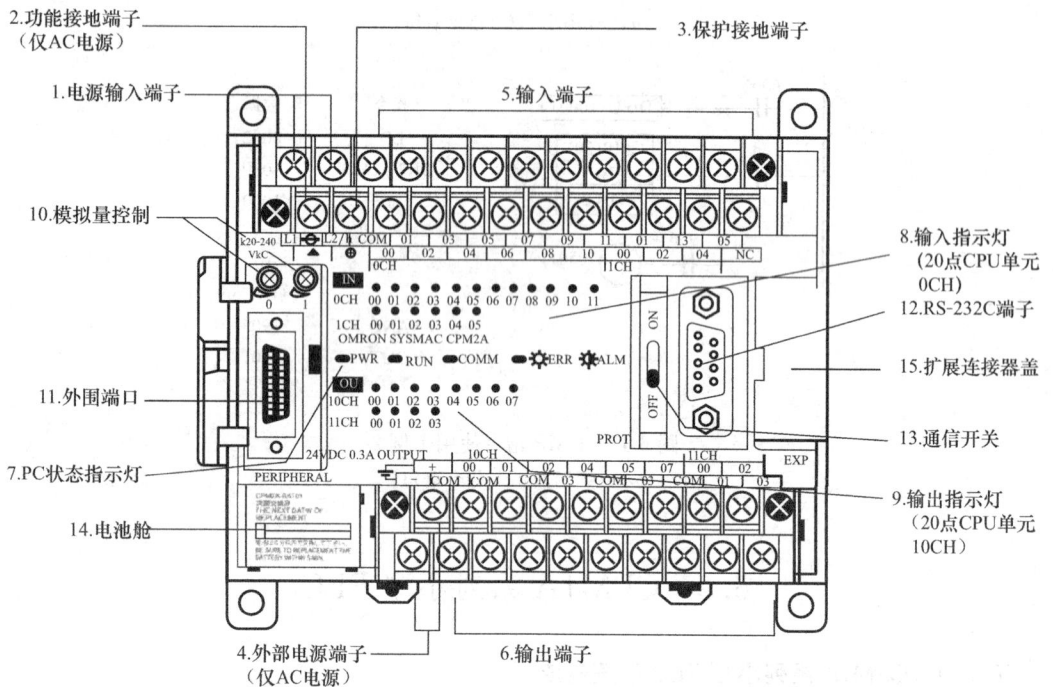

图 6-18　CPM2A 主机的外形结构

输入部分主要可认为由若干输入继电器组成，接在每个输入端上的输入继电器由接到输入端上的外部信号（被控设备上的各种开关量信息或操作台上的操作指令）来驱动。它有许多用软件实现的动合（常开）和动断（常闭）触点，可在控制电路编程时重复使用。

输出部分主要由许多输出继电器组成，它有许多用软件实现的动合（常开）和动断（常闭）触点，可在编程时使用。每一个输出继电器有一个硬件的动合（常开）触点与输出端相连，用以驱动外部负载，外部负载的驱动电源需外接。

逻辑控制电路：这部分由用户根据控制要求编制的程序组成。它处理输入部分得到的信息，并判断哪些功能需作输出。除了输入、输出继电器可供编程使用以外，还有许多内部辅助继电器供内部编程时使用。

OMRONC 系列可编程序控制器编程元件的编码方式有两类，输入、输出继电器和内部辅助继电器采用"通道号＋位号"的编码方法，每个通道采用 16 进制编号。保持继电器、定时器/计数器、暂存继电器、数据存储器采用"识别码＋序号"的编码方法。

CPM1A 系列 PLC 的 I/O 扩展单元有三种类型，七种规格。具体见表 6-6。

<table>
<tr><td colspan="3">CPM1A 系列 PLC 的 I/O 扩展单元　　　　　　　　　　　表 6-6</td></tr>
<tr><td>类　　型</td><td>型　　号</td><td>输　出　形　式</td></tr>
<tr><td>8 点型输入</td><td>CPM1A-8ED</td><td>—</td></tr>
<tr><td rowspan="3">8 点型输出</td><td>CPM1A-8ER</td><td>继电器</td></tr>
<tr><td>CPM1A-8ET</td><td>晶体管（NPN）</td></tr>
<tr><td>CPM1A-8ET1</td><td>晶体管（PNP）</td></tr>
<tr><td rowspan="3">20 点型输入/输出
（8 点输入，12 点输出）</td><td>CPM1A-20EDR</td><td>继电器</td></tr>
<tr><td>CPM1A-20EDT</td><td>晶体管（NPN）</td></tr>
<tr><td>CPM1A-208EDT1</td><td>晶体管（PNP）</td></tr>
</table>

CPM1A 系列 PLC 单元构成及输入、输出地址分配如图 6-19 所示。

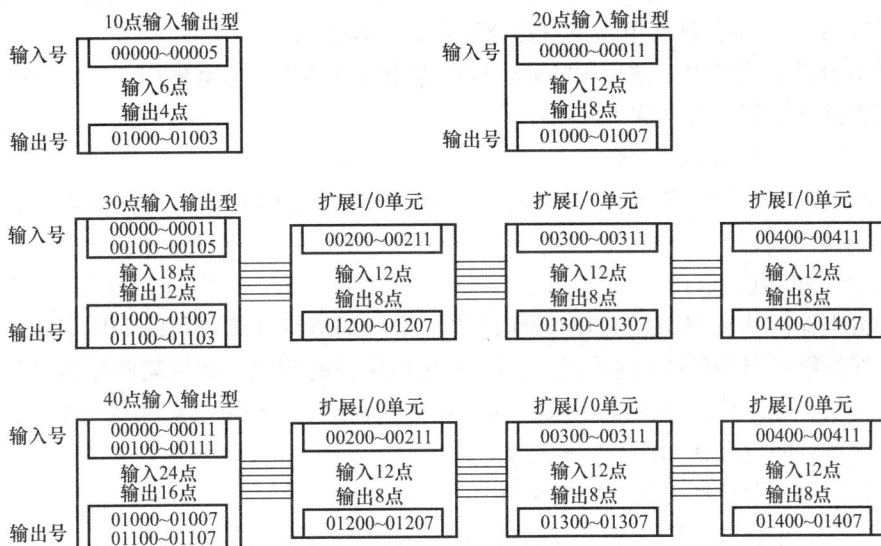

图 6-19　CPM1A 系列 PLC 单元构成及输入、输出地址分配

6.3.2　CPM1A 系列 PLC 的数据存储器分区

OMRON PLC 数据存储器分区主要有：内部继电器区（IR）、特殊辅助继电器区（SR）、保持继电器区（HR）、暂存继电器区（TR）、定时器/计数器区（TC）、数据存储区（DM）、辅助记忆继电器区、链接继电器区等。

OMRON PLC 各数据存储器分区的通道号如下：

内部继电器区（IR）通道号：（000CH～019CH；200CH～231CH）；

特殊辅助继电器区（SR）通道号：（232CH～255CH）；

保持继电器区（HR）通道号：（HR00CH～HR19CH）；

暂存继电器区（TR）通道号：（TR0～TR7）；

定时器/计数器区（TC）通道号：（TC000～TC127）；

数据存储区（DM）通道号：（DM0000CH～DM1023；DM6144～DM6655CH）；

辅助记忆继电器区通道号：（AR00CH～AR15CH）；

链接继电器区通道号：（LR00CH～LR15CH）。

1. 内部继电器区（IR）

CPM1A内部继电器区（IR）分为I/O区（000CH～019CH）和内部辅助继电器区（200CH～231CH）。

（1）I/O区的输入继电器区（000CH～009CH）

CPM1A的输入继电器区为000～009通道，共10个通道。

CPM1A的位号用5位数字表示，前三位数字表示通道号，后两位数字表示位号。例如：00314表示003通道的14位。

（2）I/O区的输出继电器区

CPM1A的输出继电器区为010～019通道，共10个通道。有三种方式的输出电路形式。

（3）内部辅助继电器区

CPM1A的内部辅助继电器区为200～231通道，内部辅助继电器不能直接驱动外部设备，它可以由PLC中各种继电器的触点驱动，供编程使用。

由于I/O继电器区中未被使用的通道也可作为内部辅助继电器使用，所以I/O继电器区与内部辅助继电器一般统称IR区。

2. 特殊辅助继电器区（SR）

特殊辅助继电器区（SR）主要供系统使用，用来存储PLC系统有关标志。其通道号为：232CH～255CH。

3. 保持继电器区（HR）

保持继电器区共有HR00～HRl9的20个通道，通道编号前要冠以HR字样。当电源中断时，保持继电器能保持原来状态，即具有掉电保护的功能。如果某些控制对象需要保存掉电前的状态，以使在PLC恢复工作时再现这些状态，这时就要使用保持继电器。

该继电器区断电保持功能有两种情况：

（1）以通道为单位使用时（数据保持）。

（2）以位为单位与KEEP指令配合使用或作成自保持电路时。

4. 暂存继电器区（TR）

CPM1A有8个暂存继电器（TR0—TR7位）暂存继电器常用于暂存复杂梯形图中分支点的ON/OFF状态，在同一程序段内不得重复使用相同的继电器号。使用暂存继电器时必须在继电器号之前冠以"TR"如TR0、TR1等。

5. 定时器/计数器区（TC）

该区总共有128个定时器/计数器，编号范围为000～127。定时器/计数器又各分为2种，即普通定时器TIM和高速定时器TIMH，普通计数器CNT和可逆计数器CNTR。

定时器/计数器统一编号（称为TC号），一个TC号既可分配给定时器，又可分配给计数器，但所有定时器或计数器的TC号不能重复。定时器无断电保持功能，电源断电时定时器复位。计数器有断电保持功能。

6. 数据存储区（DM）

通道为：DM0000～DM6655。

（1）数据存储器区只能以通道为单位使用，不能以位为单位使用。

（2）DM0000～DM0999、DM1022～DM1023 为程序可读写区，用户程序可自由读写其内容。

（3）DM1000、DM1021 主要用作故障履历存储器（记录有关故障信息）。

（4）DM6144～DM6599 为只读存储区，用户程序可以读出但不能用程序改写其内容，利用编程器可预先写入数据内容。

（5）DM6600～DM6655 称为系统设定区，用来设定各种系统参数。通道中的数据不能用程序写入，只能用编程器写入。

（6）数据存储器区 DM 有掉电保持功能。

根据上述情况汇总可得 CPM1A 系列 PLC 的继电器号和功能，具体见表 6-7。

CPM1A 系列 PLC 的继电器号和功能　　　　　　　表 6-7

名　称	点　数	通 道 号	继电器号	功　能
输入继电器区	160 点（10）字	000～009CH	00000～00915	能分配给外部输入输出端子的继电器（没有使用的输入输出通道可用作内部辅助继电器使用）
输出继电器区	160 点（10）字	010～019CH	01000～01915	
内部辅助继电器区	512 点（32）字	200～231CH	2000～23115	程序中能自由使用的继电器
特殊继电器	384 点（24）字	232～255CH	23200～25507	具有特定功能的继电器
暂存继电器	8 点		TR0～TR7	用于暂存程序分支点的状态
保持继电器	320 点（20）字	TR0～19CH	HR0000～1915	断电时能保持状态的继电器
辅助记忆继电器	256 点（16）字	AR00～15CH	AR0000～1515	具有特定功能的继电器
链接继电器	256 点（16）字	LR00～15CH	LR0000～1515	1：1 链接中作为输入输出使用的继电器（也可用作内部辅助继电器）
定时器/计数器	128 点		TIM/CNT000～127	定时器和计数器共用相同编号
数据存储区 可读/写	1002 字		DM0000～0999DM1022～1023	数据存储区以通道（16 位）为单位使用，断电时保持数据。DM1000～1021 不作为存放异常历史时可作为常规的 DM 自由使用。DM6144～6599、DM6600～6655 不能在程序中写入（可用外围设备设定）
数据存储区 异常历史存放区	22 字		DM1000～1021	
数据存储区 只读	456 字		DM6144～6599	
数据存储区 PC 系统设置区	56 字		DM6600～6655	

6.3.3　CPM1A 系列 PLC 的基本指令

CPM1A 系列 PLC 的基本指令共有 11 条。

1. LD 取指令

指令格式：LD　B

指令符号：├───┤├──

B 的操作对象：该指令可以使用的继电器区为 IR、SR、HR、AR、LR、TC、TR 区

（DM 区不可）。

指令功能：指定一个逻辑开始，将 B 的内容存入结果寄存器 R 中，而结果寄存器 R 中的原内容存入堆栈寄存器 S 中，如图 6-20 所示。

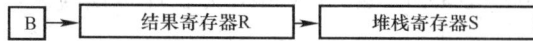

图 6-20　CPM1A 系列 PLC 的 LD 取指令功能

2. LD　NOT 指令

指令格式：LD　NOT　B

指令符号：├──┤╱├──

B 的操作对象：该指令可以使用的继电器区为 IR、SR、HR、AR、LR、TC、TR 区（DM 区不可）。

指令功能：指定一个逻辑开始，将 B 的内容取反后存入结果寄存器 R 中，而结果寄存器 R 中的原内容存入堆栈寄存器 S 中，如图 6-21 所示。

3. LD 和 LD NOT 指令的使用

LD 和 LD NOT 指令的使用梯形图如图 6-22 所示。CPM1A 系列 PLC 的 LD 和 LD NOT 使用指令表如表 6-8 所示。

图 6-21　CPM1A 系列 PLC 的 LD NOT 指令功能

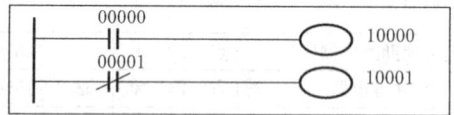

图 6-22　LD 和 LD NOT 指令的使用梯形图

CPM1A 系列 PLC 的 LD 和 LD NOT 使用指令表　　　　表 6-8

地　　址	指令助记符	数　　据
00000	LD	00000
00001	OUT	10000
00002	LD NOT	00001
00003	OUT	10001

4. AND 与指令

指令格式：AND　B

指令符号：──┤├──

B 的操作对象：该指令可以使用的继电器区为 IR、SR、HR、AR、LR、TC 区（DM，TR 不可）。

图 6-23　CPM1A 系列 PLC 的 AND 指令功能

指令功能：将 B 的内容与结果寄存器 R 的内容进行逻辑与操作，并将结果存入结果寄存器 R 中，如图 6-23 所示。

5. AND NOT 与反指令

指令格式：AND　NOT　B

指令符号：──────┤╱├──

B的操作对象：该指令可以使用的继电器区为IR、SR、HR、AR、LR、TC区。

指令功能：将B的内容取反后与结果寄存器R的内容进行逻辑与操作，并将结果存入结果寄存器R中，如图6-24所示。

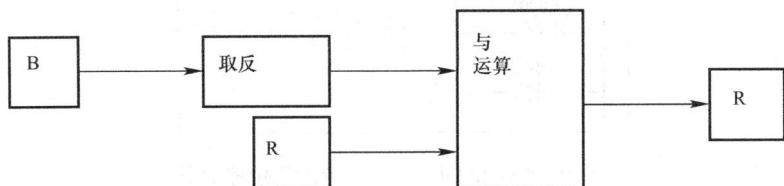

图6-24　CPM1A系列PLC的AND NOT与反指令功能

6. AND和AND NOT指令的使用

AND和AND NOT指令的使用梯形图如图6-25所示。CPM1A系列PLC的AND和AND NOT使用指令表如表6-9所示。

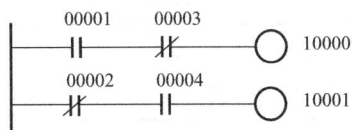

图6-25　AND和AND NOT指令的使用梯形图

AND和AND NOT使用指令表　　　　　　表6-9

地　　址	指令助记符	数　　据
00000	L D	00001
00001	A N D N O T	00003
00002	O U T	10000
00003	L D N O T	00002
00004	A N D	00004
00005	O U T	10001

7. OR或指令

指令格式：OR　B

指令符号：⊣⊢

B的操作对象：该指令可以使用的继电器区为IR、SR、HR、AR、LR、TC区。

指令功能：将B的内容与结果寄存器R的内容进行逻辑或操作，并将结果存入结果寄存器R中，如图6-26所示。

8. ORN OT或反指令

指令格式：OR　NOT　B

指令符号：⊣/⊢

B的操作对象：该指令可以使用的继电器区为IR、SR、HR、AR、LR、TC区。

指令功能：将B的内容取反后与结果寄存器R的内容进行逻辑或操作，并将结果存入结果寄存器R中，如图6-27所示。

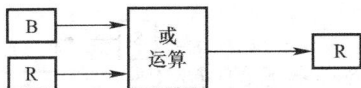

图6-26　OR或指令功能

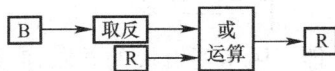

图6-27　OR NOT或反指令功能

9. OR和OR NOT指令的用法

OR和OR NOT指令的使用梯形图如图6-28所示。CPM1A系列PLC的OR和OR

NOT 使用指令表如表 6-10 所示。

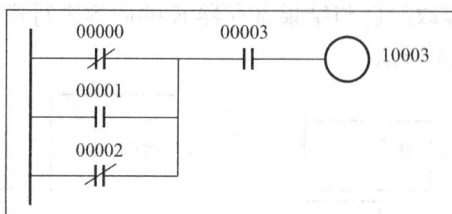

图 6-28 OR 和 OR NOT 指令的使用梯形图

CPM1A 系列 PLC 的 OR 和 OR NOT 使用指令表 表 6-10

指令助记符	数 据
L D N O T	00000
O R	00001
O R N O T	00002
A N D	00003
O U T	10003

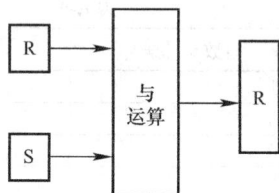

图 6-29 AND LD 块与
指令功能

10. AND LD 块与指令

指令格式：AND LD

指令符号：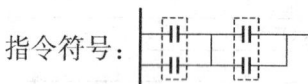

指令功能：用于逻辑块的串联连接。将堆栈寄存器 S 的内容与结果寄存器 R 的内容进行逻辑与操作，并将结果存入结果寄存器 R 中，如图 6-29 所示。

AND LD 的使用如图 6-30 所示。

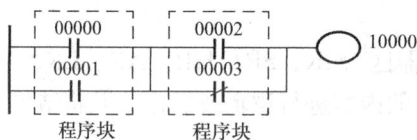

（a）

```
LD       00000
OR       00001
LD       00002
OR NOT   00003
AND LD
OUT      10000
```

（b）

图 6-30 AND LD 的使用
（a）梯形图；（b）指令语句

11. OR LD 块或指令

指令格式：OR LD

指令符号：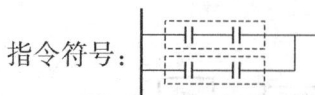

指令功能：用于逻辑块的并联连接。将堆栈寄存器 S 的内容与结果寄存器 R 的内容进行逻辑或操作，并将结果存入结果寄存器 R 中，如图 6-31 所示。

OR LD 的使用如图 6-32 所示。

图 6-31 OR LD 块或
指令功能

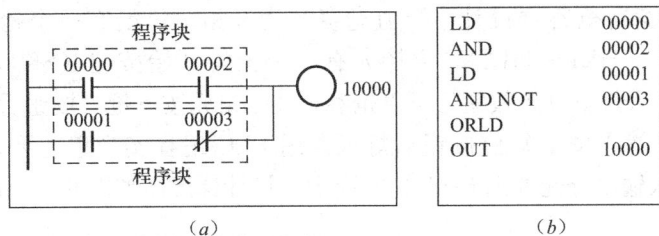

图 6-32　OR LD 的使用

(a) 梯形图；(b) 指令语句

12. OUT 指令

指令格式：OUT　B

指令符号：─○

B 的操作对象：该指令可以使用的继电器区为 IR、HR、TR 区（除了 IR 区中已作为输入通道的位）。

指令功能：将结果寄存器 R 的内容输出到指定位 B，如图 6-33 所示。

图 6-33　OUT
指令功能

13. OUT ONT 指令

指令格式：OUT　ONT　B

指令符号：─∕

B 的操作对象：该指令可以使用的继电器区为 IR、HR、TC 区（除了 IR 区中已作为输入通道的位）。

指令功能：将结果寄存器 R 的内容取反后输出到指定位 B，如图 6-34 所示。

图 6-34　OUT ONT
指令功能

14. END（01）程序结束指令

指令格式：END

指令符号：──[END（01）]

指令功能：表示程序结束，END 指令后的程序将不会被执行。括号中的 01 为此指令的功能码，这表示用编程器输入 END 指令时要用 FUN 键加数字 01，其他类推。

15. CPM1A 系列 PLC 的常用基本指令应用举例

例 6-1　输入输出基本指令的使用。

解：如图 6-35 所示为输入 LD 基本指令和输出 OUT 基本指令的使用。图 6-35（a）为输入输出基本指令使用的梯形图，6-35（b）为输入输出基本指令使用的指令语句。

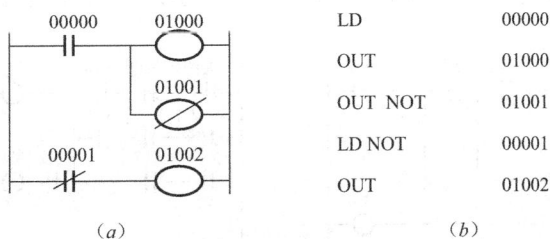

图 6-35　输入输出基本指令的使用

(a) 梯形图；(b) 指令语句

例 6-2　智力竞赛抢答器设计。

解：3组智力竞赛抢答器设计，智力竞赛分为 3 组，每组有一个抢答按钮（SB1～SB3）、一个指示灯（HL1～HL3），主持人有一个抢答开始按钮（SK），一个复位按钮（SF）。要求：主持人按下开始按钮后可以抢答，任一组先按下抢答按钮后其指示灯亮，其余组再按无效。主持人按下复位按钮后灯灭。用 PLC 编程实现以上要求。具体设计如图 6-36 所示。输入输出分配如图 6-36（a）所示，设计梯形图如图 6-36（b）所示。

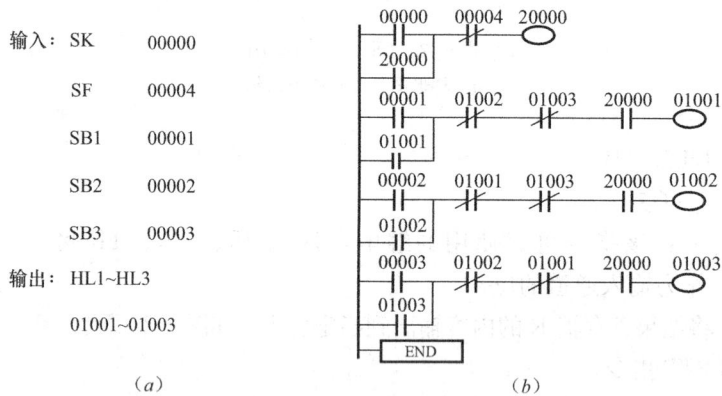

输入：SK   00000
     SF   00004
     SB1   00001
     SB2   00002
     SB3   00003
输出：HL1~HL3
     01001~01003

（a）

（b）

图 6-36　智力竞赛抢答器设计
（a）输入输出分配；（b）梯形图

思考题与习题

6-1　OMRON 小型 PLC 可编程控制器有哪些系列？各系列各有何特点？

6-2　OMRON 小型 PLC 可编程控制器与三菱 FX 系列 PLC 相比有何不同和相同之处？

6-3　OMRON 可编程控制器 C 系列小型 PLC 的编程元件有哪些？这些编程元件的地址是如何分配的？

6-4　OMRON 的 C 系列 PLC 的基本指令有哪些？与三菱 FX 系列 PLC 的基本指令相比有何不同和相同之处？

6-5　OMRON 的 CPM1A 系列小型 PLC 由哪些系统构成？数据存储器有哪些分区？其基本指令有哪些？

6-6　请用 OMRON 的 C 系列 PLC 的基本指令对下图所示三菱 FX 系列 PLC 梯形图进行编程，并将所示梯形图 6-37 转化成 OMRON 的 C 系列 PLC 的梯形图。

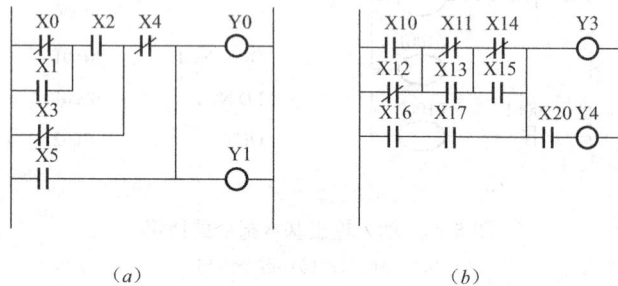

（a）　　　　　（b）

图 6-37　习题 6-6 梯形图

6-7　请用 OMRON 的 C 系列 PLC 的基本指令写出图 6-38 所示三菱 FX 系列 PLC 梯形图的指令表，并将所示梯形图转化成 OMRON 的 C 系列 PLC 的梯形图。

6-8　请用 OMRON 的 CPM1A 系列小型 PLC 的指令写出图 6-39 所示三菱 FX 系列 PLC 梯形图的指令表，并将所示梯形图转化成 OMRON 的 CPM1A 系列 PLC 的梯形图。

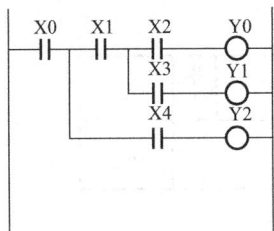

图 6-38　习题 6-7 梯形图　　　　图 6-39　习题 6-8 梯形图

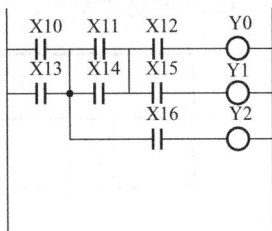

6-9　请用 OMRON 的 CPM1A 系列小型 PLC 的指令写出图 6-40 所示三菱 FX 系列 PLC 梯形图的指令语句表，并补画 M0、M1 和 S30 的时序图，并将所示梯形图转化成 OMRON 的 CPM1A 系列 PLC 的梯形图。

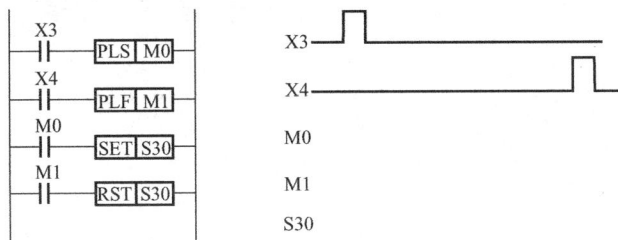

图 6-40　习题 6-9 图

6-10　请用 OMRON 的 C 系列 PLC 设计控制三相异步电动机星-三角启动过程，设计出梯形图并写出指令语句表。

6-11　用 OMRON 某一系列 PLC 设计一台包装机的计数控制电路，此电路用来对装配线上的产品进行检测和计数。要求检测到每 12 个产品通过时产生一个输出，接通电磁阀 5s，进行包装，再进行下一道工序。

6-12　有一个指示灯，控制要求为：按下启动按钮后，亮 5s，熄灭 5s，重复 5 次后停止工作。试用 OMRON 某一系列 PLC 设计梯形图并写出指令语句表。

6-13　有三台电动机，控制要求为：按 M1、M2、M3 的顺序启动；前级电动机不启动，后级电动机不能启动；前级电动机停止时，后级电动机也停止。试用 OMRON 某一系列 PLC 设计梯形图，并写出指令语句表。

6-14　用 OMRON 某一系列 PLC 设计一个延时接通和延时断开电路，并画出其相应梯形图，其时序图如图 6-41 所示。

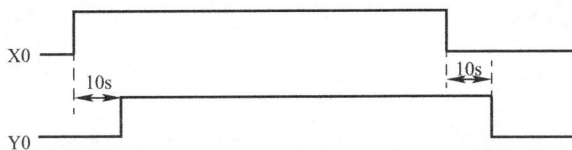

图 6-41　习题 6-14 图

6-15 用 OMRON 某一系列 PLC 设计一个智力竞赛抢答控制程序，控制要求为：

（1）当某竞赛者抢先按下按钮，该竞赛者桌上指示灯亮，竞赛者共三人。

（2）指示灯亮后，主持人按下复位按钮后，指示灯熄灭。

6-16 用 OMRON 某一系列 PLC 设计十字路口交通信号灯的控制程序：

（1）按图 6-42 所示规律循环；

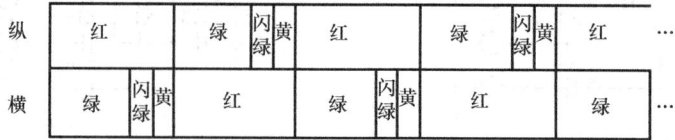

| 纵 | 红 | 绿 | 闪绿 | 黄 | 红 | 绿 | 闪绿 | 黄 | 红 | … |
| 横 | 绿 | 闪绿 | 黄 | 红 | 绿 | 闪绿 | 黄 | 红 | 绿 | … |

图 6-42 习题 6-16 图

（2）绿灯闪光 1s 一次，共 3 次；

（3）开起时横向绿灯先亮；

（4）另设手控程序，以备特殊情况为纵向（横向）通行开绿灯；

（5）在夜间，纵向和横向都只要黄灯闪亮，1s 一次，另加声响器与黄灯同步鸣响。

第 7 章 西门子 S7-200 系列 PLC 及编程方法

德国西门子公司（SIEMENS）是欧洲最大的电气设备制造商，它是世界上研制、开发 PLC 较早的厂家之一。S7-200 系列 PLC 是西门子公司于 20 世纪末推出的，与其配套的还有各种功能模块、人机界面（HMI）及网络通信设备。以 S7-200 系列 PLC 为控制器组成的控制系统，其功能越来越强大，系统的设计和操作也越来越简便。本章将以 SIMATIC S7-200 系列 PLC 为例，讲述该系列 PLC 的硬件结构、指令系统和程序设计方法。

7.1 S7-200 系列 PLC 的硬件组成

SIMATIC S7-200 系列 PLC 为单体式结构，配有 RS485 通信接口、内置电源系统和部分 I/O 接口。它体积小、运算速度快、可靠性高，具有丰富的指令，系统操作简便、便于掌握，可方便实现系统的 I/O 扩展，性能价格比高，是目前中小规模控制系统的理想控制设备。

7.1.1 S7-200 系列 PLC 系统的基本构成

S7-200 系列 PLC 的硬件系统配置灵活，既可用单独的 CPU 模块构成简单的开关量控制系统，也可通过 I/O 扩展或通信联网功能构成中等规模的控制系统。图 7-1 是 S7-200 系列 PLC 系统的基本构成。

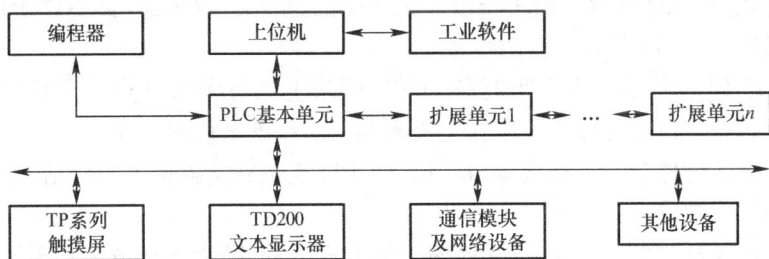

图 7-1 S7-200 系列 PLC 系统的基本构成

（1）PLC 基本单元，即 CPU 模块，是 PLC 系统的核心。包括供电电源、CPU、存储器系统、部分输入/输出接口、内置 5V 和 24V 直流电源、RS485 通信接口等。

（2）扩展单元。用于 PLC 系统的 I/O 扩展，包括数字量 I/O 模块和模拟量 I/O 模块。

（3）编程设备。可使用手持式编程器，也可使用装有 SIMATIC S7 系列 PLC 编程软件的计算机。编程设备可实现用户程序的编制、编译、下传（Download）、上载（Upload）和调试等。

（4）人机界面。常用的有触摸屏和文本显示器，也可通过装有工业组态软件的微机实现。通过人机界面可实现对工业控制过程的监控。

（5）通信模块。可通过 CPU 模块自带的 RS485 接口与上位机或其他 PLC 通信，也可通过专用的通信模块与其他网络设备组成各种通信网络以实现数据交换，如通信处理器模块 CP243-2 或 PROFIBUS-DP 模块 EM277 等。

（6）其他设备。各种特殊功能模块，具有独立运算能力，能实现特定的功能，如位置控制模块、高速计数器模块、闭环控制模块、温度控制模块等。

7.1.2 S7-200 系列 PLC 的 CPU 模块

1. CPU 模块外形结构

以 S7-200 CPU22X 系列为例，主要有 CPU221、CPU222、CPU224、CPU224XP、CPU226 等型号，其外观结构基本相同，如图 7-2 所示。

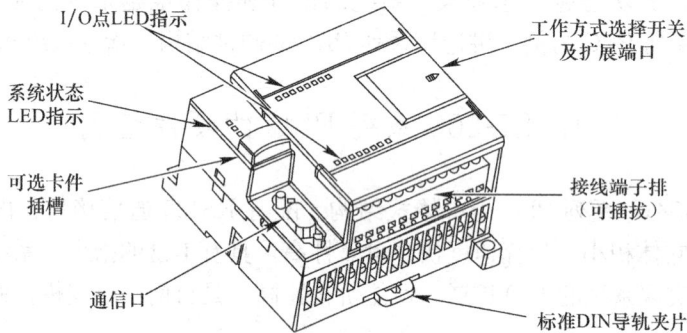

图 7-2 S7-200 系列 PLC CPU 模块外形结构图

（1）输入/输出端子排。CPU 模块上集成了部分 I/O 端子，分别位于模块的上端和下端。打开上、下端盖板，即可看到接线端子排，其中上端子排为输出端子和电源端子，下端子排为输入端子。为接线方便，高端的 CPU 模块（CPU224 以上）采用可插拔式端子。

（2）系统状态 LED 指示。用于指示 PLC 当前工作状态（RUN 或 STOP），以及系统故障与诊断状态（SF/DIAG）。

（3）I/O 点 LED 指示。为方便查询，CPU 模块上的每个 I/O 点均设有 LED 指示灯，以显示其当前状态。指示灯分别位于在上盖板的下部和下盖板的上部。

（4）工作方式选择开关及扩展端口。位于 CPU 模块右端盖板下，包括方式选择开关、模拟电位器和扩展端口。

工作方式选择开关可用于设置 PLC 的工作方式。RUN 为运行方式；STOP 为停止运行方式，也称为编程方式；TERM 为终端方式，允许由编程软件来控制 PLC 的工作方式。

每一个模拟电位器均与 PLC 内部的一个特殊功能寄存器相对应（SMB28、SMB29），旋转电位器可改变寄存器的值。

扩展端口用于 I/O 模块的扩展连接。

（5）通信口。S7-200 CPU 模块上均配有 1 个或 2 个 RS485 通信接口，可与编程器、计算机或其他通信设备连接，进行数据交换。

（6）可选卡件插槽。如插入存储卡可对 PLC 的存储器容量进行扩展，还可插入实时时钟卡、电池卡等。

2. CPU 模块型号描述

CPU 模块的型号及描述如图 7-3 所示。

S7-200 PLC 的电源供电形式有两种，一种为直流输入（24VDC），一种为交流输入（120～240VAC），分别由 DC 和 AC 描述。输入类型是指输入端子的输入形式，一般为直流，用 DC 描述；输出类型是指输出端子的输出形式，常见的有晶体管输出和继电器输出，分别由 DC 和 Delay 描述。如 CPU224AC/DC/Relay，表示 PLC 型号为 224，交流电源供电，继电器输出；CPU226DC/DC/DC，表示 PLC 型号为 226，直流电源供电，晶体管输出。

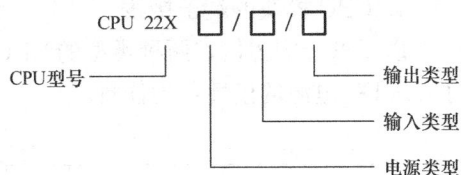

图 7-3　S7-200 CPU 模块型号

3. S7-200 CPU22X 模块的主要技术性能指标

PLC 的技术性能指标是衡量其功能的主要依据，S7-200 CPU22X 系列 PLC 的主要技术性能指标如表 7-1 所示。

CPU22X 系列 PLC 的主要技术性能指标　　　　　　　　　　表 7-1

性能指标	CPU221	CPU222	CPU224	CPU224XP	CPU226
外形尺寸（mm）	90×80×62	90×80×62	120.5×80×62	140×80×62	196×80×62
端子可拆卸	否	否	是	是	是
存储器					
用户程序	4096 字节	4096 字节	8192 字节	12288 字节	16384 字节
用户数据	2048 字节	2048 字节	8192 字节	10240 字节	10240 字节
掉电保持	50 小时	50 小时	100 小时	100 小时	100 小时
I/O					
数字量 I/O	6/4	8/6	14/10	14/10	24/16
模拟量 I/O	无	无	无	2/1	无
数字量 I/O 映像区	128 入/128 出	128 入/128 出	128 入/128 出	128 入/128 出	128 入/128 出
模拟量 I/O 映像区	无	16 入/16 出	32 入/32 出	32 入/32 出	32 入/32 出
最大允许扩展模块	无	2	7	7	7
脉冲捕捉输入	6	8	14	14	24
脉冲输出	2	2	2	2	2
主要内部元件					
辅助继电器（M）	256	256	256	256	256
定时器/计数器	256/256	256/256	256/256	256/256	256/256
状态寄存器（S）	256	256	256	256	256
高速计数器	4	4	6	6	6
常规性能					
定时中断	2（1～255ms）	2（1～255ms）	2（/1～255ms）	2（/1～255ms）	2（/1～255ms）
边沿中断	4 个上升沿和/或 4 个下降沿				
模拟电位器	1（/8bits）	1（/8bits）	2（/8bits）	2（/8bits）	2（/8bits）
布尔量运算速度	0.22μs/指令	0.22μs/指令	0.22μs/指令	0.22μs/指令	0.22μs/指令
口令保护	有	有	有	有	有
通信功能					
通信口	1	1	1	2	2
通信协议	PPI、DP/T，波特率：9.6K、19.2K、187.5K		自由口，波特率：1.2K～115.2K		
最大主站数	32	32	32	32	32

4. CPU 模块的端子接线

以 CPU226 为例,两种类型的 CPU 模块端子接线如图 7-4 和图 7-5 所示。其中输入端子 24VDC 电源的极性可为任意。

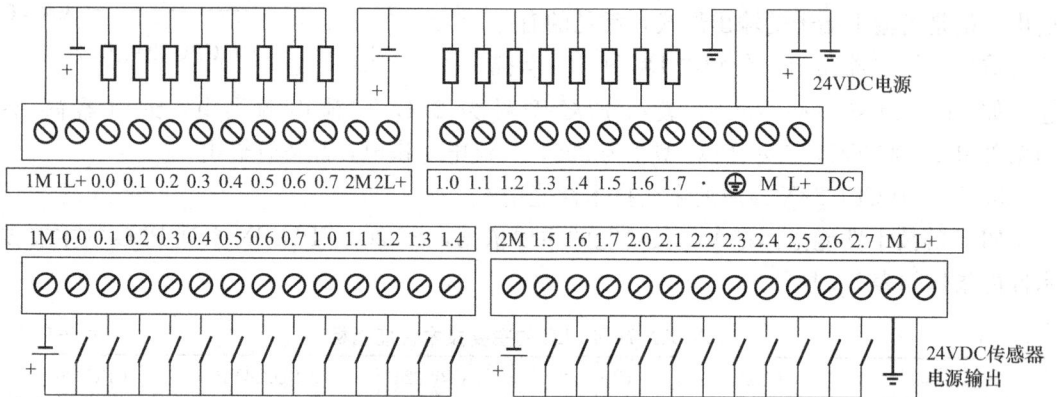

图 7-4 CPU226 DC/DC/DC 端子接线图

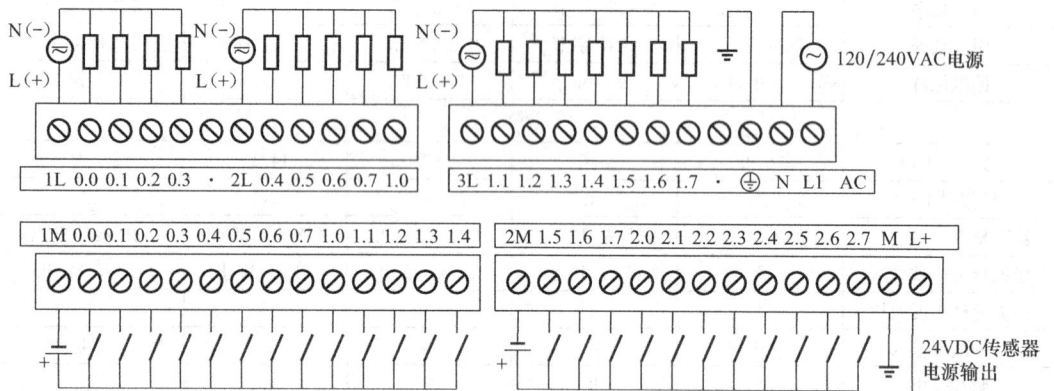

图 7-5 CPU226 AC/DC/Relay 端子接线图

7.1.3 数字量扩展模块

S7-200 系列 PLC 目前可提供三大类别的数字量输入输出扩展模块,见表 7-2 所示。

S7-200 系列 PLC 数字量扩展模块   表 7-2

型　号	名　称	扩展模块
EM221	数字量输入扩展模块	8 点 24VDC 输入,光耦隔离
		16 点 24VDC 输入,光耦隔离
EM222	数字量输出扩展模块	4 点 24VDC 输出型
		8 点 24VDC 输出型
		4 点继电器输出型
		8 点继电器输出型

型　　号	名　　　称	扩 展 模 块
EM223	数字量输入/输出扩展模块	4 点 24VDC 输入/4 点晶体管输出
		4 点 24VDC 输入/4 点继电器输出
		8 点 24VDC 输入/8 点晶体管输出
		8 点 24VDC 输入/8 点继电器输出
		16 点 24VDC 输入/16 点晶体管输出
		16 点 24VDC 输入/16 点继电器输出
		32 点 24VDC 输入/32 点晶体管输出
		32 点 24VDC 输入/32 点继电器输出

数字量扩展模块与 CPU 模块的连接方式如图 7-6 所示。

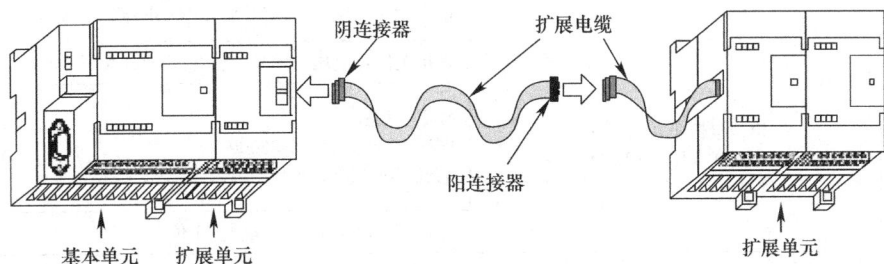

图 7-6　扩展模块连接示意图

用户可根据应用系统的实际需求灵活配置 CPU 模块及扩展模块，选择时除考虑一定的 I/O 裕量外，还要考虑到系统的安装尺寸及费用等问题。

数字量扩展模块的接线与 CPU 模块类似。图 7-7 为 EM223－16 点的数字量扩展模块接线图，为 24VDC 输入/16 点继电器输出模块的端子接线图。其中输入端子 24VDC 电源极性可以任意，接地端可选；继电器线圈电源的 M 端应与 CPU 模块的电源 M 端相连。

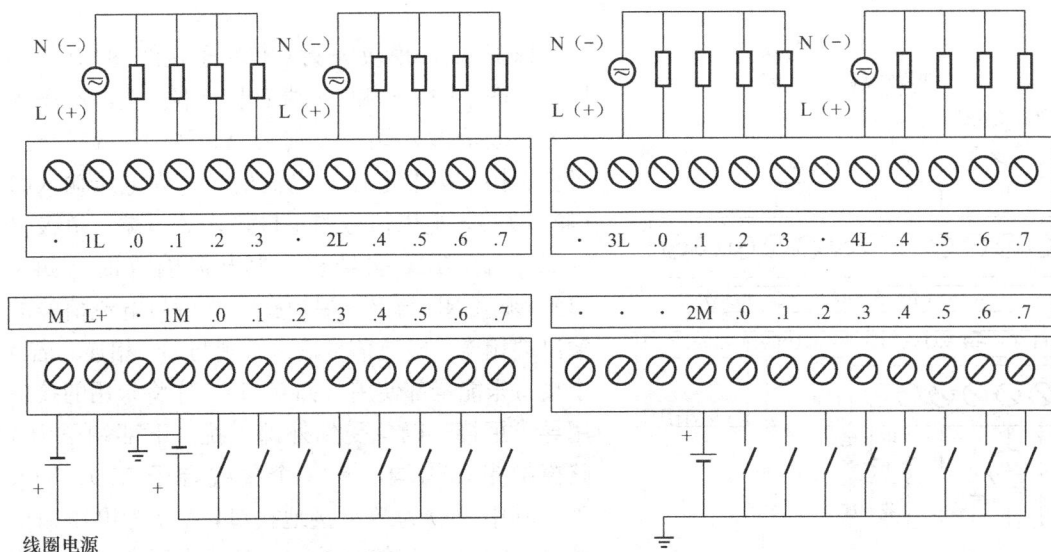

图 7-7　EM223 模块端子接线图

7.1.4 模拟量扩展模块

在 S7-200 PLC 中，除了 CPU 224XP 模块本身带有模拟量 I/O 外，其他 CPU 模块若想处理模拟量信号，需进行模拟量模块的扩展。模拟量扩展模块主要有三类，见表 7-3。

S7-200 系列 PLC 模拟量扩展模块　　　　　　　　　表 7-3

型　号	名　　称	性 能 说 明
EM231	模拟量输入扩展模块 4 路或 8 路（12 位）	差分输入，输入范围： 电压：0～10V，0～5V，±2.5V，±5V 电流：0～20mA
		转换时间小于 250μs
		最大输入电压 30VDC，最大输入电流 32mA
EM232	模拟量输出扩展模块 2 路或 4 路（12 位）	输出范围：电压±10V，电流 0～20mA
		数据字格式： 电压：－32000～＋32000 电流：0～＋32000
		分辨率：电压 12 位，电流 11 位
EM235	模拟量输入/输出扩展模块 输入 4 路，输出 1 路	差分输入，输入范围： 电压（单极性）：0～10V，0～5V，0～1V，0～500mV，0～100mV，0～50mV 电压（双极性）：±10V，±5V，±2.5V，±1V，±500mV，±250mV，±100mV，±50mV，±25mV 电流：0～20mA
		转换时间小于 250μs
		稳定时间：电压 100μs，电流 2ms

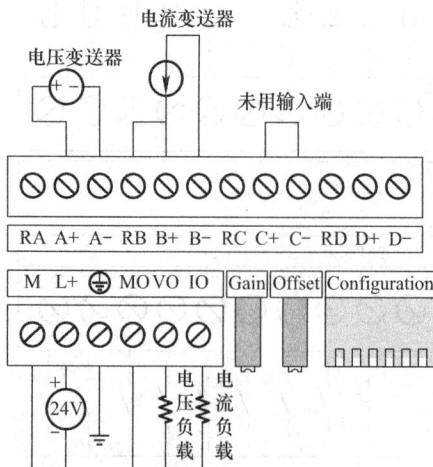

图 7-8　EM235 模块端子接线图

以 EM235 模块为例，其端子接线图如图 7-8 所示。图中的 L＋和 M 端为电源端。上部端子为 4 路模拟量输入端，分别由 A、B、C、D 标注，可分别接入标准电压和电流信号。为电压输入时（如 A 口），电压信号的正极接入 A＋端，负极接入 A－端，RA 端悬空。为电流输入时（如 B 口），须将 RB 与 B＋端短接，然后与电流信号的输出端相连，电流信号输入端则与 B－相连。若 4 个接口未能全部使用（如 C 口），应将未用的接口用导线短接，以免受到外部干扰。下部端子为 1 路模拟量输出端，有 3 个接线端子 MO、VO、IO，其中 MO 为数字接地接口，VO 为电压输出接口，IO 为电流输出接口。若为电压负载，则将负载接入 MO、VO 接口；若为电流负载则接入 MO、IO 接口。右下端的 DIP 配置开关用于设置模拟量输入的范围及分辨率等。

7.1.5 其他扩展模块

其他扩展模块还有热电偶、热电阻扩展模块 EM231CT 和 EM231RTD，PROFIBUS-DP 模块 EM277，工业以太网通信处理器 CP243-1，AS-i 接口模块 CP243-2，调制解调器模块 EM241，位置控制模块 EM253 等，相关技术信息可参看西门子 S7-200 PLC 产品手册。

7.2 S7-200 系列 PLC 的内部元件及其编址方式

程序设计时需要用到 PLC 的内部元件，如输入/输出继电器、辅助继电器、定时器、计数器、累加器等。这些元件具有与相应低压电器相同或相似的功能，它们在 PLC 内部是以寄存器或存储单元的形式出现的，每个元件对应一个或多个内存单元，所以又称之为"内部软元件"。

7.2.1 数字量输入和输出继电器元件及其编址方式

1. 数字量输入继电器（I）

PLC 通过输入采样接收来自现场的输入信号或检测信号的状态，并将其存入输入映像寄存器中。输入映像寄存器中的每一位对应一个输入端子，从而对应一个数字量输入点。沿用继电器－接触器控制系统的传统叫法，也称输入映像寄存器为输入继电器，用字母"I"表示。数字量输入继电器的编址方式如下：

（1）位类型。存储器是以字节为单位编址的，200 系列 CPU 按照"字节·位"的方式读取每一个输入继电器的值，如 I0.0、I1.7 等。

（2）字节类型。CPU 可按字节方式读取一组相邻继电器的值，每个字节为 8 位。字节类型数据用"B"表示，如 IB0，"I"表示输入继电器，"B"表示字节类型数据，后面的数据"0"表示该字节数据的地址编号。IB0 是指输入映像寄存器中编号为 0 的字节，它由 I0.0～I0.7 组成。

（3）字类型。CPU 按字读取一组相邻继电器的值，每个字 16 位。字类型数据用"W"表示，如 IW0，表示输入映像寄存器中编号为 0 的字，它由 IB0 和 IB1 组成，即由 I0.0～I0.7 和 I1.0～I1.7 这 16 位组成。字的编号为组成该字的低位字节的编号，又如 IW2 是由 IB2 和 IB3 组成的。

值得注意的是：字类型数据的低位字节占 16 位数据的高 8 位，而高位字节占 16 位数据的低 8 位，如图 7-9 所示，在 IW0 中，IB0 为高 8 位，IB1 为低 8 位。

MSB															LSB
I0.7	I0.6	I0.5	I0.4	I0.3	I0.2	I0.1	I0.0	I1.7	I1.6	I1.5	I1.4	I1.3	I1.2	I1.1	I1.0
IB0								IB1							
IW0															

图 7-9 字类型数据的表示

（4）双字类型。CPU 按双字读取一组相邻继电器的值，每个双字 32 位。双字类型数据用"D"表示，如 ID0，表示输入映像寄存器中编号为 0 的双字，它由 IB0、IB1、IB2 和 IB3 这 4 个字节组成。双字的编号为组成该双字中最低位字节的编号。同样，在双字类型数据中，最低位字节占 32 位数据的高 8 位，而最高位字节占 32 位数据的低 8 位，如图 7-10 所示，在 ID0 中，IB0 为高 8 位，IB1 次之，……，IB3 为低 8 位。

MSB														LSB
I0.7	...	I0.1	I0.0	I1.7	...	I1.1	I1.0	I2.7	...	I2.1	I2.0	I3.7	...	I3.1 I3.0
IB0				IB1				IB2				IB3		
ID0														

图 7-10　双字类型数据的表示

需要说明的是，字类型数据与双字类型数据占用多个字节，如果地址编号连续使用的话会造成地址空间的重叠。如 IW0 和 IW1 地址连号，但 IW0 由 IB0 和 IB1 组成，IW1 由 IB1 和 IB2 组成，所以为避免数据调用时出现混乱，对字类型数据常按偶数地址编址，如 IW0、IW2、IW4 等。同样对于双字类型数据，按地址编号连续使用也会造成地址重叠，此时可按 4 的倍数递增的方式编址，如 ID0、ID4、ID8 等。

2. 数字量输出继电器（Q）

数字量输出继电器对应于 PLC 存储器中的输出映像寄存器，用字母"Q"表示。同样，S7-200 PLC 的输出继电器也是以字节为单位编址的。程序中可使用的编址方式如下：

（1）位类型。CPU 按照"字节 . 位"的方式访问每一个输出继电器，如 Q0.7、Q2.5。

（2）字节类型。按字节方式读取数据，如 QB5，"Q"表示输出继电器，"B"表示字节类型数据，后面的数据"5"表示该字节数据的地址编号。字节 QB5 由 Q5.0～Q5.7 组成。

（3）字类型。CPU 按字方式读取数据，每个字 16 位。如 QW2，它由 QB2 和 QB3 组成，其中 QB2 占高 8 位，QB3 占低 8 位。

（4）双字类型。CPU 按双字方式读取数据，每个双字 32 位。如 QD4，表示输出映像寄存器中编号为 4 的双字，它由 QB4、QB5、QB6 和 QB7 这 4 个字节组成，其中 QB4 占 32 位中的高 8 位，QB7 占 32 位数据中的低 8 位。

7.2.2　寄存器类元件及其编址方式

1. 模拟量输入寄存器（AIW）和模拟量输出寄存器（AQW）

模拟量输入信号经 A/D 转换后的数字量信息存储在模拟量输入寄存器中，而将要经 D/A 转换成为模拟量的数字量信息存储在模拟量输出寄存器中。由于 CPU 处理的数字量是 16 位数据，为字类型，而模拟量输入与输出用"AI"和"AQ"表示，所以模拟量输入寄存器和模拟量输出寄存器常用"AIW"和"AQW"表示。模拟量输入寄存器只能读取，而模拟量输出寄存器只能写入。

2. 变量寄存器（V）

S7-200 PLC 提供了大量的变量寄存器，可用于模拟量控制、数据运算、参数设置以及存放程序执行过程中的中间结果等，如 CPU226 中变量寄存器的容量可达 10240 个字节。变量寄存器的符号为"V"，可按位使用，也可按字节、字、双字为单位使用。如：V100.0、V200.7；VB100、VB200；VW300；VD400 等。

3. 辅助继电器（M）

也称为标志寄存器（Marker）或辅助寄存器，用符号"M"表示，其功能相当于电气控制系统中使用的辅助继电器或中间继电器。辅助继电器常用于逻辑运算和顺序控制中，多以"位"的形式出现，采用"字节·位"的编址方式，如 M0.0、M1.2 等。当然，辅助继电器也可以按字节、字和双字的方式编址，如 MB10、MW4、MD8 等。但 CPU22X 系列 PLC 的辅助继电器总共有 256 个（32 个字节），所以做数据运算或处理时，建议用户使用变量寄存器 V。

4. 特殊功能寄存器（SM）

也称为特殊继电器或特殊标志寄存器，用符号"SM"表示。特殊功能寄存器是用户程序与系统程序之间的接口，它为用户提供了一系列特殊的控制功能和系统信息，有助于用户程序的编制和对系统的各类状态信息的获取。同时用户也可将控制过程中的某些特殊要求通过特殊功能寄存器传递给 PLC。特殊功能寄存器可以按位、字节、字或双字类型编址。

常用的特殊功能寄存器如下：

SM0.0：PLC 运行状态监控位，当 PLC 处于"RUN"状态时，SM0.0 总为 ON，即状态"1"。

SM0.1：初始扫描位，也称初始脉冲位，当 PLC 由"STOP"转为"RUN"时的第一个扫描周期 SM0.1 为"1"，之后一直为"0"。

SM0.4：分钟脉冲，周期为 1min，占空比为 50% 的脉冲串。

SM0.5：秒脉冲，周期为 1s，占空比为 50% 的脉冲串。

SM0.6：扫描时钟，一个扫描周期为"ON"，下一个扫描周期为"OFF"，交替循环。

SMB1：用于提示潜在错误的 8 个状态位，这些位可由指令在执行时进行置位或复位。

SMB2：自由口通信接收字符缓冲区，在自由口通信方式下，接收到的每个字符都放在这里，便于用户程序存取。

SMB3：用于自由口通信的奇偶校验，当出现奇偶校验错误时，将 SM3.0 置"1"。

SMB4：用于表示中断是否允许和发送口是否空闲。

SMB5：用于表示 I/O 系统发生的错误状态。

SMB8~SMB21：用于 I/O 扩展模板的类型识别及错误状态存储。

SMW22~SMW26：用于提供扫描时间信息，以毫秒计的上次扫描时间，最短扫描时间及最长扫描时间。

SMB28 和 SMB29：分别对应模拟电位器 0 和 1 的当前值，数值范围为 0~255。

SMB30 和 SMBl30：分别为自由口 0 和 1 的通信控制寄存器。

SMB34 和 SMB35：用于存储定时中断间隔时间。

SMB36～SMB65：用于监视和控制高速计数器 HSC0、HSC1 和 HSC2 的操作。

SMB66～SMB85：用于监视和控制脉冲输出（PTO）和脉冲宽度调制（PWM）功能。

SMB86～SMB94 和 SMBl86～SMBl94：用于控制和读出接收信息指令的状态。

SMB98 和 SMB99：用于表示有关扩展模板总线的错误。

SMBl31～SMBl65：用于监视和控制高速计数器 HSC3、HSC4、HSC5 的操作。

7.2.3 定时器和计数器类元件及其编址方式

1. 定时器（T）

定时器（Timer）是 PLC 程序设计中的重要元件，其作用相当于继电器－接触器控制系统中的时间继电器。S7-200 CPU22X 系列 PLC 共有 256 个定时器，编号为 T0～T255。有三种类型的时间基（定时精度）：1ms，10ms，100ms。定时器的延时时间由指令的预设值和时间基确定，即：

$$延时时间＝定时器预设值×时间基$$

每个定时器有两种操作数，一种是字类型，用于存储定时器的当前值，为 16 位有符号整数；另一种是位类型，称为定时器位，用于反映定时器的延时状态，相当于时间继电器的延时触点。这两种数据类型的字符表达与定时器编号完全相同，在指令执行中具体访问哪种类型取决于指令的形式，字类型操作指令取定时器当前值，位类型操作指令取定时器位的值。

定时器有三种指令格式：通电延时定时器（TON）、断电延时定时器（TOF）和带保持的通电延时定时器（TONR）。TON 和 TOF 指令的动作特性与通电延时时间继电器和断电延时时间继电器相同。

2. 计数器（C）

计数器（Counter）也是 PLC 应用中的重要编程元件，主要用于对输入端子或内部元件发送来的脉冲进行计数。S7-200 CPU22X 系列 PLC 共有 256 个计数器，编号为 C0～C255。计数器的预设值由程序设定。

每个计数器有两种操作数，一种是字类型，用于存储计数器的当前值；另一种是位类型，称为计数器位，用于反映计数状态。这两种数据类型的字符表示与计数器编号相同，在指令执行中具体访问哪种类型的数据取决于指令的形式，字类型操作指令取计数器的当前值，位类型操作指令取计数器位的值。

计数器指令有加计数（CTU）、减计数（CTD）和加减计数（CTUD）三种形式。

一般计数器的计数频率受扫描周期的影响，频率不能太高。对于高频输入的计数应使用高速计数器。

3. 高速计数器（HSC）

对高频输入信号计数时，可使用高速计数器。高速计数器只有一种数据类型，它是一个有符号的 32 位的双字类型整数，用于存储高速计数器的当前值。S7-200 CPU22X 系列 PLC 有 6 个高速计数器，HSC0～HSC5。

7.2.4　累加器、状态寄存器、变量寄存器类元件及其编址方式

1. 累加器（AC）

累加器是 S7-200 PLC 内部使用较为灵活的存储器，可用于向子程序传递参数，或从子程序返回参数，也可以用来存放数据、运算结果等。S7-200 PLC 共有 4 个 32 位的累加器，AC0～AC3。累加器可以支持字节类型、字类型和双字类型的指令，数据存取时的长度取决于指令形式。若为字节类型指令，只有低 8 位参与运算；若为字类型指令，只有低 16 位参与运算；若为双字类型指令，32 位数据全部参与运算。

2. 状态寄存器（S）

也称为状态元件或顺序控制继电器，是使用步进控制指令编程时的重要元件。S7-200 CPU22X 系列 PLC 有 256 个状态寄存器（32 个字节），常以"字节. 位"的形式出现，与步进控制指令 LSCR、SCRT、SCRE 结合使用，实现顺序控制功能图的编程。

3. 局部变量寄存器（L）

局部变量寄存器与变量寄存器（V）很相似，主要区别在于变量寄存器是全局有效的，而局部变量寄存器是局部有效的。这里的"全局"指的是同一个寄存器可以被任何一个程序读取，如主程序、子程序、中断程序；而"局部"是指该寄存器只与特定的程序相关。S7-200 PLC 给每个程序（主程序、各子程序和各中断程序）都分配有最多 64 个字节的局部变量存储器。可以按位、字节、字和双字访问局部变量寄存器。

局部变量存储器的分配过程是按各程序的需要自动完成的。如扫描周期开始时执行主程序，此时不给任何子程序和中断程序分配局部变量存储器；只有在出现中断或调用子程序时，才给它们分配局部变量存储器。新的局部变量寄存器地址可能会覆盖另一个子程序或中断服务程序的局部寄存器。所以多级或嵌套调用子程序时需谨慎。

7.3　S7-200 系列 PLC 的基本逻辑指令

S7-200 的指令系统可分为基本指令和应用指令，其中大部分指令属于基本指令系统，主要包括基本逻辑指令、定时器与计数器指令、数学运算与逻辑运算指令、位移指令、顺序控制指令等；应用指令也称为特殊功能指令，是为满足用户不断提出的一些特殊控制要求而开发的指令。本节将以梯形图为主，结合语句表形式对 S7-200 系列 PLC 的基本逻辑指令做详细讲述，并力争引导读者能应用基本逻辑指令设计简单的 PLC 应用程序。

基本逻辑指令包括位逻辑指令、输出指令、堆栈指令等，是 PLC 程序设计中最基本的组成部分，传统的继电器—接触器控制系统均可由基本逻辑指令实现。

7.3.1　位逻辑指令

位逻辑指令也称为触点指令，是 PLC 程序最常用的指令，可实现各种控制逻辑。

1. 位逻辑指令形式与使用说明

位逻辑指令及其使用说明见表 7-4，表中的 LAD 为指令的梯形图形式，STL 为指令的语句表形式。

	位逻辑指令及其使用说明		表 7-4
LAD	STL		指 令 说 明
bit ─┤ ├─	LD bit A bit O bit		
bit ─┤ / ├─	LDN bit AN bit ON bit	1. 标准触点逻辑指令 （1）逻辑取指令：LD（Load），LDN（Load Not） （2）逻辑与指令：A（And），AN（And Not） （3）逻辑或指令：O（Or），ON（Or Not）	
bit ─┤ I ├─	LDI bit AI bit OI bit	2. 立即触点逻辑指令 （1）逻辑取指令：LDI，LDNI （2）逻辑与指令：AI，ANI （3）逻辑或指令：O，ON	
bit ─┤ / I ├─	LDNI bit ANI bit ONI bit	立即触点指令执行时，并不使用 PLC 在集中输入阶段的采样值，而是直接对物理输入点进行采样，但并不更新该输入点所对应的映像地址寄存器的值。立即触点指令的操作数只允许使用 I 存储区的地址。	
─┤ NOT ├─	NOT	3. 取反指令：NOT。改变当前能流的状态，即：将逻辑堆栈栈顶的值由 1 变为 0 或由 0 变为 1。 4. 边沿微分指令 （1）上升沿微分：EU。若该指令前的梯级逻辑发生正跳变（由 0 到 1），则能流接通一个扫描周期。	
─┤ P ├─	EU	（2）下降沿微分：ED。若该指令前的梯级逻辑发生负跳变（由 1 到 0），则能流接通一个扫描周期	
─┤ N ├─	ED		

2. 位逻辑指令与逻辑堆栈

S7-200 系列 PLC 有一个 9 层堆栈，用于控制逻辑操作过程，称为逻辑堆栈。逻辑堆栈的栈顶用于存放当前逻辑运算的结果。

（1）逻辑"取"指令（LD、LDN、LDI、LDNI）执行逻辑堆栈的压栈操作，并将指定位地址 bit 的当前值存入栈顶。

（2）逻辑"与"指令（A、AN、AI、ANI）将指定的位地址 bit 的当前值与逻辑堆栈栈顶的值相"与"，结果存入逻辑堆栈栈顶，逻辑堆栈的其他值保持不变。

（3）逻辑"或"指令（O、ON、OI、ONI）将指定的位地址 bit 的当前值与逻辑堆栈栈顶的值相"或"，结果存入逻辑堆栈栈顶，逻辑堆栈的其他值保持不变。

（4）取反指令（NOT）是将逻辑堆栈栈顶的值取反。

（5）上升沿微分指令（EU）检测到正跳变时，逻辑堆栈栈顶值置 1，否则为 0；下降沿微分指令（ED）检测到负跳变时，逻辑堆栈栈顶值置 1，否则为 0。

位逻辑运算指令执行时逻辑堆栈的操作如图 7-11 所示。

其中 iv0～iv8 表示逻辑堆栈的原值；逻辑"取"操作中的 bit 为指令操作数的值；逻辑"与"和逻辑"或"指令中的"New"表示指令操作数与原逻辑堆栈栈顶值经逻辑运算后的结果。

7.3.2 输出指令和逻辑块操作指令

1. 输出指令

输出指令也称为线圈指令，可作为逻辑梯级的结束指令。输出指令及其使用说明见表 7-5。

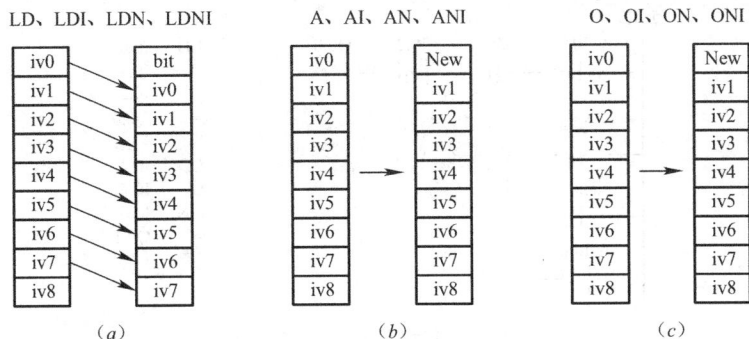

图 7-11　位逻辑运算指令对逻辑堆栈的影响

(a) 逻辑"取"操作；(b) 逻辑"与"操作；(c) 逻辑"或"操作

输出指令及其使用说明　　　　　　　　　　　　　　　　　　　表 7-5

LAD	STL	指　令　说　明
bit —( )	= bit	1. 输出指令（＝）：将逻辑堆栈栈顶的值写入指令位地址所对应的存储单元。 2. 立即输出指令（＝I）：除将栈顶值写入位地址所对应的存储单元外，还将该值直接输出至位地址对应的物理输出点上。立即输出指令的操作数只允许使用 Q 存储区的地址。 3. 置位指令（S）：当该指令前的梯级逻辑为真时，即当前逻辑堆栈栈顶值为"1"时，将从指定位地址 bit 开始的连续 N 个位置位。N 的取值范围为 1～255。 4. 复位指令（R）：当该指令前的梯级逻辑为真时，将从指定位地址 bit 开始的连续 N 个位复位。N 的取值范围为 1～255。 5. 立即置位、复位指令（SI，RI）：将从指定位地址 bit 开始的连续 N 个位立即置位或复位。N 的取值范围为 1～128。指令执行时会同时将新值写入相应存储区和物理输出点。立即置位、复位指令的操作数只允许使用 Q 存储区的地址
bit —(I)	=I bit	
bit —(S) N	S bit, N	
bit —(R) N	R bit, N	
bit —(SI) N	SI bit, N	
bit —(RI) N	RI bit, N	

例 7-1　简单的逻辑控制举例如图 7-12 所示，输出点 Q0.0 为输入 I0.0 常开触点、I0.1 常开触点和 I0.2 常闭触点相"与"的结果；Q0.1 为输入 I0.4 常开触点、I0.5 常开触点和 I0.6 常闭触点相"或"的结果。

STEP 7-Micro/WIN 软件编程时是以"Network"为单位的，即一个网络中只能容纳一个梯级。图 7-12 有 2 个梯级，应分别画在两个不同的"Network"中。为求简单，本书中的梯形图程序及语句表程序均未标明"Network"，所以读者在实际编程时应格外注意。

LAD：

```
      I0.0   I0.1   I0.2   Q0.0
   ┤├──┤├──┤/├──( )

      I0.4         Q0.1
   ┤├──────────( )

      I0.5
   ┤├

      I0.6
   ┤/├
```

STL：
```
LD    I0.0
A     I0.1
AN    I0.2
=     Q0.0

LD    I0.4
O     I0.5
ON    I0.6
=     Q0.1
```

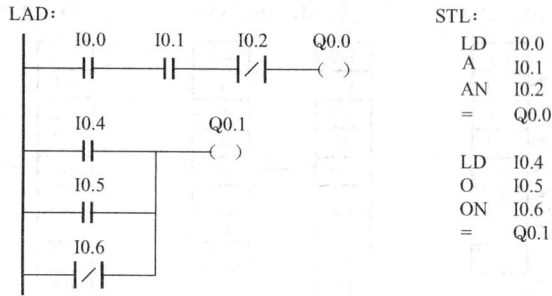

图 7-12　逻辑操作与输出指令举例

2. 逻辑块操作指令

多个触点的逻辑组合称为逻辑块，最小的逻辑块为单个触点。逻辑块的操作指令包括："逻辑块的与"指令 ALD（And Load）和"逻辑块的或"指令 OLD（Or Load）。逻辑块操作指令执行时逻辑堆栈的操作如下：

（1）ALD 指令将逻辑堆栈中第一层（栈顶）和第二层的值进行逻辑"与"操作，结果存放于栈顶，如图 7-13（a）中的"New"，同时将逻辑堆栈其他层的值向上弹出一位（堆栈的深度减 1）。逻辑堆栈栈底的值"x"为随机数（0 或 1）。

（2）OLD 指令将逻辑堆栈中第一层和第二层的值进行逻辑"或"操作，结果存放于栈顶，同时将其他层的值向上弹出一位。

逻辑堆栈的具体操作过程如图 7-13 所示。

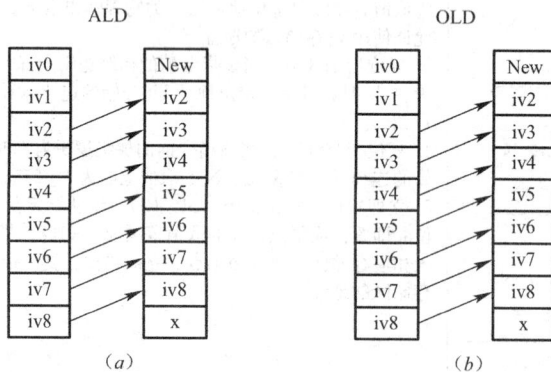

ALD

iv0	New
iv1	iv2
iv2	iv3
iv3	iv4
iv4	iv5
iv5	iv6
iv6	iv7
iv7	iv8
iv8	x

（a）

OLD

iv0	New
iv1	iv2
iv2	iv3
iv3	iv4
iv4	iv5
iv5	iv6
iv6	iv7
iv7	iv8
iv8	x

（b）

图 7-13　逻辑块操作指令对逻辑堆栈的影响

例 7-2　逻辑块操作举例如图 7-14 所示。输出 Q0.0 实际上为左右两个逻辑块相"与"的结果，其中左边是由两个逻辑块相"或"，这两个逻辑块分别为输入点 I0.0 常开触点和 I0.1 常闭触点"与"的结果，以及 I0.2 常开触点和 I0.3 常开触点"与"的结果；右边逻辑块为 I0.4 常开触点和 I0.5 常开触点"与"的结果再与 I0.6 的常闭触点相"或"。

7.3.3　堆栈指令和 RS 触发器指令

1. 堆栈指令与堆栈操作

S7-200 系列 PLC 堆栈指令描述如下：

（1）LPS 指令：复制栈顶的值，并将该值压入栈，栈底移出的值丢弃。

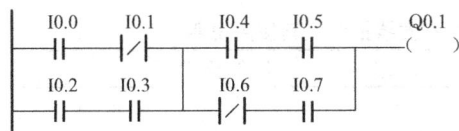

LAD:　　　　　　　　　　　　　　　　　　STL:

```
LD   I0.0
AN   I0.1
LD   I0.2
A    I0.3
OLD
LD   I0.4
A    I0.5
LDN  I0.6
A    I0.7
OLD
ALD
=    Q0.1
```

图 7-14　逻辑块操作举例

（2）LRD 指令：将堆栈第二层的值复制至栈顶。该指令无压入栈或弹出栈的操作。

（3）LPP 指令：执行弹出栈操作，此时堆栈第二层的值成为新的栈顶值。

（4）LDS 指令：执行压入栈操作的同时将原逻辑堆栈第 N 层的值复制至栈顶。N 的取值范围为 0~8。

逻辑堆栈的具体操作过程如图 7-15 所示。

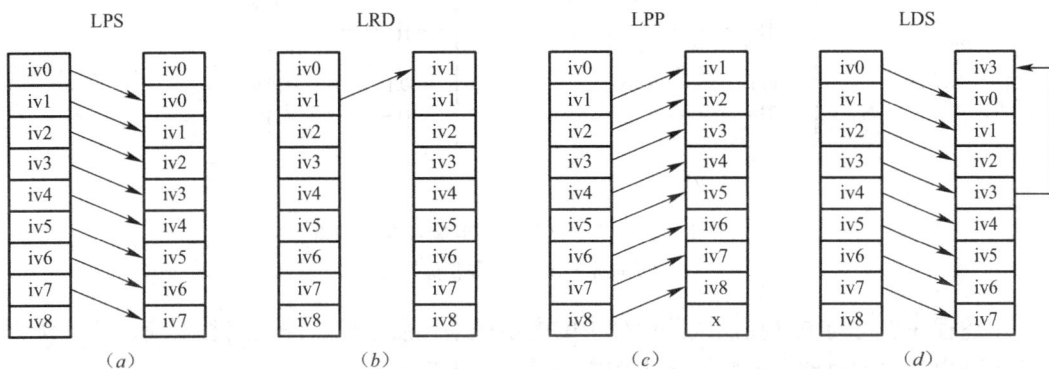

图 7-15　堆栈指令与堆栈操作

例 7-3　堆栈指令举例如图 7-16 所示。

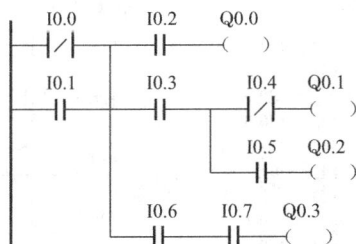

LAD:　　　　　　　　　　　　　STL:

```
LDN  I0.0
O    I0.1
LPS
A    I0.2
=    Q0.0
LRD
A    I0.3
LPS
AN   I0.4
=    Q0.1
LPP
A    I0.5
=    Q0.2
LPP
A    I0.6
A    I0.7
=    Q0.3
```

图 7-16　堆栈指令举例

2. RS 触发器指令

RS 触发器指令形式与使用说明见表 7-6。

RS 触发器指令及其使用说明   表 7-6

LAD	指 令 说 明
bit ─S1 OUT─ SR ─R	1. 置位优先触发器（SR）：当置位端（S1）和复位端（R）均为"1"时，输出位 bit 为"1"。 2. 复位优先触发器（RS）：当置位端（S）和复位端（R1）均为"1"时，输出位 bit 为"0"。 3. 对 SR 或 RS 触发器，当置位端为"1"、复位端为"0"时，输出位 bit 为"1"；当置位端为"0"、复位端为"1"时，输出位为"0"；当置位端、复位端均为"0"时，输出位保持原状态不变
bit ─S OUT─ RS ─R1	

在程序设计中，RS 触发器也可由置位、复位指令实现，如图 7-17 所示。

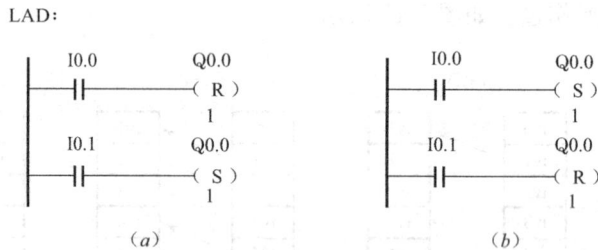

图 7-17　由置位、复位指令组成触发器电路
(a) 置位优先电路；(b) 复位优先电路

上述程序也可与电气控制线路设计中的电动机基本启、保、停电路相对应。置位优先相应于开启优先型电路，而复位优先相应于关断优先型电路。

7.3.4　基本逻辑指令程序举例

基本逻辑指令在 PLC 程序中使用的频率最高，除实现一般的逻辑运算功能外，还可实现较为复杂的控制。

1. 边沿微分指令举例

例 7-4　边沿微分指令举例如图 7-18 所示。检测到输入 I0.0 有上升沿跳变时，M0.0

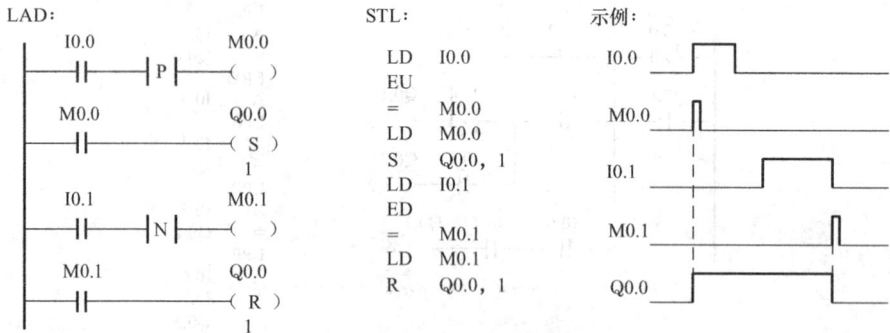

图 7-18　边沿微分指令举例

为"1"一个扫描周期；I0.1 有下降沿跳变时，M0.1 为"1"一个扫描周期。

边沿微分指令常用于检测信号状态的变化，并可将一个"长"信号转变为"短"信号，短信号的宽度为 1 个扫描周期。

2. 置位、复位指令实现顺序控制举例

例 7-5　用置位、复位指令实现顺序控制，举例如图 7-19 所示。

顺序控制是工业现场控制过程中非常普遍的一种控制方法。在电气控制线路设计中我们已经讲述了顺序控制的基本思想，如下是用置位、复位指令实现顺序控制的 PLC 程序设计方法。

先将控制过程划分为若干个工序或节拍，指出各节拍间的转换条件（或每个节拍的结束信号）；然后用 PLC 的内部位地址表示各个节拍，如辅助继电器 M 或变量寄存器 V，一个位地址表示一个节拍；最后依次使用置位、复位指令实现顺序控制过程。图 7-19 是对 3 个节拍顺序控制过程的描述。

图 7-19　用置位、复位指令实现 3 节拍的顺序控制

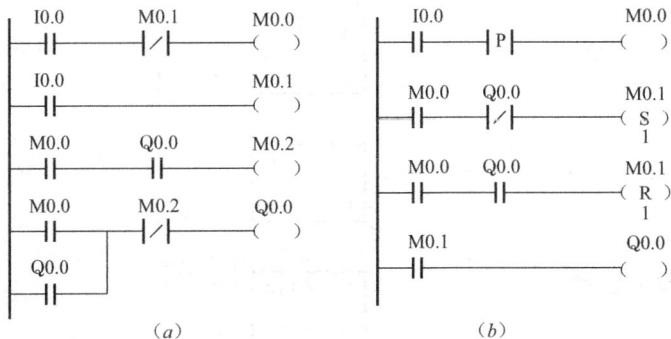

图中的 I0.0 为系统启动条件，M0.1～M0.3 分别表示 3 个节拍，V0.1～V0.3 分别对应 3 个节拍的结束信号（节拍间的转换信号）。M0.0 可理解为控制过程的运行标志，它从第 1 个节拍开始直至控制过程结束始终为"1"，用于表示控制过程正在进行。同时将 M0.0 的常闭触点与系统启动信号串接，可防止系统正常运行时的"二次启动"。

值得注意的是，上述电路仅实现了顺序控制各节拍间的转换，完整的控制电路还应加上实际的输出电路。

3. 二分频电路举例

例 7-6　二分频电路举例如图 7-20 所示。在许多控制场合，需要对控制信号进行分频，其中二分频电路使用较多。图 7-20 所示为实现二分频的常用方法。

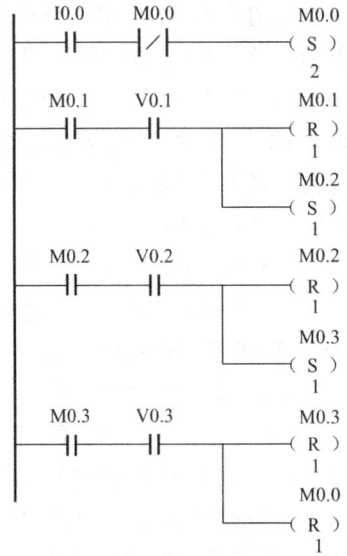

图 7-20　二分频电路
(a) 控制方案 1；(b) 控制方案 2

在图 7-20 (a) 中，当检测到 I0.0 为"1"时的第一个扫描周期，辅助继电器 M0.0 状态为"1"，M0.1 的状态也为"1"，M0.2 状态为"0"，所以该扫描周期结束后，输出点 Q0.0 为"1"。进入下一个扫描周期时，由于 M0.1 为"1"，所以 M0.0 为"0"，也就是说，M0.0 为"1"的状态仅能维持一个扫描周期，M0.2 为"0"，所以 Q0.0 的状态得以保持。当 I0.0 恢复为"0"时 M0.1 为"0"，其他位的状态不变。当 I0.0 再次为"1"时的第一个扫描周期，M0.0、M0.1 状态为"1"，此时因为 Q0.0 为"1"，所以 M0.2 为"1"，当该扫描周期执行结束后，Q0.0 为"0"。随后进入下一个扫描周期，由于 M0.1 为"1"，所以 M0.0 为"0"，之后 M0.2 也为"0"，Q0.0 状态保持。I0.0 为"0"时 M0.1 为"0"，程序恢复至初始状态。当第三次检测到 I0.0 为"1"时，Q0.0 为 1，第四次 I0.0 为"1"时，Q0.0 为"0"，……。

在图 7-20 (b) 中，使用了边沿微分指令及置位、复位指令，并使用了顺序控制的思想。设初始状态时为节拍 0，当 I0.0 奇数次为"1"时为节拍 1，用辅助继电器 M0.1 表示。当检测到 I0.0 为"1"时，M0.0 仅为"1"一个扫描周期，所以 M0.1 的状态完全由 Q0.0 的当前状态决定，即 Q0.0 状态为"0"且检测到 I0.0 为"1"时，其状态被置为"1"，系统进入节拍 1；而 Q0.0 状态为"1"且检测到 I0.0 为"1"时，其状态被复位为"0"，系统恢复至初始状态。

7.4　S7-200 系列 PLC 的定时器指令与计数器指令

7.4.1　定时器指令

定时器指令是 PLC 的重要编程器件，用于模拟在电气控制线路设计中使用的时间继电器。S7-200 系列 PLC 提供了 256 个内部定时器，延时时间及指令功能可按要求设定，使用非常方便。

1. 定时器指令形式

S7-200 系列 PLC 按工作方式有 3 种定时器指令，见表 7-7。

S7-200 PLC 定时器指令　　　　　　　　　　　　　　　表 7-7

名　称	LAD	STL
通电延时定时器（TON）	Tn IN　TON PT　???ms	TON　Tn，PT
断电延时定时器（TOF）	Tn IN　TOF PT　???ms	TOF　Tn，PT
带保持的通电延时定时器（TONR）	Tn IN　TONR PT　???ms	TONR　Tn，PT

定时器指令的参数包括定时器编号（Tn）、预设值（PT，字类型）和指令使能输入端（IN）。定时器编号 n 的取值范围为 0~255；预设值 PT 最大值为 32767。

2. 定时器指令的时间基

S7-200 系列 PLC 的定时器指令有三种时间基：1ms，10ms，100ms。定时器的延时时间由指令的预设值和时间基确定，即：延时时间等于指令预设值与时间基的乘积。

定时器各指令类型、时间基及定时器编号对照表见表 7-8。

S7-200 PLC 定时器指令类型、时间基及编号对照表　　　　　　表 7-8

指令类型	时间基	最大定时范围	定时器编号
TONR	1ms	32.767s	T0，T64
	10ms	327.67s	T1～T4，T65～T68
	100ms	3276.7s	T5～T31，T69～T95
TON、TOF	1ms	32.767s	T32，T96
	10ms	327.67s	T33～T36，T97～T100
	100ms	3276.7s	T37～T63，T101～T255

3. 可使用的操作数数据类型

(1) 位类型，称为定时器位，相当于时间继电器的延时触点。

(2) 字类型，定时器的当前值，是对定时器时间基的累计值，即时间基的倍数。

4. 定时器指令使用说明

(1) 通电延时定时器（TON）。初始时定时器当前值为 0，定时器位状态为"0"。当指令的梯级逻辑为真时（指令使能输入端 IN 为"1"），定时器开始计时，当定时器当前值大于等于预设值时，定时器位被置位，相应的常开触点闭合、常闭触点断开。达到预设值后，若梯级逻辑一直为真，则定时器计时过程继续，当前值也一直继续累加，直至最大值 32767。当梯级逻辑为假时定时器自动复位，此时定时器位被复位，当前值清零。用户也可使用复位指令 R 来复位 TON 定时器。

例 7-7　TON 指令应用举例，如图 7-21 所示。

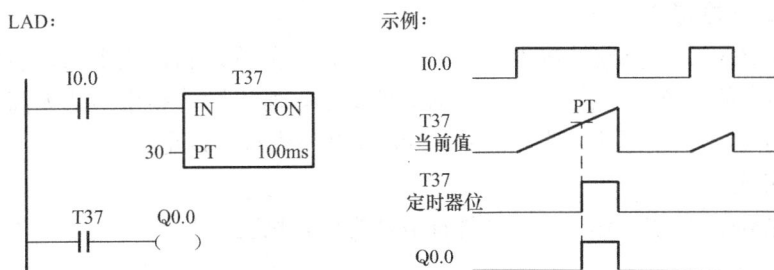

图 7-21　TON 指令应用举例

(2) 断电延时定时器（TOF）。初始时定时器当前值为 0，定时器位状态为"0"。当指令的梯级逻辑为真时，定时器位被置位，其常开触点闭合、常闭触点断开，同时定时器当前值清零。当指令的梯级逻辑由真变假时，定时器开始计时，其当前值由 0 开始增加。当定时器当前值等于预设值时，定时器位被复位，当前值保持不变直至梯级逻辑再次为真。可使用复位指令 R 来复位 TOF 定时器。

例 7-8　TOF 指令应用举例，如图 7-22 所示。

LAD:

示例:

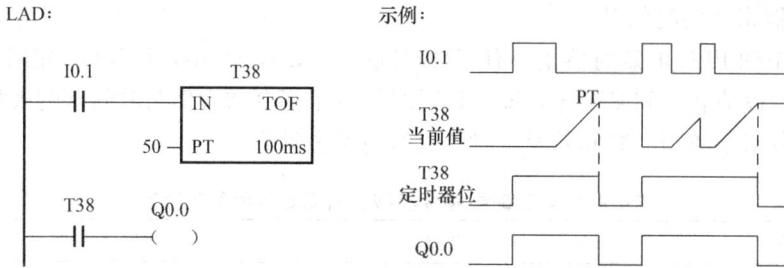

图 7-22　TOF 指令应用举例

（3）带保持的通电延时定时器（TONR）。初始时定时器当前值为 0，定时器位状态为 "0"（带掉电保护的除外）。当指令的梯级逻辑为真时，定时器开始计时，当前值开始累加；当梯级逻辑为假时，当前值保持不变。当定时器当前值大于等于预设值时，定时器位被置位。定时器当前值最大值为 32767。TONR 只能用复位指令 R 来复位，定时器复位后当前值清零，定时器位被复位。

例 7-9　TONR 指令应用举例，如图 7-23 所示。

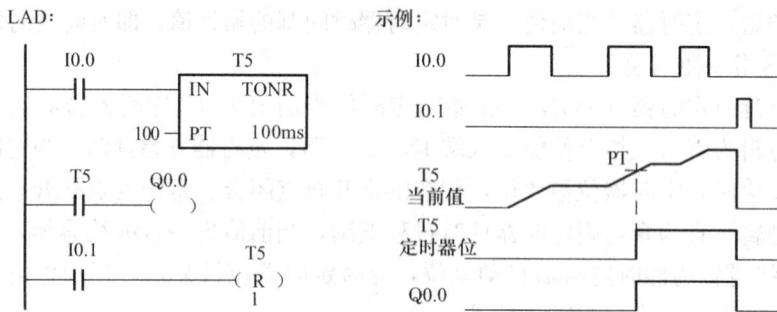

LAD:

示例:

图 7-23　TONR 指令应用举例

7.4.2　计数器指令

计数器是 PLC 另一重要的编程器件，用于累计外部输入脉冲或由软件生成的脉冲个数。计数器指令的计数频率受 PLC 扫描周期的影响，所以脉冲频率不能太高。S7-200 系列 PLC 提供了 256 个内部计数器，脉冲的计数个数可由程序设定。

1. 指令形式

S7-200 系列 PLC 按工作方式有 3 种计数器指令，见表 7-9。

S7-200 系列 PLC 计数器指令　　表 7-9

指令名称	加计数（CTU）	减计数（CTD）	加减计数（CTUD）
LAD			
STL	CTU　C*n*, PV	CTD　C*n*, PV	CTUD　C*n*, PV

　　计数器指令的参数包括计数器编号（Cn）、预设值（PV，字类型）、计数脉冲输入端（CU 或 CD）、复位端（R 或 LD）。计数器编号 n 的取值范围为 0～255。在同一应用程序中，不同类型的计数器指令不能共用同一计数器编号，计数器的类型可由程序设定。

　　计数器设定值 PV 的数据类型为整数 INT 型。

　　2. 可操作的数据类型

　　（1）位类型，称为计数器位，可认为是计数完成位。

　　（2）字类型，计数器的当前值，是对计数脉冲个数的累加值。

　　3. 计数器指令使用说明

　　（1）加计数指令（CTU）。对 CU 端计数脉冲的上升沿进行加计数。当计数器的当前值大于等于预设值时，计数器位被置位，当复位端 R 为"1"或执行复位指令时，计数器复位，计数当前值清零，计数器位被复位。计算器最大计数值为 32767。

　　例 7-10　CTU 指令应用举例，如图 7-24 所示。

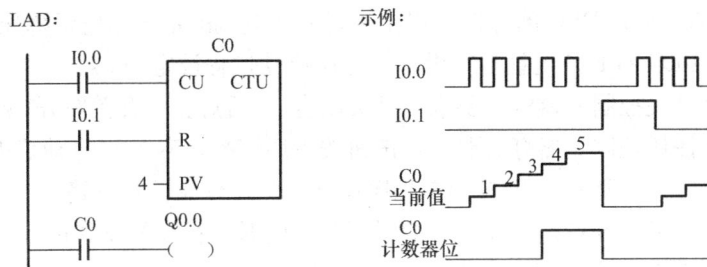

图 7-24　CTU 指令应用举例

　　（2）减计数指令（CTD）。对 CD 端计数脉冲上升沿进行减计数。复位端无效时，若检测到计数脉冲上升沿，则计数器从预设值开始进行减计数，直至减为 0；若当前值为 0 时，计数器位被置位；当装载输入端 LD 为"1"时，计数器位被复位，并将计数器当前值设为预设值 PV。

　　例 7-11　CTD 指令应用举例，如图 7-25 所示。

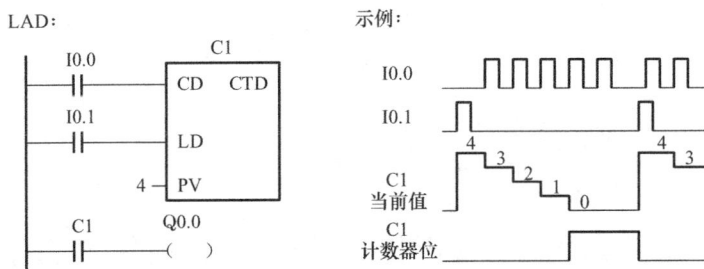

图 7-25　CTD 指令应用举例

　　（3）CTUD：对加、减计数端（CU、CD）的输入脉冲上升沿计数。当计数器当前值大于等于预设值时，计数器位置位，否则计数器为复位；当复位端 R 为"1"或执行复位指令时，计数器位被复位，当前值清零。

CTUD 的计数范围为 $-32768 \sim 32767$。当计数器当前值达到 32767 时，若再来一个加计数脉冲，当前值变为 -32768。同样，当前值为 -32768 时，若再来一个减计数脉冲，则当前值变为 32767。所以使用时应格外小心。

思考题与习题

7-1 简述 S7-200 系列 PLC 的基本构成。

7-2 S7-200 系列 PLC 在系统扩展时应注意哪些问题？

7-3 简述 S7-200 PLC 扩展模块的具体分类。

7-4 S7-200 系列 PLC 有哪些数据类型？

7-5 S7-200 系列 PLC 内部软元件包括哪些类型？各自的编址范围是什么？适用于哪些场合？

7-6 简述 S7-200 PLC 的逻辑堆栈在指令执行过程中所具有的作用。

7-7 用 S7-200 系列 PLC 的梯形图程序实现一台电机的定子串电阻降压启动过程。使用的低压电器及 PLC 的 I/O 地址自行设计，降压启动过程设定为 3s。

7-8 用一个开关控制一盏灯。要求：开关闭合 3s 后灯亮，开关断开 5s 后灯灭。

7-9 用一个按钮控制一盏灯。要求：按钮按下后灯亮，5s 后灯自动熄灭。

7-10 用 S7-200 系列 PLC 的梯形图程序设计一个三分频控制电路。

7-11 S7-200 系列 PLC 定时器指令的时间基不同时，指令的刷新过程有何不同？

7-12 简述 S7-200 系列 PLC 定时器指令 TON、TOF 和 TONR 的工作特性。

7-13 S7-200 系列 PLC 计数器指令在使用时对输入脉冲序列的频率有什么要求？

第 8 章　西门子 S7-200 系列 PLC 的数据处理
功能和步进顺序控制

对于复杂的控制系统，西门子 S7-200 系列 PLC 同样具有数据处理功能和步进顺序控制功能。可以对控制系统中一些模拟量或数据量进行比较、数据转换、数据运算等处理与控制。对于一些复杂的顺序控制系统进行步进顺序控制。本章主要介绍西门子 S7-200 系列 PLC 的数据控制功能指令和步进顺序控制功能指令及指令应用举例。

8.1　S7-200 系列 PLC 的比较指令及应用举例

S7-200 PLC 的比较指令是以触点的形式出现的，它是将两个类型相同的操作数按照指定的条件进行比较，若条件成立则触点闭合，否则触点断开。

8.1.1　比较指令的指令形式

比较指令的梯形图形式及相应的语句表形式见表 8-1。

比较指令的指令表形式　　　　　　　　　　　　表 8-1

逻辑操作	LAD	STL
逻辑 "取"	IN1 ——| ××口 |—— IN2	LD口×× 　IN1, IN2
逻辑 "与"	bit　　　IN1 ——||——|××口|—— 　　　　　IN2	A口×× 　IN1, IN2
逻辑 "或"	bit ——||—— 　IN1 ——|××口|—— 　IN2	O口×× 　IN1, IN2

比较指令中的符号 "××" 表示两操作数 IN1 和 IN2 进行比较的条件。

S7-200 允许的比较条件见表 8-2。

S7-200 允许的比较条件　　　　　　　　　　　　表 8-2

符号××	比较条件描述	符号××	比较条件描述
==	等于	<=	小于等于
<>	不等于	>	大于
>=	大于等于	<	小于

比较指令中的符号 "口" 表示两操作数的数据类型，可用的数据类型见表 8-3。

比较指令的数据类型　　　　　　　　　　　　　　　　　表 8-3

符号□	数据类型描述	符号□	数据类型描述
B	字节	D	双字
I	字	R	实数

8.1.2 比较指令程序设计举例

例 8-1 用比较指令设计脉冲输出电路，如图 8-1 所示。

图中当 I0.0 为 "1" 时，定时器 T37 及其常闭触点组成自振荡电路，周期为 5s。当 T37 当前值大于等于 20 时，则 Q0.0 输出为 "1"，否则为 "0"。改变定时器预设值及比较指令参数值，即可得到不同周期、不同占空比的脉冲输出。

LAD：　　　　　　　　　　　　　　　　　　示例：

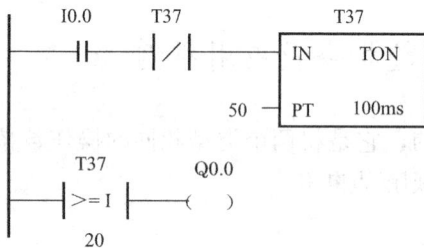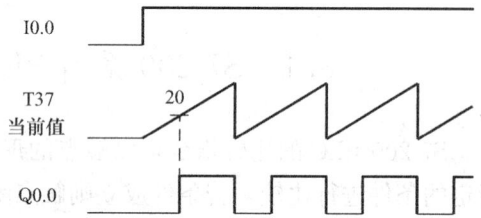

图 8-1 用比较指令实现脉冲输出电路

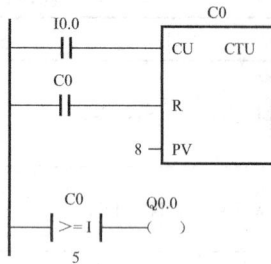

图 8-2 用比较指令实现控制一盏灯
要求的梯形图程序

例 8-2 用比较指令完成用按钮往复控制一盏灯的要求，如图 8-2 所示。

图中仅用了一个计数器 C0，其预设值为 8，复位端接 C0 的计数器位，可使 C0 当前值到达预设值时自动复位。当第五次按下按钮，C0 的当前值为 5 时，满足比较条件，Q0.0 为 "1"；当第八次按下按钮时，计数器复位，C0 当前值清零，比较条件不满足，Q0.0 为 "0"。

8.2 S7-200 系列 PLC 的数据处理指令与应用举例

S7-200 系列 PLC 常用的数据处理功能指令主要包括数据传送类指令、数据转换类指令、编码与解码指令等。

8.2.1 数据传送类指令

传送类指令用于在 PLC 各内部元件（地址）之间进行数据传送。根据每次传送数据数量的多少可分为单数据传送指令和数据块传送指令。

1. 单数据传送指令

单数据传送指令使用较多，按操作数的类型可分为字节传送、字传送、双字传送和实数传送等。单数据传送指令的形式及其使用说明见表 8-4。

	单数据传送指令及其使用说明	表 8-4

LAD	STL	指 令 说 明
MOV_B EN ENO IN OUT	MOVB IN, OUT	
MOV_W EN ENO IN OUT	MOVW IN, OUT	1. 当指令的允许输入端（EN）有效时，将输入操作数 IN 的值传送至目的操作数 OUT 中。 EN 端也称为指令的使能端（Enable）。 2. 指令操作数的类型包括：B（字节）、W（字）、DW（双字）、R（实数）。 3. 双字传送指令（MOV_DW）可用于定义指针。 4. 字节立即传送（读和写）指令允许在物理 I/O 和存储器之间立即传送一个字节的数据。 　字节立即读指令（BIR）读取物理输入（IN），并将结果存入内存地址（OUT），但并不刷新输入地址映像区内相应寄存器的值。 　字节立即写指令（BIW）从内存地址（IN）中读取数据，写入物理输出（OUT），同时刷新输出地址映像区内相应寄存器的值
MOV_DW EN ENO IN OUT	MOVD IN, OUT	
MOV_R EN ENO IN OUT	MOVR IN, OUT	
MOV_R EN ENO IN OUT	BIR IN, OUT	
MOV_BIR EN ENO IN OUT	BIW IN, OUT	

2. 数据块传送指令

数据块传送指令可以一次传送多个数据，按组成数据块的数据类型可分为字节类型数据块、字类型数据块和双字类型数据块。数据块传送指令的形式及其使用说明见表 8-5所示。

	数据块传送指令及其使用说明	表 8-5

LAD	STL	指 令 说 明
BLKMOV_B EN ENO IN OUT N	BMB IN, OUT, N	
BLKMOV_W EN ENO IN OUT N	BMW IN, OUT, N	1. 当指令的使能端 EN 有效时，将以输入操作数 IN 为首址的连续的 N 个数据传送到以操作数 OUT 为首址的新的数据区中。 2. 指令操作数的类型包括：B（字节）、W（字）、D（双字）。 3. N 取值范围为：1～255。即：每次传送的数据长度为 N 个字节、字或者双字
BLKMOV_D EN ENO IN OUT N	BMD IN, OUT, N	

3. 字节交换指令

字节交换指令 SWAP 用于将字类型数据的高位与低位字节互换，所以也称为半字交换指令。指令形式及使用说明见表 8-6。

字节交换指令及其使用说明　　　　　　　　　　　　　　　　　　　表 8-6

LAD	STL	指 令 说 明
SWAP EN　ENO IN	SWAP　IN	1. 交换输入操作数 IN 的高位字节和低位字节。 2. 操作数的类型为字类型

例 8-3　传送类指令与字节交换指令示例，如图 8-3 所示。

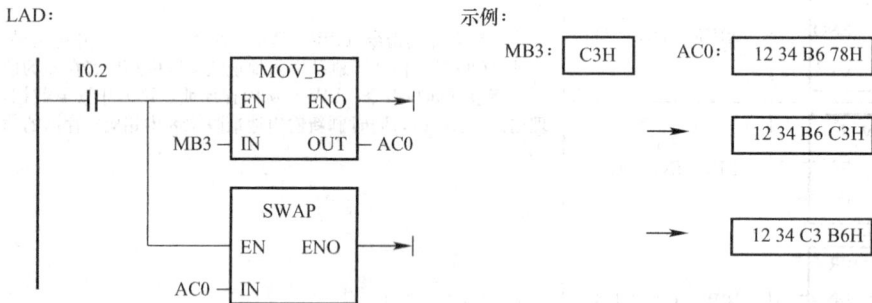

图 8-3　传送指令及字节交换指令示例

当 I0.2 为"1"时，依次执行字节传送指令和交换指令。传送指令将 MB3 的值传送至 AC0 的低 8 位；字节交换指令将 AC0 低 16 位中的高 8 位和低 8 位值互换。

4. 数据填充指令

数据填充指令 FULL 用于将字类型输入数据 IN 填充到以 OUT 为首址的连续的 N 个存储单元中。指令的形式及使用说明见表 8-7。

数据填充指令及其使用说明　　　　　　　　　　　　　　　　　　　表 8-7

LAD	STL	指 令 说 明
FULL EN　ENO IN　OUT N	FULL　IN, OUT, N	1. 将输入数据 IN 的值填充到以 OUT 为首址的连续的 N 个存储单元中。 2. 操作数的类型均为字类型。 3. N 为字节类型，取值范围为：1～255

8.2.2　数据转换类指令

1. 数字转换指令

数字转换指令是指将一个数据按字节、字、双字和实数等类型进行转换。数字转换指令的形式及使用说明见表 8-8。

数字转换指令及其使用说明　　　　　　　　　　　　　　　　　　　表 8-8

LAD	STL	指 令 说 明
BTI EN　ENO IN　OUT	BTI IN, OUT	
ITB EN　ENO IN　OUT	ITB IN, OUT	1. 当指令的使能端 EN 有效时，将输入操作数 IN 转换为指定的数据格式存入目的操作数 OUT 中。 2. BTI 指令：将字节类型数据转为整数类型。字节是无符号的，所以无符号扩展。 3. ITB 指令：将一个字类型数据转换为一个字节数据。只有 0～255 之间的值可被转换，其他值转换时将产生溢出（溢出标志 SM1.1 置 1）。发生溢出时，操作数 OUT 的值保持不变。
ITD EN　ENO IN　OUT	ITD IN, OUT	4. ITD 指令：将字类型整数转换为双字类型整数。字类型整数是有符号的，所以应将符号位扩展至高位字中。字类型数据范围：－327680～32767。
DTI EN　ENO IN　OUT	DTI IN, OUT	5. DTI 指令：双字类型整数转换为字类型整数。同样数据大小超出字类型可表示的范围时将产生溢出。 6. DTR 指令：将双字类型整数转换为 32 位实数。双字类型整数是有符号的
DTR EN　ENO IN　OUT	DTR IN, OUT	

　　数据进行数字转换时应注意，如果想将一个字类型的整数转换为实数类型，必须先将字类型整数转换为双字类型整数，然后再转换为实数。进行数制转换时可能会影响溢出标志位 SM1.1，所以用户编制应用程序时应对 SM1.1 进行检验，以免发生错误。

　　2. BCD 码数据转换指令

　　BCD 码转换指令是针对字类型的整数和 BCD 数进行操作的，指令形式及使用说明见表 8-9。

BCD 码转换指令及使用说明　　　　　　　　　　　　　　　　　　　表 8-9

LAD	STL	指 令 说 明
BCD_I EN　ENO IN　OUT	BCDI OUT	1. BCDI 指令：将 BCD 码类型的输入数据转换为字类型整数存放于 OUT 中。输入数据范围为 0～9999 的 BCD 数。 2. IBCD 指令：将字类型整数转为 BCD 码数据存放于 OUT 中。输入整数的有效范围为 0～9999。
I_BCD EN　ENO IN　OUT	IBCD OUT	3. 若数据范围超过 BCD 码可表示范围，则置位特殊标志位 SM1.6

　　3. 取整指令

　　取整指令用于将实数型数据转换成双字类型的整数，其指令形式及使用说明见表 8-10。

取整指令及其使用说明　　　　　　　　表 8-10

LAD	STL	指 令 说 明
ROUND ─EN　ENO─ ─IN　OUT─	ROUND　IN，OUT	1. ROUND 指令：按四舍五入的原则将输入的实数值转换为双字类型整数存放于 OUT 中。 2. TRUNC 指令：按截取的原则将输入的实数值转换为双字类型的整数存放于 OUT 中。截取时小数部分舍去。 3. 如果实数超过双整数所能表示的范围，则产生溢出，并置位溢出标志位 SM1.1
TRUNC ─EN　ENO─ ─IN　OUT─	TRUNC　IN，OUT	

8.2.3 编码与解码指令

S7-200 PLC 指令系统中的编码和解码指令见表 8-11。

编码与解码指令及其使用说明　　　　　　　　表 8-11

LAD	STL	指 令 说 明
ENCO ─EN　ENO─ ─IN　OUT─	ENCO　IN，OUT	1. ENCO 指令：将输入字 IN 的状态为"1"的最低位号写入输出字节 OUT 的低 4 位中。也称为编码指令。 2. DECO 指令：按照输入字节 IN 的低 4 位所表示的位号置位输出字 OUT 中相应的位，其余位为 0。也称为解码指令。 3. SEG 指令：将输入字符（字节类型）的低 4 位转换为七段码（共阴极）存放于 OUT 中
DECO ─EN　ENO─ ─IN　OUT─	DECO　IN，OUT	
SEG ─EN　ENO─ ─IN　OUT─	SEG　IN，OUT	

例 8-4 编码、解码指令程序示例如图 8-4 所示。

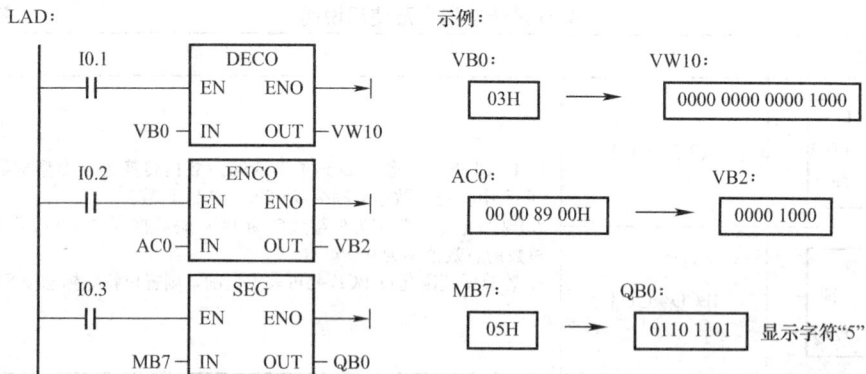

图 8-4 编码、解码指令举例

8.3 S7-200 系列 PLC 的数据运算类指令与应用举例

S7-200 系列 PLC 数据运算类指令包括数学运算指令和逻辑运算指令。数学运算指令包括四则运算指令及一些常用的数学函数，数据类型通常为整型 INT、双整型 DINT 和实数类型 REAL；逻辑运算指令包括字节、字和双字的逻辑"与"、逻辑"或"、逻辑"非"及逻辑"异或"等运算。

8.3.1 四则运算指令

四则运算指令包括加法、减法、乘法和除法，运算结果将影响某些特殊功能寄存器（特殊标志位）的值，如零标志 SM1.0、溢出标志 SM1.1、负标志位 SM1.2、除数为零标志 SM1.3 等。按操作数类型的不同，四则运算指令主要包括以下几类：

1. 整数加、减法运算指令

整数加、减法运算是对两个有符号数进行操作的，指令形式及使用说明见表 8-12。

整数加、减法指令及其使用说明　　　　　　　　　　　表 8-12

LAD	STL	指令说明
ADD_I EN　ENO IN1　OUT IN2	+I　IN, OUT	1. 操作数均为 16 位有符号整数。 2. LAD:　　IN1+IN2→OUT 　　　　　　IN1−IN2→OUT 　　STL:　　OUT+IN→OUT 　　　　　　OUT−IN→OUT 3. 运算结果影响特殊标志位: 　　SM1.0、SM1.1、SM1.2
SUB_I EN　ENO IN1　OUT IN2	−I　IN, OUT	

值得注意的是，LAD 指令中有两个输入参数和一个输出参数，而语句表指令中只有两个参数，所以两种指令中参数的个数和意义是不同的。在梯形图指令中，如果参数 IN1 和 OUT 地址不相同，则转换成语句表指令时应附加一条传送指令，传送指令的数据类型取决于加、减法指令操作数的类型，如图 8-5 所示。

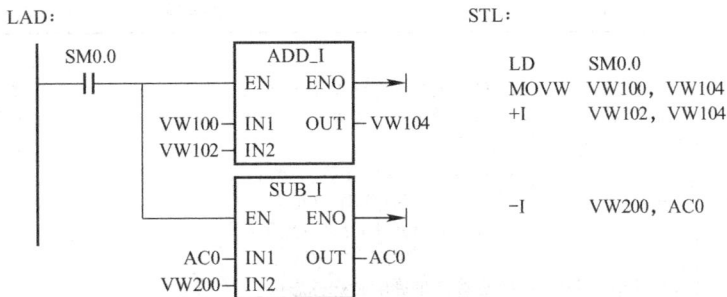

图 8-5　整数加、减法运算指令举例

2. 双整数加、减法运算指令

双整数加、减法运算是对两个 32 位有符号数进行操作的，其指令形式及使用说明见表 8-13。

双整数加、减法指令及其使用说明　　　　表 8-13

LAD	STL	指令说明
ADD_DI EN　ENO IN1　OUT IN2	+D　IN，OUT	1. 操作数均为 32 位有符号整数。 2. LAD：　IN1+IN2→OUT 　　　　　IN1−IN2→OUT 　STL：　OUT+IN→OUT 　　　　　OUT−IN→OUT 3. 运算结果影响特殊标志位： 　　SM1.0、SM1.1、SM1.2
SUB_DI EN　ENO IN1　OUT IN2	−D　IN，OUT	

3. 实数加、减法运算指令

实数加、减法运算的指令与整数和双整数的加、减法运算类似，其指令形式及使用说明见表 8-14。

实数加、减法指令及其使用说明　　　　表 8-14

LAD	STL	指令说明
ADD_R EN　ENO IN1　OUT IN2	+R　IN，OUT	1. 操作数均为 32 位实数。 2. LAD：　IN1+IN2→OUT 　　　　　IN1−IN2→OUT 　STL：　OUT+IN→OUT 　　　　　OUT−IN→OUT 3. 运算结果影响特殊标志位： 　　SM1.0、SM1.1、SM1.2
SUB_R EN　ENO IN1　OUT IN2	−R　IN，OUT	

4. 整数乘、除法运算指令

整数乘、除法运算指令是对两个有符号数进行操作，指令形式及使用说明见表 8-15。

整数乘、除法指令及其使用说明　　　　表 8-15

LAD	STL	指令说明
MUL_I EN　ENO IN1　OUT IN2	*I　IN，OUT	1. 整数乘法指令将两个 16 位整数相乘，结果送入 16 位的 OUT 地址中。 2. 整数除法指令将两个 16 位整数相除，结果（商）送入 16 位的 OUT 中，余数不保留。 3. LAD：　IN1*IN2→OUT 　　　　　IN1/IN2→OUT 　STL：　OUT*IN→OUT 　　　　　OUT/IN→OUT 4. 运算结果影响特殊标志位： 　　SM1.0、SM1.1、SM1.2、SM1.3
DIV_I EN　ENO IN1　OUT IN2	/I　IN，OUT	

与整数加、减法指令相同，梯形图指令和语句表指令中参数的个数及意义均不同，两种指令进行转换时应格外注意。

5. 双整数乘、除法运算指令

双整数乘、除法运算指令是对两个 32 位有符号数进行操作，指令形式及使用说明见表 8-16。

双整数乘、除法指令及其使用说明 表 8-16

LAD	STL	指 令 说 明
MUL_DI EN ENO IN1 OUT IN2	* D IN, OUT	1. 双整数乘法指令将两个 32 位整数相乘，结果送入 32 位的 OUT 地址中。 2. 双整数除法指令将两个 32 位整数相除，结果（商）送入 32 位的 OUT 中，余数不保留。 3. LAD： IN1 * IN2→OUT 　　　　　IN1/IN2→OUT 　　STL： OUT * IN→OUT 　　　　　OUT/IN→OUT
DIV_DI EN ENO IN1 OUT IN2	/D IN, OUT	4. 运算结果影响特殊标志位： 　　SM1.0、SM1.1、SM1.2、SM1.3（除数为 0）

6. 实数乘、除法运算指令

实数乘、除法运算的指令形式及使用说明见表 8-17。

实数乘、除法指令及其使用说明 表 8-17

LAD	STL	指 令 说 明
MUL_R EN ENO IN1 OUT IN2	* R IN, OUT	1. 实数乘法指令将两个 32 位实数相乘，结果送入 32 位的 OUT 中。 2. 实数除法指令将两个 32 位实数相除，结果送入 32 位的 OUT 中。 3. LAD： IN1 * IN2→OUT 　　　　　IN1/IN2→OUT 　　STL： OUT * IN→OUT 　　　　　OUT/IN→OUT
DIV_R EN ENO IN1 OUT IN2	/R IN, OUT	4. 运算结果影响特殊标志位： 　　SM1.0、SM1.1、SM1.2、SM1.3（除数为 0）

例 8-5 乘、除法运算指令举例，如图 8-6 所示。

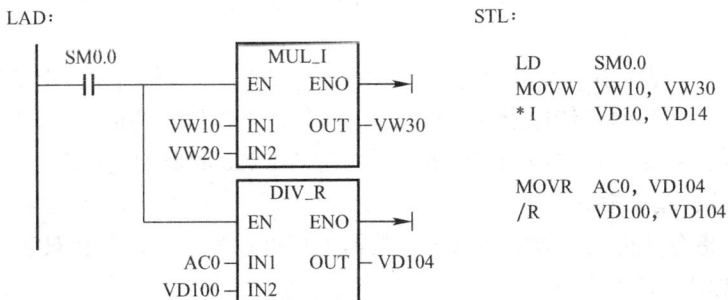

LAD:

```
    SM0.0          MUL_I
    ─┤├──┬──      EN   ENO ──▶
        │     VW10─IN1  OUT ─VW30
        │     VW20─IN2

              DIV_R
        └──  EN   ENO ──▶
          AC0 ─IN1  OUT ─VD104
        VD100 ─IN2
```

STL:

```
LD    SM0.0
MOVW  VW10, VW30
*I    VD10, VD14

MOVR  AC0, VD104
/R    VD100, VD104
```

图 8-6 乘、除法运算指令举例

7. 结果为 32 位的整数乘法和带余数的整数除法运算指令

结果为 32 位的整数乘法指令 MUL 是将两个 16 位的有符号整数相乘，结果送入 32 位的 OUT 中；带余数的整数除法运算指令 DIV 将两个 16 位有符号整数相除，结果送入 32 位的 OUT 中，其中商存入低 16 位，余数存入高 16 位。指令形式及使用说明见表 8-18。

MUL、DIV 指令及其使用说明　　　　　　　　　　表 8-18

LAD	STL	指 令 说 明
MUL EN ENO IN1 OUT IN2	MUL　IN，OUT	1. LAD 指令中，参数 IN1 和 IN2 为 16 位有符号整数，参数 OUT 为 32 位。 2. STL 指令中，参数 IN1 为 16 位，参数 IN2 为 32 位。 3. LAD：　IN1 * IN2→OUT 　　　　　IN1/IN2→OUT 　　STL：　OUT$_{低16位}$ * IN→OUT 　　　　　OUT$_{低16位}$/IN→OUT
DIV EN ENO IN1 OUT IN2	DIV　IN，OUT	对于 STL 指令，整数乘法运算 MUL 中 OUT 的低 16 位作为其中的一个乘子，而整数除法运算 DIV 中 OUT 的低 16 位作为被除数。 4. 运算结果影响特殊标志位： 　　SM1.0，SM1.2，SM1.3（除数为 0）

例 8-6　MUL、DIV 指令举例，如图 8-7 所示。

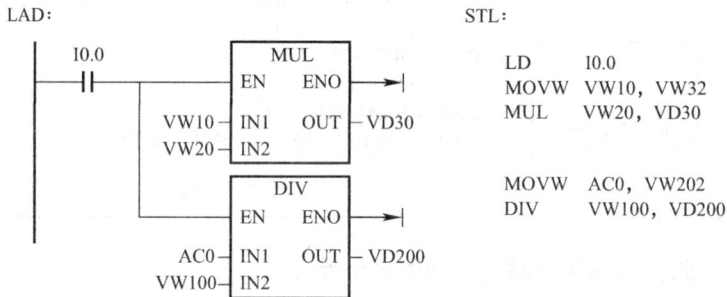

LAD：

```
      I0.0              MUL
    ──┤├──         ┌───────────┐
                   │EN      ENO├──
            VW10───┤IN1     OUT├── VD30
            VW20───┤IN2        │
                   └───────────┘
                        DIV
                   ┌───────────┐
                   │EN      ENO├──
             AC0───┤IN1     OUT├── VD200
           VW100───┤IN2        │
                   └───────────┘
```

STL：

```
LD     I0.0
MOVW   VW10, VW32
MUL    VW20, VD30

MOVW   AC0, VW202
DIV    VW100, VD200
```

图 8-7　MUL、DIV 指令举例

注意：在 STL 程序中，实际参与乘、除法运算的是 32 位操作数 OUT 中的低 16 位，所以 MUL 指令中附加的字传送指令应将 VW100 传送至 VD30 的低 16 位 VW32，DIV 指令中附加的字传送指令应将 AC0 的低 16 位传送至 VD200 的低 16 位 VW202。

8.3.2　加 1、减 1 指令

加 1、减 1 指令又称为参数增减指令，数据类型可以为字节、字和双字。

1. 字节的加 1、减 1 指令

字节的加 1、减 1 指令是对 8 位的输入参数 IN 执行加 1 或减 1 操作，结果存入 8 位的 OUT 中，其指令形式及使用说明见表 8-19。

		字节的加 1、减 1 指令及其使用说明	表 8-19

LAD	STL	指 令 说 明	
INC_B EN　ENO IN　OUT	INCB　OUT	1. LAD：　IN+1→OUT 　　　　　IN−1→OUT 　STL：　OUT+1→OUT 　　　　　OUT−1→OUT 2. INCB 和 DECB 操作是无符号的。 3. 运算结果影响特殊标志位： 　　SM1.0、SM1.1	
DEC_B EN　ENO IN　OUT	DECB　OUT		

　　STL 指令中只有一个参数，若梯形图指令中参数 IN 和 OUT 不一致，应附加一条传送指令。

　　2. 字的加 1、减 1 指令

　　字的加 1、减 1 指令是对 16 位的输入参数 IN 执行加 1 或减 1 操作，结果存入 16 位的 OUT 中，其指令形式及使用说明见表 8-20。

		字的加 1、减 1 指令及其使用说明	表 8-20

LAD	STL	指 令 说 明	
INC_W EN　ENO IN　OUT	INCW　OUT	1. LAD：　IN+1→OUT 　　　　　IN−1→OUT 　STL：　OUT+1→OUT 　　　　　OUT−1→OUT 2. INCW 和 DECW 操作是有符号的。 3. 运算结果影响特殊标志位： 　　SM1.0、SM1.1、SM1.2	
DEC_W EN　ENO IN　OUT	DECW　OUT		

　　3. 双字的加 1、减 1 指令

　　双字的加 1、减 1 指令是对 32 位的输入参数 IN 执行加 1 或减 1 操作，结果存入 32 位的 OUT 中，其指令形式及使用说明见表 8-21。

		双字的加 1、减 1 指令及其使用说明	表 8-21

LAD	STL	指 令 说 明	
INC_DW EN　ENO IN　OUT	INCD　OUT	1. LAD：　IN+1→OUT 　　　　　IN−1→OUT 　STL：　OUT+1→OUT 　　　　　OUT−1→OUT 2. INCD 和 DECD 操作是有符号的。 3. 运算结果影响特殊标志位： 　　SM1.0、SM1.1、SM1.2	
DEC_DW EN　ENO IN　OUT	DECD　OUT		

例 8-7 加 1、减 1 指令举例，如图 8-8 所示。

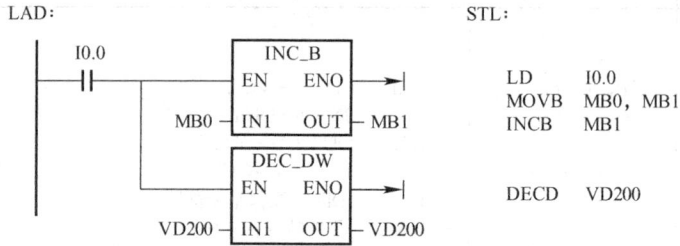

LAD:

```
       I0.0        ┌─────────┐
       ─┤├────┬────┤ INC_B   │
                   │ EN   ENO├───
              MB0 ─┤ IN1  OUT├─ MB1
                   └─────────┘
                   ┌─────────┐
              ─────┤ DEC_DW  │
                   │ EN   ENO├───
            VD200 ─┤ IN1  OUT├─ VD200
                   └─────────┘
```

STL:

```
LD    I0.0
MOVB  MB0, MB1
INCB  MB1

DECD  VD200
```

图 8-8　加 1、减 1 指令举例

8.3.3　数学函数指令

S7-200 系列 PLC 中的数学函数指令主要包括平方根函数 SQRT、自然对数指令 LN、指数函数 EXP、正弦函数 SIN、余弦函数 COS 和正切函数 TAN 等。指令形式及使用说明见表 8-22。

数学函数指令及其使用说明　　　　　　　　　　　　　　　　表 8-22

LAD	STL	指　令　说　明
SQRT ─EN　ENO─ ─IN　OUT─	SQRT　IN, OUT	
LN ─EN　ENO─ ─IN　OUT─	LN　IN, OUT	
EXP ─EN　ENO─ ─IN　OUT─	EXP　IN, OUT	1. 数学运算符"OP"包括：SQRT、LN、EXP、SIN、COS、TAN，指令的功能如下： OP（IN）→OUT 2. IN 和 OUT 均为实数类型。 3. 运算结果影响特殊标志位： SM1.0、SM1.1、SM1.2 4. 三角函数运算中输入参数为弧度值，所以要将角度值换算为弧度值，在运算前应使用 MUL_R 指令，将角度值乘以 $1.745329E-2$（或 $\pi/180$）
SIN ─EN　ENO─ ─IN　OUT─	SIN　IN, OUT	
COS ─EN　ENO─ ─IN　OUT─	COS　IN, OUT	
TAN ─EN　ENO─ ─IN　OUT─	TAN　IN, OUT	

注意：由于数学函数指令的操作数为实数类型，所以对整数或双整数进行操作时应先进行数据格式的转换。

例 8-8　数学函数指令举例，如图 8-9 所示。

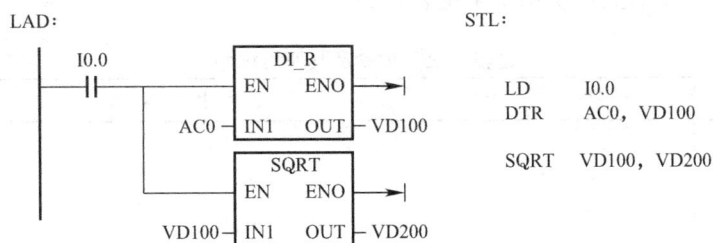

```
LAD:                              STL:

  I0.0        ┌──DI_R──┐
──┤├──────────┤EN   ENO├──►          LD    I0.0
              │        │             DTR   AC0, VD100
        AC0 ──┤IN1  OUT├─ VD100
              └────────┘             SQRT  VD100, VD200
              ┌──SQRT──┐
           ┌──┤EN   ENO├──►
           │  │        │
     VD100─┤  ┤IN1  OUT├─ VD200
              └────────┘
```

图 8-9　数学函数指令举例

设 AC0 中存放的是双整型数据，先将整型数据转换为实数，然后再对实数进行平方根运算。如果直接对 AC0 求平方根，CPU 会将双整型格式数据直接按照实数格式进行运算，会导致运算结果出错。

另外，S7-200 PLC 指令系统中并没有提供幂函数指令，但可以通过对数函数和指数函数来构造幂函数，如：$z = x^y = \exp(\ln(x^y)) = \exp(y \cdot \ln x)$。同样余切函数和反三角函数也可通过现有的三角函数进行构造。

8.4　S7-200 系列 PLC 的逻辑运算与移位指令及应用举例

8.4.1　逻辑运算类指令

逻辑运算类指令是对无符号的字节、字或双字类型数据进行逻辑操作，如逻辑"与"、逻辑"或"、逻辑"异或"及取反操作等。

1. 逻辑"与"指令

逻辑"与"指令形式及使用说明见表 8-23。

逻辑"与"指令及其使用说明　　　　　　　　　　　　　　　表 8-23

LAD	STL	指 令 说 明
WAND_B ─EN　ENO─ ─IN1　OUT─ ─IN2	ANDB IN1，OUT	
WAND_W ─EN　ENO─ ─IN1　OUT─ ─IN2	ANDW IN1，OUT	1. 将两个输入操作数按位进行逻辑"与"操作，结果存于 OUT 中。 2. LAD：　IN1 and IN2→OUT 　　STL：　IN1 and OUT→OUT 3. 指令的操作数类型有： 　　　　B（字节）、W（字）、DW（双字） 4. 运算结果影响特殊标志位 SM1.0
WAND_DW ─EN　ENO─ ─IN1　OUT─ ─IN2	ANDD IN1，OUT	

2. 逻辑"或"指令

逻辑"或"指令形式及使用说明见表 8-24。

逻辑"或"指令及其使用说明　　表 8-24

LAD	STL	指 令 说 明
WOR_B EN　ENO IN1　OUT IN2	ORB IN1, OUT	
WOR_W EN　ENO IN1　OUT IN2	ORW IN1, OUT	1. 将两个输入操作数按位进行逻辑"或"操作，结果存于 OUT 中。 2. LAD： IN1 or IN2→OUT 　　STL： IN1 or OUT→OUT。 3. 指令的操作类型有： 　　　B（字节）、W（字）、DW（双字）。 4. 运算结果影响特殊标志位 SM1.0
WOR_DW EN　ENO IN1　OUT IN2	ORD IN1, OUT	

3. 逻辑"异或"指令

逻辑"异或"指令形式及使用说明见表 8-25。

逻辑"异或"指令及其使用说明　　表 8-25

LAD	STL	指 令 说 明
WXOR_B EN　ENO IN1　OUT IN2	XORB IN1, OUT	
WXOR_W EN　ENO IN1　OUT IN2	XORW IN1, OUT	1. 将两个输入操作数按位进行逻辑"异或"操作，结果存于 OUT 中。 2. LAD： IN1 xor IN2→OUT 　　STL： IN1 xor OUT→OUT。 3. 指令的操作类型有： 　　　B（字节）、W（字）、DW（双字）。 4. 运算结果影响特殊标志位 SM1.0
WXOR_DW EN　ENO IN1　OUT IN2	XORD IN1, OUT	

4. "取反"指令

逻辑"异或"指令形式及使用说明见表 8-26。

"取反"指令及其使用说明　　　　　　　　　　　　表 8-26

LAD	STL	指 令 说 明
INV_B EN　ENO IN　OUT	INVB　OUT	
INV_W EN　ENO IN　OUT	INVW　OUT	1. 对输入操作数进行"按位取反"操作，结果存于 OUT 中。 2. LAD:　inv (IN) →OUT 　　STL:　inv (OUT) →OUT。 3. 指令的操作类型有： 　　　　　　B (字节)、W (字)、DW (双字)。 4. 运算结果影响特殊标志位 SM1.0
INV_DW EN　ENO IN　OUT	INVD　OUT	

例 8-9　逻辑运算指令举例，如图 8-10 所示。

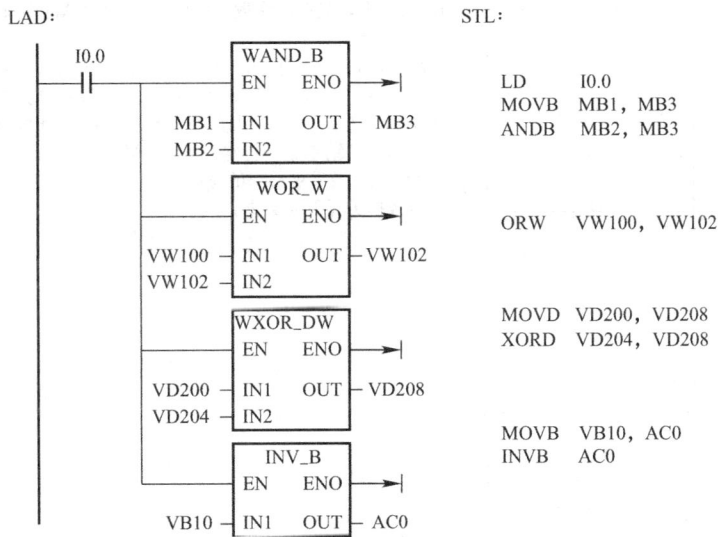

图 8-10　逻辑运算指令举例

8.4.2　移位指令

移位指令在 PLC 控制系统中较为常用，根据移位数据的长度可分为字节类型、字类型和双字类型的移位，也可根据实际情况自定义移位长度。移位的方向分为左移和右移，也可进行左、右方向的循环移位。指令每次执行时可以只移动一位，也可移动多位。

1. 左移、右移指令

左移、右移指令的功能是将输入数据向左或向右移动 N 位后，将结果送入 OUT 中。

指令形式及使用说明见表 8-27。

左移、右移指令及其使用说明　　　　表 8-27

LAD	STL	指 令 说 明
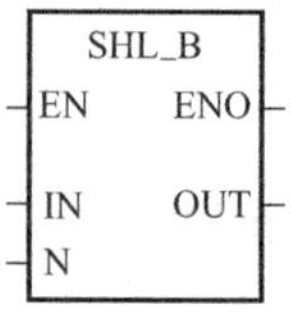 SHL_B EN ENO IN OUT N	SLB OUT,N	
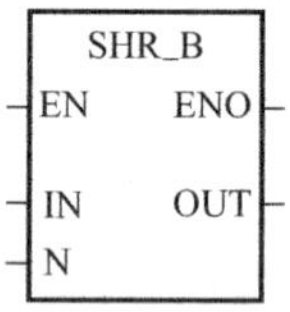 SHR_B EN ENO IN OUT N	SRB OUT,N	
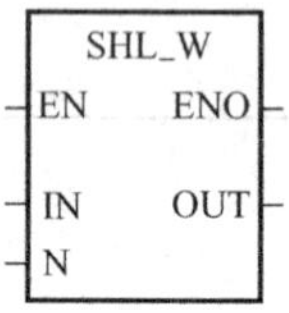 SHL_W EN ENO IN OUT N	SLW OUT,N	1. 在 LAD 中： SHL 指令：左移指令。把输入操作数 IN 向左移动 N 位，结果存于 OUT 中。移空的位自动补零。指令的操作类型有： 　　　　B（字节）、W（字）、DW（双字） SHR 指令：右移指令。把输入操作数 IN 向右移动 N 位，结果存于 OUT 中。移空的位自动补零。指令的操作类型有： 　　　　B（字节）、W（字）、DW（双字）。 2. 在 STL 中，只有操作数 OUT，相当于 LAD 中操作数 IN 和 OUT 指向同一单元。
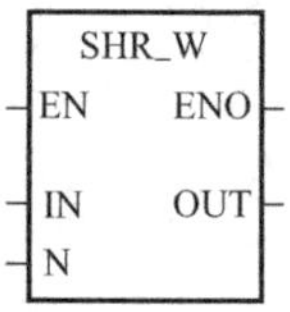 SHR_W EN ENO IN OUT N	SRW OUT,N	3.N 为字节型数据。当 N=0 时，不作移位操作；对于字节类型移位指令，当 N≥8 时，按 8 处理；对于字类型移位指令，当 N≥16 时，按 16 处理；对于双字类型移位指令，当 N≥32 时，按 32 处理。 4. 移位运算的结果影响特殊标志位 SM1.0 和 SM1.1，其中 SM1.1 的值为移位操作最后被移出的位的值。 5. 移位数据为无符号数据
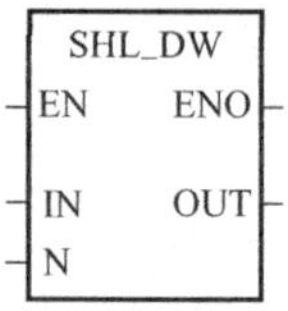 SHL_DW EN ENO IN OUT N	SLD OUT,N	
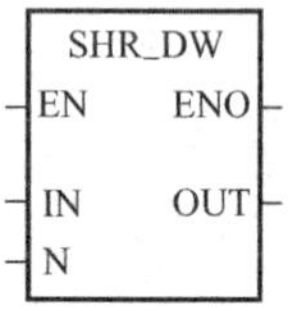 SHR_DW EN ENO IN OUT N	SRD OUT,N	

　　注意：移位指令在使能端 EN 有效时即执行移位操作，如果 EN 端一直有效，即指令前的梯级逻辑一直为真，则每个扫描周期都将执行移位操作。所以即使是双字类型移位指令，也会在很短的时间内使 OUT 清零。在实际中，常常要求在某个条件满足时仅执行一次移位操作，所以应在指令的梯级逻辑中加入微分指令。

　　例 8-10　左移、右移指令举例，如图 8-11 所示。

LAD:

```
     I0.0
   ┤├─┤P├────┌───────────┐
              │   SHR_B   │
              │ EN    ENO ├──
              │           │
        MB1──┤ IN    OUT ├── MB1
          1──┤ N         │
              └───────────┘
              ┌───────────┐
              │   SHL_W   │
              │ EN    ENO ├──
              │           │
      VW100──┤ IN    OUT ├── VW102
          1──┤ N         │
              └───────────┘
```

STL:

```
LD      I0.0
EU
SRB     MB1, 1

MOVW    VW100,VW102
SLW     VW102, 1
```

示例：

MB1

移位前　0101 1101

MB1　　　SM1.1

移位后　0010 1110　→　1

VW100

移位前　1100 0101 1101 0001

VW102

传送指令　1100 0101 1101 0001

VW102　　　　　　　　　SM1.1

移位后　←1000 1011 1010 0010　→　1

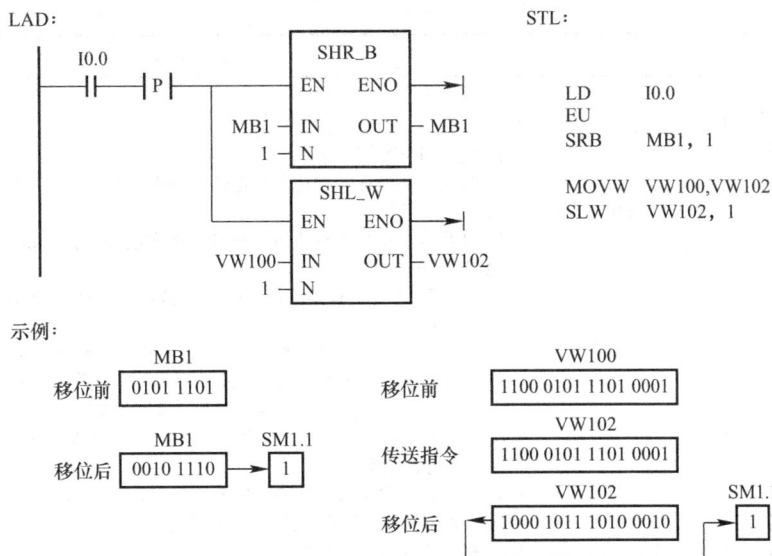

图 8-11　左移、右移指令举例

2. 循环移位指令

循环左移、右移指令是将输入数据向左或向右循环移动 N 位后，将结果送入 OUT 中。指令形式及使用说明见表 8-28。

循环移位指令及其使用说明　　　　　　　　　　　　　　表 8-28

LAD	STL	指 令 说 明
ROL_B EN ENO IN OUT N	RLB　OUT，N	1. 在 LAD 中：ROL 指令：循环左移指令。把输入操作数 IN 向左循环移动 N 位，结果存于 OUT 中。指令的操作类型有：　　　B（字节）、W（字）、DW（双字）ROR 指令：循环右移指令。把输入操作数 IN 向右循环移动 N 位，结果存于 OUT 中。指令的操作类型有：　　　B（字节）、W（字）、DW（双字）2. 在 STL 中，只有操作数 OUT，相当于 LAD 中操作数 IN 和 OUT 指向同一单元。3. N 为字节类型数据。当 N=0 时，不作移位操作；对于字节类型循环移位指令，当 N≥8 时，对 N 除以 8，以余数作为移位次数；对于字类型循环移位指令，当 N≥16 时，对 N 除以 16，以余数作为移位次数；对于双字类型循环移位指令，当 N≥32 时，对 N 除以 32，以余数作为移位次数。4. 移位运算的结果影响特殊标志位 SM1.0 和 SM1.1，其中 SM1.1 的值为循环移位操作最后被移出的位的值。5. 移位数据为无符号数据
ROR_B EN ENO IN OUT N	RRB　OUT，N	
ROL_W EN ENO IN OUT N	RLW　OUT，N	
ROR_W EN ENO IN OUT N	RRW　OUT，N	

LAD	STL	指 令 说 明
ROL_DW ―EN　　ENO― ―IN　　OUT― ―N	RLD　OUT，N	1. 在 LAD 中： ROL 指令：循环左移指令。把输入操作数 IN 向左循环移动 N 位，结果存于 OUT 中。 ROR 指令：循环右移指令。把输入操作数 IN 向右循环移动 N 位，结果存于 OUT 中。 2. 在 STL 中，只有操作数 OUT，相当于 LAD 中操作数 IN 和 OUT 指向同一单元。
ROR_DW ―EN　　ENO― ―IN　　OUT― ―N	RRD　OUT，N	3. N 为字节类型数据。当 N=0 时，不作移位操作；对于字节类型循环移位指令，当 N≥8 时，对 N 除以 8，以余数作为移位次数；对于字类型循环移位指令，当 N≥16 时，对 N 除以 16，以余数作为移位次数；对于双字类型循环移位指令，当 N≥32 时，对 N 除以 32，以余数作为移位次数。 4. 移位运算的结果影响特殊标志位 SM1.0 和 SM1.1，其中 SM1.1 的值为循环移位操作最后被移出的位的值。 5. 移位数据为无符号数据

　　循环移位指令也是在使能端 EN 有效时执行移位操作的，所以如果要求在某个条件满足时仅执行一次循环移位操作，应在指令的梯级逻辑中加入微分指令。

　　例 8-11　循环移位指令举例，如图 8-12 所示。

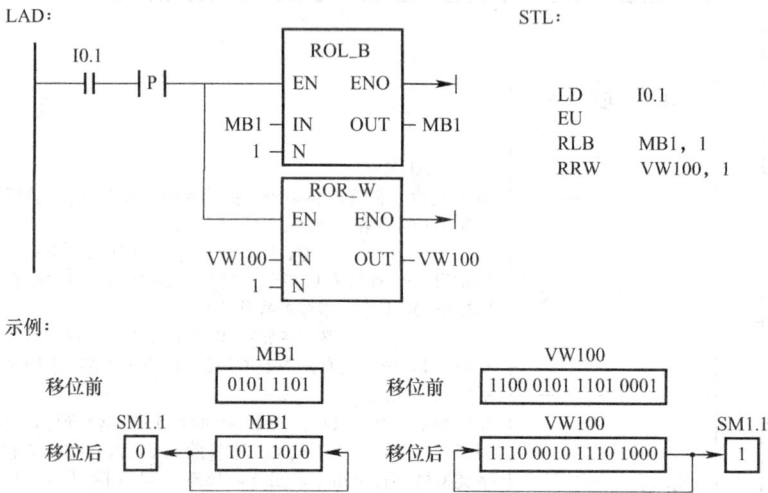

图 8-12　循环移位指令示例

　　3. 自定义移位寄存器指令

　　自定义移位寄存器指令的使用比较灵活，如允许用户自己定义移位寄存器的长度，既可实现左移、又可实现右移，移入的位可根据程序需要设定为"1"或"0"。自定义移位寄存器指令形式及使用说明见表 8-29。

自定义移位寄存器指令及其使用说明　　　　　　　　　　　　　　　表 8-29

LAD	STL	指 令 说 明
SHRB ─EN　ENO─ ─DATA ─S_BIT ─N	SHRB　DATA， S_BIT，N	1. 可以通过 S_BIT 位和 N 来定义移位寄存器的大小。其中 S_BIT 是移位寄存器的起始位，N 为字节类型或常数，用于指定移位寄存器的长度和移位方向： 　当 N>0 时为左移（地址增大的方向） 　当 N<0 时为右移（地址减小的方向）。 2. 移入的内容为 DATA 位的当前值。 3. 移位寄存器指令每次仅移动一位，每次移位操作移出的位用于设置 SM1.1。 4. 移位寄存器的长度不超过 127 位

用户定义的移位寄存器起始位为 S_BIT，即最低位 LSB 为 S_BIT，其最高位 MSB 的计算方法如下：

MSB 字节号＝S_BIT 字节号＋{[（N 的绝对值－1）＋S_BIT 的位号]/8} 的商

MSB 位号＝{[（N 的绝对值－1）＋S_BIT 的位号]/8} 的余数

如 S_BIT 为 V23.7，N 的值为-15，则 MSB 的字节号为 25，位号为 5，即 MSB 为 V25.5。构成移位寄存器如图 8-13 所示。

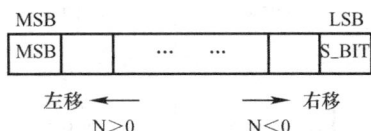

例 8-12　自定义移位寄存器指令举例，如图 8-14 所示。

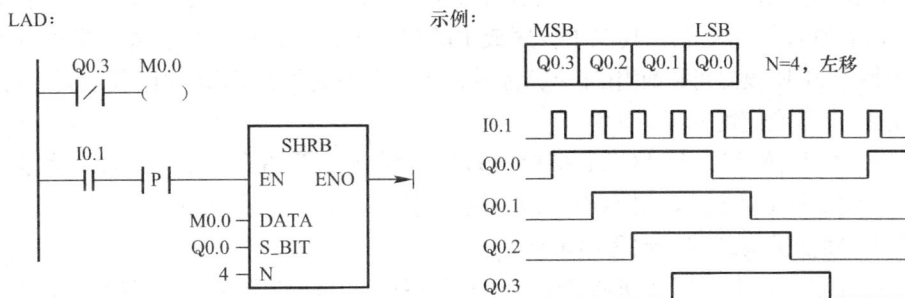

图 8-13　用户自定义的移位寄存器

图 8-14　移位寄存器指令举例

用户定义的 4 位移位寄存器由 Q0.0～Q0.3 组成。设 I0.0 接外部按钮，Q0.0～Q0.3 各接一盏灯。初始时设 Q0.0～Q0.3 全为"0"，则 M0.0 为"1"。程序执行时，每按一下按钮，执行一次移位寄存器指令，左移一位并补以 M0.0 的值。所以四盏灯每按一次按钮亮一盏，直至灯全亮，然后每按一次按钮灭一盏灯，直至灯全灭，恢复至初始状态，之后循环往复。

8.5　S7-200 系列 PLC 的步进控制指令及步进顺序控制应用举例

S7-200 系列 PLC 可使用步进控制指令来实现顺序控制。前面已经讲到，许多生产过程可以分成若干个工序（或节拍），每个工序又可称为一个步进控制段，由步进控制指令 SCR（Sequence Control Relay）来描述，所以也可称为顺序控制段，简称顺控段。

8.5.1 步进控制指令

S7-200 PLC 中规定只能用状态寄存器 S 来表示顺序控制段，每个段由一个状态寄存器位来表示。步进控制指令包括段的开始、段的结束和段的转移指令，指令形式及其使用说明见表 8-30。

步进控制指令及其使用说明   表 8-30

LAD	STL	指 令 说 明
Sn.x SCR	LSCR Sn. x	
Sm.y ——(SCRT)	SCRT Sm. y	1. LSCR：表示顺序控制段的开始，其操作数 Sn.x 为状态寄存器中的一个位，称为该 SCR 段标志位。当 Sn.x 为"1"时，允许该 SCR 段工作。 2. SCRT：顺序控制段转移指令，该指令的梯级逻辑为"1"时，程序转移至由其操作数 Sm.y 表示的 SCR 段，同时自动停止当前 SCR 段的工作。
——(SCRE)	CSCRE	3. CSCRE：顺序控制段条件结束指令。 4. SCRE：顺序控制段无条件结束指令。 5. 每个顺序控制段必须有 LSCR 和 SCRE 指令
——(SCRE)	SCRE	

LSCR 指令使用时，不能在不同的程序中使用相同的 S 状态位。如主程序中使用了 LSCR S0.1，则该指令不能在其他子程序或中断程序中使用，且在整个程序中也只能出现一次。在每个 SCR 段内可以使用跳转和标号指令，但不允许在 SCR 程序段之间进行跳转。在 SCR 段内也不能使用 END 指令。

SCR 段之间的转移是靠 SCRT 指令实现的。设 SCRT 指令所属的 SCR 段标志位为 $S_{n.x}$，指令的操作数为 $S_{m.y}$，则 SCRT 指令执行时将置位 $S_{m.y}$，同时复位 $S_{n.x}$。

8.5.2 功能图与顺序控制程序设计

复杂的控制过程直接用步进控制指令编程往往会出现许多问题，正确的方法是先用"功能图"将控制过程描述出来，弄清各顺控段的任务以及它们之间的关系，然后再使用步进控制指令将其转化为梯形图程序或语句表程序，最后进行补充与完善。

功能图的设计方法如下：

先将控制过程划分为若干个独立的顺控段（节拍），确定每个顺控段的启动条件或转换条件（相当于节拍间的转程信号）；然后将每个顺控段用方框表示，根据工作顺序或动作次序用箭头将各方框连接起来；再为每个顺控段分配状态寄存器位；最后在相邻的方框之间用短横线来表示转换条件，每个顺控段所要执行的控制程序在方框的右侧画出。

下面通过典型的控制流程讲述功能图的绘制以及相应梯形图程序的设计。

1. 单支流程

单支流程是顺序控制程序的最简形式，整个流程的方向是单一的，无分支、选择、跳转和循环等，程序示例如图 8-15 所示。

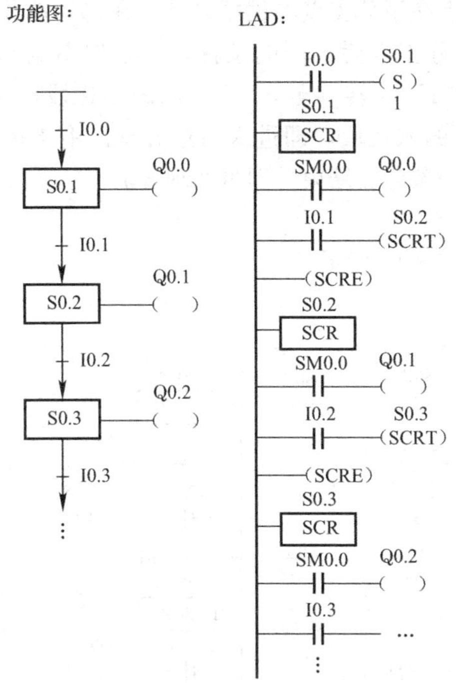

功能图：　　　　　　　　　LAD：　　　　　　　　STL：

图 8-15　单支流程的步进控制

2. 选择性分支与合流

选择性分支与合流程序举例如图 8-16 所示。

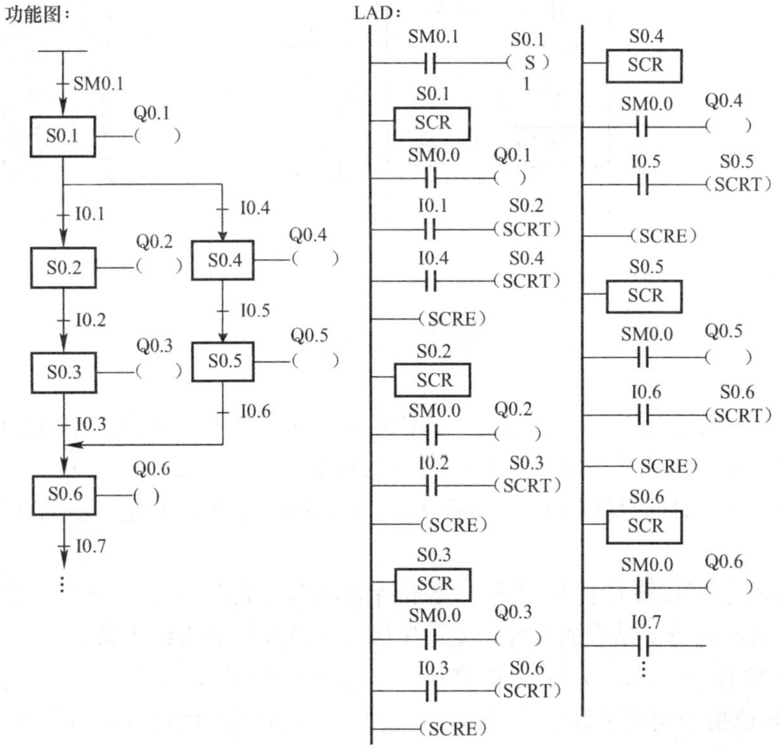

功能图：　　　　　　　　　　LAD：　　　　　　　　　　　　STL：

图 8-16　选择性分支结构的步进控制

选择性分支结构的步进控制难点在于分支点的程序设计。在选择性分支中，任何时刻只允许一条分支工作，进入不同的分支需要不同的条件，且条件不能同时为 1。如图中 S0.1 表示的顺控段中，当 I0.1 为"1"时转移至 S0.2 表示的顺控段，即进入左边分支；当 I0.4 为"1"时转移至 S0.4 表示的顺控段，即进入右边分支。由于选择性分支结构中仅有一条分支工作，所以只要任意一条分支结束，即可实现合流。

3. 并行性分支与合流

选择性分支与合流程序举例如图 8-17 所示。

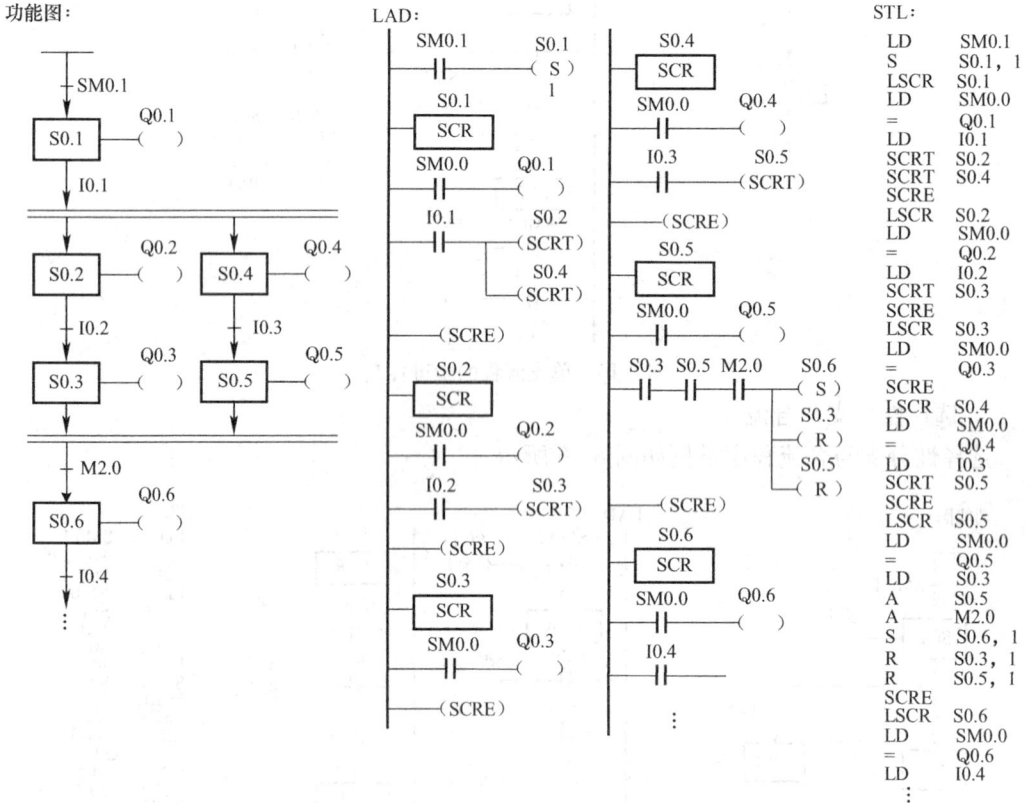

图 8-17　并行性分支结构的步进控制

在功能图中用双水平线表示并行分支结构，其控制难点在于分支点与合流点的程序设计。在并行性分支中，如果转换条件满足，则同时进入所有的分支。如图中 S0.1 表示的顺控段中，当 I0.1 为"1"时同时转移至 S0.2 和 S0.4 表示的顺控段，即左、右两条分支同时工作。

并行性分支结构的合流点设计比较复杂，要求所有的分支都结束后才能实现合流，图 8-17 中用 M2.0 表示所有分支结束的条件，实际中应为各条并行分支结束条件的"与"。左边分支的最后一个顺控段（S0.3）中无转移指令，但在右边分支的最后一个顺控段（S0.5）中用置位、复位指令实现了程序的转移，在置位 S0.6 的同时将所有并行分支最后一个顺控段复位，如 S0.3 和 S0.5，从而实现了并行性分支的合流。

4. 跳转与循环

跳转与循环结构程序举例如图 8-18 所示。

功能图：　　　　　　　　　　　　　　　　　　　　LAD：

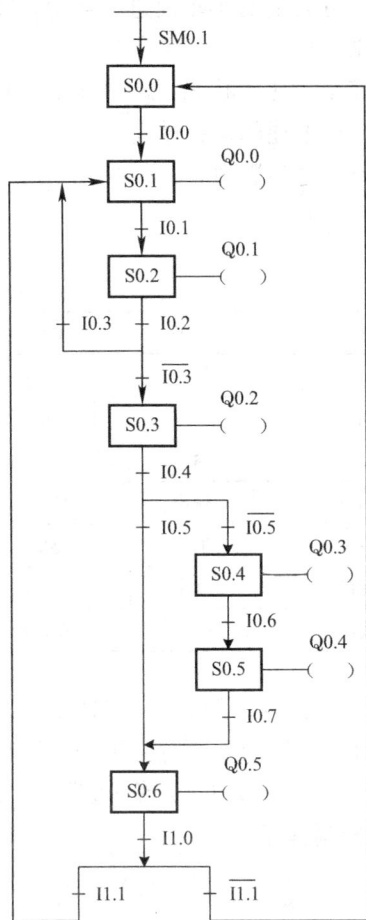

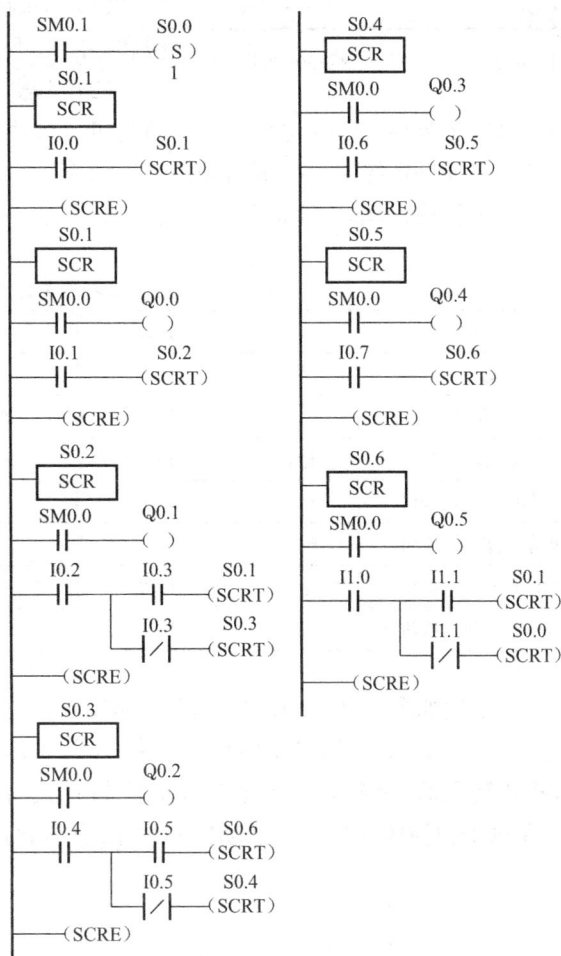

图 8-18　跳转与循环结构的步进控制

图中在由 S0.2 表示的顺控段中，若 I0.2 和 I0.3 为"1"，则转移至 S0.1 表示的顺控段，从而组成循环结构；在由 S0.6 表示的顺控段中，当 I1.0 为"1"时，若 I1.1 为"1"则转移至 S0.1 表示的顺控段，若 I1.1 为"0"则转移至 S0.0 表示的顺控段，从而组成两个不同的循环结构；在由 S0.3 表示的顺控段中，当 I0.4 和 I0.5 为"1"，跳过 S0.4 和 S0.5 表示的顺控段，直接转移至 S0.6 表示的顺控段，从而实现跳转。

跳转与循环结构是选择性分支结构的两个特例，梯形图程序设计与选择性分支相同。

8.5.3　步进控制指令应用举例

例 8-13　建筑工地运料小车的控制。图 8-19 为建筑工地运料小车工作过程示意图。

初始状态下小车位于左端，压触后限位开关。工作时按下启动按钮，小车向右运动（前进），压触前限位开关后小车停止，同时漏斗下方的翻门打开，为小车装料，8 秒钟后翻门关闭，结束装料过程，同时小车后退，压触后限位开关后停止，并打开小车的底门，

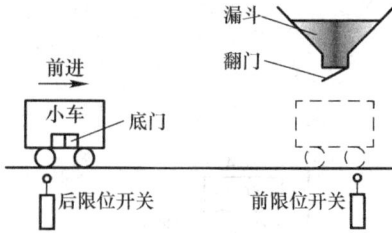

图 8-19　运料小车工作示意图

6 秒钟后关闭底门，结束一次工作过程。要求用 PLC 步进控制指令编写控制程序。

小车的工作方式如下：

（1）手动控制。可实现对小车前进、后退，及翻门和底门的手动控制。

（2）单次自动控制。初始状态下，每按下一次启动按钮，自动完成一次上述的运料过程。

（3）自动循环控制。按下启动按钮后周而复始地执行上述运料过程。

控制过程输入/输出地址分配见表 8-31。

小车运料系统 I/O 分配表　　　　　　表 8-31

名称	类型	地址	名称	类型	地址
启动按钮	输入	I0.0	手动控制方式	输入	I0.3
前限位开关	输入	I0.1	单次自动方式	输入	I0.4
后限位开关	输入	I0.2	自动循环方式	输入	I0.5
小车前进手动按钮	输入	I0.6	小车前进	输出	Q0.0
小车后退手动按钮	输入	I0.7	小车后退	输出	Q0.1
翻门打开手动按钮	输入	I1.0	打开翻门	输出	Q0.2
底门打开手动按钮	输入	I1.1	打开底门	输出	Q0.3

可以采用如图 8-20 所示的主程序结构，该结构采用跳转与标号指令，当处于手动控制方式时，I0.3 为"1"，I0.4 和 I0.5 为"0"，CPU 在每个扫描周期执行完手动控制程序后直接跳转至程序结尾。当处于自动控制方式时，I0.3 为"0"，I0.4 或 I0.5 为"1"，CPU 在每个扫描周期将跳过手动控制程序而仅执行自动控制程序。

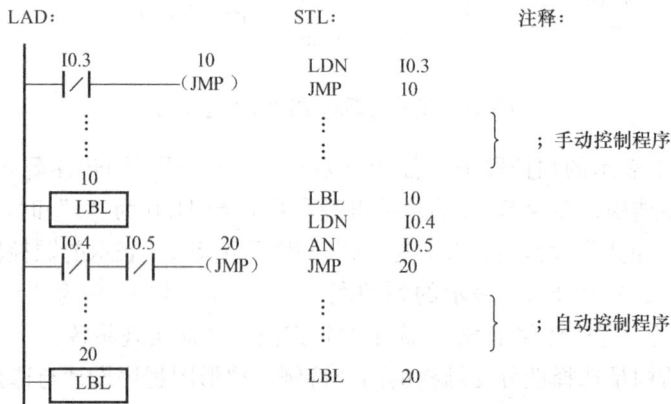

图 8-20　运料小车工作过程主程序结构

也可采用子程序的方式设计程序，如图 8-21 所示，其中 SBR_0 为手动控制程序，SBR_1 为自动控制程序。

LAD:

```
     I0.3              SBR_0
  ───┤├────────────────┤EN │

     I0.4              SBR_1
  ───┤├──┬─────────────┤EN │
         │
     I0.5 │
  ───┤├──┘
```

STL:

```
LD    I0.3
CALL  SBR_0
LD    I0.4
O     I0.5
CALL  SBR_1
```

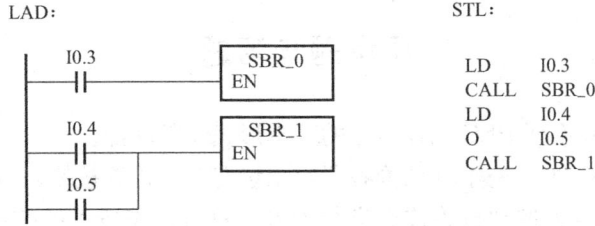

图 8-21　采用子程序的主程序结构

现以自动运行方式为例，采用步进控制指令设计的控制程序如图 8-22 所示。

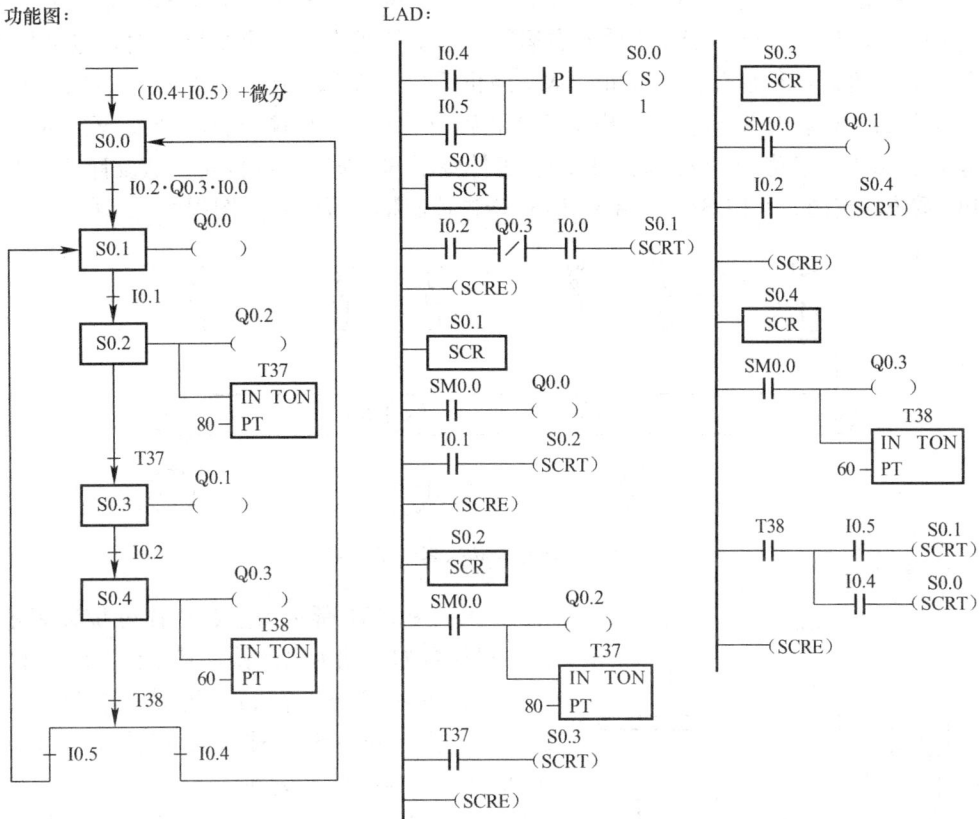

图 8-22　运料小车自动运行控制程序

根据题意可以将小车的工作过程分为四个节拍，即四个顺控段：小车前进、装料、小车后退、卸料，分别由 S0.1、S0.2、S0.3 和 S0.4 表示。设初始状态由 S0.0 表示，小车自动运行时必须由初始状态开始。S0.0 应在系统从手动方式向自动方式切换时置位。

注意：控制程序中还应考虑手动控制和自动控制方式的相互切换。如自动方式下小车未完成一次循环就将工作方式改为手动控制，或手动方式下小车未回到初始位置就将系统工作方式改为自动运行等。最简单的处理方法是小车只有处于初始位置时才能进行工作方式的切换。当然现场调试时可能还会有其他要求，程序设计时都应该认真考虑。

思考题与习题

8-1 简述 S7-200 系列 PLC 比较指令的基本形式及其功能。

8-2 设计一个 S7-200 系列 PLC 抢答器，系统有 5 个抢答按钮，对应 5 个指示灯，出题人提出问题后，答题人按动抢答按钮进行抢答，只有最先按下的按钮对应的指示灯亮。出题人按下复位按钮后，可进行下一题的抢答。试设计梯形图程序，I/O 地址自行分配。

8-3 简述 S7-200 系列 PLC 步进控制指令的使用方法及特点。

8-4 用步进控制指令实现三台电动机的顺序启动及逆序停止控制过程。

8-5 多级皮带传送系统如图 8-23 所示。当工件位于 SQ1 位置时，按下启动按钮 SB 后，电动机 M1 启动运行，带动工件向右运行。当工件碰压行程开关 SQ2 时，电动机 M2 启动运行，工件碰压行程开关 SQ3 时，M1 停止运行，由 M2 带动工件继续向右移动。同理，当工件碰压行程开关 SQ4 时，电动机 M3 启动运行，工件碰压行程开关 SQ5 时，M2 停止运行，由 M3 带动工件继续向右移动。工件碰压 SQ6 时，M3 停止。试设计 S7-200 系列 PLC 系统功能图，并用 S7-200 系列 PLC 步进控制指令设计梯形图程序。

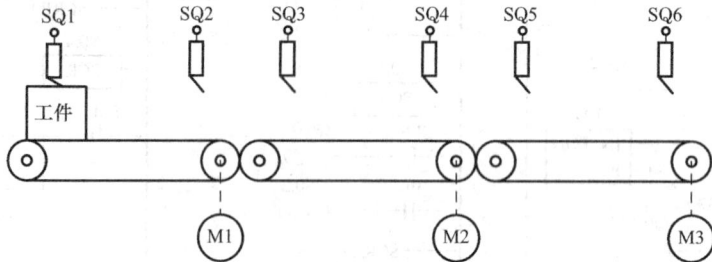

图 8-23 多级皮带传送系统示意图

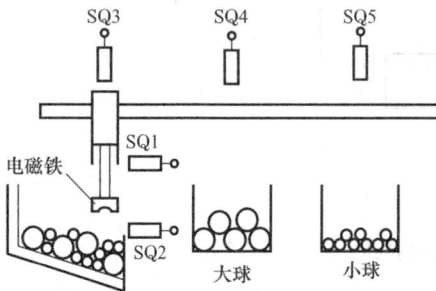

图 8-24 金属球体分拣装置系统示意图

8-6 图 8-24 所示为金属球体分拣装置示意图。机械臂的下端为电磁铁，其工作顺序如下：

（1）机械臂处于初始位置时，上限位开关 SQ1 和左限位开关 SQ3 被压触而闭合，按下启动按钮 SB，机械臂向下运动。

（2）碰压下限位开关 SQ2 时，电磁铁得电，以便吸引金属球体，1s 后机械臂向上移动。

（3）如果电磁铁吸住的是大球，则受球体重力作用的极限开关 SQ6（图中未画出）处于断开状态，若吸住的是小球，极限开关 SQ6 处于闭合状态。

（4）机械臂带动金属球上升碰压上限位开关 SQ1 后，转为向右移动。

（5）如果电磁铁吸引的是大球，则向右移动至中限位开关 SQ4 处时，电磁铁断电；否则移动至右限位开关 SQ5 处时，电磁铁断电。

（6）电磁铁断电 1s 后，机械臂向左运动返回到初始位置，结束一次工作循环，试设计 S7-200 系列 PLC 系统功能图及梯形图程序。

第9章 PLC及DDC控制器在建筑电气控制系统中的应用

PLC在建筑电气控制系统中的应用已经越来越普遍。主要应用于建筑供配电系统和照明控制系统、建筑供水水泵的控制系统、建筑的电梯控制系统、建筑的中央空调系统以及建筑消防的电气控制系统等建筑电气设备中。直接数字控制（DDC，Direct Digital Control）是利用数字设备对某一状态或过程进行自动控制，是在仪表控制等自动控制系统基础上逐步发展形成的一种基本的计算机控制系统。DDC控制技术目前在建筑电气智能化系统中的应用也越来越普遍。本章主要介绍三菱FX系列PLC在建筑的水泵和自动门电气控制系统中的应用、西门子S7-200系列PLC在建筑空调系统的电气控制系统中的应用、DDC控制技术在空调系统中的应用。

9.1 三菱FX系列PLC在建筑电气控制系统中的应用

9.1.1 三菱FX系列PLC在水泵数据控制系统中的应用

1. 花园浇水水泵的PLC数据控制

某小区建筑的花园要求每天早上8时～8时15分对花卉进行一次浇水，用PLC控制浇水水泵的启动和停止控制。根据控制功能要求，此处采用了数据传送指令（MOV）和时钟数据区间比较指令（TZCP）、时钟数据读出指令（TRD）进行控制。具体的三菱FX可编程控制器的控制梯形图如图9-1所示。其工作原理分析见图9-1所示。

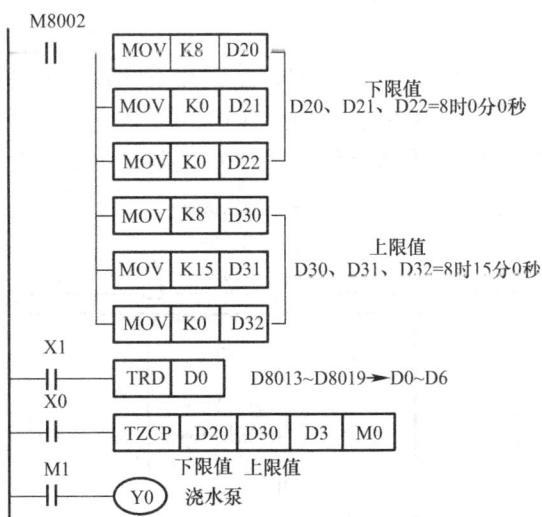

图9-1 某建筑花园浇水水泵三菱PLC控制系统梯形图

2. 植物灌溉系统的水泵 PLC 数据控制

某建筑的植物园对 A，B 两种植物进行灌溉，控制要求如下：

A 类植物需要定时灌溉，要求在早上 6：00～6：30 之间，晚上 23：00～23：30 之间灌溉。B 类植物需要每隔一天的晚上 23：10 灌溉一次，每次 10min。具体的控制梯形图如图 9-2 所示。其工作原理分析见图 9-2 所示。

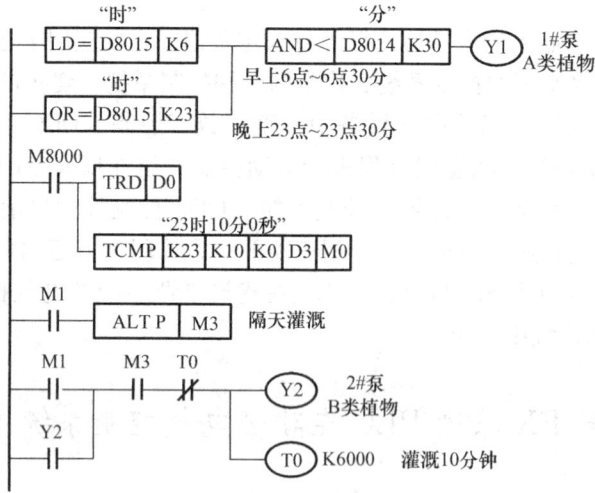

图 9-2　某建筑植物灌溉系统水泵 PLC 控制梯形图

9.1.2　三菱 FX 系列 PLC 在自动门数据控制系统中的应用

某建筑的商店自动门控制示意图如图 9-3 所示，它主要由微波人体检测开关 SQ1（进门检测 X0），SQ2（出门检测 X1）和门限位开关 SQ3（开门限位 X2），SQ4（关门限位 X3），门控电机 M 和接触器 KM1（开门 Y0），KM2（关门 Y1）组成。当人接近大门时，微波检测开关 SQ1、SQ2 检测到人就开门，当人离开时，检测不到人，经 2s 后自动关门。

在商店开门期间（上午 8 时～下午 18 时）检测开关 SQ1、SQ2 只要检测到人就开门；下午 18 时～19 时，顾客只能出不能进，只有出门检测开关 SQ2 检测到人才开门，而进门检测开关 SQ1 不起作用。图 9-4 为商店自动门 PLC 控制接线图和梯形图。

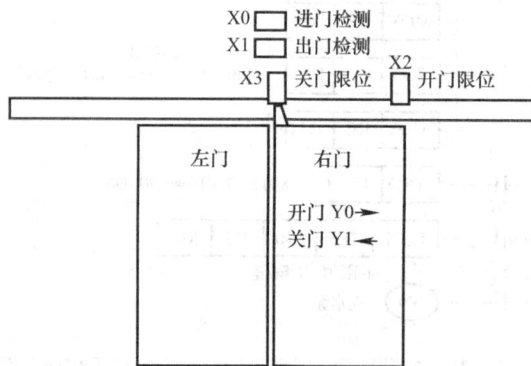

图 9-3　商店自动门示意图

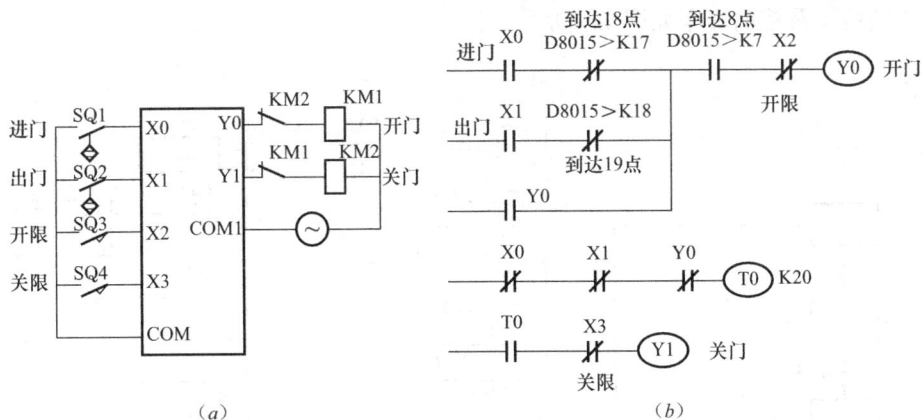

图 9-4　商店自动门 PLC 控制接线图和梯形图
（a）接线图；（b）梯形图

9.2　西门子 S7-200 系列 PLC 在建筑电气控制系统中的应用

9.2.1　西门子 S7-200 系列 PLC 在建筑混料罐控制系统中的应用

某建筑施工的混料罐系统的工作原理图如图 9-5 所示。

控制要求如下：

系统开始工作时，液面应处于最低位，按下启动按钮，打开 A 阀门，液体 A 流入混料罐，当液面上升到中间位置时，关闭 A 阀门，打开 B 阀门，B 液体流入混料罐，当液面上升到最高位时，关闭 B 阀门，启动搅拌机，2min 后停止搅拌，打开 C 阀门，当液面降至最低位后，延时 5s 关闭 C 阀门，完成一次工作过程。

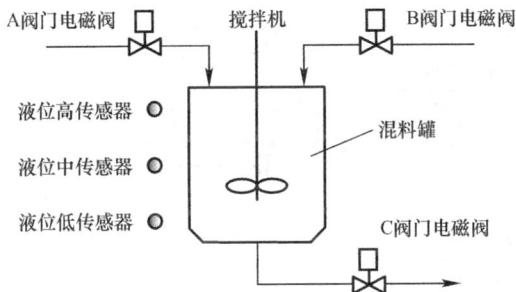

图 9-5　混料罐系统工作原理图

在工作过程中若没有按下停止按钮，则系统在 2s 后自行启动上述工作循环；否则，当一次循环过程结束后系统停止运行。按下复位按钮，系统恢复至初始状态。

首先进行系统的 I/O 地址分配，见表 9-1。

混料罐控制系统 I/O 分配表　　　　　　表 9-1

名称	类型	地址	名称	类型	地址
启动按钮	输入	I0.0	液位低传感器	输入	I0.5
停止按钮	输入	I0.1	A 阀门电磁阀	输出	Q0.0
复位按钮	输入	I0.2	B 阀门电磁阀	输出	Q0.1
液位高传感器	输入	I0.3	C 阀门电磁阀	输出	Q0.2
液位中传感器	输入	I0.4	搅拌机	输出	Q0.3

设系统的初始状态为 S0.0，工作过程可划分为 6 个顺控段：A 阀门打开、B 阀门打开、搅拌机工作、C 阀门打开、延时 5s 和延时 2s，分别由 S0.1、S0.2、……、S0.6 表示。

系统功能图及控制程序如图 9-6 所示。

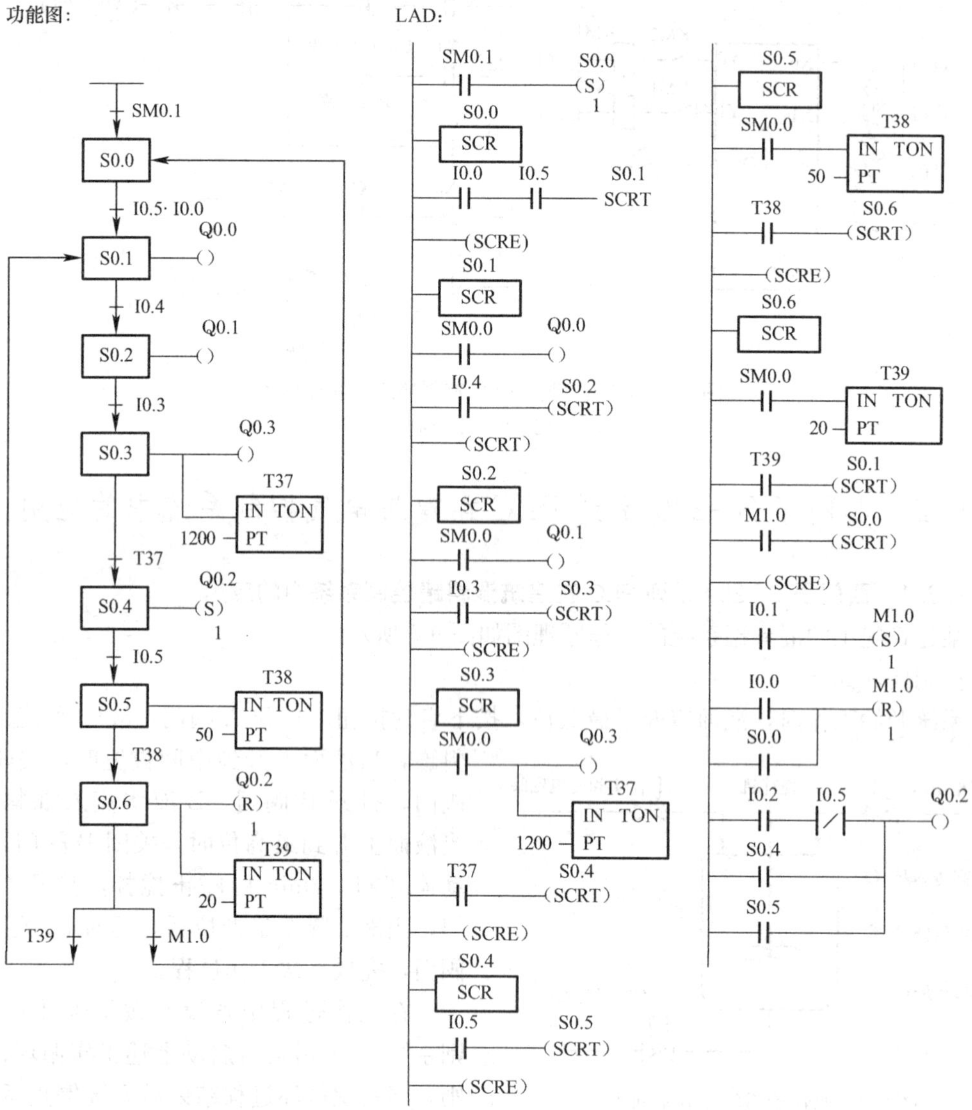

功能图：

LAD：

图 9-6　混料罐控制功能图及 S7-200 PLC 程序

　　程序中需要重点理解的是对停止过程的处理。当 I0.1 为"1"时，置位 M1.0，但此时并不停止整个系统的工作。也就是说用置位指令来记录"停止按钮曾经被按下"。只有当系统运行到 S0.6 表示的顺控段时，才对 M1.0 进行检测。如果此时 M1.0 为"1"，则立即转移至 S0.0，返回至初始状态，用 S0.0 将 M1.0 复位；否则当 T39 延时时间到后，转移至 S0.1，重新开始一次工作循环。

　　系统复位是指系统恢复至初始状态。可以看出，复位过程实际上是打开 C 阀门使液面下降的过程。同时 C 阀门应在 S0.4 和 S0.5 所表示的顺控段中打开，因此将 S0.4、S0.5 常开触点及复位按钮相"或"组成 Q0.2 的输出电路。

　　注意：虽然 Q0.2 在 S0.4 和 S0.5 所表示的顺控段中为"1"，但程序中不能在 S0.4 和

S0.5 的程序段中分别输出 Q0.2，只能使用置位、复位指令或图示"或"的方法。因为在 PLC 程序中，一个元件在多个梯级中多次输出时，仅有最后一个梯级的逻辑功能有效，其他均无效，这是由 PLC 扫描方式决定的。

9.2.2　西门子 S7-200 系列 PLC 在建筑空调控制系统中的应用

在此以某单位中央空调监控系统为例，下位机采用 S7-200 系列 PLC 替代 DDC，用梯形图编写控制程序。在该系统中，上位机的监控界面采用力控组态软件实现。

1. 系统的监控点表

根据上述空调机组和水系统中的监控内容，可列出中央空调系统的监控点表，见表 9-2。

空调系统的监控点表　　　　　　　　　　　　　　　　表 9-2

系统	监控点名称	输入		输出	
		DI	AI	DO	AO
风系统	新风温湿度监测		2		
	送风温湿度监测		2		
	回风温湿度监测		2		
	防冻保护报警	1			
	过滤器阻塞报警	1			
	送风机压差报警	1			
	送风机手/自动状态	1			
	送风机运行状态	1			
	送风机故障报警	1			
	送风机启/停控制			1	
	回风机压差报警	1			
	回风机手/自动状态	1			
	回风机运行状态	1			
	回风机故障报警	1			
	回风机启/停控制			1	
	加湿阀控制			1	
	新风风门控制		1		1
	排风风门控制		1		1
	回风风门控制		1		1
	冷水电动二通阀监控		1		1
	热水电动二通阀监控		1		1
水系统	冷冻水供水温度 T1 监测		1		
	冷冻水回水温度 T2 监测		1		
	冷却水供水温度 T4 监测		1		
	冷却水回水温度 T3 监测		1		
	水流监测 FS	2			
	冷冻水阀控制			1	
	冷冻水泵启停			1	
	冷冻水供回水压差		1		
	旁通阀监控		1		1

续表

系统	监控点名称	输入		输出	
		DI	AI	DO	AO
水系统	冷却水阀控制			1	
	冷却水泵启停			1	
	制冷机组启停			1	
	冷冻水流量监测 F1		1		
	冷却水流量监测 F2		1		
	冷却塔风机控制				1
合计:		12	19	8	7

2. PLC 硬件选型及系统配置

现场控制器采用 S7-200 系列 PLC。由表 9-2 所示的系统监控点数，再考虑一定的裕量，可得出该系统的硬件选型及点数对照表，见表 9-3。

PLC 硬件模块选型及点数对照表 表 9-3

模块名称	型号及订货号	数量	数字量 I/O 点数	模拟量 I/O 点数
CPU 模块	CPU224 6ES7 214-1AD23-0XB0	1	14/10	
模拟量输入/输出扩展模块	EM235 6ES7 235-0KD22-0XA0	5		4/1
模拟量输出扩展模块	EM232 6ES7 232-0HB22-0XA0	1		0/2

S7-200PLC 控制系统的硬件配置图如图 9-7 所示。

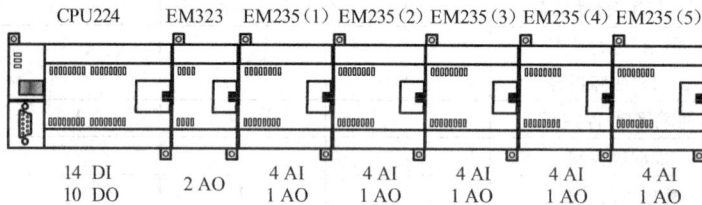

CPU224　EM323　EM235(1)　EM235(2)　EM235(3)　EM235(4)　EM235(5)

14 DI　2 AO　4 AI　4 AI　4 AI　4 AI　4 AI
10 DO　　　1 AO　1 AO　1 AO　1 AO　1 AO

图 9-7　PLC 硬件系统配置图

各模块 I/O 编制范围见表 9-4。

系统各模块编址范围 表 9-4

模 块	CPU224	EM232	EM235 (1)	EM235 (2)	EM235 (3)	EM235 (4)	EM235 (5)
输入 地址	I0.0～I0.7 I1.0～I1.5		AIW0 AIW2 AIW4 AIW6	AIW8 AIW10 AIW12 AIW14	AIW16 AIW18 AIW20 AIW22	AIW24 AIW26 AIW28 AIW30	AIW32 AIW34 AIW36 AIW38
输出 地址	Q0.0～Q0.7 Q1.0～Q1.1	AQW0 AQW2	AQW4 (AQW6)	AQW8 (AQW10)	AQW12 (AQW14)	AQW16 (AQW18)	AQW20 (AQW22)

注意：对于 S7-200 系列 PLC 的模拟量输入/输出扩展模块 EM235，系统会为每个模块预留一个模拟量输出地址，即 EM235 输出地址中加"括号"的地址，这些地址在实际

中不能使用。

3. PLC 控制系统 I/O 地址表

S7-200PLC 控制系统 I/O 端口分配表见表 9-5。

控制系统 I/O 分配表　　　　　　　　　表 9-5

名称	I/O 地址	类型	名称	I/O 地址	类型
防冻开关	I0.0	DI	送风监测湿度传感器	AIW6	AI
过滤器压差开关	I0.1	DI	回风监测温度传感器	AIW8	AI
送风机压差开关	I0.2	DI	回风监测湿度传感器	AIW10	AI
送风机手/自动状态	I0.3	DI	新风风门开度反馈	AIW12	AI
送风机运行状态	I0.4	DI	回风风门开度反馈	AIW14	AI
送风机故障报警	I0.5	DI	排风风门开度反馈	AIW16	AI
回风机压差报警	I0.6	DI	冷水电动二通阀开度控制	AIW18	AI
回风机手/自动状态	I0.7	DI	热水电动二通阀开度反馈	AIW20	AI
回风机运行状态	I1.0	DI	冷冻水供水温度 T1	AIW22	AI
回风机故障报警	I1.1	DI	冷冻水回水温度 T2	AIW24	AI
水流开关 FS1	I1.2	DI	冷却水回水温度 T3	AIW26	AI
水流开关 FS2	I1.3	DI	冷却水回水温度 T4	AIW28	AI
送风机启/停控制	Q0.0	DO	冷冻水供回水压差	AIW30	AI
回风机启/停控制	Q0.1	DO	旁通阀开度反馈	AIW32	AI
加湿阀开/闭控制	Q0.2	DO	冷冻水流量监测 F1	AIW34	AI
冷却水阀控制	Q0.3	DO	冷冻水流量监测 F2	AIW36	AI
冷却水泵启停控制	Q0.4	DO	新风风门控制	AQW0	AO
冷冻水阀控制	Q0.5	DO	排风风门控制	AQW2	AO
冷冻水泵启停控制	Q0.6	DO	回风风门控制	AQW4	AO
制冷机组启停控制	Q0.7	DO	冷水电动二通阀开度	AQW8	AO
新风监测温度传感器	AIW0	AI	热水电动二通阀开度	AQW12	AO
新风监测湿度传感器	AIW2	AI	旁通阀监控	AQW16	AO
送风监测温度传感器	AIW4	AI	冷却塔风机控制	AQW20	AO

4. 中央空调系统的启停控制程序设计

中央空调的启动过程一般是先启动风系统，然后是水系统。具体启动顺序：新风阀、回风阀、排风阀→送风风机→回风风机→冷却塔风机→冷却水阀→冷却水泵→冷冻水阀、冷冻水调节阀→冷冻水泵→冷水机组。

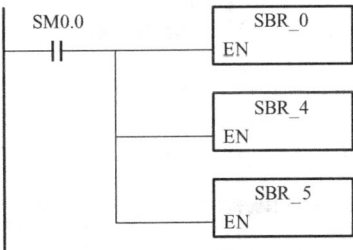

中央空调的停止过程则与启动过程相反。停止过程：冷水机组→冷冻水泵→冷冻水阀、冷冻水调节阀→冷却水泵→冷却水阀→冷却塔风机→回风风机→送风风机→新风阀、回风阀、排风阀。

中央空调系统控制的主程序如图 9-8 所示。SBR0 为启停控制子程序、SBR4 为送风温度控制子程序、SBR5 为湿度控制子程序。

图 9-8　中央空调系统控制主程序

中央空调系统启停控制的各子程序如图 9-9 和图 9-10 所示。图 9-9 为启停控制子程序（一），图 9-10 为中央空调系统启停控制子程序（二）。图 9-9 程序中，各设备按照新风

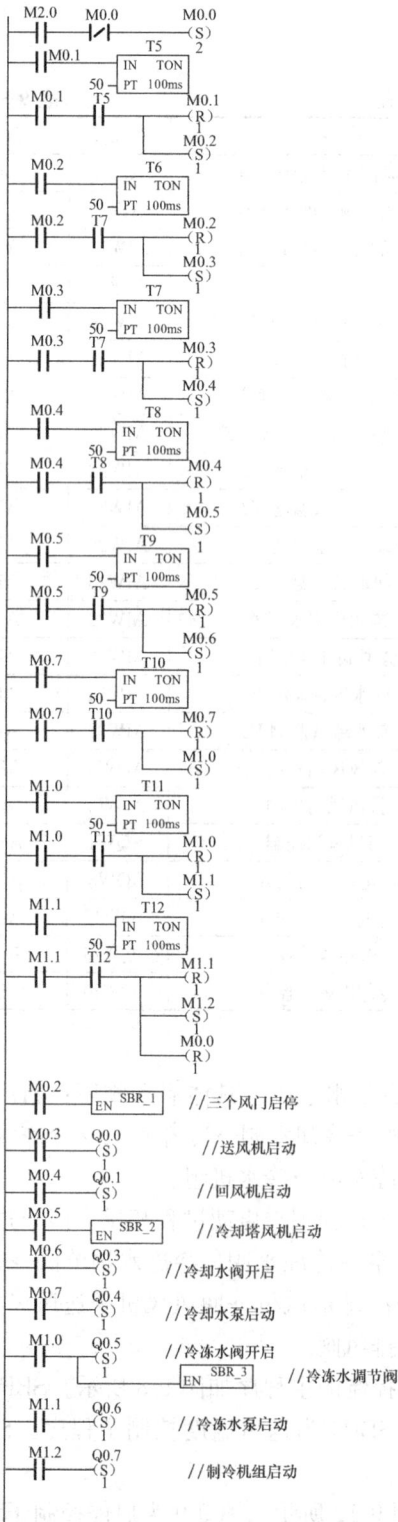

SBR0
//启动

//停止

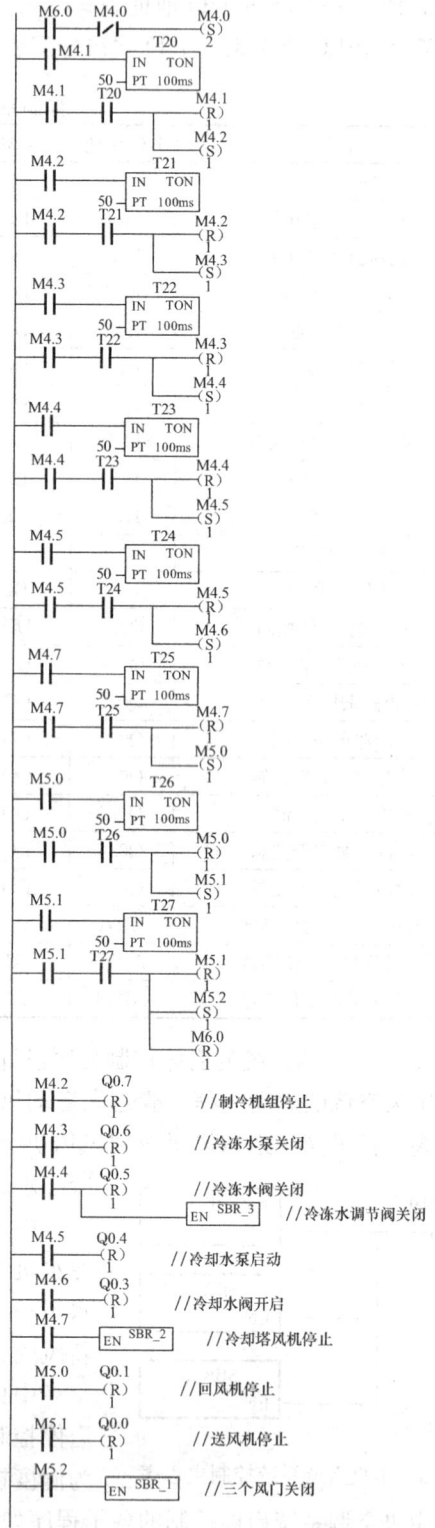

图 9-9　中央空调系统启停控制子程序 1

阀、回风阀、排风阀→送风风机→回风风机→冷却塔风机→冷却水阀→冷却水泵→冷冻水阀、冷冻水调节阀→冷冻水泵→冷水机组的顺序来顺序启动、逆序停止。时间间隔为 5s。

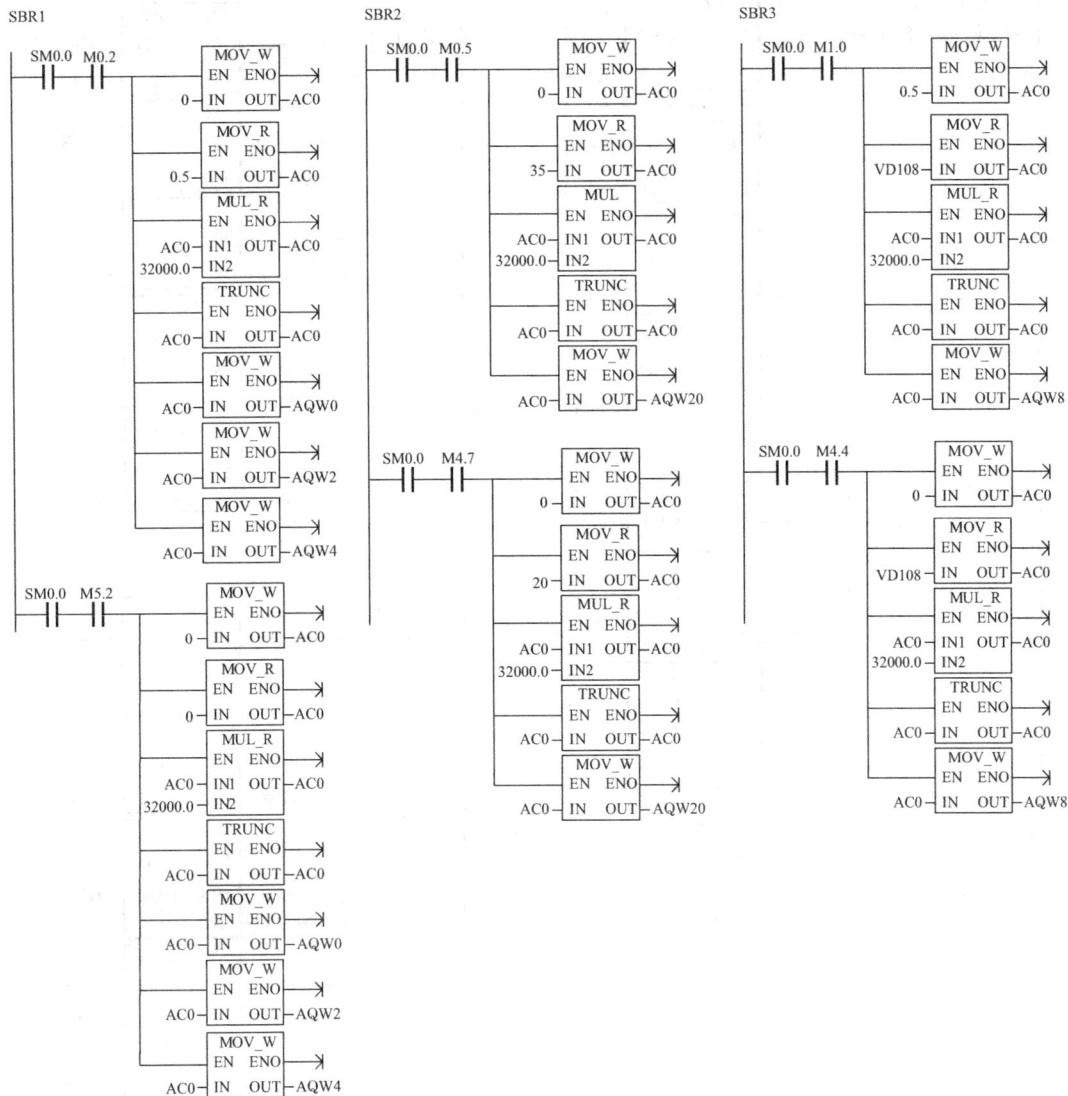

SBR1

SM0.0　M0.2
```
          ┌──────────┐
          │  MOV_W   │
          │ EN   ENO │
          │          │
    0 ─── IN   OUT ── AC0
          └──────────┘
          ┌──────────┐
          │  MOV_R   │
          │ EN   ENO │
          │          │
  0.5 ─── IN   OUT ── AC0
          └──────────┘
          ┌──────────┐
          │  MUL_R   │
          │ EN   ENO │
    AC0 ─ IN1  OUT ── AC0
 32000.0─ IN2        │
          └──────────┘
          ┌──────────┐
          │  TRUNC   │
          │ EN   ENO │
          │          │
    AC0 ─ IN   OUT ── AC0
          └──────────┘
          ┌──────────┐
          │  MOV_W   │
          │ EN   ENO │
          │          │
    AC0 ─ IN   OUT ── AQW0
          └──────────┘
          ┌──────────┐
          │  MOV_W   │
          │ EN   ENO │
          │          │
    AC0 ─ IN   OUT ── AQW2
          └──────────┘
          ┌──────────┐
          │  MOV_W   │
          │ EN   ENO │
          │          │
    AC0 ─ IN   OUT ── AQW4
          └──────────┘
```

SM0.0　M5.2
```
          ┌──────────┐
          │  MOV_W   │
          │ EN   ENO │
    0 ─── IN   OUT ── AC0
          └──────────┘
          ┌──────────┐
          │  MOV_R   │
          │ EN   ENO │
    0 ─── IN   OUT ── AC0
          └──────────┘
          ┌──────────┐
          │  MUL_R   │
          │ EN   ENO │
    AC0 ─ IN1  OUT ── AC0
 32000.0─ IN2        │
          └──────────┘
          ┌──────────┐
          │  TRUNC   │
          │ EN   ENO │
    AC0 ─ IN   OUT ── AC0
          └──────────┘
          ┌──────────┐
          │  MOV_W   │
          │ EN   ENO │
    AC0 ─ IN   OUT ── AQW0
          └──────────┘
          ┌──────────┐
          │  MOV_W   │
          │ EN   ENO │
    AC0 ─ IN   OUT ── AQW2
          └──────────┘
          ┌──────────┐
          │  MOV_W   │
          │ EN   ENO │
    AC0 ─ IN   OUT ── AQW4
          └──────────┘
```

SBR2

SM0.0　M0.5
```
          ┌──────────┐
          │  MOV_W   │
          │ EN   ENO │
    0 ─── IN   OUT ── AC0
          └──────────┘
          ┌──────────┐
          │  MOV_R   │
          │ EN   ENO │
   35 ─── IN   OUT ── AC0
          └──────────┘
          ┌──────────┐
          │   MUL    │
          │ EN   ENO │
    AC0 ─ IN1  OUT ── AC0
 32000.0─ IN2        │
          └──────────┘
          ┌──────────┐
          │  TRUNC   │
          │ EN   ENO │
    AC0 ─ IN   OUT ── AC0
          └──────────┘
          ┌──────────┐
          │  MOV_W   │
          │ EN   ENO │
    AC0 ─ IN   OUT ── AQW20
          └──────────┘
```

SM0.0　M4.7
```
          ┌──────────┐
          │  MOV_W   │
          │ EN   ENO │
    0 ─── IN   OUT ── AC0
          └──────────┘
          ┌──────────┐
          │  MOV_R   │
          │ EN   ENO │
   20 ─── IN   OUT ── AC0
          └──────────┘
          ┌──────────┐
          │  MUL_R   │
          │ EN   ENO │
    AC0 ─ IN1  OUT ── AC0
 32000.0─ IN2        │
          └──────────┘
          ┌──────────┐
          │  TRUNC   │
          │ EN   ENO │
    AC0 ─ IN   OUT ── AC0
          └──────────┘
          ┌──────────┐
          │  MOV_W   │
          │ EN   ENO │
    AC0 ─ IN   OUT ── AQW20
          └──────────┘
```

SBR3

SM0.0　M1.0
```
          ┌──────────┐
          │  MOV_W   │
          │ EN   ENO │
  0.5 ─── IN   OUT ── AC0
          └──────────┘
          ┌──────────┐
          │  MOV_R   │
          │ EN   ENO │
 VD108 ── IN   OUT ── AC0
          └──────────┘
          ┌──────────┐
          │  MUL_R   │
          │ EN   ENO │
    AC0 ─ IN1  OUT ── AC0
 32000.0─ IN2        │
          └──────────┘
          ┌──────────┐
          │  TRUNC   │
          │ EN   ENO │
    AC0 ─ IN   OUT ── AC0
          └──────────┘
          ┌──────────┐
          │  MOV_W   │
          │ EN   ENO │
    AC0 ─ IN   OUT ── AQW8
          └──────────┘
```

SM0.0　M4.4
```
          ┌──────────┐
          │  MOV_W   │
          │ EN   ENO │
    0 ─── IN   OUT ── AC0
          └──────────┘
          ┌──────────┐
          │  MOV_R   │
          │ EN   ENO │
 VD108 ── IN   OUT ── AC0
          └──────────┘
          ┌──────────┐
          │  MUL_R   │
          │ EN   ENO │
    AC0 ─ IN1  OUT ── AC0
 32000.0─ IN2        │
          └──────────┘
          ┌──────────┐
          │  TRUNC   │
          │ EN   ENO │
    AC0 ─ IN   OUT ── AC0
          └──────────┘
          ┌──────────┐
          │  MOV_W   │
          │ EN   ENO │
    AC0 ─ IN   OUT ── AQW8
          └──────────┘
```

图 9-10　中央空调系统启停控制子程序 2

M2.0、M6.0 为中间变量，当上位机"启动"命令发出后，M2.0 为 1，各设备顺序启动；当上位机"停止"命令发出后，M6.0 为 1，各设备顺序停止。此程序中还包含了 3 个子程序 SBR1、SBR2、SBR3。启动时，SBR1 将新风风门、排风风门和回风风门的开度初始化为 50%，SBR2 将冷却塔风机的频率设定为 35Hz。SBR3 将冷水调节阀开度初始化为 50%。停止时，SBR1 将新风风门、排风风门和回风风门的开度设定为 0%，SBR2 将冷却塔风机的频率设定为 20Hz。SBR3 将冷水调节阀开度设定为 0%。

5. 温度控制与湿度控制

中央空调启动后，开始实施温度控制和湿度控制。中央空调送风温度控制的思想：送风温度传感器检测送风温度并送至 PLC 中，与其设定值比较后经 PI 运算计算出阀门开度，送至冷水调节阀执行器。温度控制子程序如图 9-11 所示。

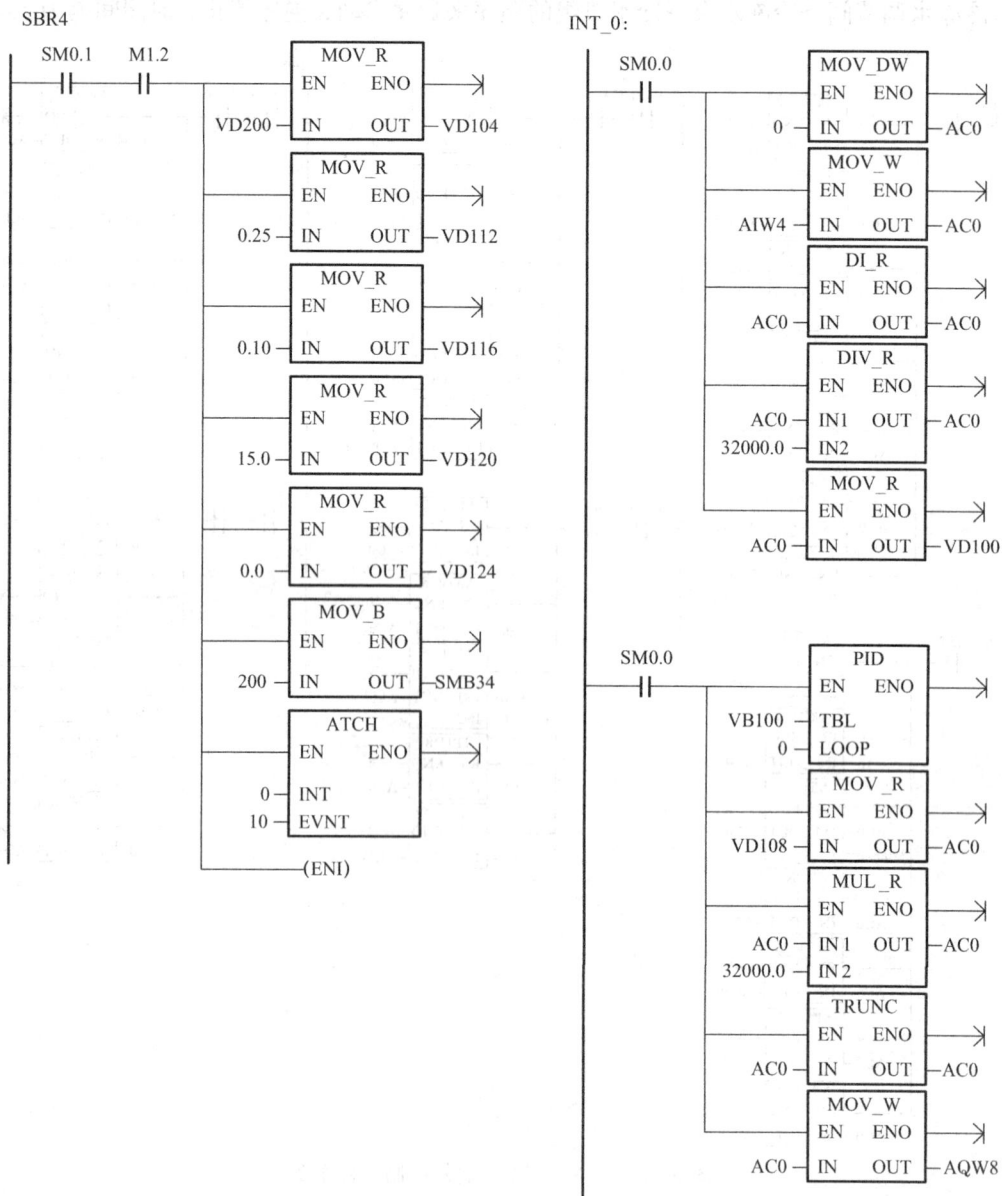

SBR4

| SM0.1 | M1.2 | MOV_R |
| EN ENO |
| VD200 — IN OUT — VD104 |

| MOV_R |
| EN ENO |
| 0.25 — IN OUT — VD112 |

| MOV_R |
| EN ENO |
| 0.10 — IN OUT — VD116 |

| MOV_R |
| EN ENO |
| 15.0 — IN OUT — VD120 |

| MOV_R |
| EN ENO |
| 0.0 — IN OUT — VD124 |

| MOV_B |
| EN ENO |
| 200 — IN OUT — SMB34 |

| ATCH |
| EN ENO |
| 0 — INT |
| 10 — EVNT |

(ENI)

INT_0:

| SM0.0 | MOV_DW |
| EN ENO |
| 0 — IN OUT — AC0 |

| MOV_W |
| EN ENO |
| AIW4 — IN OUT — AC0 |

| DI_R |
| EN ENO |
| AC0 — IN OUT — AC0 |

| DIV_R |
| EN ENO |
| AC0 — IN1 OUT — AC0 |
| 32000.0 — IN2 |

| MOV_R |
| EN ENO |
| AC0 — IN OUT — VD100 |

| SM0.0 | PID |
| EN ENO |
| VB100 — TBL |
| 0 — LOOP |

| MOV_R |
| EN ENO |
| VD108 — IN OUT — AC0 |

| MUL_R |
| EN ENO |
| AC0 — IN1 OUT — AC0 |
| 32000.0 — IN2 |

| TRUNC |
| EN ENO |
| AC0 — IN OUT — AC0 |

| MOV_W |
| EN ENO |
| AC0 — IN OUT — AQW8 |

图 9-11　中央空调系统送风温度控制子程序

此控制程序中，控制参数 $K_c=0.25$、$T_s=0.1$、TI＝15。PID 指令控制回路表首地址为 VB100。采用定时中断 0（中断事件 10）调用 PID 控制程序，定时时间设定为 200ms，相应的中断服务程序为 INT_0。M1.2 为中间变量，实施联锁控制，即系统启动后方可进行温度调节。VD200 中存放经优化算法后计算出的最佳送风温度设定值。此例中省略了最佳送风温度优化算法。

在中断服务程序中，CPU 读取输入变量 AIW4 送风温度当前值，并经标准化后存入控制回路表的 VD100 中。执行 PID 指令后，指令输出值被换算后送至 AQW8 经 D/A 转换后输出。

中央空调送风湿度控制思想：通过送风湿度传感器检测送风湿度，并送入 PLC 与设定值比较，当相对湿度在 0.55～0.65 之间，关闭加湿阀，当湿度低于 0.55 时开启加湿阀加湿。湿度控制子程序如图 9-12 所示。

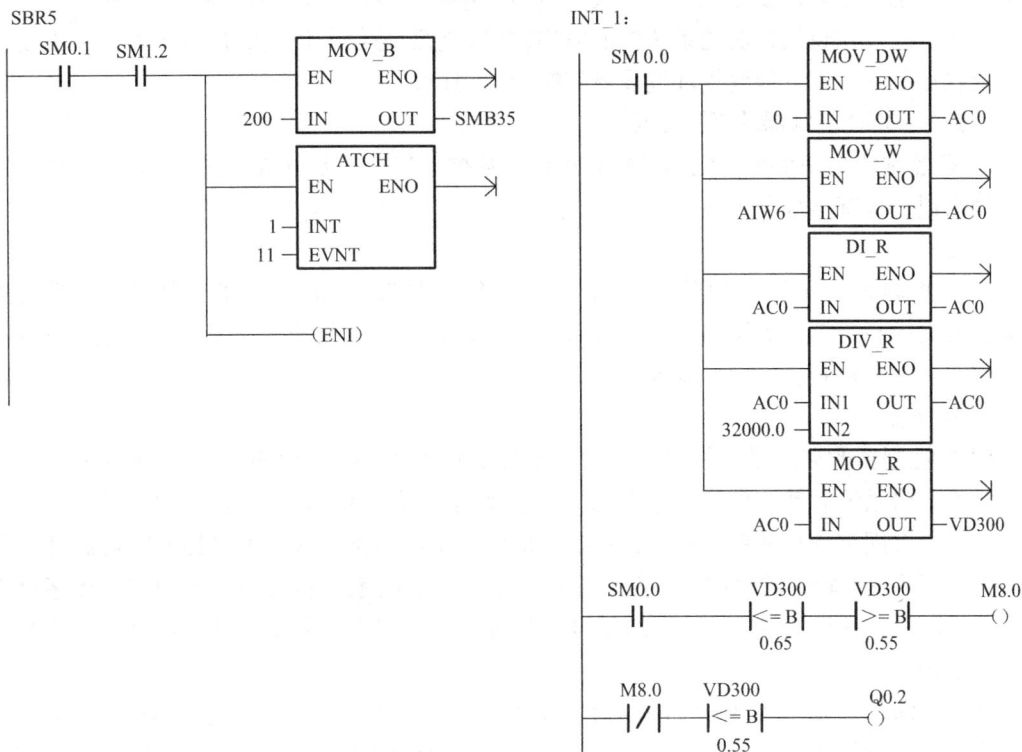

图 9-12　中央空调系统送风湿度控制子程序

此控制程序中，采用定时中断 1（中断事件 11）调用湿度控制程序，定时时间设定为 200ms，相应的中断服务程序为 INT_1。M1.2 为中间变量，实施联锁控制，即系统启动后方可进行湿度调节。

中断执行时，CPU 读取模拟量 AIW6 送风温度当前值，并经标准化后存入 VD300 中，并与湿度设定值上限 0.65、下限 0.55 比较。当前湿度值若在 0.55～0.65 之间或当前湿度值大于 0.65，关闭加湿阀。当前湿度值若小于 0.55，开启加湿阀。

9.3　DDC 控制器技术简介

9.3.1　DDC 控制技术概述

纵观计算机控制系统的发展，经历了手动操作指导控制、设定值控制（SPC，Set-Point Control）、直接数字控制（DDC，Direct Digital Control）、监督计算机控制（Super-visory Computer Control，SCC）等几个过程。进而发展为集散控制系统（DCS，Distributed Control System）和今天非常流行的现场总线控制系统（FCS，Fieldbus Control System）。手动操作指导控制、设定值控制属于计算机与仪表的混合系统，直接参与控制的仍然是仪表，计算机仅仅起操作指导和改变设定值（SV）的作用。在直接数字控制和监督计算机控制中，计算机承担全部任务，而且 SCC 属于两级计算机控制。

DDC 控制器不仅是构成 DDC 控制系统的核心部件，还可作为集散控制系统（DCS）的下位机，也可作为现场总线控制系统（FCS）的控制器。由于 DDC 在 DCS 和 FCS 中的广泛应用，以及在建筑智能化系统中的应用发展，它已替代了传统的控制组件。如温度开关、接收控制器等，成为建筑环境设备控制的通用模式。

9.3.2　DDC 控制器的系统硬件

DDC 控制器是一个智能化的可独立运行的数据采集与控制设备，它由 CPU、存储器、输入输出通道等基本部分组成。

1. CPU

DDC 控制器普遍采用了高性能的 8 位、16 位、准 32 位或 32 位的微处理器，数据处理能力大大提高，工作周期可缩短到 $0.1 \sim 0.2s$，并且可执行更为复杂先进的控制算法，如自整定、预测控制、模糊控制等。

2. 存储器

DDC 控制器的存储器一般包含 ROM 和 RAM 两种。对于 ROM，一般通过程序固化的办法不仅将系统启动、自检及基本的 I/O 驱动程序写入其中，而且将各种控制、检测功能模块、所有固定参数和系统通信、系统管理模块全部固化。这样可以提高其可靠性。存储器中 ROM 占有较大的比例，一般有数百 k 字节。有的系统将用户组态的应用程序也固化在 ROM 中，只要一加电，控制站就可正常运行，使用更加方便、可靠，但是修改组态时比较复杂。

随机存储器 RAM 为程序运行提供了存储实时数据与中间变量的空间，用户在线操作时修改的参数（如设定值、手动操作值、PID 参数、报警界限等）也须存入 RAM 中。一些较为先进的系统为用户提供了在线修改组态的功能，这一部分用户组态应用程序亦必须存入 RAM 中运行。随着存储器技术的发展，有的厂家的 DDC 开始使用可擦写的存储器 E^2PROM。

3. I/O 通道

在 DDC 中，一般过程量 I/O 通道有模拟量 I/O 通道（AI、AO）、开关量（亦称为数字量）I/O 通道（DI、DO）。

（1）模拟量输入通道（AI，Analog Input）

模拟量输入通道用于将反映生产过程中各种连续性的物理量（如温度、压力、压差、应力、位移、速度、加速度以及电流、电压等）和化学量（如 PH 值、浓度等）的标准电流或电压信号转换为二进制数字信号送入控制器。

（2）模拟量输出通道（AO，Analog Onput）

模拟量输出通道一般输出 $4 \sim 20mA$ 的连续的直流电流信号，用来控制各种直线行程或角行程，电动执行机构的行程，或通过调速装置（如各种交流变频调速器）控制各种电机的转速，亦可通过电—气转换器或电—液转换器来控制各种气动或液动执行机构，例如控制气动阀门的开度。根据执行机构的需要亦有输出 $0 \sim 10mA$ 电流或 $1 \sim 5V$ 电压的 AO 模块。

（3）开关量输入通道（DI，Digital Input）

用来输入各种限位（限值）开关、继电器或电磁阀门连动触点的开、关状态；输入信号可能是交流电压信号、直流电压信号或干接点。

（4）开关量输出通道（DO，Digital Onput）

用于控制电磁阀门、继电器、指示灯、声报警器等只具有开、关两种状态的设备。

值得一提的是：许多厂家为方便用户灵活配置输入通道和输出通道，在 DDC 控制器中设置了 UI/UO 通道，即模拟量输入信号和开关量输入信号可利用同一个 UI 端口，模拟量输出信号和开关量输出信号可利用同一个 UO 端口，当然，UI/UO 端口接入的信号类型不同，用户必须通过跳线配置。这给用户分配端口提供了很大的灵活性。跳线需根据厂家的产品说明书来进行。

9.3.3　DDC 控制器的系统软件

1. DDC 控制器的系统软件简介

不同厂家的 DDC 控制器依靠各自的操作软件或集成工具来实现控制节点的设计、配置、测试和网络维护等基本功能。如 Honeywell 的 DDC 通过 Honeywell CARE 来操作和配置。LonWorks 的 DDC 通过 LonMaker for Windows 来操作和配置。

LonMaker for Windows 集成工具是一个用于设计、安装和维护多设备供应商的、开放的、互操作性的 LonWorks 控制网络的软件包。它为 PC 机提供了网络管理工具，可用于应用程序代码下载、设备安装、网络变量连接、报文标记、基本的网络诊断和控制等。

LonMaker for Windows 遵循了 LNS 插件标准，该标准允许 LonWorks 设备制造商为他们的产品提供自定义的应用，当 LonMaker 用户选择相连的设备时，这些自定义的应用会自动启动。这可以使系统工程师和技术员非常方便地定义、测试和维护相关设备。

LonMaker for Windows 基于 LNS 网络操作系统，包含功能强大的客户服务器体系结构以及简单易用的 Visio 用户界面。LonMaker for Windows 的 Visio 工具可为用户提供熟悉的、类似 CAD 操作环境的界面，其灵活绘画功能使得设备的创建非常方便。这个工具可用来设计、启动和维护分布式的控制网络，也可用作网络维护工具。

LonMaker for Windows 含有一系列的用于 LonWorks 网络设计的设备图形模板，用户也可以创建自己的图形。用户创建的图形可以是一台单独的设备，或者功能块，也可以是一个复杂的、完整的系统，系统中含有预先定义好的设备、功能块和这些设备、功能块之间的连接关系。利用定制子系统图形（custom subsystem shapes），用户只需要简单的鼠标操作将图形拖到一个新的绘图页面上就可创建子系统，可极大地缩短复杂系统设计所需要的周期。

LonMaker for Windows 是一种扩展的工具，在网络的整个生命周期都可利用它来简化网络安装任务。利用 LonMaker 提供的网络安装功能，可以在同一个时间让多台设备投入使用。也可以通过多种方式识别所安装的设备，包括服务引脚、条形码扫描神经元芯片 ID 号或手动输入 ID 等。

2. DDC 控制器的系统软件应用简介

在控制系统安装好 LonMaker for Windows 软件后，通过"开始/程序/ LonMaker for Windows"打开 LonMaker for Windows，如图 9-13 所示。后面的设置将在该界面上进行。

在上图中，单击"New Network"进入"Security Warning"界面，如图 9-14 所示。

单击"Enable Macros"，进入"Network Wizard"界面 1，如图 9-15 所示。在"Network Name"下的对话框中输入本项目的名称"aircondition"。

单击"Next"，进入"Network Wizard"界面 2，如图 9-16 所示。

单击"Finish"，进入组态"Echelon Lonmaker"界面，如图 9-17 所示。

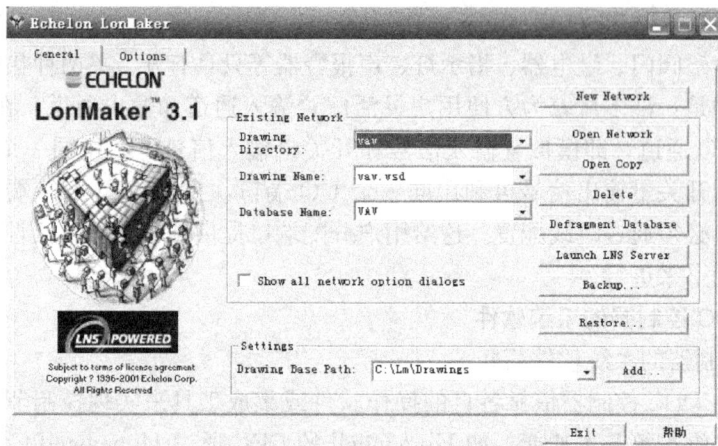

图 9-13　DDC 控制器系统软件（LonMaker for Windows）开始界面

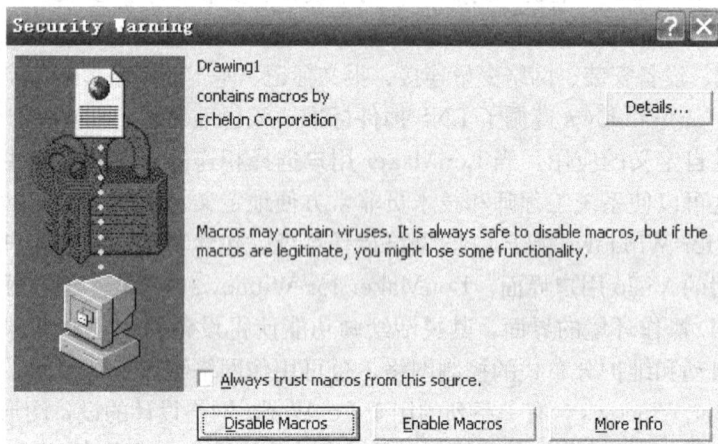

图 9-14　DDC 控制器系统软件安全警告界面

图 9-15　DDC 控制器系统软件网络配置界面（1）

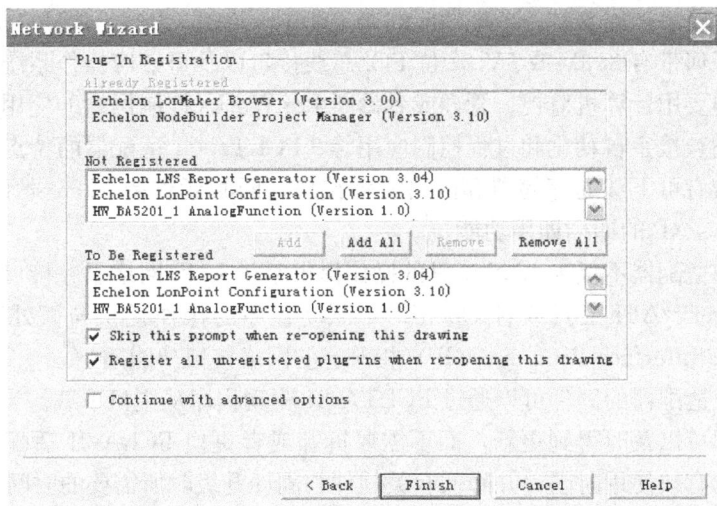

图 9-16　DDC 控制器系统软件网络配置界面（2）

图 9-17　DDC 控制器系统软件 Lonmaker 编程界面

LonMaker 的编程界面是 Visio，整个编程的过程利用图形控件实现，非常简单。界面的上面是菜单和工具栏，左边为 LonPoint Shape3.0 和 NodeBuilder BasicShapes3.10 图形工具栏，右边为画图区域。LonPoint Shape3.0 和 NodeBuilder BasicShapes3.10 图形工具栏中有各类设备图形和功能模块图形，供用户编程、开发和配置系统。

9.3.4　DDC 控制器的联网与通信技术

1. LON 网络适配器

LON 网络适配器（网卡）用于将管理中心计算机接入现场 LonWorks 网络总线。LON 网络适配器 PCLTA-21 有 74501、74502、74503 和 74504 四种型号，即 TP/FT 1 收发器、TP/XF-78 收发器、TP/XF-1250 收发器、RS-485 收发器。

PCLTA-21 网络适配器是一个高性能的 LonWorks 接口，用于台式 PC 机的 PCI 插槽，它能够适用于任何带有 3.3V 或 5V 32 位 PCI 总线接口以及可兼容操作系统的计算机。该网络适配器为需要用计算机监视、管理或者诊断 LonWorks 控制网络的应用而设计，它非常适合工业控制、楼宇自动化和过程控制应用等。PCLTA-21 适配器的特点是集成了双绞线收发器、并带有可下载的存储器和网络管理接口，同时还支持 Microsoft Windows 98/2000 和 Windows XP 的即插即用功能。

PCLTA-21 适配器不仅为 LNS 工具的操作提供基于 LNS 网络服务接口的功能，还为基于 LonManager™ API 工具或者 OpenLDV 驱动程序的操作提供与微处理器接口程序（Microprocessor Interface Program-MIP）相兼容的网络接口功能。

PCLTA-21 适配器的固件可以通过 PCLTA-21 驱动程序从主机下载。当新版本的固件发布时，适配器可以及时得到更新，而不需要拆卸或者更换 PCLA-21 适配器。这个特性延长了适配器的有效使用时间，并降低有关软件和固件升级时所需要的时间和费用。

2. 路由器

Lon 路由器是连接两段 LonWorks 网络（一般是主干线和分支）的工具，主要用于优化网络性能，提高网络通信质量。同时具有增加网络传输距离，扩展网络节点控制器数量的功能。通常网络节点多于 40 个或总线型网络传输超过限制距离（与传输线有关，16AWG 规格的 LonWorks 专用双绞线为 2000m，五类双绞线为 800m）、自由拓扑网络传输超过限制距离（16AWG 规格的 LonWorks 专用双绞线为 500m，五类双绞线为 300m）时，应增加路由器。

Lon 路由器是标准宽度模块产品，其内置隔离电源，可作为路由器、中继器使用。

3. LON-232/485 网关

HW-BA5521 网关用于将采用 RS-232/485 接口协议的设备连接入 LON 总线系统，实现 RS-232/485 设备与 LON 设备及上位机管理系统之间的通信。

HW-BA5521 网关可通过跳线选择 RS-232 或 RS-485 串口通信模式，采用隔离电源，可根据设备接口协议定做程序。

4. LonWorks 互联网连接设备

i. Lon 互联网连接设备将 LonWorks 网络和其他 IP 网无缝连接起来。它可以让用户通过 Web 览器配置和监测 LonWorks 网络中的设备，充分利用 IP 网络的基础结构。

i. Lon 互联网连接设备系列有以下三种不同的产品：

（1）i. Lon 10 以太网适配器

i. Lon 以太网适配器是一个低成本高性能的 LonWorks 网络接口，可以使诸如家庭、公寓和小型大厦中的能源控制。照明和安全等系统通过 IP 网络实现检测、管理和诊断。用户可以通过基于 LNS 的应用程序实现对现场设备的本地或远程监控。它是目前已知的适用于住宅、商业和公用设施的最具有成本效应，性能最好的 LonWorks/IP 接口。

（2）i. Lon 100 因特网服务器

i. Lon 100 因特网服务器可以把基于 LonWorks 的日常设备连接到局域网或广域网，从而提供了一种开放式的标准的互操作性联网技术，i. Lon100 的内置应用程序提供了一整套丰富的功能使得它可以独立工作而不需要 PC 或其他主处理器。这些功能包括：时序调度、数据记录、报警处理和发送以及远程抄表等应用。它不但可以作为远程 LonWorks 接口使用，还提供一个内置的 Web 服务器和一个 SOAP/XML 接口，它所有的应用程序都可以通过网页、SOAP/XML 接口或标准的 LNS Plug-in 访问。i. Lon 适合中大规模的楼宇、商业、工业和公共设施等应用。

（3）i. Lon1000 因特网服务器

i. Lon1000 因特网服务器是由 Echclon 公司和 Cisco 公司共同开发的可以将 LonWorks 控制网络和基于 IP 的数据网无缝地、透明地连接在一起的网络设备。i. Lon1000 是一个真正的第三层 LonTalk 路电器，采用了 Echclon 公司的控制联网和路电选择技术以及 Cisco 公司的网络基础技术。它为过程控制、楼宇自动仪、公共设施、交通运输和电信等应用提供了高速的数据传输通道。

5. DDC 控制器的通信协议

不同厂家的 DDC 控制具有不同的通信协议，但是为了遵守系统的开放性，所有控制器和总线的协议开发都遵守和基于国际标准化组织 ISO（International Organization for Standardization）的开放式系统互连参考模型 OSI（Open System Interconnection）。

LonTalk 协议是海湾公司 DDC 的通信协议，也是其现场总线 LonWorks 的通信协议。它参照了国际标准化组织 ISO 制定的开放系统互连参考模型 OSI 的七层协议结构，并用神经元芯片固化了 7 层协议的全部内容，实现了 LonWorks 总线的所有网络通信功能，可使通信数据非常可靠地在各种介质中传输。

由于 LonTalk 协议对 OSI 七层协议的支持，并且采用网络变量的形式，使 LonWorks 总线能够直接面向对象通信。网络变量使节点之间的通信实现只是通过网络变量的互相连接便可完成。表 9-6 是 OSI/ISO 七层参考模型对应的 LonTalk 协议所提供的服务。

LonTalk 协议各层提供的服务　　　　　　　　　　　　　　　　　　表 9-6

	协议层	目的	提供的服务	处理器
7	应用层	网络应用	标准网络变量类型（SNVT），配置属性（SCPT、UCPT），文件传输，网络服务	应用处理器 CPU3
6	表示层	数据解释	网络变量（NV），外来帧传送	
5	会话层	远程操作	请求/响应，认证，网络管理	
4	传送层	端对端的可靠传输	应答，非应答，单点，多点，认证，重复检测，排队	网络处理器 CPU2
3	网络层	路由选择	目标寻址，路由选择	
2	数据链路层	帧构成介质访问控制	帧构成，数据编码，CRC 校验，P-P-CS-MA，冲突检测和避免，优先级	MAC 处理器 CPU1
1	物理层	电气连接	传输介质接口，调制方案	

（1）物理层

LonTalk 协议在物理层支持多种通信介质，如双绞线、电力线、无线、红外线、同轴电缆、光纤等，甚至是用户自己定义的通信介质。不同的通信介质支持不同的数据解码和编码方案。针对不同的通信介质，Lonworks 都有专门的收发器，作为节点与通信介质之间的通信接口。不同介质的传输速率取决于传输介质、距离、收发器的性能、编址方式和数据包的长短等因素。LonTalk 协议在物理层针对不同介质定义了不同的传输速率。例如，电力线传输速率为 $0.6kb/s\sim5.4kb/s$，传输距离取决于电力线噪声及发射接收衰减等因素；通常的双绞线传输速率为 $1.25kb/s\sim78kb/s$，传输距离为 $130\sim2700m$。LonTalk 物理层协议为节点提供通信接口，Neuron 芯片有 5 个通信引脚 CPO～CP4，可以组成 3 种通信接口模式：单端模式、差动模式和专用模式。根据不同的应用场合，采用不同的通信接口模式。

（2）链路层

为了使数据帧传输独立于所采用的物理介质和介质访问控制算法，Lonworks 将数据链路层分成两个子层：逻辑链路控制（LLC）和介质访问控制（MAC）。

在 Lontalk 介质访问控制中，LonTalk 协议使用带预测的 CSMA 语句（Predictive P-persistent CSMA）语句。它改进了传统的 CSMA 介质访问控制协议，在保留 CSMA 协议优点的同时，有效地避免了网络的频繁碰撞。在 MAC 层中，LonTalk 通过提供一个可选择的优先机制，提高了紧急事件的响应时间。LonTalk 协议的链路层提供在子网内，LP-DU 帧顺序的无响应传输。它提供错误检测的能力，但不提供错误恢复能力，当一帧数据 CRC 校验错时，该帧将被丢掉。

在直接互联模式下物理层和链路层接口的编码方案是曼彻斯特编码；在专用模式下根据不同的电气接口采用不同的编码方案。CRC 校验码加在 NPDU 帧的最后。

（3）网络层

在网络层，LonTalk 协议提供给用户一个简单的通信接口，定义了如何发送、接收、响应等，在网络管理上有网络地址分配、出错处理、网络认证、流量控制，路由器的机制也在这一层实现。

（4）传输层

传输层是无连接的，它提供一对一节点、一对多节点的可靠传输。它管理报文执行的顺序，还增加了重复报文的检测。

（5）会话层

LonTalk 协议会话层主要提供了请求/响应的机制，它支持远程操作，一个客户端可以向远程服务器提供服务，并且收到远程服务器对该请求的确认。同时，会话层还定义了一个认证协议，报文的接收者可以确定报文的发送者是否被授权发送该报文。

LonTalk 协议提供了应答方式（Acknowledge），请求/响应方式（Request/Respond）、非应答重发方式（Unacknowledged Repeated）和非应答方式（Acknowledged）四种类型的报文服务。这些报文服务除请求/响应是在会话层实现外，其余三种都在传输层实现。

（6）表示层

LonTalk 协议表示层定义了消息数据的编码，增加了数据结构，这样消息就可以被编码为网络变量、应用层消息或者外来帧。标准网络变量提供了网络变量的互编码。

（7）应用层

LonTalk 协议应用层除了对底层的数据进行语法解释外，还定义了文件传输协议，用于应用之间数据流的传输。

表示层和应用层主要提供 5 类服务：网络变量的服务、显式报文的服务、网络管理服务、网络跟踪服务和外来帧传输的服务。

（8）LonTalk 协议的技术特点

1）LonTalk 协议支持包括双绞线、电力线、无线、红外线、同轴电缆和光纤在内的多种传输介质。

2）LonTalk 应用可以运行在任何主处理器（Host Processor）上。主处理器（微控制器、微处理器、计算机）管理 LonTalk 协议的第 6～7 层并使用 LonWorks 网络接口管理第 1～5 层。

3）LonTalk 协议使用网络变量与其他节点通信。网络变量可以是任何单个数据项也可以是结构体，并都有一个由应用程序说明的数据类型。网络变量的概念大大简化了复杂的分布式应用的编程，大大降低了开发人员的工作量。

4）LonTalk 协议支持总线型、星型、自由拓扑等多种拓扑结构类型，极大地方便了控制网络的构建。

9.4　DDC 控制器在建筑空调系统中的应用

9.4.1　DDC 控制器控制空调系统的原理

空调系统主要包括新风风门、回风风门、排风风门、送风机、加热器、表冷器、过滤器、加湿器及各种传感器和执行器等。

图 9-18 为典型的 DDC 控制器控制空调系统的原理图，主要的监控内容包括：送风温度监控、送风湿度监控、过滤器监测与报警、机组启停控制、回风温度监控、回风湿度监控、新风/回风比例监控、排烟系统监控和联锁保护等。

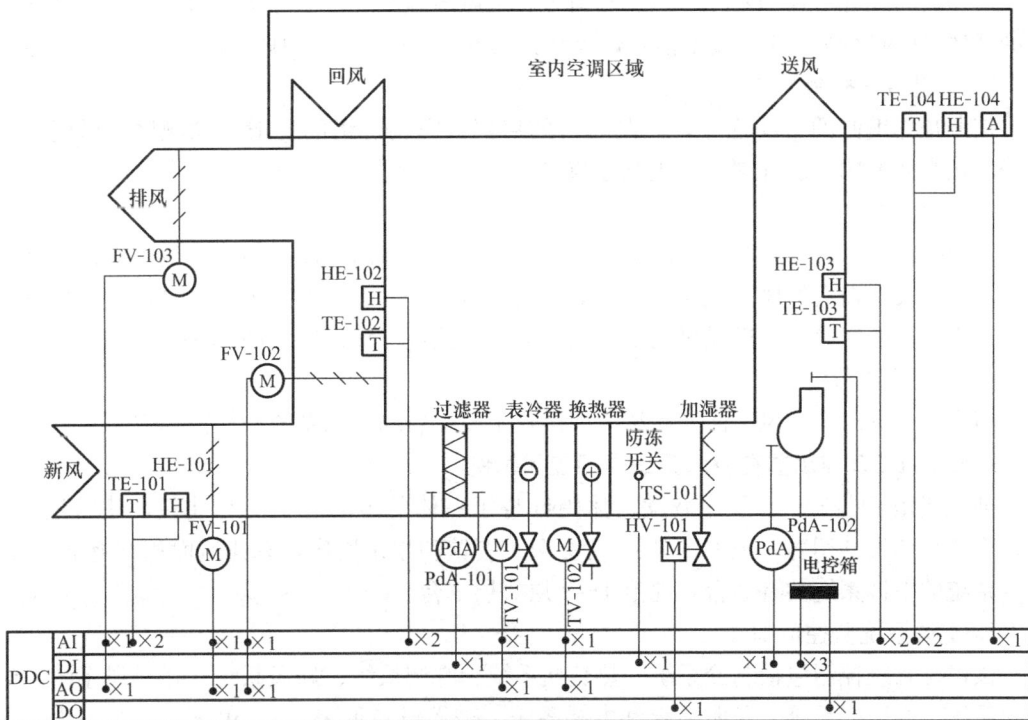

图 9-18　DDC 控制器控制空调系统的原理图

1. 送风温度监控

风温度的温度传感器 T 实测送风温度,信号送入 DDC 中,与送风温度设定值进行比较,采取 PID 控制,由 DDC 发出指令控制加热器(或表冷器)上的电动阀 TV-101(或TV-102)的阀门开度,用以调节热水(或冷水)流量,使送风的温度控制在设定范围之内,使室内的温度达到设定值。

2. 送风湿度监控

送风湿度的湿度传感器 H 实测送风湿度,信号送入 DDC 中,与送风湿度设定值进行比较,由 DDC 发出指令控制冷水阀 HV-101 的开关。

3. 过滤器监测与报警

过滤器两端的压差开关 PdA-101 监测过滤网的清洁度,当两端压差高于设定值时系统报警,说明过滤网堵塞,需及时清洁或更换。

4. 回风温度监控

回风温度的温度传感器 T2 实测送风温度,信号送入 DDC 中,与回风温度设定值进行比较,采取 PID 控制,由 DDC 发出指令控制加热器(或表冷器)上的电动阀 TV-101(或 TV-102)的阀门开度,用以调节热水(或冷水)流量,使回风的温度控制在设定范围之内。

5. 回风湿度监控

回风湿度的湿度传感器 H2 实测回风湿度,信号送入 DDC 中,与回风湿度设定值进行比较,由 DDC 发出指令控制冷水阀 HV-101 的开关。

6. 新风/回风比例监控

通过新风通道中的温度传感器 TE-101、湿度传感器 HE-101 和回风通道中的温度传感器 TE-102、湿度传感器 HE-102,实测新风、回风的温湿度,信号送入 DDC,按照预先设定的新风/回风比例,DDC 输出信号,控制新风风门 FV-101 和回风风门 FV-102 的开度。

7. 机组启停控制

按照预先编制的启动程序,控制风机的启停。空调机组的一般启动顺序:风门→风机→冷热水调节阀→加湿阀。停止顺序与之相反。

8. 联锁保护

风门打开后,启动风机;送风机停止运转后,新风风门关闭,表冷器调节阀门或加热器阀门关。表冷器后的风温低于 5℃ 时,防冻开关接通,向 DDC 送入报警信号,控制加热器热水阀门的开启。当送风机两端压差过低时,系统故障报警,DDC 发出停机指令。

9. 排烟系统监控

当发生火灾时,新风、回风系统立即停止工作,启动排烟系统,打开排烟阀。

9.4.2　DDC 控制器在空调系统中的应用举例

某大厦是集办公、会议、餐饮、休闲健身于一体的多功能智能化建筑,建筑地下 2层,为车库和设备用房,地上 18 层,为办公、餐饮和娱乐用房,总建筑面积 9 万 m²。该楼宇系统的空调系统共有 9 台,地上 1～3 层每层 3 台。

1. 空调系统监控范围

该楼宇系统控制包括制冷系统、热交换系统、空调系统、新风系统、送排风系统、给排水系统、变配电系统、照明系统和电梯系统,被控设备见表 9-7。由于该系统太大,所以本书以其中的空调系统为例进行介绍。

楼宇系统控制对象　　　　　　　　　　　　　　　　　表 9-7

子系统	设备名称	数量	单位
制冷系统	冷水机组	3	台
	冷冻水蝶阀	3	个
	冷却水蝶阀	3	个
	冷冻水泵	3	台
	冷却水泵	3	台
	冷却水塔	3	台
	冷却水塔蝶阀	6	个
	膨胀水箱	1	个
热交换系统	换热器	2	台
	热水循环泵	2	台
空调系统	空调机组	9	台
新风系统	新风机	45	台
送排风系统	送风机	12	台
	排风机	12	台
生活给水系统	生活水箱	4	个
	生活水泵	5	台
生活排水系统	集水坑	9	个
	污水泵	18	台
变配电系统	高压进线	2	路
	变压器	2	台
	低压出线	2	路
照明系统	照明回路	24	路
	照明回路	108	路
电梯系统	电梯	12	部

2. 空调机组的控制系统

该楼宇系统的控制系统由 Lonworks 控制网络和 135 台 DDC 及中央管理工作站组成。其中，空调系统采用了 18 台 HW-BA5201DDC。

（1）中央管理工作站

中央管理工作站由上位计算机、通信接口、打印机、软件及 1 台图形工作站组成，设在大厦 1 层。其中，软件可实现以下功能：

1）定时自动采集运行数据与状态信息并存储；

2）以图形方式显示当前或历史的运行参数；

3）以表格形式显示测量参数及设备运行状态，并可转换为曲线和图形；

4）自动控制；

5）事故报警。

（2）空调系统的监测与控制

空调系统的监控原理图如前面图 9-18 所示。

（3）空调机组监测内容

1）监视送风、回风、新风和室内温度、湿度，计算空气焓值；

2）监测室内空气质量，使室内空气质量保持在设定值；

3）通过过滤网两侧的压差开关，监视过滤网堵塞情况；

4）通过送风机两侧的压差开关监视送风机运行状态，监测风机的手/自动状态、和故障状态；

5）通过盘管处的防冻开关监视空气温度，防止气温过低损坏盘管；

6）监测冷热水管道的阀门开度；

7）累计风机运行时间，定时发出检修提示信号。

3．空调机组控制内容

（1）通过调节在冷热水管道上的阀门，调节送风温度，使送风温度保持在设定值；

（2）通过控制加湿阀开关，调节室内湿度，使室内湿度保持在设定值；

（3）根据要求或者是时间程序控制风机的启停；

（4）根据新回风焓值调节风门开度和新回风比例以降低能耗；

（5）风阀、水阀与风机联锁，风机停机时，风阀关闭；

（6）在冬/夏季，采用最小新风量；在过渡季节，采用焓值控制方式控制风阀开度。

根据以上检测内容，列出空调系统监控设计点表，见表9-8。

空调机组监控设计点表　　　　　　　　　　　　表 9-8

设备名称与控制功能	数量	输入		输出		前端设备和DDC模块	
		DI	AI	DO	AO	设备名称	数量
空调机组	9						
新风温湿度监测			18			风道温湿度传感器	9
回风温湿度监测			18			风道温湿度传感器	9
送风温湿度监测			18			风道温湿度传感器	9
室内温湿度监测			18			室内温湿度传感器	9
室内空气质量监测			9			CO_2 气体传感器	9
防冻保护报警		9				防冻开关	9
过滤器阻塞报警		9				压差开关	9
送风机压差报警		9				压差开关	9
送风机手/自动状态		9					
送风机运行状态		9					
送风机故障报警		9					
送风机启/停控制				9			
加湿阀控制				9		电磁阀	9
新风风门控制			9		9	模拟型风阀执行器	9
回风风门控制			9		9	模拟型风阀执行器	9
排风风门控制			9		9	模拟型风阀执行器	9
冷水电动二通阀监控			9		9	电动调节阀＋执行器	9
热水电动二通阀监控			9		9	电动调节阀＋执行器	9
小　计		54	126	18	45		
模块配置						HW-BA5201	18

空调机组 DDC 控制系统的控制网络结构图如图 9-19 所示。

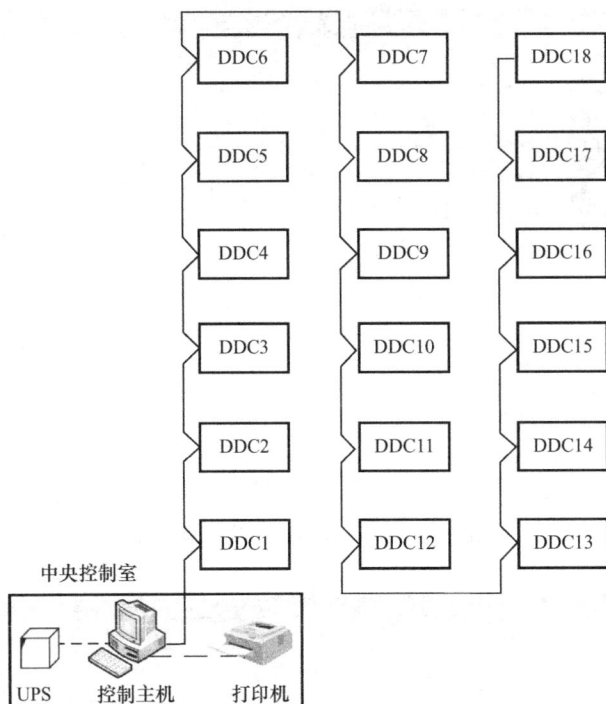

图 9-19 空调机组 DDC 控制系统的控制网络接线图

4. 空调机组自控系统的 DDC 软件设置

如前面所述图 9-17 Lonmaker 编程界面继续编程，进行配置。从左侧的 LonMaker 基本图形库中拖出一个设备图形到右侧编辑区，如图 9-20 所示。在跳出的对话框中输入设备名称，或默认其名称为 Device1，如图 9-21 所示。

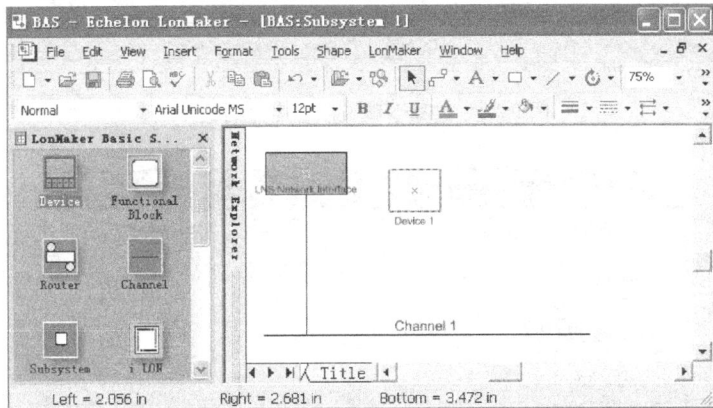

图 9-20 Lonmaker 编程界面

选中 "Commission Device" 后，点击 "Next" 进入下一步选择下载节点程序，对话框如图 9-22 所示。单击 "Browse" 按钮，通过 "Browse" 浏览寻找节点程序，对话框如图 9-23 所示。

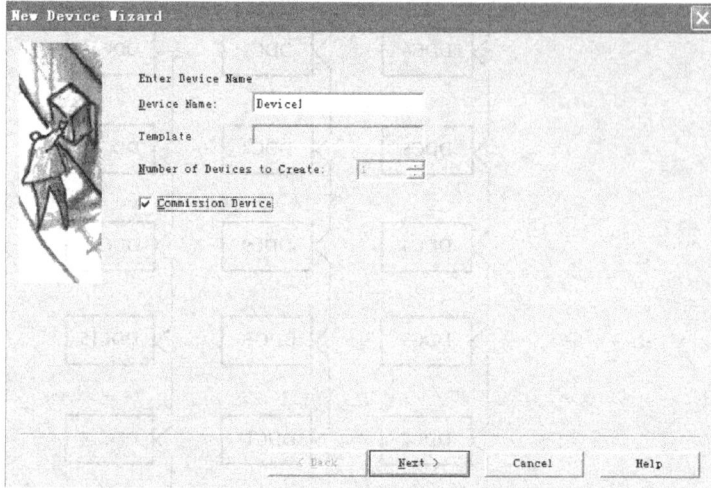

图 9-21　DDC 设备名称输入对话框

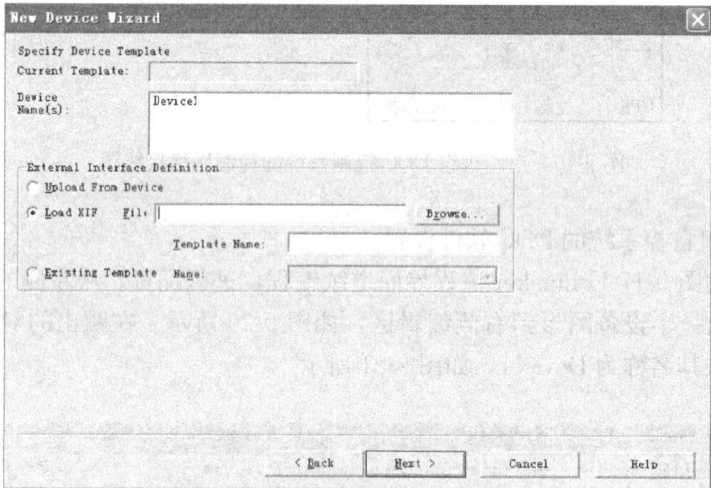

图 9-22　选择下载节点程序对话框 1

图 9-23　节点程序选择对话框

　　找到并选择要下载的节点程序，单击"打开"按钮，返回到下载节点程序对话框，如图 9-24 所示。点击"Next"进入通道选择对话框，如图 9-25 所示。

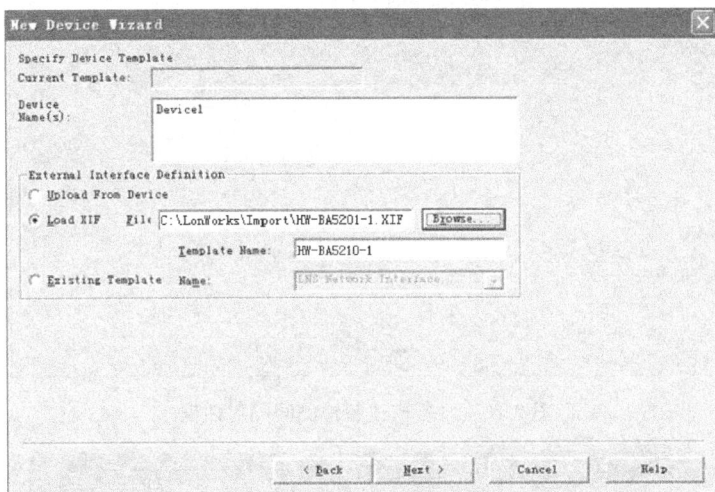

图 9-24　选择下载节点程序对话框 2

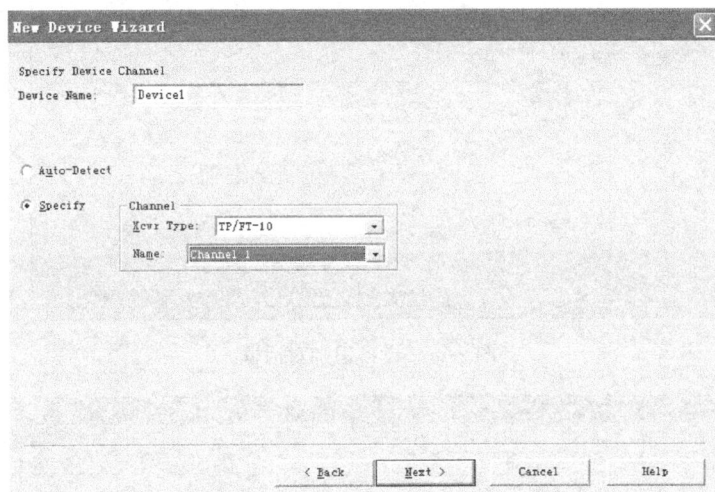

图 9-25　设备通道配置对话框

　　在通道配置对话框选择"Channel1"，单击"Next"进入设备描述与检测间隔对话框，如图 9-26 所示。是否描述由用户决定。若不描述，单击"Next"进入设备识别对话框，如图 9-27 所示。

　　在设备识别对话框的"Neuron ID"输入 DDC 的 ID 号。

　　在设备识别对话框的"Neuron ID"输入 DDC 的 ID 号。单击"Next"进入下载节点程序对话框，如图 9-28 所示。

　　继续单击"Next"进入确认设备初始状态和配置属性资源对话框，如图 9-29 所示。在"State"栏中选择"Online"方式，在"Source of Configuration Property Values"

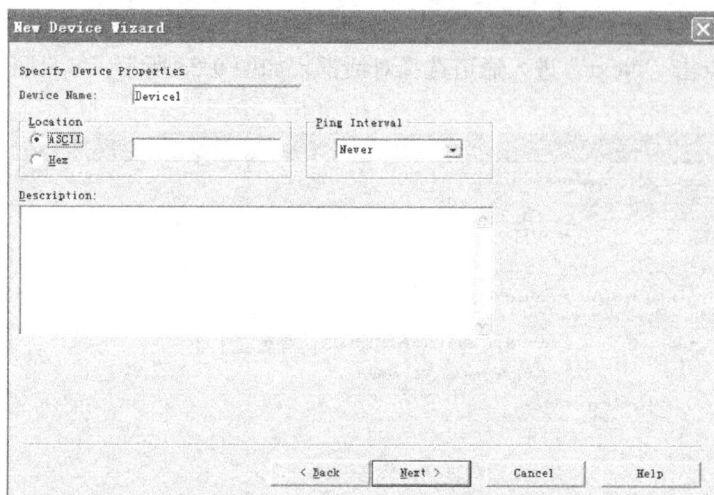

图 9-26　设备描述与检测间隔对话框

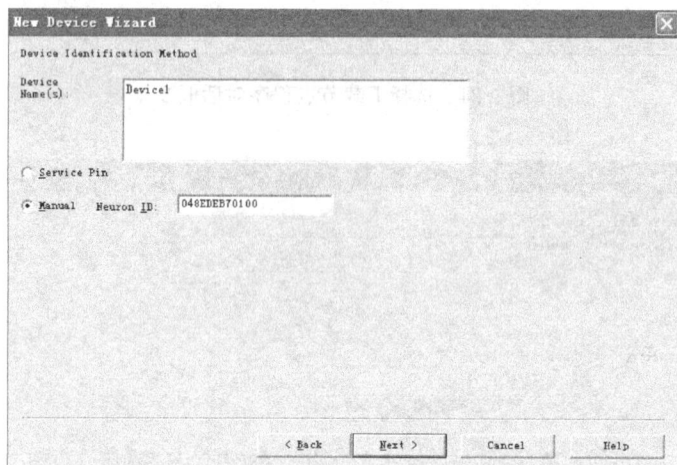

图 9-27　设备识别对话框

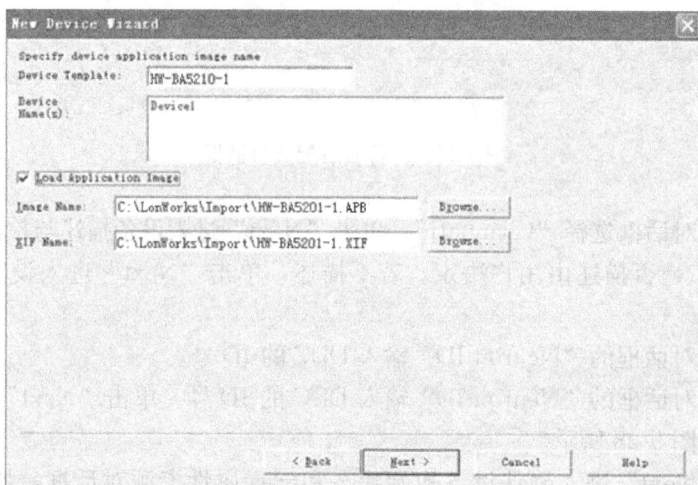

图 9-28　下载节点程序对话框

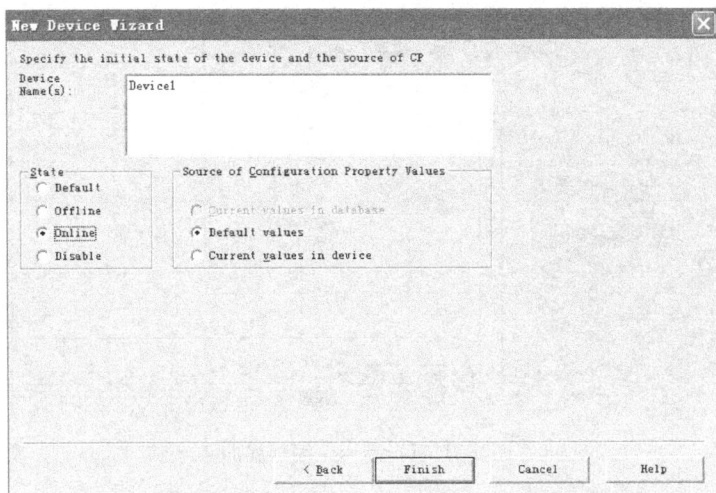

图 9-29　设备初始状态和配置属性资源对话框

选择"Default values"，单击"Finish"按钮，完成第一个 DDC 的配置。其余 17 个 DDC 配置与此类似。节点程序下载完毕通信正常时设备图形为绿色，如图 9-30 所示。

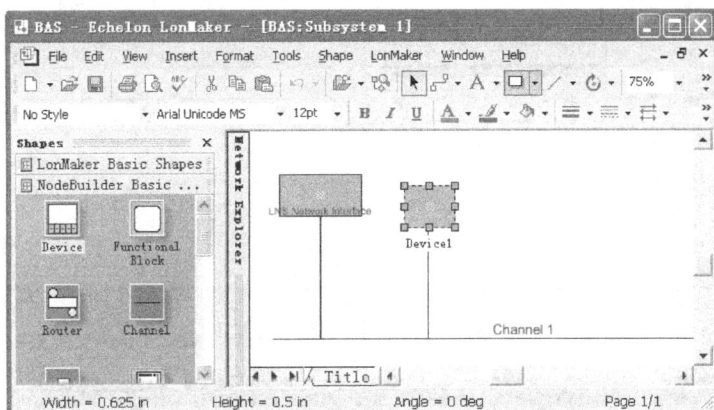

图 9-30　1 台 DDC 配置成功的 Lonmaker 编程界面

DDC 配置成功后，需要配置 DDC 的 I/O 端口。由于系统中存在模拟量输入/输出，数字量输入/输出，因此需对 DDC 的 DI、DO、AI 和 AO 分别配置。本书以 DDC 的 DI 配置为例，DO 配置与 DI 类似，AI、AO 的配置与 DI 有一定的差异。配置过程如下：

从左侧的 LonMaker 基本图形库中拖出一个功能模块到右侧编辑区，如图 9-31 所示。此操作完成后会跳出功能块配置对话框，如图 9-32 所示。

在功能块配置对话框中选择该功能块所属的设备名称，并配置端口。如图 9-33、图 9-34 所示。在"Subsystem"栏选择"Device1"后，同时在"Functional Block"栏选择"DigitalInput［0］"。单击"Next"进入功能块名称定义对话框，在此将其名称定义为"DI＿1"，如图 9-34 所示。

单击"Finish"按钮，生成功能模块，如图 9-35 所示。

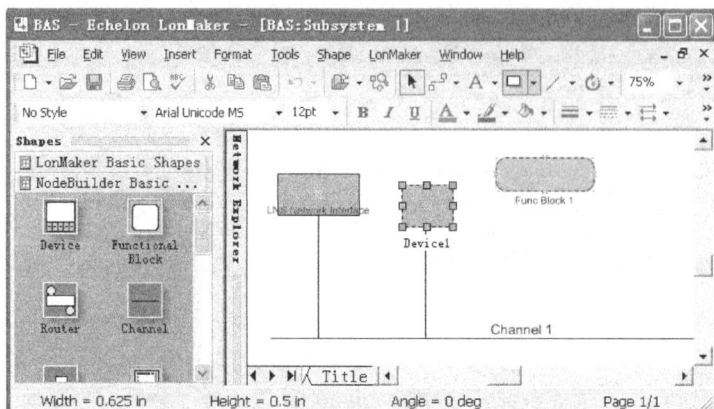

图 9-31　Lonmaker 编程界面

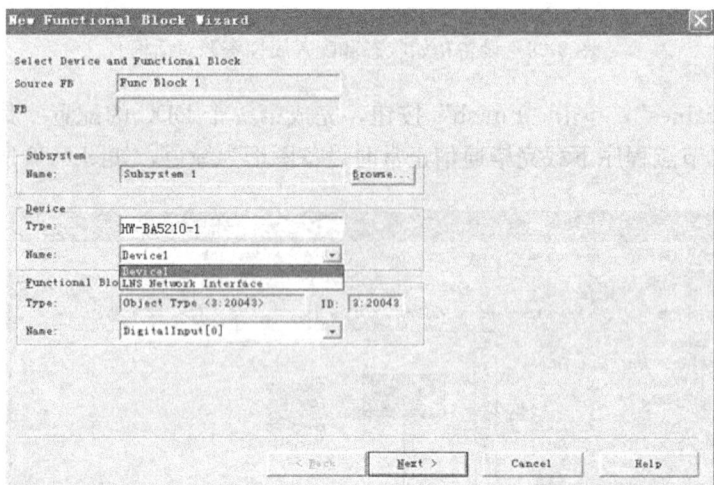

图 9-32　功能块配置对话框 1

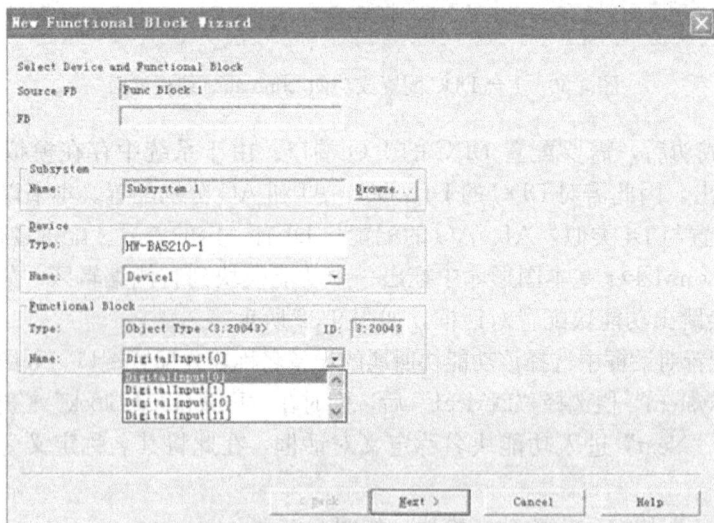

图 9-33　功能块配置对话框 2

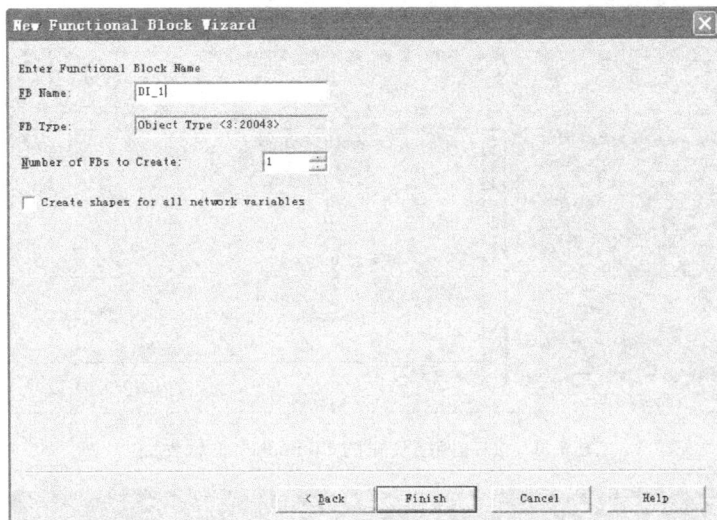

图 9-34　功能块名称定义对话框

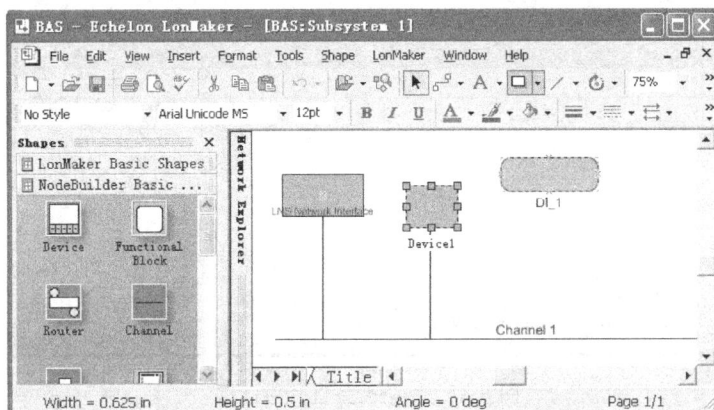

图 9-35　功能模块添加成功的 Lonmaker 编程界面

功能模块添加成功后，需进一步配置其属性，使其与 DDC 控制器硬件的端口对应。配置过程如下：

向功能模块中添加网络变量，将"Output Network Variable"拖至已建好的功能模块上，如图 9-36 所示。需要注意：DI 口（Digital Input 功能模块）添加的是输出型网络变量（Output Network Variable），DO 口（Digital Output 功能模块）添加的是输入型网络变量（Input Network Variable）。

将"Output Network Variable"拖至已建好的功能模块后，在跳出的网络变量选择对话框中选择变量，如图 9-37 所示。单击"Select All"按钮后，返回编程界面，如图 9-38 所示。

左键选中新建的功能模块，单击右键在弹出的快捷菜单中选择"Configure"，如图 9-39 所示，配置过程如图 9-40 所示。

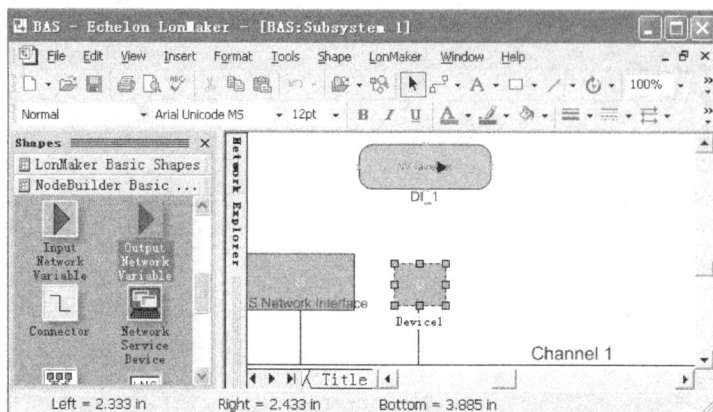

图 9-36　添加网络变量的 Lonmaker 编程界面

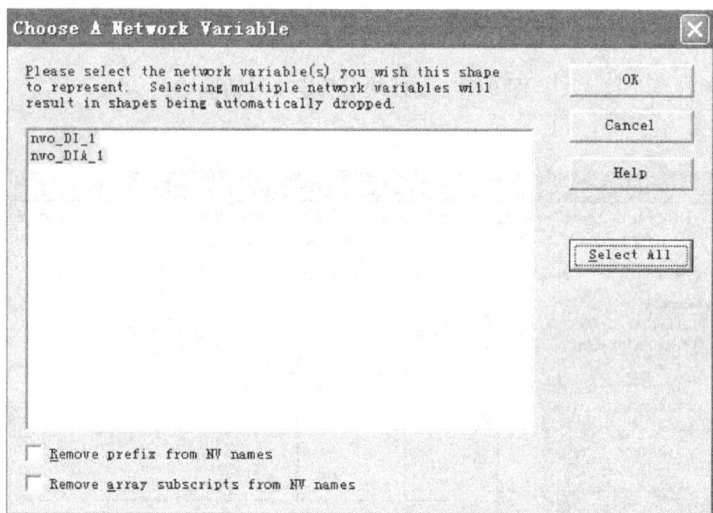

图 9-37　网络变量选择对话框

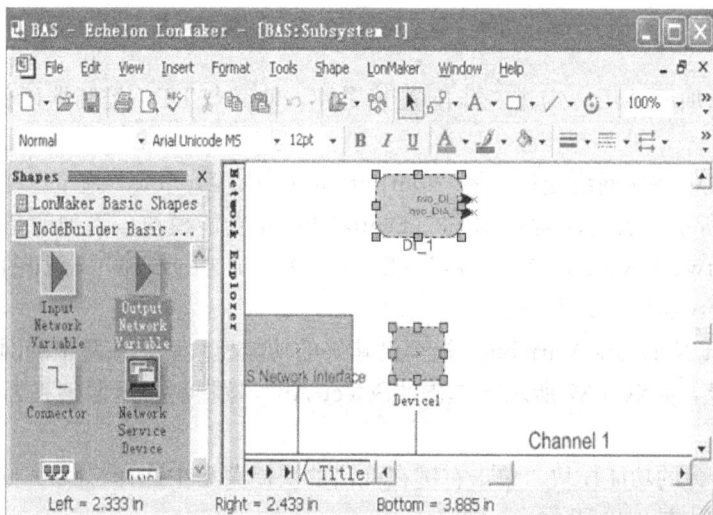

图 9-38　添加网络变量的 Lonmaker 编程界面

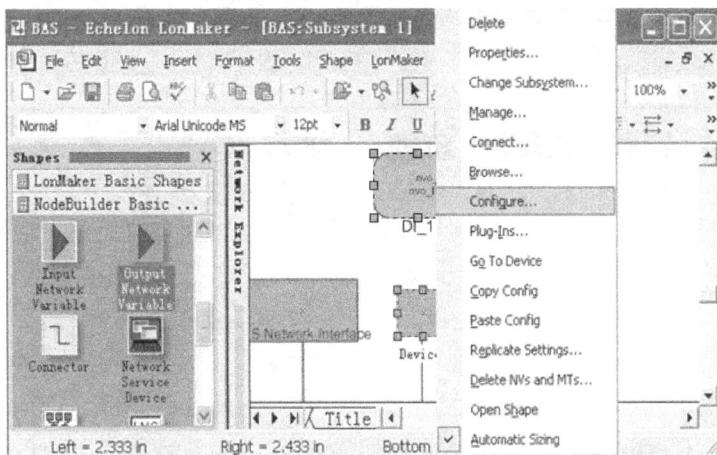

图 9-39　Lonmaker 编程界面中功能模块的快捷菜单

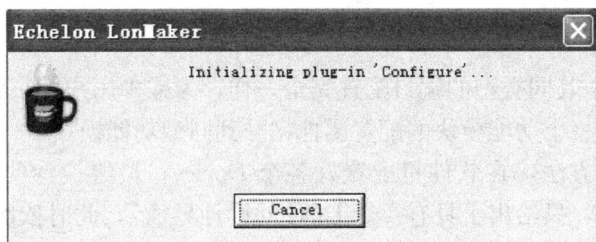

图 9-40　功能模块的初始化界面

　　初始化完成后跳出属性配置端口，如图 9-41 所示，选择"Apply"按钮后，功能块参数下载到 DDC 上，下载过程如图 9-42 所示。下载成功后，DDC 的一个 DI 端口配置完成。

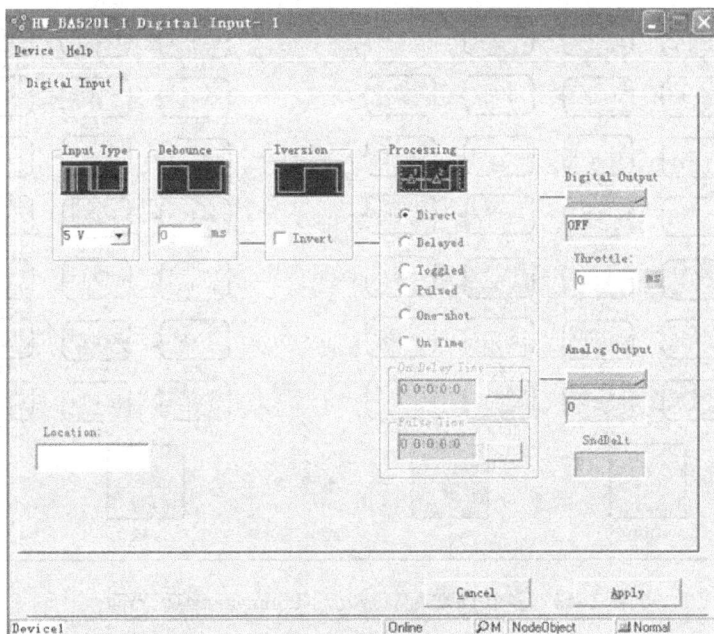

图 9-41　端口属性配置界面

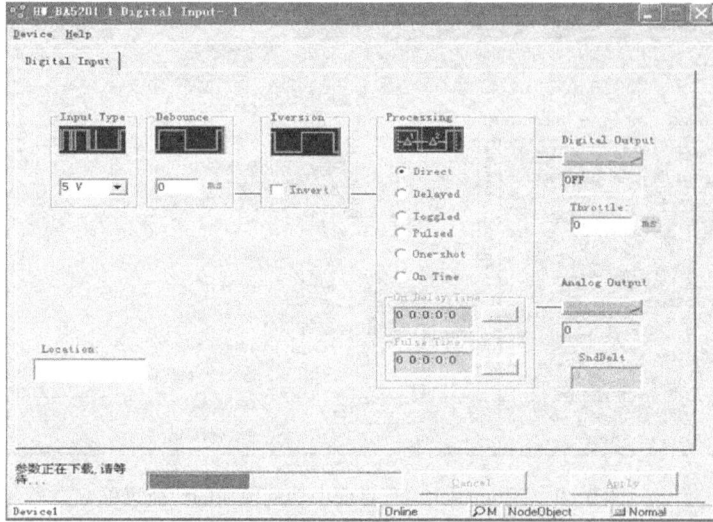

图 9-42　端口参数下载界面

对于 DDC 而言，其同类型的端口配置完全一样，为减少用户的工作量，Lonworks 允许通过拷贝功能，将一个功能模块的配置属性粘贴到同型功能模块。

按照上面提到的方法，在软件里配置好各个 Device，最终设计的程序界面如图 9-43 所示（由于页面原因，只给出了具有 4 个 DDC 的设计界面），此时依次通过右键单击 Device 在快捷菜单点击"Download"将此程序下载到硬件 DDC 中，成功下载后就完成了控制器的配置。

需要注意的是，一块 PCLTA-21 网络适配器的驱动能力有限，当系统中的 DDC 控制器较多时，需增加路由器来提高驱动能力。

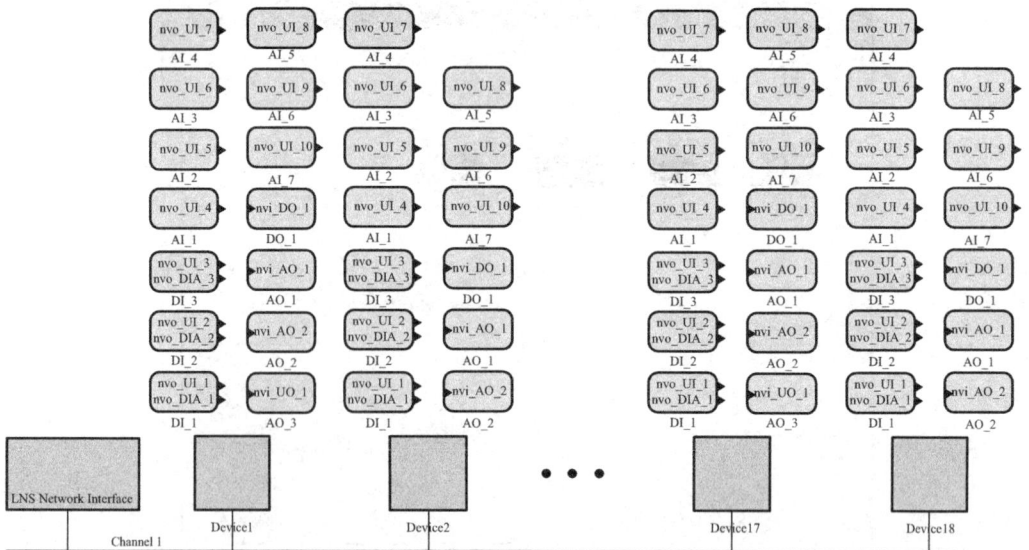

图 9-43　多个 DDC 配置成功后 Lonmaker 编程界面

该设计中，共用到 18 个 DDC 控制器，每 2 个 DDC 为一组，控制一个空调机组，且每组 DDC 端口分配相同。DDC1 和 DDC2 的 I/O 端口分配见表 9-9。

DDC 端口分配表　　　　　表 9-9

控制器	输入端口		输出端口		监测点描述
	DI	AI	DO	AO	
第 1 个 DDC5201	UI1				防冻保护报警
	UI2				过滤器阻塞报警
	UI3				送风机压差报警
		UI4			新风温度监测
		UI5			新风湿度监测
		UI6			回风温度监测
		UI7			回风湿度监测
		UI8			送风温度监测
		UI9			送风湿度监测
		UI10			室内温度监测
			DO1		送风机启/停控制
				AO1	新风风门开度控制
				AO2	回风风门开度控制
				UO1	排风风门开度控制
第 2 个 DDC5201	UI1				送风机手/自动状态
	UI2				送风机运行状态
	UI3				送风机故障报警
		UI4			室内湿度监测
		UI5			室内空气质量监测
		UI6			新风风门开度反馈
		UI7			回风风门开度反馈
		UI8			排风风门开度反馈
		UI9			冷水电动二通阀监控
		UI10			热水电动二通阀监控
			DO1		加湿阀控制
				AO1	冷水电动二通阀控制
				AO2	热水电动二通阀控制

由于该系统由上位机控制，所以到此为止，DDC 及其通信网络的设计和配置已经完成。只要通过 Lon DDE Server 或 Lon OPC Server 即可实现上位机其他控制软件对空调系统的控制。本书前面提到的控制算法可由上位机来实现，也可由 DDC 来实现。在此例中进行了简化，各种算法控制由上位机来实现。实际上 DDC5201 自带 PID 模块可实现简单的 PID 控制。LonMaker for Windows 里的向量机模块可实现各种设备的顺序控制和逻辑控制。

思考题与习题

9-1　三菱 FX 系列 PLC 在建筑电气控制设备中有哪些应用？如何在建筑电气控制设备的控制系统中有效应用三菱 FX 系列 PLC 进行控制和设计？

9-2 西门子 S7-200 系列 PLC 在建筑电气控制设备中有哪些应用？如何在建筑电气控制设备的控制系统中有效应用西门子 S7-200 系列 PLC 进行控制和设计？

9-3 三菱 FX 系列 PLC 和西门子 S7-200 系列 PLC 在建筑电气控制设备中的应用有哪些相同点和不同点？

9-4 常用的 HW-BA5500 系列 DDC 控制器的联网与通信设备有哪些？

9-5 试分析 LonTalk 协议各协议层的功能及其各层使用的处理器。

9-6 DDC 控制器控制空调系统的监控内容有哪些？简述其控制的工作原理？

9-7 试描述 LonMaker for Windons 中 DDC 模块的配置过程。

9-8 DDC 控制技术在建筑电气控制系统中主要可应用于哪些建筑电气设备的电气控制系统？

9-9 如何利用 DDC 控制技术构成空调机组控制系统？请画出 DDC 控制器控制空调机组的控制网络接线图？

9-10 如何设置空调机组自控系统的 DDC 软件编程界面？

第10章 建筑电气设备的电气控制系统设计

建筑电气控制系统的设计主要包括继电接触控制系统设计、PLC 可编程控制系统设计、DDC 控制系统设计、计算机控制系统设计等。建筑电气控制系统设计一般应包括建筑电气设备的拖动方案设计、拖动电动机的容量选择和电气控制系统线路设计、建筑电气控制系统的元器件选用等。对于现代民用建筑电气而言，则主要是根据相关建筑专业提出的建筑电气设备控制要求，设计满足实际需要的建筑电气控制系统的控制线路和选择出所需要的控制系统元器件。本章主要介绍建筑电气设备常用的继电接触控制系统的原理图设计、PLC 可编程控制系统的原理图设计。

10.1 建筑电气设备的电气控制系统设计概述

1. 建筑电气设备电气控制线路设计的基本内容

建筑电气设备一般由机械部分和电气控制系统二部分组成。电气部分的设计通常是和机械部分的设计同时进行的。电气设计是建筑电气设备设计工作的重要组成部分。电气部分设计的好坏直接影响到机电设备的使用效能及其先进性。

对于现代民用建筑电气控制设计而言，则主要是根据相关建筑专业提出的建筑电气设备及控制要求，设计满足实际需要的建筑电气控制系统的控制线路和选择出所需要的控制系统元器件。建筑电气设备的电气控制系统设计一般应包括确定建筑电气设备的拖动方案、选择拖动电动机的容量、设计控制线路、正确选用建筑电气控制系统的元器件。主要是设计建筑电气控制系统的主电路和控制电路的电气原理图、元器件布置图、安装接线图等三大图。此处主要介绍建筑电气控制系统的电气原理图设计。

2. 建筑电气设备电气控制线路设计的基本步骤

（1）拟定技术条件（任务书）

建筑电气控制线路的技术条件，通常是以设计技术任务书的形式表示的。它作为整个系统设计的主要依据，除了简要说明所设计的建筑电气设备的名称、型号、用途、工艺过程、技术性能、传动参数以及现场的工作条件外，还必须包含以下内容：

1）用户供电电网的种类、电压、频率及容量；

2）有关电力拖动的基本特性，如运动部件的数量和用途、负载特性、调速范围和平滑性，电动机的启动、反向和制动要求等；

3）有关建筑电气控制系统原理线路的基本特性，如建筑电气控制的基本方式、自动工作循环的组成、自动控制的动作顺序，建筑电气保护要求及联锁条件等；

4）有关建筑电气设备操作方面的要求，如建筑电气设备操作台的样式及布置、操作按钮的设置和作用，测量仪表的种类以及显示、报警和照明要求等；

5）建筑电气设备主要的电器元件（如电动机、执行电器和行程开关等）的布置草图。

总之，设计技术条件（任务书）要由参与设计的各方面人员根据所设计的建筑电气设备的总体技术要求共同探讨拟定的。

（2）选择传动形式与控制方案

建筑电气设备电气传动形式的选择，是以后各部分设计内容的基础。不同的建筑电气设备电气传动形式对于建筑电气设备的整体结构和性能有着重大的影响。具体内容如下：

1）电力拖动方式的确定

拖动方式包括：单电机拖动、多电机拖动。

单电机拖动，是指由一台电动机来拖动一台设备，电机通过机械传动部分将动力传送到该设备的每一个工作机构。这种拖动方式电气控制部分简单，但机械部分结构复杂。

多电机拖动，是指由多台电动机来分别驱动一台机电设备的各个工作机构。这种拖动方式不仅大大简化了机械传动机构，减小了机械传动累积误差，而且控制灵活，使机电设备便于实现自动化。因此现代化的机电传动基本上是采用这种拖动方式。

2）调速方式的确定

建筑电气设备的调速性能是由其使用功能决定的。例如供水水泵的调速，根据供水压力的不同要求，需采用不同的拖动速度，以保证供水的质量。实现建筑电气设备的调速可采用调压调速、变极调速、变频变压调速等方法。

3）负载特性

建筑电气设备的各个工作机构，可具有各不相同的负载特性$[P=f(n),T=f(n)]$，主要分为恒转矩型和恒功率型。如起重机、搅拌机的传动等为恒功率负载，而水泵的驱动则为恒转矩负载。

在选择电动机的调速方案时，要使电动机的调速特性与负载特性相适应，以求得电动机充分合理的应用。

例如，双速笼型异步电动机，当定子绕组由△形联结改接成 YY 联结时，转速增加一倍，而功率却增加很少，因此它适用于恒功率传动；但对于低速为 Y 形联结的双速电动机改接成 YY 形后，转速和功率都增加了一倍，而电动机所输出的转矩却保持不变，故适用于恒转矩传动。再如，他励直流电动机改变电压调速的方法属于恒转矩调速；而改变励磁的调速方法属于恒功率调速。

4）启动、制动和反向要求

许多建筑电气设备的启动、停止、正反转运动，只要条件允许最好由电动机来完成。建筑电气设备的传动系统的启动转矩一般都比较小，因此原则上可采用任何一种启动方式。对于它的辅助运动，在启动时往往要克服较大的静转矩，所以在必要时可选用高启动转矩的电动机，或采用提高启动转矩的措施。

另外，还要考虑电网容量。对于电网容量不大而启动电流较大的电动机，一定要采取限制启动电流的措施，如串电阻降压启动等，以免电网电压波动较大而造成事故。

驱动电机是否需要制动，应视设备工作循环的长短而定。若要求迅速制动，则可采用反接制动。反接制动更适合于制动后并反向运行的场合。若要求制动平稳、准确，即在制动过程中不允许有反转的可能时，宜采用能耗制动方式。在起重运输设备中，也常采用具有联锁保护功能的电磁机械制动。

（3）选择电动机

选择电动机的基本依据：在满足建筑电气设备对拖动系统静态和动态特性要求的前提下，力求电动机结构简单、运行可靠、维护方便、成本低廉。

在选择时首先要选择合适的功率。功率过大，设备投资大，同时电动机欠载运行，使效率和功率因数降低，造成浪费；相反，功率过小，电动机过载运行，电动机过热使寿命降低，或者不能充分发挥设备的效能。

另外，电动机的转速、电压、结构类型等的选择也要综合考虑。

1）电动机类型的选择

① 不需要调速且对启动性能也无过高要求的建筑电气设备，应优先选择鼠笼式异步电动机（例如 YL 型、JS 型、Y 系列等）。

② 对于要求经常启、制动，且负载转矩较大、又有一定调速要求的建筑电气设备，应考虑选用绕线式异步电动机。

③ 需要补偿电网功率因数及获得稳定的工作速度时，应优先选用同步电动机。

④ 对于需要大启动转矩和恒功率调速的建筑电气设备，宜采用直流串励或复励电动机。

⑤ 对只需要几种速度，而不要求无级调速的建筑电气设备，为了简化变速机构，可选用多速异步电动机。

⑥ 对要求大范围无级调速，且要求经常启动、制动、正反转的建筑电气设备，则可选用带调速装置的直流电动机或带变频调速装置的鼠笼式异步电动机。

2）电动机额定功率的选择

确定电动机的额定功率主要考虑两个因素：一是电动机的发热与温升；二是电动机的短时过载能力。此外，对于鼠笼式异步电动机还要考虑其启动能力。

① 确定电动机额定功率的方法

确定电动机额定功率的方法主要有：计算法、统计法、类比法。

计算法：根据机械负载变化的规律，绘制电动机的负载图，然后依此计算电动机的温升曲线，从而确定电动机的额定功率。

统计法：通过对相同类型的设备所选用的电动机的额定功率进行统计和分析，从中找出电动机额定功率与设备主要参数间的关系，得到相应的电动机的额定功率的计算方法，作为选用电动机额定功率的主要依据。

类比法：是调查研究经过长期运行考验的同类型或相近类型的设备所选用的电动机的额定功率，再考点不同工作条件的影响，来确定所需电动机的额定功率。

确定电动机额定功率的实用方法比较简单，但有一定的局限性，它们不能考虑到具体设备的实际工作特点，在合理选用时还需要有一定的实际运行经验和设计经验。因此，用实用方法选择的电动机，最好再通过实验进行校验。

② 确定电动机额定功率的步骤

A. 计算生产机械的负载功率；

B. 根据负载功率，预选电动机的额定功率；

C. 对预选的电动机进行校核：通常先校核发热与温升，然后校核短时过载能力，对鼠笼式异步电动机还要校核其启动能力，各项校核均通过后，预选的电动机便可得以确定，如果有一项校核未通过，则应从第二步起从新进行，直到通过为止。

3）电动机额定转速的选择

额定功率相同时，额定转速高的电动机体积小、价格便宜，且效率和功率因数也高，因此选用高速电动机较为经济。但如果设备所需转速较低，而且电动机转速很高，就会使减速机构的结构复杂。因此应通过综合分析来确定电动机的额定转速。

4）电动机结构形式的选择

根据工作环境的不同，可以选用开启式、防护式、封闭式和防爆式等。

（4）设计电气控制系统原理图

电气控制系统原理图设计的一般要求：

1）应最大限度地满足建筑电气设备对电气控制系统原理图线路的要求，按照工艺要求能准确可靠地工作；

2）在满足设备工作要求的前提下，力求使控制线路简单经济，布局合理，电气元件选择正确并能得到充分的利用；

3）保证控制线路的安全、可靠，具有必要的保护装置和联锁环节，以至于误操作时不至于发生重大事故；

4）尽量便于操作和维修。

（5）选择控制方法和控制元件、设计电器元件布置图、制定电器元件明细表

根据建筑电气设备对电气控制线路的工作过程要求和成本要求，可采用继电接触控制方法、PLC 可编程控制器方法、DDC 控制器方法、系统计算机控制方法、PLC 可编程控制器加继电接触控制方法、系统计算机与 PLC 可编程控制器和继电接触综合控制方法等。

根据不同的控制方法确定电气控制元件，制定电气元件明细表，设计电气元件布置图。

（6）设计电气柜、操作台、配电板等

根据不同的控制方法，设计相应的电气柜、操作台、配电板等。

（7）绘制建筑电气设备的电气安装图和接线图

根据所设计的电气元件布置图、电气柜、操作台、配电板等，绘制建筑电气设备的电气元器件安装接线图和总装接线图。

（8）编写设计计算说明书和使用说明书

根据所设计的建筑电气控制系统原理图、电气元器件安装接线图和总装接线图、电气柜、操作台、配电板等，编写设计计算说明书和使用说明书。

10.2　建筑电气设备的继电接触控制系统原理图设计

建筑电气设备的继电接触控制系统设计一般应包括确定建筑电气设备的拖动方案、选择拖动电动机的容量、设计继电接触控制线路、正确选用建筑电气控制系统的元器件。建筑电气设备的继电接触控制系统设计的一般方法通常有两种：经验设计法和逻辑设计法。

经验设计法：根据生产机械的工艺要求与过程或者根据受控设备的控制需要利用各种典型的继电接触控制线路环节为基础进行修改补充，综合成需要的继电接触控制线路。

逻辑设计法：根据各种电气设备的工艺控制要求，利用特征逻辑函数表征控制设备的

动作状态，并用逻辑代数式分析设计继电接触控制线路。

10.2.1　建筑电气继电接触控制系统原理图的经验设计法

从满足设备的工作过程要求出发，按照电动机的控制方法，利用各种基本控制环节和原则，借鉴典型的控制线路，把它们综合地组合成一个整体。这种设计方法虽然比较简单，但要求设计人员必须熟悉控制线路，掌握多种典型线路的设计资料，同时具有丰富的设计经验。

由于此设计方法是靠经验进行的，因而灵活性大。对于比较复杂的线路，有可能要经过多次反复的修改，才能得到符合要求的控制线路。另外，初步设计出来的控制线路有可能有几种，这时要加以分析比较，反复修改简化，甚至要通过实验加以验证，才能确定比较合理的设计方案。此方法设计的线路可能不是最简的，所用的电器及触点不一定最少，所得的方案也不一定最佳。

1. 继电接触电气控制系统原理图经验设计法的一般步骤

（1）根据相关专业提出的控制要求和建筑电气设备的工作过程要求，对被控建筑电气设备的工作过程作全面了解，并对已有相近设备的控制线路进行分析，选择拖动电动机的容量，制定出具体、详细的控制要求，作为设计继电接触电气控制线路的依据及控制目标。

（2）根据经验按继电接触电气控制要求的启动、停车、正反转、制动及调速等设计主电路。

（3）根据经验和继电接触控制主电路的要求，参照继电接触电气控制典型控制环节设计继电接触电气控制线路的基本环节。

（4）根据经验和建筑电气设备各部分运动要求的配合关系及联锁关系设计继电接触电气控制线路的特殊环节。

（5）根据经验分析运行过程中可能出现的故障，在继电接触电气控制线路中加入必要的保护环节。

（6）根据经验综合审查继电接触电气控制整体电路，按继电接触电气控制线路的动作步骤分析线路工作原理，检查线路是否能达到控制目的，进一步完善继电接触电气控制电路，必要时可做实验进一步进行验证。

2. 满足控制要求使继电接触控制线路简单、经济的措施

（1）尽量选用典型的、常用的或经实际验证过的线路和环节。

（2）尽量选用相同型号的电器，以减少备品量。

（3）尽量缩短连接导线的长度，可采用如图 10-1 的方法。

（4）尽量减少触点数，以简化线路，减少可能的故障点。

方法是：合并同类触点、利用二极管的单向导电性简化直流电路、利用逻辑代数法合并同类触点。具体可采用如图 10-2～图 10-4 的方法。

（5）尽量减少不必要的通电电器，以减少电能损耗、延长控制电器的寿命。

3. 保证控制线路工作可靠性的措施

（1）正确连接电器的触点

同一电器的各对触点应接在电源的同一相上，以避免在电器触点分断电路产生飞弧时，由飞弧引起的相间短路，应避免图 10-5 的错误接法。

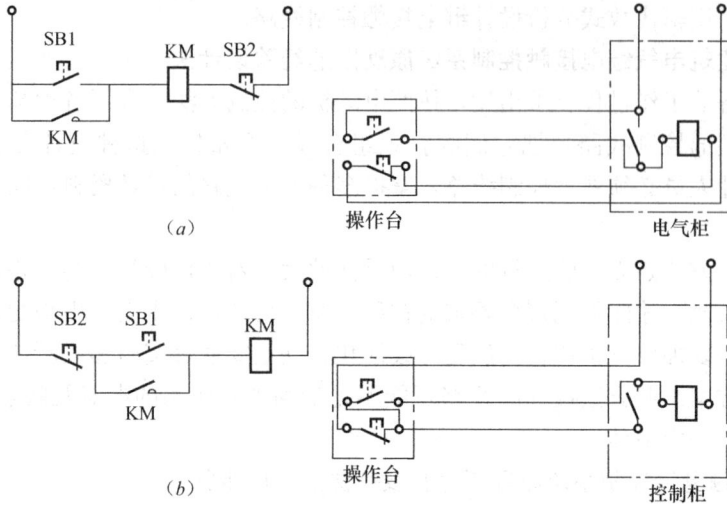

图 10-1　节省连接导线的方法

(a) 用 4 根板外线接线；(b) 用 3 根板外线接线

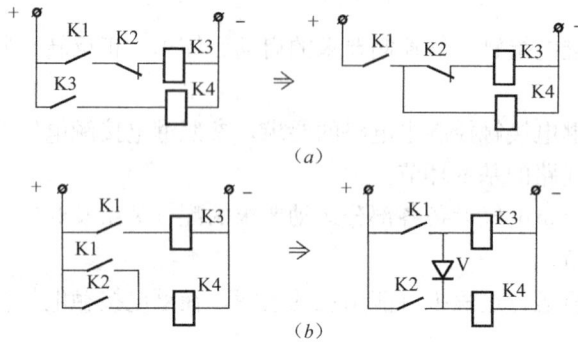

图 10-2　减化直流电路

(a) 合并同类触点；(b) 触点的简化方法

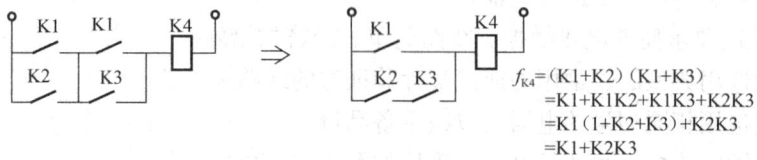

$$f_{K4}=(K1+K2)(K1+K3)$$
$$=K1+K1K2+K1K3+K2K3$$
$$=K1(1+K2+K3)+K2K3$$
$$=K1+K2K3$$

图 10-3　利用逻辑代数合并同类触点 1

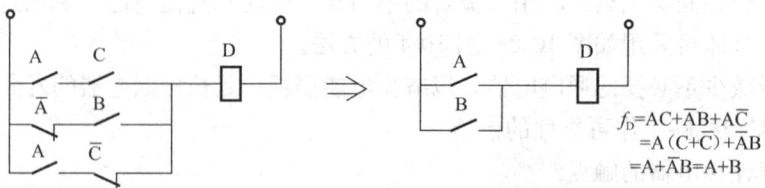

$$f_{D}=AC+\overline{A}B+A\overline{C}$$
$$=A(C+\overline{C})+\overline{A}B$$
$$=A+\overline{A}B=A+B$$

图 10-4　利用逻辑代数合并同类触点 2

（2）正确连接电器的线圈

1）在交流控制线路中，不能串联接入如图 10-6 所示的两个电器线圈，即使外加电压是两个线圈额定电压之和也不允许。

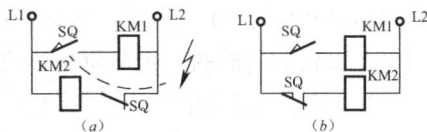

图 10-5　同一电路的各对触点应接在电源的同一相上

（a）错误接法；（b）正确接法

因为每个线圈上所分配的电压与线圈阻抗成正比，两个电器动作总有先后，先吸合的电器磁路先闭合，其阻抗比没吸合的电器大，电感显著增加，线圈上的电压也相应增大，故没吸合电器的线圈的电压达不到吸合值。同时电路电流将增加，有可能烧毁线圈。因此两个线圈需同时动作时，线圈应并联连接。

2）在设计控制电路时，电器线圈的一端应接在电源的同一端。如图 10-7 所示，继电器、接触器以及其他电器的线圈一端统一接在电源的同一侧，使所有电器的触点在电源的另一侧。这样当某一电器的触点发生短路时，不致引起电源短路。同时也为安装接线方便。

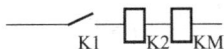

图 10-6　串联接入两个电器线圈

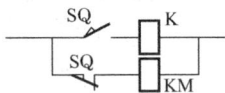

图 10-7　电器线圈接在电源的同一端

（3）减少多个电器元件依次动作后才接通某一电器的控制方式

如图 10-8 所示，在控制线路中应尽量避免许多电器触点依次接通才接通某一电器的控制方式，应避免图 10-8（a）的不合理使用方式。

（4）提高电器触头的接通和分断能力

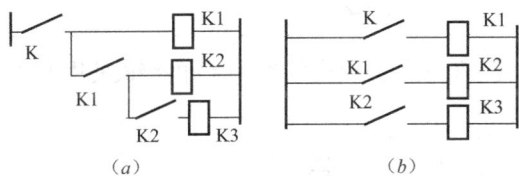

图 10-8　减少多个电器元件依次动作后接通某一电器

（a）不合理使用方式；（b）合理使用方式

应考虑提高电器触头的接通和分断能力，若容量不够，可在线路中增加中间继电器，或增加线路中触头数目。增加接通能力用多触头并联连接；增加分断能力则用多触头串联连接。

采用小容量继电器控制大容量的接触器时，应校核其触点容量是否允许。

（5）电气互锁与机械互锁

在频繁操作的可逆线路中，正反向接触器之间不仅要有电气互锁，还要有机械互锁。

（6）电器触头的"竞争"问题

应考虑电器触头的"竞争"问题。同一继电器的常开触点和常闭触点有"先断后合"型和"先合后断"型。如果触头的动作先后发生"竞争"的话，电路工作则不可靠。

（7）电动机的启动方式

应根据电网的容量及所允许的冲击电流值等因素设计电动机的启动方式。采用间接启动方式时应注意校核启动转矩是否够用，热继电器是否会发生误动作等。

（8）控制线路力求简单、经济

1）尽量减少触头的数目。

2）尽量减少连接导线。如图 10-9 所示，应把电器触头放在一起连接。

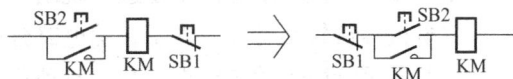

图 10-9　电器触头的连接

3）控制线路在工作时，除必要的电器元件必须长期通电外，其余电器应尽量不长期通电，以延长电器的使用寿命和节约电能。

4）应尽量缩减电气元件的数量，要采用标准件，并尽可能选用相同型号。

（9）尽量选用可靠的电器元件

尽量选用机械寿命和电气寿命长、结构合理、坚固、动作可靠且抗干扰性好的电气元件。

（10）避免寄生回路

所谓寄生回路是指在控制线路的动作过程中意外接通的电路，也叫假回路，如图10-10所示。

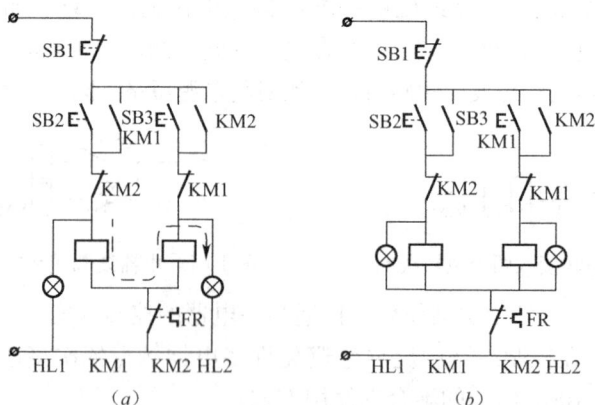

图 10-10　寄生回路示例
(*a*) 寄生回路；(*b*) 正确信号显示电路

（11）两电感量相差悬殊的直流线圈不能直接并联使用，应避免图10-11的错误使用方法。

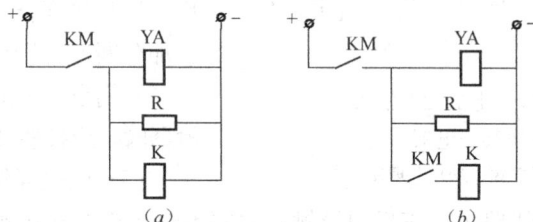

图 10-11　两电感量相差悬殊的直流线圈不能直接并联使用
(*a*) 错误；(*b*) 正确

4. 保证控制线路安全性的措施

（1）短路保护

短路保护可由熔断器或低压断路器实现。熔断器在被保护线路发生故障时，利用熔体熔化断开线路。低压断路器则是进行跳闸（脱扣）保护，事故处理完毕后，可再合闸。

主电机容量较小时，允许主、辅电路合用短路保护，否则应分别设置。

熔断器只能用于动作要求不高、自动化程度较差的电动机控制系统中。短路保护一般不用过电流继电器实现。因为过电流继电器仅能分断控制电路，主电路的过电流保护要通过断路器来完成，而接触器一般不能分断短路电流。针对不同的控制要求通常可采用如图 10-12 的保护方式。

(2) 过电流保护

不正确的启动和过大的负载转矩常引起电动机的过电流，此电流一般比过载电流大而比短路电流小。过电流会损坏电动机的换向器，产生过大的电磁转矩，过大的电磁转矩也会使机械传动部件受到损坏。对于不同的电机可采用图 10-13 的过电流保护方式。

(3) 过载保护

为了防止电动机因长期过载运行而使电动机绕组的温升超过允许值而损坏，需采用热保护即过载保护。此保护多采用热继电器实现。

需注意在采用热继电器作过载保护时，还必须使用熔断器或低压断路器作短路保护。

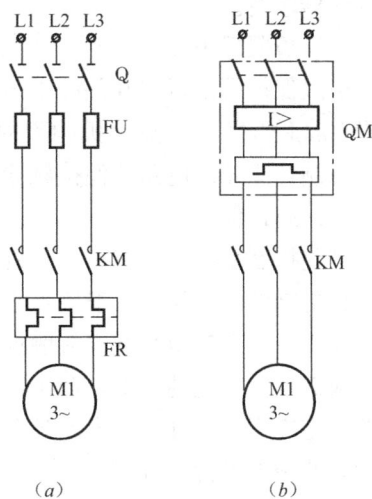

图 10-12　短路及过载保护
(a) 熔断器及热继电器作短路及过载保护；
(b) 低压断路器作短路及过载保护

(4) 失压保护

为了防止电网停电时，在电网电压恢复时电动机自启动的保护叫失压保护。它通过接触器的自锁触点或通过并联在万能转换开关或主令控制器的零位闭合触点上的零压继电器的常开触点实现。

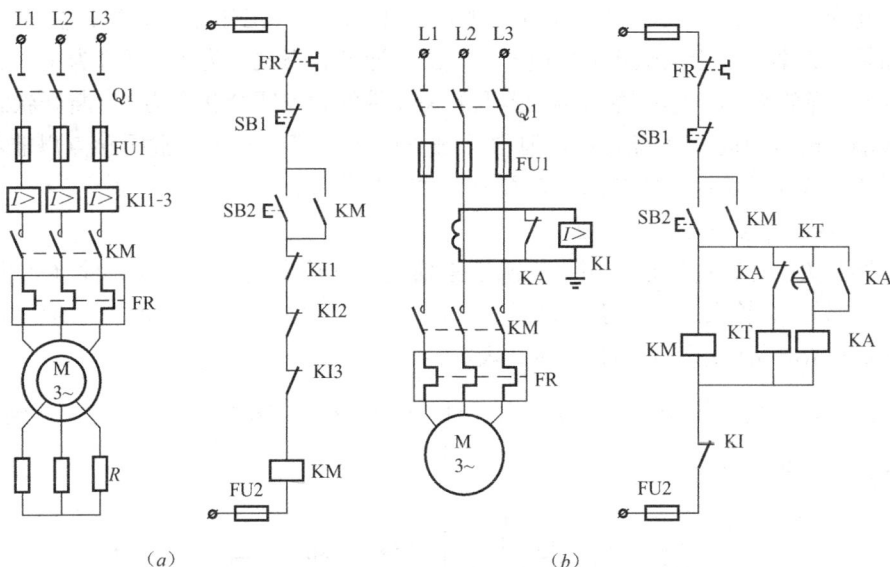

图 10-13　过电流保护
(a) 绕线式异步电动机的过流保护；(b) 笼式异步电动机的过流保护

(5) 弱磁保护

对于直流电动机，当其磁场减弱或者消失时，会引起电动机超速甚至"飞车"，所以应设置弱磁保护。弱磁保护一般由欠电流继电器实现，其整定值为电机额定最小励磁电流的 0.8 倍左右。

（6）极限保护

极限保护是由行程开关的常闭触点实现的。其具体方法是在拖动机构运行的极限位置上设置行程开关，当拖动机构因故障运行到极限位置时，压下行程开关，其常闭触点打开，强制切除控制电路，使接触器的线圈失电而分断主电路。

（7）超速保护

某些控制系统为了防止生产机械超过预定允许速度运行，在控制线路中设置了超速保护。如电梯的超速保护一般用离心开关完成，也有的用测速发电机实现。

10.2.2 建筑电气继电接触控制系统原理图的逻辑设计法

根据设备工艺的要求，利用逻辑代数的方法来分析、化简和设计线路。这种设计方法能够确定实现一个开关量自动控制线路的逻辑功能所必须的、最少的中间继电器的数目，然后有选择地进行添置。

逻辑设计的优缺点：用这种逻辑设计法设计出的线路结构比较合理，所用的元件数量也较少，特别适合完成较复杂的生产工艺所要求的控制线路。但是相对而言，这种设计方法难度较大，不容易掌握。对于一个功能较复杂的控制系统，若能将其分成若干个互相联系的控制单元，用逻辑设计方法完成各单元的设计，然后再用经验设计方法把这些单元组合成一个整体，这种设计方法较为简洁、切实可行。

把控制电路中的接触器、继电器线圈的通电与断电、触点的闭合与断开及主令电器的通与断看作是逻辑变量。逻辑"1"表示通，逻辑"0"表示断开。

将逻辑变量关系表示为逻辑表达式，运用逻辑函数的基本公式和运算规律化简逻辑表达式。按化简后逻辑函数式绘制相应的控制电路图，再进行工作原理分析、校核、完善，得到最简控制方案。对于电磁式低压电器，线圈的通电状态规定为 1（吸合为 1），线圈失电状态为 0（释放为 0）。继电器、接触器及开关元件的触点闭合状态为 1，断开状态为 0。元件的线圈及触点用同一字符表示，但常开触点以原始状态表示，常闭触点以非状态表示。逻辑代数式与控制原理图之间存在着一一对应的关系。

1. 继电器开关线路的逻辑函数

继电器开关的逻辑电路也可用逻辑函数来描述，其输出变量是受控元件（如接触器、继电器的线圈等），输入变量是主令信号、中间单元、检测信号及输出变量的反馈触点。如图 10-14 所示电路可用下面函数表达式表示。

图 10-14（a）的逻辑函数表达式：$f_k = SB1 + SB2 \cdot K$，图 10-14（b）的逻辑函数表达式 $f_K = \overline{SB2} \cdot (SB1 + K)$。

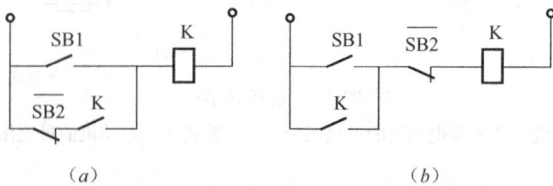

（a）　　　　　　　　　　（b）

图 10-14　起、保、停控制线路

（a）开启优先式；（b）关断优先式

例如，空调制冷控制系统中的循环泵的控制电路图如图 10-15 所示，在冷却塔风机启动后方可启动，冷冻水泵停车时方可停车，要求给出循环泵的逻辑表达式。如图 10-15 所示，冷却塔风机由 KM1 控制，循环泵由 KM2 控制，冷冻水泵由 KM3 控制，启动按钮 SB1，停车按钮 SB2。则图 10-15（a）、（b）的逻辑函数表达式分别如下式所示。

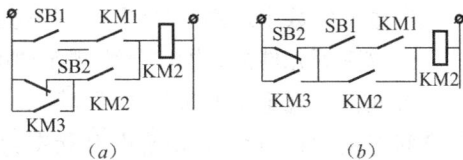

图 10-15　空调制冷控制系统循环泵控制电路图
(a) 循环泵控制电路；(b) 循环泵控制简化电路

$$f_{KM2} = SB1 \cdot KM1 + (\overline{SB2} + KM3) \cdot KM2$$

$$f_{KM2} = (\overline{SB2} + KM3)(SB1 \cdot KM1 + KM2)$$

2. 继电接触控制线路原理图的逻辑设计基本方法与步骤

（1）继电接触式控制线路的组成

继电接触式控制线路的组成一般由输入电路、中间逻辑控制电路、输出执行电路三大部分组成。

输入电路：主要由主令元件（如手动按钮、开关及主令控制器等）和检测元件（如行程开关和各种信号继电器等）组成，其主要功能是发出开机、停机和调试等信号，检测压力、温度、行程、电压、电流、水位、速度等信号。

中间逻辑控制电路：主要由中间记忆元件（如中间继电器、过电流或欠电流继电器、过电压或欠电压继电器、速度继电器等）和逻辑控制电路（如中间继电器、时间继电器等控制电器）组成，其主要功能是记忆输入信号的变化和控制输出执行电路。

输出执行电路：主要由继电器、接触器、电磁阀等执行电器组成，其主要功能是驱动运动部件（如驱动各种机械设备的电动机、电动阀门等）。

（2）继电接触式控制线路逻辑设计法的一般步骤

1）在充分研究工艺流程的基础上，作出工作过程示意图。

2）确定执行元件和检测元件，按工作过程示意图作出执行元件动作节拍表及检测元件状态表。

3）根据检测元件状态表写出各输出控制线圈（输出控制元件）控制程序的特征逻辑函数，确定输出控制线圈（输出控制元件）分组，设置中间记忆元件，使各输出控制线圈（输出控制元件）分组的所有程序区分开。

4）确定中间记忆元件开关逻辑函数表达式及执行元件动作逻辑函数表达式。

5）根据逻辑函数表达式绘制控制线路图。

6）进一步完善电路，增加必要的保护环节和联锁，检查电路是否符合控制要求。

（3）电气控制线路逻辑设计方法

1）列出接触器等输出电器元件通电状态真值表

由继电器—接触器所组成的控制电路，属于开关电路。电路中的电器元件只有两种状态：即线圈的通电或断电，触点的闭合或断开。而这两种相互"对立"的状态，可以用逻辑值来表示，即用逻辑代数（或布尔代数）来描述这些电器元件在电路中所处的状态和连接方法。

在逻辑代数中，用"1"和"0"表示两种对立的状态。即对于继电器、接触器、电磁铁、电磁阀等元件的线圈，通常规定通电为"1"状态，失电为"0"状态；对于按钮、行程开关元件，规定压下时为"1"状态，复位时为"0"状态；对于元件的触点，规定触点闭合状态为"1"状态，触点断开状态为"0"状态。

分析继电器—接触器控制电路时，元件状态常以线圈的通断电来判定。一元件的线圈通电时，其常开触点闭合，常闭触点断开。因此，为了清楚反映元件的状态，元件的线圈及其常开触点的状态用同一字符来表示（例如 K）；而其常闭触点的状态则用该字符的"非"来表示（例如 $\overline{K}$）。若该元件为"1"状态，则表示其线圈通电，其常开触点闭合，其常闭触点断开。

这样规定后，就可以利用逻辑代数的一些运算规律、公式和定律，将继电器—接触器控制系统设计的更为合理，设计出的线路能充分发挥元件的作用，且所用元件的数量最少。下面举例说明如何使用逻辑设计方法设计电器控制线路。

例如，某电机只有在继电器 K1、K2 和 K3 中任何一个或两个动作时才能运转，而在其他任何情况下都不运转，试设计其控制电路。

根据题目要求，其接触器通电状态的真值表见表 10-1。

接触器通电状态的真值表　　　　　　　　　　　　表 10-1

K1	K2	K3	KM
0	0	0	0
0	0	1	1
0	1	0	1
1	0	0	1
0	1	1	1
1	0	1	1
1	1	0	1
1	1	1	0
0	0	1	1
0	1	0	1
1	0	0	1

2）根据真值表写出逻辑代数表达式

根据表 10-1 真值表，继电器 K1、K2 和 K3 中任何一个动作时，接触器 KM 动作条件 1 的逻辑代数表达式可写成：

$$KM_1 = \overline{K1}\,\overline{K2}\,K3 + K1\,\overline{K2}\,\overline{K3} + \overline{K1}\,K2\,\overline{K3} \tag{10-1}$$

继电器 K1、K2 和 K3 中任何两个动作时，接触器 KM 动作条件 2 的逻辑代数表达式可写成：

$$KM_2 = \overline{K1}\,K2\,K3 + K1\,\overline{K2}\,K3 + K1\,K2\,\overline{K3} \tag{10-2}$$

则接触器动作条件，即电机运转条件的逻辑代数表达式为：

$$KM = KM_1 + KM_2 \tag{10-3}$$

即：

$$KM = \overline{K1}\,\overline{K2}\,K3 + K1\,\overline{K2}\,\overline{K3} + \overline{K1}\,K2\,\overline{K3} + \overline{K1}\,K2\,K3 + K1\,\overline{K2}\,K3 + K1\,K2\,\overline{K3}$$

3）用逻辑代数的基本公式化简逻辑代数表达式

对上述逻辑代数表达式（10-3）用逻辑代数的基本公式进行化简，化简过程如下：

$$KM = K1(K2K3 + K2K3 + K2K3) + K1(K2K3 + K2K3 + K2K3)$$

$$= K1(K3 + K2K3) + K1(K2K3 + K3)$$

$$\because K3 + K2K3 = K3 + K2; K2K3 + K3 = K2 + K3$$

$$\therefore KM = K1(K3 + K2) + K1(K2 + K3) \tag{10-4}$$

4）根据化简逻辑代数表达式绘制控制线路

由上述化简逻辑代数（10-4）表达式：KM＝K1(K3＋K2) ＋ K1(K2＋K3) 可绘制出满足前述要求的图 10-16 电机运转控制线路。

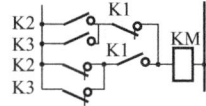

图 10-16　电机运转控制线路

5）校验设计出的控制线路

对于设计出的控制线路，应校验继电器 K1、K2 和 K3 在任一给定的条件下电动机都运转，即接触器 KM 的线圈都通电。而在其他条件下，如三个继电器都动作或都不动作时，接触器 KM 不应动作。

使用逻辑设计方法设计的控制线路比较合理，不但能节省元件数量，获得一种逻辑功能的最简线路，而且方法也不算复杂。

3. 具有记忆功能的逻辑时序线路的逻辑设计方法

上面介绍的控制线路是一种没有反馈回路、对任何信息都没有记忆的逻辑组合线路。如果想用逻辑设计方法设计具有反馈的回路，即具有记忆功能的逻辑时序线路，设计过程比较复杂。一般可按照以下步骤进行：

（1）根据工艺过程作出工作循环图；

（2）根据工作循环图作执行元件和检测元件状态表；

（3）由状态表增设必要的中间记忆元件（中间继电器）；

（4）列出中间记忆元件逻辑函数关系式和执行元件逻辑函数关系式；

（5）根据逻辑函数关系式绘出相应的电器控制线路；

（6）检查并完善所设计的控制线路。

由上可见，逻辑设计方法的这种设计过程比较复杂，难度较大。因此，一般只作为经验设计方法的辅助和补充，尤其是用于简化某一部分线路，或实现某种简单逻辑功能时，是比较方便易行的；对于一般不太复杂，而又带有反馈和交叉互馈环节的电器控制线路，一般采用经验设计方法较为简单；但对于某些复杂而又重要的控制线路，特别是对于自动化要求高的控制线路设计，逻辑设计方法可以获得准确而又简单的控制线路。

4. 继电接触控制线路原理图逻辑设计方法的设计规律

电气控制线路的特点是：通过触点的"通"和"断"控制电动机或其他电气设备来完成运动机构的动作。即使是复杂的控制线路，很大一部分也是常开和常闭触点组合而成的。为了逻辑设计方便，把它们归纳为以下几个方面：

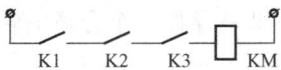

图 10-17　常开触点与线圈的串联"与"逻辑

（1）常开触点串联："与"逻辑

当要求几个条件同时具备时，才能使电器线圈得电动作，可将几个常开触点与线圈串联实现，具体如图 10-17 所示。

（2）常开触点并联："或"逻辑

当在几个条件中，只要具备其中任一条件时，所控制的电器线圈就能得电，这时可将几个常开触点并联实现。

（3）常闭触点串联

当几个条件仅具备一个时，继电器线圈就断电，可用几个常闭触点和所控制的电器线圈串联的方法实现，如图10-18所示。

（4）常闭（动断）触点并联

当要求几个条件都具备时，继电器线圈才断电，可用几个常闭触点并联，再和所控制的电器线圈串联的方法来实现，如图10-19所示。

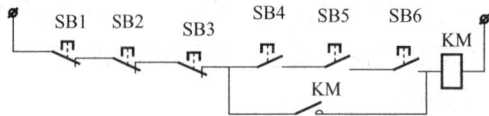

图 10-18　常闭触点串联　　　　　　　　图 10-19　常闭（动断）触点并联

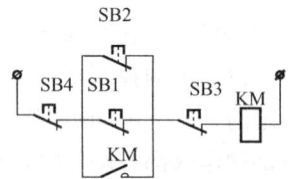

10.2.3　建筑电气设备的继电接触控制系统原理图设计举例

1. 某民用建筑生活给水泵的继电接触控制系统设计

根据前面所述建筑电气设备的继电接触控制系统经验设计方法，此处以民用建筑生活给水泵的继电接触控制系统设计为例来进一步介绍建筑电气设备的继电接触控制系统经验设计方法的具体应用方法。具体设计如下。

（1）生活给水泵的供水工作过程要求

城市自来水管网→大厦地下或低层贮水池→高层水箱或楼顶水池→大厦用户。

（2）生活水泵的一般控制要求

1）应在地下水池与高位水箱均设置水位信号器，由两处的水位信号器控制水泵的运行。

2）为了保障供水可靠性，生活给水泵分为工作泵和备用泵，工作泵发生故障时，备用泵应能自动投入。

3）应有水泵电动机运行指示及自动、手动控制的切换位置，备用泵应设计有自动投入控制指示。

（3）基本设计思路

1）为了便于线路的维护、管理等，根据经验应将辅助线路分为信号控制回路和电动机控制回路等几部分，使得控制线路的分工更加明确，可读性增强。

2）根据水泵控制要求1），利用继电器触点的串并联组合，实现两处的水位信号器与水泵的逻辑关系。

3）根据水泵控制要求2），工作泵与备用泵二者工况转换的关键是寻找一个合适的转换信号，可利用接触器的常闭触点。

4）根据水泵控制要求3），指示信号可由运行接触器及转换开关发出；利用万能转换开关实现手动/自动转换。

5）水泵电动机的启动方案由电网容量及电动机容量决定。

（4）具体控制电路设计

1）水位控制信号电路设计

为了保障供水可靠性，在地下水池与高位水箱均设置水位控制信号器，由两处的水位信号器控制水泵的运行。具体控制信号的设计电路如图 10-20 所示。

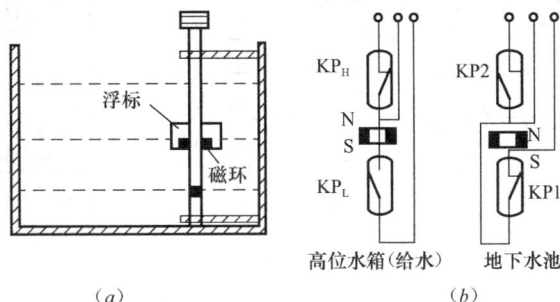

图 10-20　干簧管水位控制器安装示意图和接线图

（a）干簧管水位控制器；（b）接线图

2）控制水泵运行的电动机主电路设计

为了保障供水系统的可靠性，该生活给水泵设计有工作水泵和备用水泵，当工作水泵发生故障时，备用水泵可自动投入。该生活给水泵驱动电动机的主电路设计如图 10-21 所示。

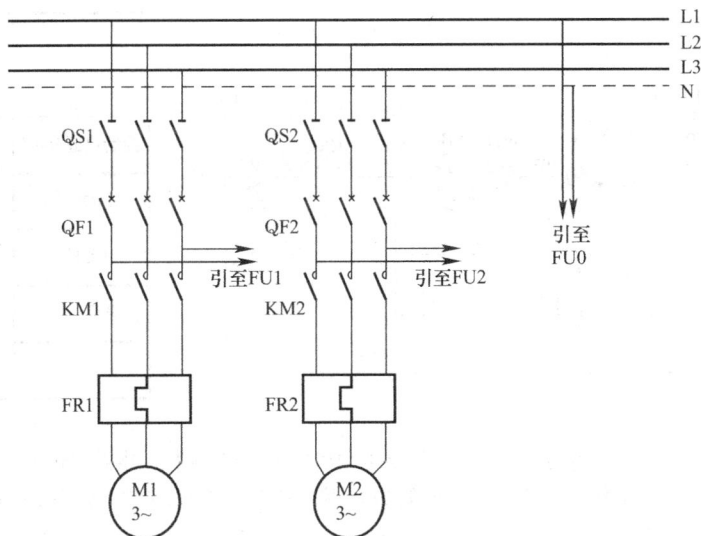

图 10-21　给水泵电动机主电路（一主一备）

3）控制水泵电动机运行的控制电路设计

为了保障工作水泵和备用水泵的可靠运行，保证当工作水泵发生故障时，备用水泵可自动投入，控制电路中分别设计有 1 号泵和 2 号泵电动机手动/自动控制电路，所设计的控制电路原理图如图 10-22 所示。控制电路中的转换开关触点闭合表及外接端子接线如图 10-23 所示。

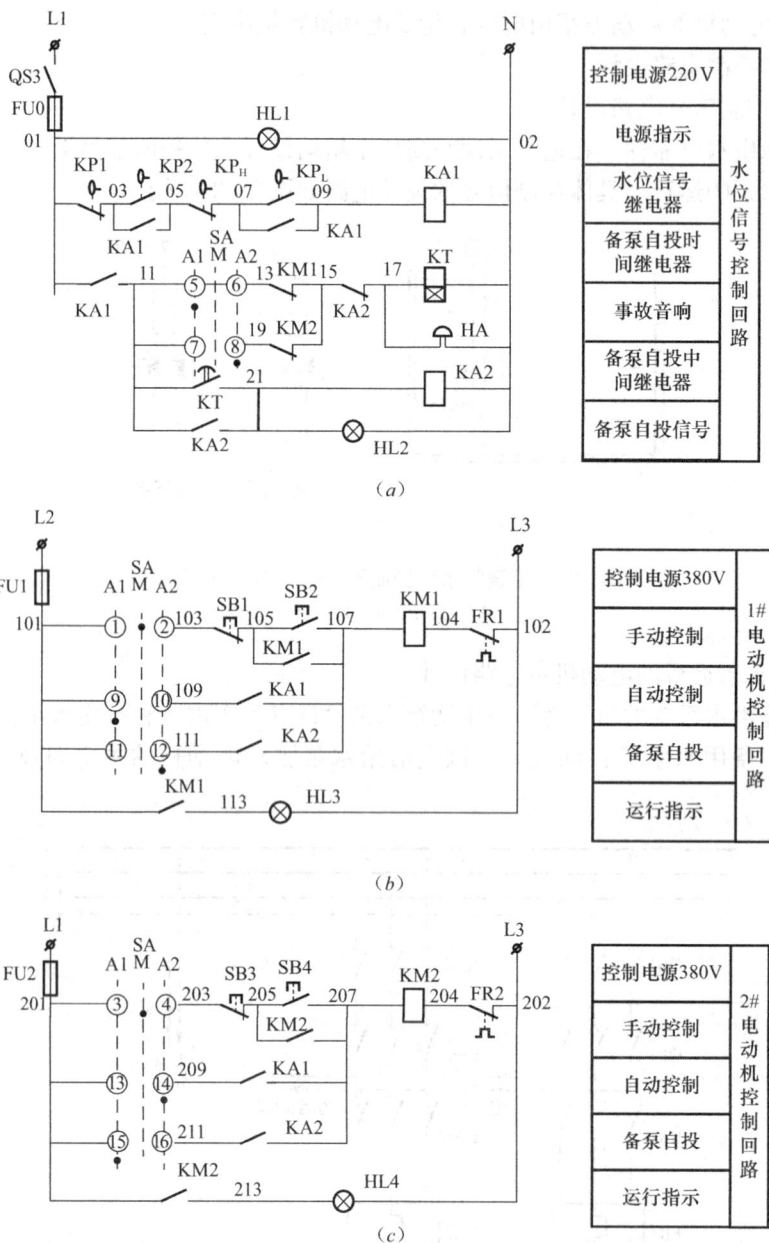

图 10-22　控制 1 号泵和 2 号泵电动机的手动/自动控制电路原理图

(a) 水位信号控制电路；(b) 1 号泵电动机控制回路；(c) 2 号泵电动机控制回路

4）控制线路元器件的选择

A. 隔离开关、低压断路器、接触器及热继电器等与主电路有关的元器件的主要选择依据是被控设备的容量。

B. 水位信号器依据水质、水温和水位控制高度进行选择。

C. 万能转换开关依据实际需求的档位、触点对数和开闭情况进行选择。

D. 中间继电器根据触点要求、线圈电压要求进行选择。

LW5-15D1688/4				
定位特征 触点编号		45° A1	0° M	45° A2
╱─	1-2		×	
╱─	3-4		×	
╱─	5-6	×		
╱─	7-8			×
╱─	9-10	×		
╱─	11-12			×
╱─	13-14			×
╱─	15-16	×		

外接端子排XT			
FU1	01	1	KP1
KA1	03	2	KP1
KA1	05	3	KP2
		4	KP$_H$
KA1	07	5	KP$_L$
KA1	09	6	KP$_L$

引至地下水池　KVV-4×1

引至高位水箱　KVV-4×1

图 10-23　控制电路中的转换开关触点闭合表及外接端子接线

10.3　建筑电气设备的 PLC 可编程控制系统原理图设计

10.3.1　建筑电气设备 PLC 控制系统设计的基本原则和一般方法

1. 建筑电气设备 PLC 可编程控制系统设计的基本原则

PLC 电气控制系统是控制电气设备的核心部件，因此 PLC 的控制性能关系到整个控制系统是否能正常、安全、可靠、高效率的关键所在。在设计建筑电气设备的 PLC 可编程控制系统时，应遵循以下基本原则：

（1）最大限度地满足建筑电气设备的控制要求。

（2）力求建筑电气设备的控制系统简单、经济、实用，维修方便。

（3）保证建筑电气设备控制系统的安全性、可靠性。

（4）保证建筑电气设备的操作简单、方便，并考虑有防止误操作的安全措施。

（5）满足所用 PLC 可编程序控制器的各项技术指标和安装接线要求及环境要求。

2. 建筑电气设备 PLC 可编程序控制系统设计的一般方法

（1）详细了解建筑电气设备对 PLC 控制系统的要求

对建筑电气设备的控制要求进行详细了解，必要时画出系统的工作循环图或流程图、功能图及有关信号的时序图。

（2）进行 PLC 控制系统总体设计和 PLC 选型

根据建筑电气设备对 PLC 控制系统的要求，对控制系统进行总体方案设计，选择所需要的 PLC 可编程序控制器型号。

（3）选择输入输出设备，分配 I/O 端口

根据建筑电气设备对 PLC 控制系统的要求和所选择的 PLC 可编程序控制器型号，选择输入输出设备，分配 I/O 端口。

（4）硬件电路设计

根据控制要求设计 PLC 输入输出接线图和主电路图的硬件电路。将所有输入信号（按钮、行程开关、速度及时间等传感器），输出信号（接触器、电磁阀、信号灯等）及其他信号分别列表，并按 PLC 内部软继电器的编号范围，给每个信号分配一个确定的编号，

即编制现场信号与 PLC 软继电器编号对照表，绘制 PLC 输入输出接线图和主电路图。

（5）根据控制要求设计 PLC 梯形图

根据控制要求和输入输出接线图绘制梯形图。图上的文字符号应按现场信号与 PLC 软继电器编号对照表的规定标注。梯形图的设计是关键的一步，针对不同的控制系统要求可采用不同的梯形图的设计方法。

（6）编写 PLC 程序清单

根据所设计的控制梯形图编写程序清单。梯形图上的每个逻辑元件均可相应地写出一条命令语句。编写程序应按梯形图的逻辑行和逻辑元件的编排顺序由上至下、自左至右依次进行。

（7）完善上述设计内容

根据所选择的 PLC 可编程序控制器对上述设计内容进行进一步完善。

（8）安装调试

根据所选择的 PLC 可编程序控制器进行安装调试，并设计出相应的安装接线图。

（9）编制技术文件

在设计完成上述各项任务后，应按照工程应用要求编制设计说明书、使用说明书和设计图纸等技术文件。

10.3.2 建筑电气设备 PLC 控制系统设计的常用方法

1. 继电器电路的转化设计法

将建筑电气设备继电器控制电路直接转化成梯形图。对于成熟的建筑电气设备继电器控制系统而言，可用此法改画成 PLC 梯形图。图 10-24 为某建筑电气设备的三相感应电动机正反转控制电路，现以此为例来说明此法。此处以三菱 FX 系列小型可编程控制器的要求为例来介绍。

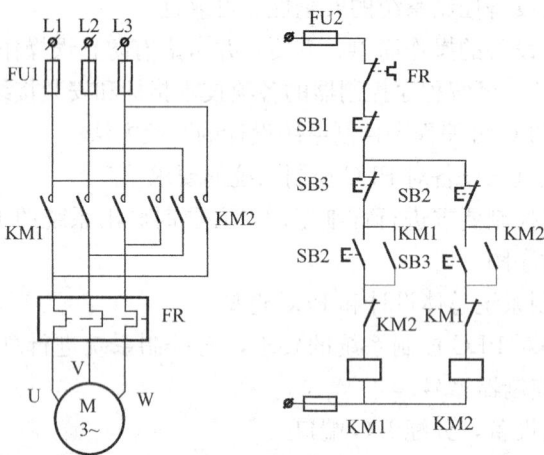

图 10-24 某建筑电气设备接触器控制电动机正反转控制电路

（1）分析控制要求

正转：按下 SB2，KM1 通电吸合，电动机 M 正转。

反转：按下 SB3，KM2 通电吸合，电动机 M 反转。

停止：按下 SB1，KM1（KM2）断电释放，电动机 M 停止工作。

（2）编制现场信号与 PLC 软继电器对照表，见表 10-2。

现场信号与 PLC 地址对照表　　　　　　　表 10-2

类　别	名　称	现场信号	PLC 地址
输入信号	停止按钮	SB1	X000
	正转按钮	SB2	X001
	反转按钮	SB3	X002
	热继电器	FR	X003
输出信号	正转接触器	KM1	Y000
	反转接触器	KM2	Y001

（3）画梯形图。按梯形图的要求把原控制电路适当改动，并根据表 10-2 标出各触点、线圈的文字符号，如图 10-25（b）所示。改用 PLC 软继电器后，触点的使用次数不受限制，故作为停止按钮和热继电器的输入继电器触点各用了两次。

由于梯形图中的触点代表软继电器的状态，其中 X000 的常闭触点只有在输入继电器 X000 未得电的条件下才保持闭合，所以当电动机运行时，停止按钮应该断开输入继电器 X000，即停止按钮 SB1 应当接常开触点，其 PLC 的外部硬件接线图如图 10-25（a）所示。

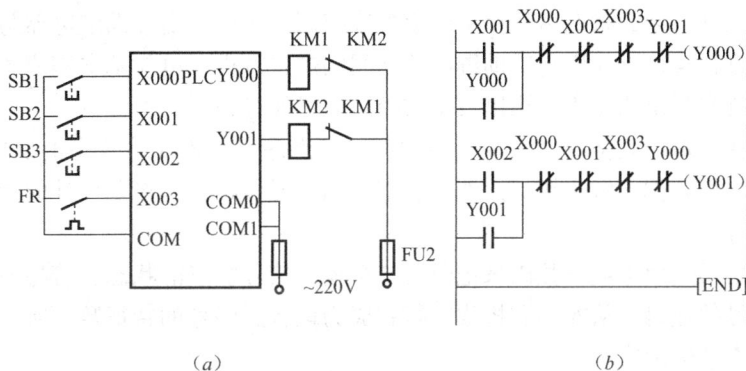

图 10-25　PLC 控制电动机正反转控制电路
(a) PLC I/O 端口接线图；(b) 梯形图

（4）列写程序清单。根据梯形图自上而下、从左到右按它们的逻辑关系，列写程序清单，见表 10-3。

PLC 控制程序清单　　　　　　　表 10-3

步序号	指令	数据	步序号	指令	数据
0	LD	X001	8	OR	Y001
1	OR	Y000	9	ANI	X000
2	ANI	X000	10	ANI	X001
3	ANI	X002	11	ANI	X003
4	ANI	X003	12	ANI	Y000
5	ANI	Y001	13	OUT	Y001
6	OUT	Y000	14	END	
7	LD	X002			

2. 经验设计法

根据被控的建筑电气设备对控制的要求，根据经验初步设计出继电器控制电路，或直接设计出 PLC 的梯形图，再进行必要的化简和校验，在调试过程中进行必要的修改。这种设计方法灵活性大，其结果一般不是唯一的。

例如上述电动机正反转控制电路图 10-25（a）所示为 PLC 的外部硬件接线图，其中 SB1 为停止按钮，SB2 为正转启动按钮，SB3 为反转启动按钮，KM1 为正转接触器，KM2 为反转接触器。实现电动机正反转功能的梯形图如图 10-25（b）所示。应该注意的是，图 10-25 虽然在梯形图中已经有了内部软继电器的互锁触点（X001 与 X002、Y000 与 Y001），但在外部硬件输出电路中还必须使用 KM1、KM2 的常闭触点进行互锁。因为，一方面是 PLC 内部软继电器互锁只相差一个扫描周期，而外部硬件接触器触点的断开时间往往大于扫描周期，来不及响应。另一方面也是避免接触器 KM1 或 KM2 的主触点经过长时间使用，有可能熔焊引起电动机主电路短路。

3. 程序设计的状态表法

状态表法是从传统继电器逻辑设计方法继承而来的，经过适当改进，适合于可编程控制器梯形图设计的一种方法。它的基本思路是，被控过程由若干个状态所组成；每个状态都是由于接受了某个切换主令信号而建立；辅助继电器用于区分状态且构成执行元件的输入变量；而辅助继电器的状态由切换主令信号来控制。正确写出辅助继电器与切换主令信号之间的逻辑方程及执行元件与辅助继电器之间的逻辑方程，也就基本完成了程序设计任务。为此，应首先列出状态表，用以表示被控对象工作过程。

状态表是在一矩形表格中，从左到右列有：状态序号、该序号状态的切换主令信号、该状态对应的动作名称、每个执行元件的状态、输入元件状态、将要设计的辅助继电器状态及约束条件等。

状态表列出后，用 1 或 0 数码来记载每一个输入信号触点的状态。若将该状态序号的每一个输入信号的数码，从左到右排成一行就成为该状态序号的特征数，所以特征数是由该状态输入触点数码组成。

将各个状态的特征逻辑函数进行分析，看哪些是可区分状态，哪些是不可区分状态。对于不可区分状态可通过引入辅助继电器，构成尾缀数码，把它们尾缀在特征逻辑函数之后。使之获得新的特征逻辑函数。这样，由于辅助继电器的介入，使所有状态的特征数都获得完全区分。利用特征逻辑函数中的数码就能构成每个状态的输出逻辑方程。此后，再将逻辑方程转化为梯形图或程序命令。

状态表法可参阅有关资料，在此不详述。

除上述三种方法外还有程序设计的顺序功能图法和用移位寄存器实现顺序控制法。

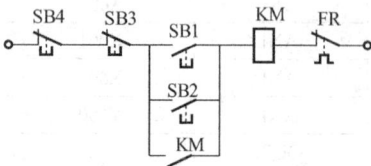

图 10-26　两个地点控制一台电动机的控制电路

10.3.3　输入输出接线图的设计

1. 输入接线图的设计

例 10-1　将图 10-26 所示的两个地点控制一台电动机的控制电路改为 PLC 控制。

应用前面所述的改画梯形图法和经验设计法，可得到如图 10-27 所示的两个地点控制一台电动机的 PLC 控制图 1。图 10-27（a）为 PLC 的输入和输出接线图，

图 10-27 (*b*) 为 PLC 的控制梯形图。在图 10-27 中，是将图 10-26 中所有的现场输入信号器件均接入 PLC 的输入端。要注意的是，在图 10-27 中 PLC 的输入端，将图 10-26 中现场控制的长闭按钮 SB3、SB4、长闭过载保护器 FR 均换成了长开接触点形式。

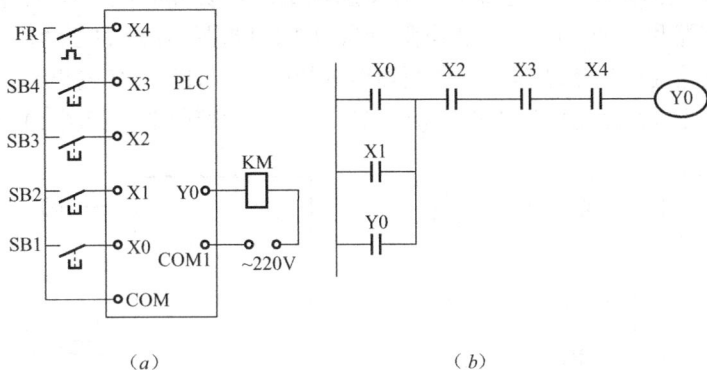

图 10-27 两个地点控制一台电动机的 PLC 控制图 1
(*a*) LPC I/O 端口接线图；(*b*) 梯形图

应用前面所述的改画梯形图法和经验设计法，采用节省输入点的方法，我们可得到如图 10-28 所示的两个地点控制一台电动机的 PLC 控制梯形图 2。如果将图 10-28 与图 10-27 相比，可看出输出接线图没有变化，但是输入接线图变化较大。因此从图 10-28 与图 10-27 相比可知，PLC 控制梯形图的设计不是唯一的。

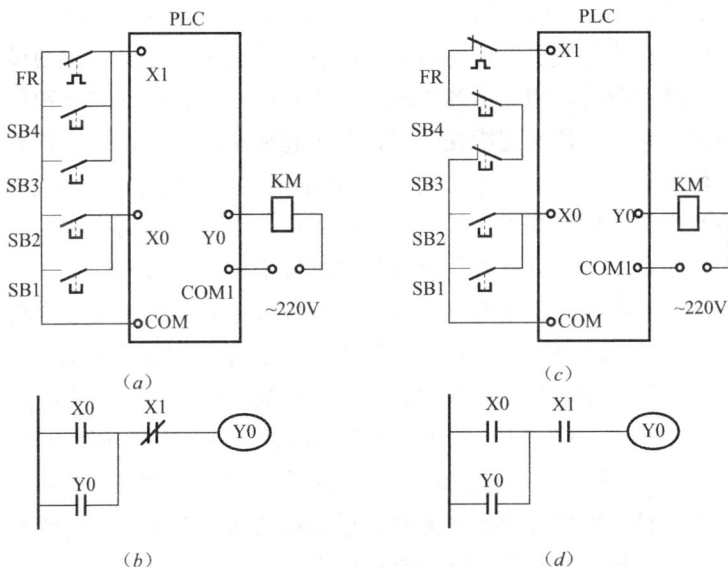

图 10-28 两个地点控制一台电动机的 PLC 控制图 2
(*a*) PLC I/O 端口接线图 1；(*b*) PLC I/O 端口接线图 2；(*c*) 梯形图 1；(*d*) 梯形图 2

2. 输出接线图的设计

PLC 输出电路中常用的输出元件有各种继电器、接触器、电磁阀、信号灯、报警器、发光二极管等。

在 PLC 输出电路采用直流电源时，对于感性负载，设计时应加反向并联二极管，否则接点的寿命会显著下降，二极管的反向耐压应大于负载电压的 5～10 倍，正向电流大于负载电流。

在 PLC 输出电路采用交流电源时，对于感性负载，设计时应并联阻容吸收器（可由一个 $0.1\mu F$ 电容器和一个 $100～120\Omega$ 电阻串联而成）以保护接点的寿命。

PLC 输出电路无内置熔断器，当负载短路等故障发生时将损坏输出元件，为了防止输出元件损坏，设计时在输出电源中应串接一个 5～10A 的熔断器，如图 10-29 所示。

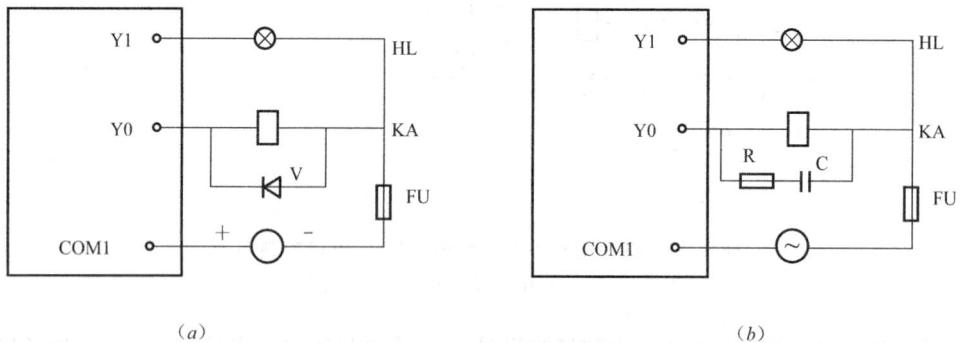

图 10-29 PLC 输出电路的保护措施
(a) 直流输出电路；(b) 交流输出电路

10.3.4 建筑电气设备的 PLC 顺序功能控制设计方法

用经验设计法设计梯形图时，没有一套固定的方法和步骤可循，具有很大的试探性和随意性。对于不同的建筑电气设备控制系统，没有一种通用的容易掌握的设计方法。在设计较为复杂系统的梯形图时，用大量的中间单元来完成记忆、联锁和互锁等功能。由于需要考虑的因素很多，它们往往又交织在一起，分析起来非常困难，并且很容易遗漏一些应该考虑的问题。修改某一局部控制电路时，可能对系统的其他部分产生意想不到的影响，因此梯形图的修改也很麻烦，花了很长的时间可能还得不到一个满意的结果。用经验法设计出的梯形图往往很难阅读，给系统的修改和改进带来了很大的困难。

所谓顺序控制，就是按照建筑电气设备工作过程规定的顺序，在各个输入信号的作用下，根据 PLC 内部状态和时间的顺序，在建筑电气设备工作过程中各个执行机构自动、有序地进行操作。使用顺序控制设计法时首先根据建筑电气设备机电系统的工艺过程，画出 PLC 顺序功能图，然后根据 PLC 顺序功能图画出梯形图。有的 PLC 编程软件为用户提供了顺序功能图（SFC）语言，在编程软件中生成顺序功能图后便完成了编程工作。

顺序控制设计法是一种先进的设计方法，很容易被初学者接受，对于有经验的设计者也会提高设计的效率，程序的阅读和测试修改也很方便。

使系统由当前步进入下一步的信号为转换条件。转换条件可以是外部的输入信号，如按钮、指令开关、限位开关的接通和断开等；也可以是 PLC 内部产生的信号，如定时器、计数器常开触点的接通等；转换条件还可能是若干个信号的与、或、非逻辑组合。

建筑电气设备的 PLC 顺序控制设计法用转换条件控制代表各步的编程元件，让他们的状态按一定的顺序变化，然后用代表各步的编程元件去控制 PLC 的各输出继电器。具体可按照第 5 章三菱 FX 系列 PLC 的步进顺序控制方法进行设计。下面仍以某一建筑工地的建筑材料运料小车的 PLC 步进顺序控制为例来介绍 PLC 的步进顺序控制的设计方法。

如图 10-30（a）所示，为某一建筑工地的运料小车运行的空间示意图，现采用三菱 FX 系列 PLC 的步进顺序控制功能设计该运料小车的 PLC 控制系统。

1. 步进顺序控制的步进动作确定

根据第 5 章三菱 FX 系列 PLC 的步进顺序控制方法，首先确定运料小车的步进顺序控制的步进动作顺序。

顺序控制设计法最基本的思想是将系统的一个工作周期划分为若干个顺序相连的阶段，这些阶段称为步，可以用 PLC 编程元件（例如内部辅助继电器 M 和状态继电器 S）来代表各步。步是根据输出量的状态变化来划分的，在任何一步之内，各输出量的 ON/OFF 状态不变，但是相邻两步输出量总的状态是不同的。步的这种划分方法使代表各步的编程元件的状态与各输出量的状态之间有着极为简单的逻辑关系。

如图 10-30（a）所示，运料小车开始停在左侧限位开关 X1 处，按下启动按钮 X0，Y2 变为 ON。打开贮料斗的闸门，运料小车开始装料，同时用定时器 T0 定时，10s 后关闭贮料斗的闸门，Y0 变为 ON，开始右行。碰到限位开关 X2 后停下来卸料（Y3 为 ON），同时用定时器 T1 定时。5s 后 Y1 变为 ON，开始左行，碰到限位开关 X1 后返回初始状态，停止运行。

根据 Y0～Y3 的 ON/OFF 状态的变化。显然一个周期可以分为装料、右行、卸料和左行这 4 步，另外还应设置等待启动的初始步。分别用 M0～M4 来代表这 5 步。图 10-30（b）是描述该系统的顺序功能图，图中用矩形方框表示步，方框中可以用数字表示该步的编号，一般用代表该步的编程元件的元件号作为步的编号，如 M0 等，这样在根据顺序图设计梯形图时较为方便。

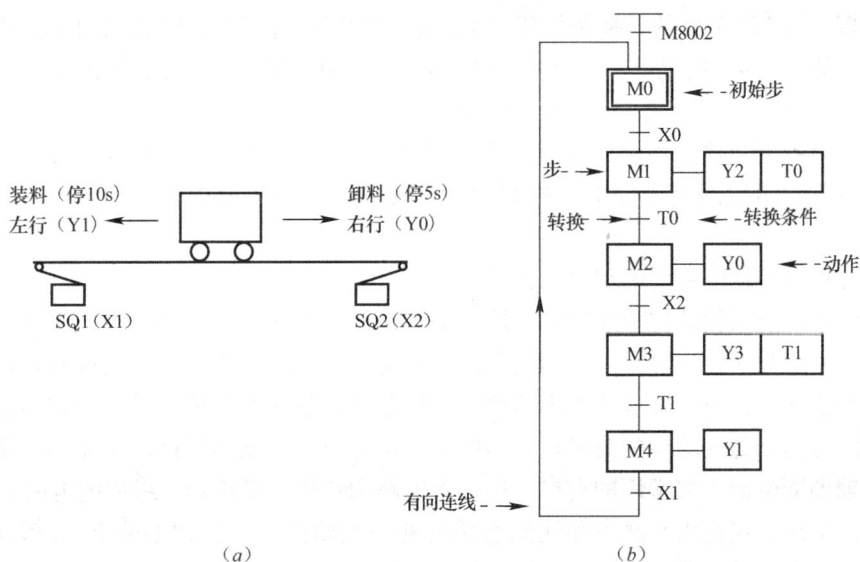

图 10-30　建筑材料运料小车运行的空间示意图和顺序功能图
（a）运料小车运行示意图；（b）系统顺序功能图

2. 初始步的确定

与系统的初始状态相对应的步称为初始步，初始状态一般是系统等待启动命令的相对静止的状态。初始步用双线方框表示，每一个顺序功能图至少应该有一个初始步。

3. 活动步的确定

当系统正处于某一步所在的阶段时，该步处于活动状态，称该步为"活动步"。步处于活动状态时，相应的动作被执行。处于不活动状态时，相应的非存储型动作被停止执行。

4. 与步对应的动作或命令

可以将一个控制系统划分为被控制系统和施控系统。例如在电梯控制系统中，控制装置是施控系统，而电梯轿厢是被控系统。对于被控系统，在某一步中要完成某些"动作"，对于施控系统，在某一步中则要向被控系统发出某些"命令"。为了叙述方便，下面将命令或动作统称为动作，并将矩形框中的文字用符号表示，该矩形框应与相应步的符号相连。

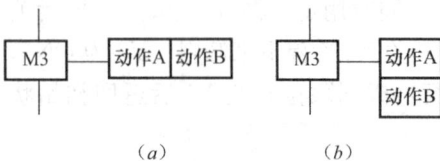

如果某一步有几个动作，可以用图 10-31 中的两种画法来表示，但是并不隐含这些动作之间的任何顺序。说明命令的语句应清楚地表明该命令是存储型的还是非存储型的。例如某步的存储型命令"打开 1 号阀并保持"，是指该步为活动步时 1 号阀打开，该步为不活动步时继续打开；非存储型命令"打开 1 号阀"，是指该步为活动步时打开，为不活动步时关闭。

图 10-31　多个动作的表示方法
(a) 动作表示方法 1；(b) 动作表示方法 2

在图 10-30 (b) 中定时器 T0 的线圈应在 M1 为活动步时"通电"，M1 为不活动步时断电，从这个意义上来说，T0 的线圈相当于步 M1 的一个动作，所以将 T0 作为步 M1 的动作来处理。步 M1 下面的转换条件 T0 由在指定时间到时闭和的 T0 的常开触点提供。因此动作框中的 T0 对应的是 T0 的线圈，转换条件 T0 对应的是 T0 的常开触点。

5. 顺序功能控制梯形图的编程设计方法

根据控制系统的顺序功能图设计梯形图的方法，称为顺序控制梯形图的编程设计方法。在此主要介绍使用启保停电路的编程设计方法、步进梯形指令（STL）的编程设计方法。

（1）使用启保停电路的编程设计方法

根据顺序功能图设计梯形图时，可用内部辅助继电器 M（特殊辅助继电器除外）来代表各步。某一步为活动步时，对应的辅助继电器为 ON，某一转换条件实现时，该转换的后续步变为活动步，前一级步变为不活动步。很多转换条件都是短信号，即它存在的时间比它激活的后续步为活动步的时间短，因此应使用有记忆（或称保持）功能的电路来控制代表步的辅助继电器。如常用的有启、保、停电路和置位、复位指令组成的电路。

启保停电路仅仅使用与触点和线圈有关的通用逻辑指令，各种型号 PLC 都有这一类指令，所以这是一种的编程方法，适用于任何型号 PLC。

如图 10-32 所示，采用了启保停电路进行顺序控制梯形编程设计。图中 M2、M3 和 M4 是顺序功能图中顺序相连的 3 步，X2 是步 M3 之前的转换条件。设计启保停电路的关键是找出它的启动条件和停止条件。根据转换实现的基本规则，转换实际的条件是它的前级步为活动步，并且满足相应的转换条件，所以步 M3 变为活动步的条件是它的前级步 M2 为活动步，且转换条件 X2＝1。在启保停电路中，则应将前级步 M2 和转换条件 X2 对应的常开触点串联，作为控制 M2 的启动电路。

当 M3 和 X3 均为 ON 时，步 M4 变为活动

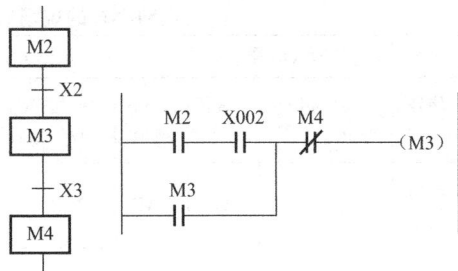

图 10-32　用启保停电路控制步

步，这时步 M3 应变为不活动步，因此可以将 M4＝1 作为使辅助继电器 M3 变为 OFF 的条件，即将后续步 M4 的常闭触点与 M3 的线圈串联，作为启保停电路的停止电路。图 10-32 中的梯形图可以用逻辑代数式表示为：

$$M3 = (M2 \cdot X002 + M3)\overline{M4} \qquad (10\text{-}5)$$

在这个例子中，M4 的常闭触点可以用 X3 的常闭触点来代替。但是当转换件由多个信号经"与、或、非"逻辑运算组合而成时，应将它的逻辑表达式求反，再将对应的触点串并联电路作为启保停电路的停止电路，不如使用后续步的常闭触点这样简单方便。

下面以图 10-30 所示的运料小车自动循环的控制过程为例说明单序列的编程方法和用顺序功能图绘制梯形图的步骤：

1）根据控制要求绘制功能图

首先根据图 10-33（a）所示运料小车运行的空间示意图和顺序功能图，可画出图 10-33（b）所示运料小车自动循环的控制过程图。然后把运料小车自动循环工作过程分成预备、装料、右行、卸料和左行共 5 步，它们的转换条件分别为 SB（X0）、T0、SQ2（X2）、T1 和 SQ1（X1），画出图 10-33（c）所示的功能图，并且填写各步对应的动作及执行电器的工作情况。

2）编制现场信号与 PLC 软继电器编号对照表

根据图 10-33（c）运料小车的功能图，给标在功能图上的各个现场信号或工步，分配一个 PLC 软继电器编号与之对应，可列出运料小车的现场信号和 PLC 软继电器编号对照表 10-4。

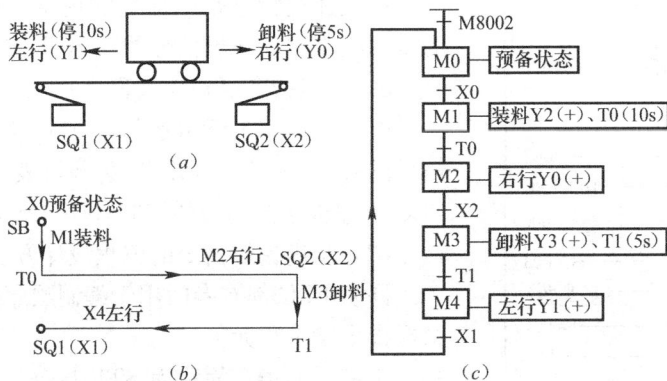

图 10-33　建筑材料运料小车运行的状态示意图和顺序功能图

（a）小车运行示意图；（b）控制过程图；（c）顺序功能图

运料小车的现场信号和 PLC 软继电器编号对照表　表 10-4

分类	输入信号			输出信号				步序继电器				其他		
信号名称	启动按钮	左限位开关	右限位开关	右行接触器	左行接触器	装料电磁铁	卸料电磁铁	预备状态	一工步	二工步	三工步	四工步	激活初始步	装料卸料时间
现场信号	SB	SQ1	SQ2	KM1	KM2	YV1	YV2	Q0	Q1	Q2	Q3	Q4	L	t0、t1
PLC地址	X0	X1	X2	Y0	Y1	Y2	Y3	M0	M1	M2	M3	M4	M8002	T0、T1

3）编写工步状态的逻辑表达式

根据图 10-33（c）所示的功能图直接写出五个工步状态的以 PLC 地址表达的逻辑式：

$$M0 = (M4 \cdot X001 + M8002 + M0)\overline{M1}$$
$$M1 = (M0 \cdot X000 + M1)\overline{M2}$$
$$M2 = (M1 \cdot T0 + M2)\overline{M3} \qquad (10\text{-}6)$$
$$M3 = (M2 \cdot X002 + M3)\overline{M4}$$
$$M4 = (M3 \cdot T1 + M4)\overline{M0}$$

4）写出各执行电器（即输出信号）的逻辑表达式

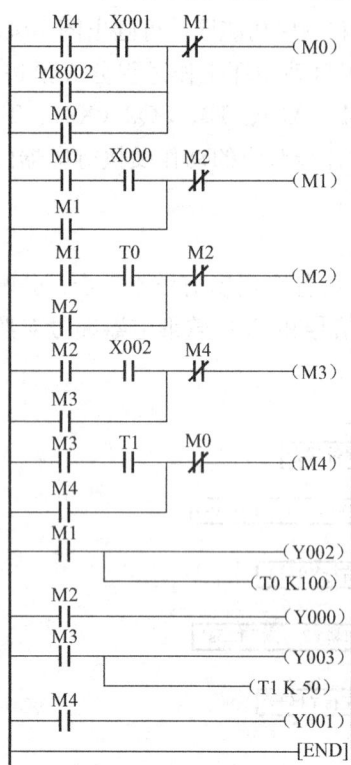

图 10-34　建筑材料运料小车的 PLC 可编程控制梯形图

根据图 10-33（c）所示的功能图和现场信号、PLC 软继电器编号对照表 10-4、五个工步状态的逻辑表达式（10-6），可写出各执行电器（即输出信号）的逻辑表达式为：

$$Y002 = M1, \quad T0 = M1$$
$$Y000 = M2$$
$$Y003 = M3, \quad T1 = M3 \qquad (10\text{-}7)$$
$$Y001 = M4$$

5）根据逻辑表达式画出梯形图

由上述逻辑电路表达式的规律，可画出运料小车的步序继电器和输出信号的梯形图，如图 10-34 所示。

6）写出指令语句表（程序）

根据图 10-34 所示运料小车的步序继电器和输出信号的梯形图即可写出指令语句表，即运料小车的 PLC 可编程序控制器的控制程序（此处略）。

（2）步进梯形指令的编程设计方法

许多 PLC 都有专门用于编制顺序控制程序的步进梯形指令及编程元件。

步进梯形指令简称为 STL 指令，FX 系列 PLC 还有一条使 STL 指令复位的 RET 指令。利用这两条指令，可以很方便地编制顺序控制梯形图程序。

　　步进梯形指令 STL 只有与状态继电器 S 配合才具有步进功能。S0～S9 用于初始步，S10～S19 用于自动返回原点。使用 STL 指令的状态继电器的常开触点称为 STL 触点，用符号─▯ ▮─或─┤STL├─表示，没有常闭的 STL 触点。

　　STL 指令的用法如图 10-35 所示，从图中可以看出顺序功能图与梯形图之间的关系。用状态继电器表示顺序功能图序步，每一步都具有三种功能：负载的驱动处理、指定转换条件和指定转换目标。

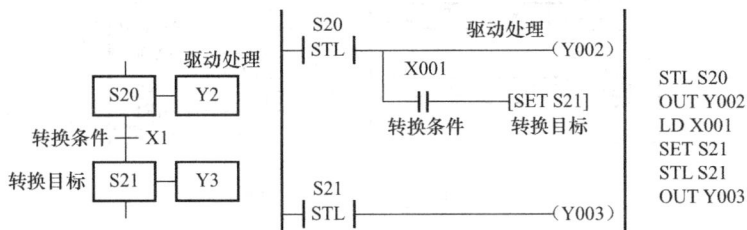

图 10-35　STL 指令的用法

　　图中 STL 指令的执行过程是：当步 S20 为活动步时，S20 的 STL 触点接通，负载 Y2 输出。如果转换条件 X1 满足，后续步 S21 被置位变成活动步，同时前级步 S20 自动断开变成不活动步，输出 Y2 也断开。

　　使用 STL 指令使新的状态置位，前一状态自动复位。STL 触点接通后，与此相连的电路被执行；当 STL 触点断开时，与此相连的电路停止执行。

　　STL 触点与左母线相连，同一状态继电器的 STL 触点只能使用一次（除了后面介绍的并行序列的合并）。与 STL 触点相连的起始触点要使用 LD、LDI 指令。使用 STL 指令后，LD 触点移至 STL 触点右侧，一直到出现下一条 STL 指令或者出现 RET 指令止，RET 指令使 LD 触点返回左母线。

　　梯形图中同一元件的线圈可以被不同的 STL 触点驱动，也就是说使用 STL 指令时允许双线圈输出。STL 触点可以直接驱动或通过别的触点驱动 Y、M、S、T 等元件的线圈和功能指令。STL 触点右边不能使用入栈（MPS）指令。

　　STL 指令不能与 MC-MCR 指令一起使用。STL 指令仅对状态继电器有效，当状态继电器不作为 STL 指令的目标元件时，就具有一般辅助继电器的功能。

　　STL 指令和 RET 指令是一对步进梯形（开始和结束）指令。在一系列步进梯形指令 STL 之后，加上 RET 指令，表明步进梯形指令功能的结束，LD 触点返回到原来母线。

　　在主机的状态开关由 STOP 状态切换到 RUN 状态时，可用初始化脉冲 M8002 来将初始状态继电器置为 ON，可用区间复位指令（ZRST）来将除初始步以外的其余各步的状态继电器复位。

　　如前图 10-33 所示的运料小车自动循环的控制过程，小车运动系统一个周期由 5 步组成。它们可分别对应 S0、S20～S23，步 S0 代表初始步。其顺序功能图和梯形图如图 10-36 所示。

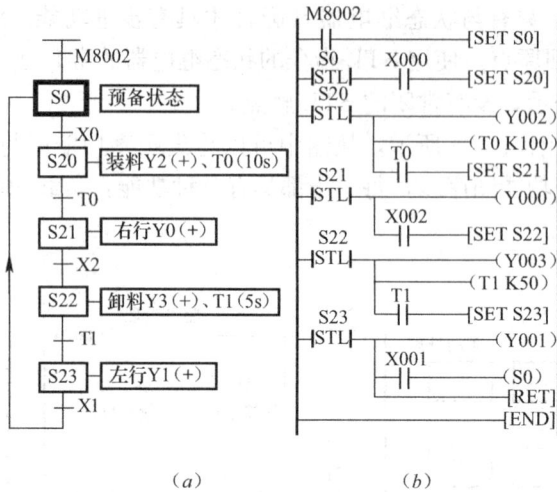

图 10-36　建筑材料运料小车 STL 指令编程的顺序功能图和梯形图

(a) 顺序功能图；(b) 梯形图

图 10-36 (b) 建筑材料运料小车 STL 指令编程的梯形图对应指令表如下：

0	LD	M8002	13	SET	S21	26	SET	S23
1	SET	S0	15	STL	S21	28	STL	S23
3	STL	S0	16	OUT	Y000	29	OUT	Y001
4	LD	X000	17	LD	X002	30	LD	X001
5	SET	S20	18	SET	S22	31	OUT	S0
7	STL	S20	20	STL	S22	33	RET	
8	OUT	Y002	21	OUT	Y003	34	END	
9	OUT	T0 K100	22	OUT	T1 K50			
12	LD	T0	25	LD	T1			

如图 10-36 (b) 所示，PLC 上电进入 RUN 状态，初始化脉冲 M8002 的常开触点闭合一个扫描周期，梯形图中第一行的 SET 指令将初始步 S0 置为活动步。在梯形图的第二行中，S0 的 STL 触点和 X0 的常开触点组成的串联电路代表转换实现的两个条件。当初始步 S0 为活动步，按下启动按钮 X0 时，转换实现的两个条件同时满足，置位指令 SET S20 被执行，后续步 S20 变为活动步，同时 S0 自动复位为不活动步。

S20 的 STL 触点闭合后，该步的负载被驱动，Y2 变为 ON，打开贮料斗的闸门，开始装料，同时用定时器 T0 定时，10s 后关闭贮料斗的闸门，转换条件 T0＝1 得到满足，下一步的状态继电器 S21 被置位，同时状态继电器 S20 被自动复位。系统将这样依次工作下去，直到最后返回到起始位置，碰到限位开关 X1 时，用 OUT S0 指令使 S0 变为 ON 并保持，系统返回并停在初始步。

设计时要注意的是，在图 10-36 中梯形图的结束处，一定要使用 RET 指令，使 LD 触点回到左母线上，否则系统将不能正常工作。

比较图 10-34 和图 10-36（*b*）可看出，用步进梯形指令的编程设计方法，比使用启保停电路的编程设计方法设计的顺序功能梯形图要简单得多。

在顺序控制梯形图的编程设计方法中，除上述所介绍的使用启保停电路的编程设计方法和步进梯形指令的编程设计方法外，对于多分支和有并行分支的顺序控制系统，还可以使用转换为中心的编程设计方法、以转换为中心的选择序列的编程设计方法、并行序列的编程设计方法、步进梯形指令的并行序列结构的编程设计方法等。此处由于篇幅所限，不再多述。

总知，从上述所介绍的建筑电气设备 PLC 可编程控制系统设计的方法来看，梯形图的设计是关键的、重要的一步。应针对不同的控制系统要求采用不同的梯形图的设计方法，一般对于建筑电气设备控制系统要求不太复杂的控制系统，可采用基本指令的经验设计法、继电器电路的转化设计法、顺序功能梯形图设计法等。

对于具有多分支和并行分支的建筑电气设备顺序控制系统，可采用较为复杂的顺序控制梯形图的编程设计方法，或综合应用经验设计法、继电器电路的转化设计法、顺序功能梯形图设计法等。

对于具有模拟量和数字量控制要求的控制系统，就需要用到具有 A/D、D/A 模块的数据控制功能的 PLC 可编程控制器，或应用 DDC 控制器、系统计算机控制。对于大型的建筑电气设备控制系统，有时还需要应用 PLC 可编程控制器组网控制、DDC 控制器组网控制、系统计算机与 PLC 可编程控制器组网控制、系统计算机与 DDC 控制器组网控制、系统计算机与 DDC 控制器和 PLC 可编程控制器组网控制。由于篇幅所限，不再具体叙述，读者可进一步参考相关参考书。

本章主要介绍建筑电气设备常用的继电接触控制系统的原理图设计、PLC 可编程控制系统的原理图设计。对于建筑电气设备的继电接触控制系统的电气元器件布置图和安装接线图设计、PLC 可编程控制系统的电气元器件布置图和安装接线的设计，由于篇幅所限，不再具体叙述，读者可进一步参考相关参考书。

思考题与习题

10-1　建筑电气设备电气控制线路的设计主要有哪些基本内容？其控制线路设计有哪些基本步骤？

10-2　建筑电气设备的电气控制方法有哪些？各控制方法有何特点？

10-3 什么叫建筑电气继电接触控制系统的经验设计法？建筑电气继电接触控制系统原理图经验设计法的一般步骤有哪些？

10-4　什么叫建筑电气继电接触控制系统的逻辑设计法？建筑电气继电接触控制系统原理图逻辑设计法的一般步骤有哪些？

10-5　某建筑电气设备由 3 台电动机拖动，为了避免 3 台电动机同时启动，防止启动电流过大，要求每隔 8s 启动 1 台电动机，试用经验设计法设计 3 台电动机的继电接触控制系统的主电路和控制电路原理图。每台电动机应有短路和过载保护，当 1 台电动机过载时，全部电动机停止运行。

10-6　某建筑电气设备由 2 台电动机拖动，启动时要求先启动第 1 台电动机，10s 后再启动第 2 台电动机。停止时，要求先停止第 2 台电动机，10s 后才能停止第 1 台电动机。要求 2 台电动机均设有短路保护和过载保护。试用经验设计法和逻辑设计法设计 2 台电动机的继电接触控制电路原理图。

10-7　试用经验设计法设计满足图 10-37 所示波形的 PLC 梯形图。

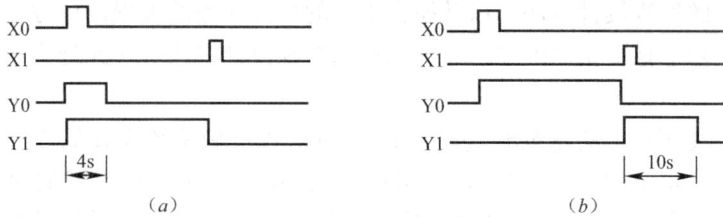

图 10-37　习题 10-7 图

10-8　将图 10-38 所示的电动机正反转控制电路分别改为三菱 FX 系列 PLC 的控制电路、OMRON 的 C 系列 PLC 的控制电路、西门子 S7-200 系列 PLC 的控制电路，请分别设计出各 PLC 控制系统的接线图和梯形图。

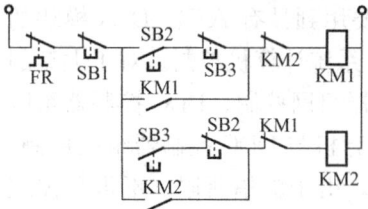

图 10-38　习题 10-8 图

10-9　某电气设备有 4 台电动机拖动，要求 4 台电动机能同时启动、同时停止，每台电动机也能单独启动或停止。请用三菱 FX 系列 PLC、OMRON 的 C 系列 PLC、西门子 S7-200 系列 PLC，分别设计出各 PLC 控制系统的接线图和梯形图。

10-10　某建筑装置采用 2 台电动机作为动力，要求启动时先启动一台大功率电动机，采用星-三角降压启动，启动时间为 8s，启动运行 10min 后停止运行，再启动一台小功率电动机，采用直接启动，再运行 10min 后停止运行。要求 2 台电动机均设有短路和过载保护。请用任意一种型号的 PLC 设计上述 2 台电动机的控制电路主电路、PLC 可编程控制器的接线图和三种指令（基本指令、步进指令、功能指令），分别设计控制梯形图。

10-11　某建筑工地送料小车用异步电动机拖动，按钮 X0 和 X1 分别用来启动小车右行和左行。小车在限位开关 X3 处装料（如图 10-39），Y2 为 ON；10s 后装料结束，开始右行，碰到 X4 后停下来卸料，Y3 为 ON；15s 后左行，碰到 X3 后又停下来装料，这样不停

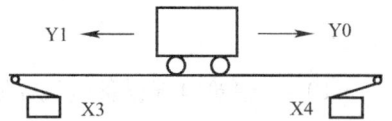

图 10-39　习题 10-11 图

地循环工作，直到按下停止按钮 X2。请设计出 PLC 的外部接线图，用经验设计法设计小车送料控制系统的梯形图。

10-12　设计出图 10-40 所示的各 PLC 顺序功能图的梯形图程序。

10-13　某建筑电气设备的液压动力滑台在初始状态时停在最左边，行程开关 X0 接通。按下启动按钮 X4，动力滑台的进给运动如图 10-41 所示。工作一个循环后，返回并停在初始位置。控制电磁阀的 Y0～Y3 在各工作的状态如表所示。画出 PLC 外部接线图和控制系统的顺序功能图，用启保停电路和步进梯形指令设计 PLC 的梯形图程序。

10-14　某建筑电气设备的液体混合装置如图 10-42 所示。上限位、下限位和中限位液位传感器被液体淹没时为 ON，阀 A、阀 B 和阀 C 为电磁阀，线圈通电时打开，线圈断电

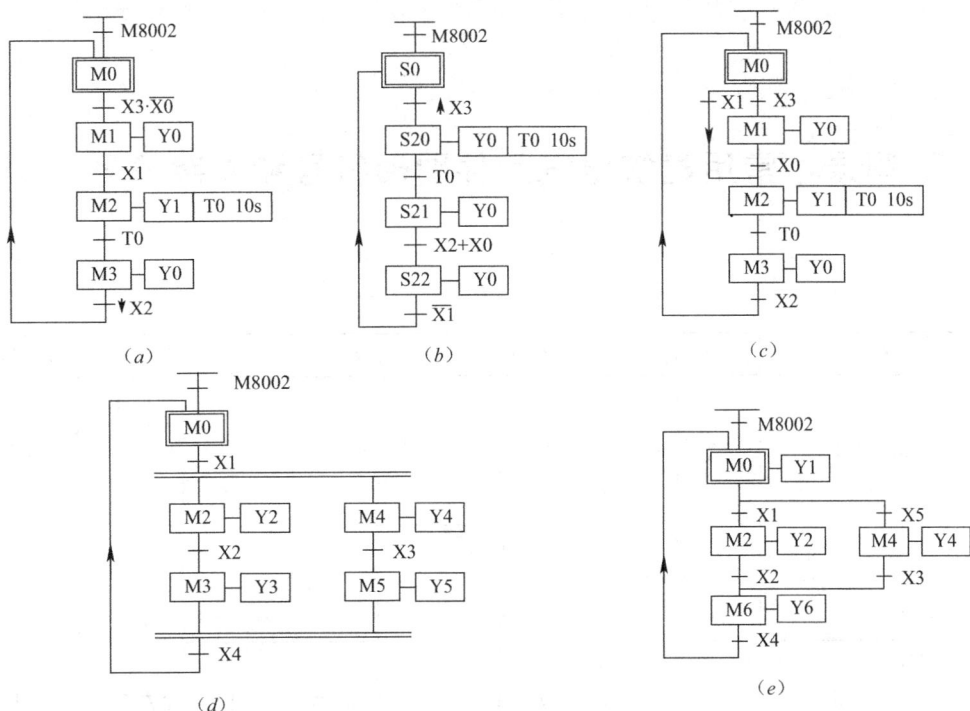

图 10-40　习题 10-12 图

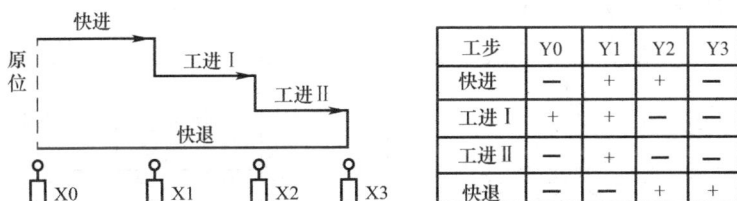

图 10-41　习题 10-13 图

时关闭。开始时容器是空的，各阀门均关闭，各传感器均为 OFF。按下启动按钮后，打开阀 A，液体 A 流入容器，中限位开关变为 ON 时，关闭阀 A，打开阀 B，液体 B 流入容器。当液面到达上限位开关时，关闭阀 B，电动机 M 开始运行，搅动液体，60s 后停止搅动，打开阀 C，放出混合液，当液面降至下限位开关之后再过 5s，容器放空，关闭阀 C，打开阀 A，又开始下一周期操作。按下停止按钮，在当前工作周期的操作结束后，才停止操作（停在初始状态）。画出 PLC 的外接线图和控制系统的顺序功能图，并设计梯形图程序。

10-15　用三菱 FX 系列 PLC 的 STL 指令设计题 10-14 中液体混合装置的梯形图程序，要求设置手动、连续、单周期、单步 4 种工作方式。

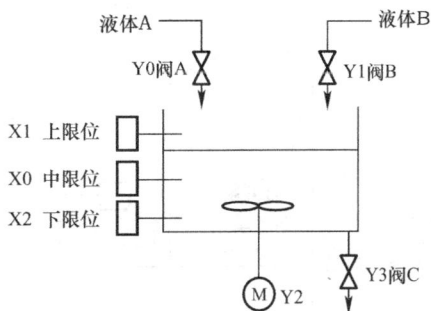

图 10-42　习题 10-14 图

269

附录　常用建筑电气元件图形符号和文字符号

名称		图形符号	文字符号	名称		图形符号	文字符号
一般三相电源开关			QS	低压断路器			QF
位置开关	常开触头		SQ	按钮	启动		SB
	常闭触头				停止		
	复合触头				复合触头		
接触器	线圈		KM	时间继电器	线圈		KT
	主触头				通电延时闭合常开触头		
	常开辅助触头				断电延时断开常开触头		
	常闭辅助触头				通电延时断开常闭触头		
速度继电器	常开触头		KS		断电延时闭合常开闭头		
	常闭触头			熔断器			FU

名称		图形符号	文字符号	名称	图形符号	文字符号
热继电器	热元件		R	旋钮开关		SA
	常闭触头			电磁离合器		YC
继电器	中间继电器线圈		KA	保护接地		PE
	欠电压继电器线圈			桥式整流装置		VC
	欠电流继电器线圈		KI	照明灯		EL
	过电流继电器线圈			信号灯		HL
	常开触头		相应继电器的文字符号	直流电动机		M
	常闭触头			交流电动机		

参 考 文 献

[1] 胡国文，蔡桂龙，胡乃定. 现代民用建筑电气工程设计与施工 [M]. 北京：中国电力出版社，2005.

[2] 胡国文. 现代民用建筑电气工程设计 [M]. 北京：机械工业出版社，2013.

[3] 胡国文，孙宏国. 民用建筑电气技术与设计 [M]. 北京：清华大学出版社，2013.

[4] 方承远. 工厂电气控制技术 [M]. 北京：机械工业出版社，2005.

[5] 熊幸明. 电气控制与PLC [M]. 北京：机械工业出版社，2011.

[6] 王阿根. 电气可编程控制原理与应用 [M]. 北京：清华大学出版社，2007.

[7] 吉顺平. 可编程序控制器原理及应用 [M]. 北京：机械工业出版社，2011.

[8] 王兆义，杨新志. 小型可编程序控制器实用技术 [M]. 北京：机械工业出版社，2007.

[9] 秦春斌，张继伟. PLC基础及应用教程（三菱FX2N系列）[M]. 北京：机械工业出版社，2011.

[10] 柴瑞娟，陈海霞. 西门子PLC编程技术及工程应用 [M]. 北京：机械工业出版社，2007.

[11] 张云贵，王丽娜，张声勇，陈娟玲. LonWorks总线系统设计与应用 [M]. 北京：中国电力出版社，2010.

[12] 王可崇. 建筑设备自动化系统 [M]. 北京：人民交通出版社，2003.

[13] 海湾安全技术有限公司编. HW-BA5201～04 DDC通用控制模块通用控制程序安装调试手册，2007.

[14] 海湾安全技术有限公司编. HW-BA5201DDC通用控制模块安装使用说明书，2006.

[15] 北京海湾威尔电子工程有限公司编. HW-BA5000系列楼宇设计说明书，2010.

[16] Echelon Corporation. LonMaker User's Guide，1997.